U0339436

中国特色社会主义"五位一体"的制度建设丛书项目

获得国家出版基金资助

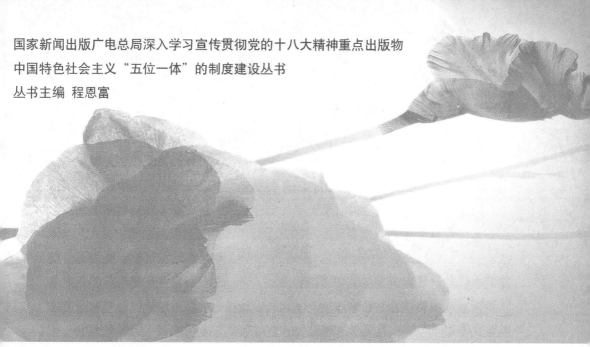

国家新闻出版广电总局深入学习宣传贯彻党的十八大精神重点出版物

中国特色社会主义"五位一体"的制度建设丛书

丛书主编 程恩富

中国特色社会主义生态文明制度研究

ZHONGGUO TESE SHEHUIZHUYI SHENGTAI WENMING ZHIDU YANJIU

杨志 王岩 刘铮 等著

经济科学出版社

Economic Science Press

图书在版编目（CIP）数据

中国特色社会主义生态文明制度研究/杨志等著. —北京：
经济科学出版社，2014.6
（中国特色社会主义"五位一体"的制度建设丛书）
ISBN 978 - 7 - 5141 - 4733 - 9

Ⅰ.①中… Ⅱ.①杨… Ⅲ.①中国特色社会主义—生态文明—
建设—研究 Ⅳ.①X321.2

中国版本图书馆 CIP 数据核字（2014）第 125682 号

责任编辑：范　莹
责任校对：王苗苗
责任印制：李　鹏

中国特色社会主义生态文明制度研究

杨志　王岩　刘峥　等著
经济科学出版社出版、发行　新华书店经销
社址：北京市海淀区阜成路甲 28 号　邮编：100142
总编部电话：010 - 88191217　发行部电话：010 - 88191540
网址：www. esp. com. cn
电子邮件：esp@ esp. com. cn
天猫网店：经济科学出版社旗舰店
网址：http://jjkxcbs. tmall. com
北京季蜂印刷有限公司印装
710 × 1000　16 开　23.25 印张　280000 字
2014 年 6 月第 1 版　2014 年 6 月第 1 次印刷
ISBN 978 - 7 - 5141 - 4733 - 9　定价：62.00 元
（图书出现印装问题，本社负责调换。电话：010 - 88191502）

总 序

程恩富

科学社会主义的理论创新，总是来源于实践并指导着实践。中国特色社会主义理论是马克思主义中国化在当代的重大成果，是我国社会主义现代化建设事业不断前进的指南。这一重大成果的现实形式，就是中国特色社会主义制度体系的逐步形成。中国特色社会主义制度不断丰富和完善的过程，是理论和实践、主观和客观有机统一的历史过程，是中国经济社会发展的历史规律性与中国共产党创造性相结合的产物。党的十八大报告进一步指出："全面建成小康社会，必须以更大的政治勇气和智慧，不失时机深化重要领域改革，坚决破除一切妨碍科学发展的思想观念和体制机制弊端，构建系统完备、科学规范、运行有效的制度体系，使各方面制度更加成熟更加定型。"整个报告丰富和发展了中国特色社会主义理论体系和制度体系，从整体上更加鲜明地反映新时期我国社会主义建设的内在规律和时代要求。

"中国特色社会主义'五位一体'的制度建设丛书"依据党的十八大精神，全面阐述经济、政治、文化、社会和生态文明五个领域的制度建设，并在理论和现实两个层面对其进行深入探讨和研究。在这里，我们着重提炼和论述与制度体系建设相关的三个问题。

一、坚持中国特色社会主义理论体系与制度体系的统一

中国特色社会主义理论是我国在建设社会主义道路上反复探索的历史经验的结晶。在社会主义制度基本确立后如何在社会主义市场经济条件下发展和完善社会主义，对于共产党人来说是一个新的课题。改革开放以来，我国对"什么是社会主义、怎样建设社会主义"等重大问题进行了积极探索，形成了中国特色社会主义理论并确立了与之相应的一系列制度。但正如恩格斯所说，

1

"社会主义社会不是一种一成不变的东西，而应当和任何其他社会制度一样，把它看成是经常变化和改革的社会。"我国社会主义制度建立以后的实践表明，在国内外不同的背景和条件下完善社会主义制度需要一个长期的历史过程。

对于这一问题，我国的认识是明确的并且日益深化。邓小平在20世纪90年代初曾指出："恐怕再有30年的时间，我们才会在各方面形成一整套更加成熟、更加定型的制度。在这个制度下的方针、政策，也将更加定型化"。1992年10月召开的中国共产党第十四次全国代表大会通过的报告提出："再经过三十年的努力，到建党一百周年的时候，我们将在各方面形成一整套更加成熟更加定型的制度。"江泽民2000年10月11日在中共十五届五中全会上的讲话也指出："我们进行改革的根本目的，就是要使生产关系适应生产力的发展，使上层建筑适应经济基础的发展，使我国社会主义社会的各个方面都形成比较成熟、比较定型的制度。"目前，随着我国经济社会发展新格局的形成，随着邓小平理论、"三个代表"重要思想、科学发展观等内容的丰富和完善，加快形成和完善中国特色社会主义制度体系已经成为新时期的重大历史使命。

中国特色社会主义制度的确立，一个重要的前提是要以马列主义及其中国化理论为指导思想和行动指南。科学的理论是实践的先导，从中国革命和建设的历史经验来看，以毛泽东为主要代表的中国共产党人创造性地将马列主义与中国革命和建设的具体实践相结合，成功地探索了在落后国家建立社会主义制度的道路，尽管有失误，但"党在社会主义建设中取得的独创性理论成果和巨大成就，为新的历史时期开创中国特色社会主义提供了宝贵经验、理论准备、物质基础"。邓小平针对社会主义社会生产力相对落后的现实国情，提出了建设有中国特色社会主义理论，为当代中国的繁荣和发展奠定了基础。在改革开放的进程中，又提出"三个代表"重要思想和"科学发展观"的新思维，丰富了中国特色社会主义理论体系，极大地推进了我国经济社会的快速发展。可见，只有在实践中探索社会主义基本理论和基本路线，不断总结建设社会主义的基本经验，不断完善社会主义的具体制度和政策，才能保证劳动人民当家做主的权利、参与政治和文化生活的权利，广泛而充分地调动劳动者的积极性。只有使中国特色社会主义制度在政治、经济、文化、社会和生态文明等方面体现其优越性，才能为经济发展创造出有利的稳定的制度环境，为经济社会快速发展奠定前提。

中国特色社会主义制度体系的形成和完善，是中国特色社会主义理论体系最终形成的现实标志。建设有中国特色社会主义理论是适应于社会主义初级阶段的理论创新，在总结实践经验后已经成为一个比较完整的理论体系，而中国特色社会主义制度同样需要随着实践的发展加以完善并走向成熟。中国特色社会主义制度体系的要义在于"社会主义"，而不是借与国际接轨的名义改变我国社会主义的社会性质。邓小平曾指出："我们建立的社会主义制度是个好制度，必须坚持。"这里所说的坚持，不仅局限于公有制为主体、按劳分配为主体等主要经济制度，也包括我国的人民代表大会、中国共产党领导的多党合作和政治协商制度，以社会主义核心价值体系为标志等文化制度。这些都是社会主义理论体系中的核心内容，构成了中国特色社会主义制度体系中的精髓。

但是，在探索中国特色社会主义道路的过程中，我国各项具体制度（包括法律、规章等）和政策层面经历了复杂的演变历程，分别适应了不同时期或不同领域的现实情况，还面临着一些新的难题。由于我国经济、政治、文化和社会等领域发展的不平衡，各项制度的整体衔接尚不足以应对经济社会全面协调发展的要求。目前来看，还没有一整套完善的、严密的、相互协调的具体制度体系加以规范，容易导致不同具体制度间的摩擦，不利于统筹兼顾各方权益，也不利于为实现社会主义共同富裕提供制度保障。譬如，体现基本经济制度、财富和收入分配制度、社会保障制度的具体体制机制或规章制度之间如果衔接不好，将不利于维护和促进社会公平正义，实现全体人民共同富裕，也不利于调动广大人民群众和社会各方面的积极性、主动性、创造性；各项文化管理、社会管理的具体规章制度出现失误和缺位，便容易导致文化和社会领域矛盾尖锐化，难以推动经济社会全面发展；不理顺体现经济制度和政治制度关系的具体体制机制和政策，便会导致经济基础与上层建筑之间形成矛盾和冲突，无法协调和有效地应对前进道路上的各种风险挑战；等等。因此，形成和完善社会主义基本和具体的一整套制度体系，是坚持社会主义道路并从根本上化解当前面临的各种矛盾的必然途径。

二、科学把握中国特色社会主义制度体系的内在要求

中国特色社会主义制度体系的最终形成，标志着中国特色社会主义理论成果的具体化，迫切要求社会主义初级阶段各项制度实现科学的系统化和定型

3

化。所谓系统化，就是以社会主义的经济、政治、社会、文化和生态文明领域为重点，实现"五位一体"的制度的内在有机统一；所谓定型化，就是保持各项制度的相对稳定性。

首先，中国特色社会主义制度体系的形成和完善，需要扩大制度调节经济社会生活的范围，全面涵盖经济、政治（含党的建设）、文化和社会等各领域。在马克思主义看来，社会是一个有机的统一体，经济基础对上层建筑、社会存在对社会意识起着原生性和初始性的决定性作用，但后者对前者也存在程度不同的反作用，甚至是派生性的决定性反作用。显而易见，政治建设滞后会影响经济建设，精神文明建设的滞后会给社会发展带来巨大的负面影响，法律制度的缺陷会导致经济社会生活失序。因此，按照中国特色社会主义事业的总体要求，近几年将中国特色社会主义制度总体布局由经济、政治、文化建设三大方面，扩展为经济、政治、文化和社会建设四位一体，党的十八大又扩展为涵盖生态文明建设在内的五大建设。其实，在物质文明、政治文明、精神文明、社会文明和生态文明的基础上，还应确立体现生产关系或经济制度的经济文明、体现军事建设和国防制度的军事文明等意识和概念，这些均可反映我国对中国特色社会主义建设规律认识的深化。相应地，社会主义市场经济制度、民主政治制度、先进文化制度、和谐社会制度等，均应成为中国特色社会主义制度体系的重要组成部分。

其次，中国特色社会主义制度体系的形成和完善，需要加强基本制度和一般制度的衔接，发挥好制度体系的总体作用。按照马克思主义的观点，生产资料的所有制最终决定着一个社会的制度属性，也直接决定着社会分配关系。因此，社会主义政治制度的完善，需要以中国特色社会主义基本经济制度为基础。比如，在中国特色社会主义经济制度中，财富和收入分配制度的调整需要以所有制为基础。多种所有制共同发展、促进社会分配公平的制度和政策，需要以市场型的公有制和按劳分配为主体与前提。又如，在中国特色社会主义政治制度建设中，坚持党的领导、人民当家做主、依法治国的有机统一，并将人民当家做主作为中国特色社会主义政治制度的本质，落实《宪法》"一切权力属于人民；人民是国家的主人，拥有广泛而真实的民主权利；要保证人民管理国家，管理社会事务"的规定。再如，在中国特色社会主义文化制度建设中，要处理好社会主义核心价值体系与包容多样性内在统一的文化传播制度。在中国特色社会主义社会制度建设中，要处理好以国家调节为主导、以各方统筹协调为特点的城乡群众权益维护制度体系。

最后，在中国特色社会主义制度体系中，注重发挥社会主义各项制度的优势。制度的优劣归根到底要取决于其能否符合现实社会的客观规律。社会主义制度的优势在经济、政治、文化和社会等各层面均有体现。比如，邓小平谈到社会主义思想文化建设时曾指出："过去我们党无论怎样弱小，无论遇到什么困难，一直有强大的战斗力，因为我们有马克思主义和共产主义的信念。有了共同的理想，也就有了铁的纪律。无论过去、现在和将来，这都是我们的真正优势。"又如，在谈到政治体制时他指出："社会主义同资本主义比较，它的优越性就在于能做到全国一盘棋。"这样，在经济领域就可以集中力量办大的、好的事，从而能适应发展社会化大生产、经济全球化和提高国民经济整体效益的经济规律。在政治领域就可以更高效地发挥民主集中制的潜能。因此，中国特色社会主义制度体系的不断完善，要从根本上符合社会主义各种矛盾运动发展的内在规律，使制度和机制体系的实施，能够又好又快地推动发展民生经济、健全民主法治、弘扬先进文化和促进社会和谐。

三、全面认识中国特色社会主义制度体系的内涵和特点

依据党的十八大文件精神，从坚持邓小平关于社会主义本质的重要思想和中国特色社会主义现代化建设事业的客观要求看，中国特色社会主义制度体系的主要内涵和特点，可以从几个方面进行归纳。

（一）"一个目标、四层框架"的中国特色社会主义经济制度。经济制度是社会主义制度的基石。从改革开放以来的实践看，就是要贯彻邓小平关于社会主义本质是解放生产力，发展生产力，消灭剥削，消除两极分化，实现共同富裕的总体方向，在逐步实现共同富裕这个经济发展总目标的基础上，中国特色社会主义经济制度已经初步确立了"四主型"经济制度。它包含着四个层面的界定：首先，在产权制度上确立和完善公有主体型的多种类产权制度。即在公有制为主体的前提下（包含资产在质上和量上的优势），发展中外私有制经济，具体则通过就业结构、资本结构、GDP结构、税收结构、外贸结构等体现出来。在这种产权结构动态发展中，从量的方面看不同经济成分呈现出"主体—辅体"的结构特征。公有制经济占主要地位，而中外私有制经济则处于辅体的重要地位。其次，在分配制度上确立和完善劳动主体型的多要素分配

制度。即以市场型按劳分配为主体，多要素所有者可凭产权参与分配，使经济公平与经济效率呈现交互同向和并重关系。要进一步保障劳动者合法权益，提高劳动占比，限制资本收入趋高的现象，调节国有企业、国有事业和公务员三类人员的收入差距，完善各类社会保障，扩大中等收入者人群，促进财富和收入分配的和谐。再其次，在市场制度上确立和完善国家主导型的多结构市场制度，即多结构地发展市场体系，发挥市场的基础性配置资源的作用，同时，在廉洁、廉价、民主和高效的基础上发挥国家调节的主导型作用。最后，在对外经济制度上确立和完善自力主导型的多方位开放制度，即处理好引进国外技术和资本同自力更生的发展自主知识产权和高效利用本国资本关系，实行内需为主并与外需相结合的国内外经济交往关系，促进追求引进数量的粗放型开放模式向追求引进效益的质量型开发模式转变，从而尽快完成从贸易大国向贸易强国和经济大国向经济强国的转型。

（二）"三者统一、四层框架"的中国特色社会主义政治制度。坚持中国特色的政治发展之路，促进"坚持党的领导、人民当家做主、依法治国"的有机统一，真正体现人民民主专政这一社会主义国家的国体。通过加强和改善共产党的领导，确保中国特色社会主义政治发展的正确方向、科学架构、高效运行和有序参与。通过完善人民当家做主的社会主义民主政治制度，保障人民群众管理国家重大事务、选举政府官员、监督国家工作人员的权力。通过将无产阶级的意志上升为国家法律并加以实施，体现党在宪法和法律的范围内活动的基本思想，实现人民当家做主的本质性和有序性。

注重政治制度的统一性和协调性，在四个层面完善我国的政治制度。一是巩固社会主义国家的政体和根本政治制度，坚持和完善人民代表大会制度。确保人民通过全国人民代表大会和地方各级人民代表大会，行使国家权力。二是坚持具有中国特色的社会主义政党制度，完善中国共产党领导的多党合作和政治协商制度。积极促进民主参与，广泛集中各民主党派、各人民团体和各界人士的智慧，实现执政党和各级政府决策的科学化和民主化，统筹兼顾各方面群众的利益要求，体现民主集中制的优势。同时，防范一党领导可能产生的缺乏监督的弊端，避免多党纷争可能带来的政治混乱。三是维护国家统一和中华民族大团结，坚持和完善民族区域自治和"一国两制"制度。保障少数民族依法管理本民族事务，民主参与国家和社会事务的管理，维护台港澳地区的稳定，促进国家统一，反对分裂国家，保证我国长治久安。四是坚持和完善基层群众自治制度。积极扩大基层民主，以农村村民委员会、城市居民委员会和企事业职工代表大会为载体，保障广大人民在城乡基层群众性自治组织中，依法行使民主选举、民主决策、民主管理和民主监督的权利。同时，在健全基层党组织领导的充满活力的基层群众自治机制基础上，扩大基层群众自治范围，以管理有序、服务完善、文明祥和为目标，将城乡社区建设成社会生活新型共同体。

（三）"一个体系、五层框架"的中国特色社会主义文化制度。党的十六大以来，我国将文化建设作为中国特色社会主义事业总体布局的重要组成部分，明确了社会主义文化制度建设的方向。按照中国特色社会主义事业发展的要求，我国文化发展的方向是建立社会主义先进文化，文化制度建设的核心在于弘扬社会主义核心价值体系和核心价值观，满足人民精神需要。社会主义核心价值体系和核心价值观是中国特色社会主义制度思想基础和文化母体，是中国特色社会主义制度内在精神的体现形式。这一核心价值体系，以马克思主义为指导思想，包含着中国特色社会主义的共同理想、以爱国主义为核心的民族精神、以改革创新为核心的时代精神和"八荣八耻"为主要内容的公民道德等丰富内涵。党的十八大报告强调指出："大力弘扬民族精神和时代精神，深入开展爱国主义、集体主义、社会主义教育，丰富人民精神世界，增强人民精神力量。倡导富强、民主、文明、和谐，倡导自由、平等、公正、法治，倡导爱国、敬业、诚信、友善，积极培育和践行社会主义核心价值观。""建设社会主义文化强国，必须走中国特色社会主义文化发展道路，坚持为人民服务、为社会主义服务的方向"，"坚持教育为社会主义现代化建设服务、为人民服务"，"为人民服务是党的根本宗旨"。可见，需要重塑以为人民服务为宗旨的社会主义核心价值观。

从中国特色社会主义文化制度的具体内容和特征来分析，它应包含着"五个主体"即五个层面的制度：一是以社会主义核心价值体系为主体、包容多样性的文化传播制度；二是以公有制为主体、多种所有制共同发展的文化产权制度；三是以文化产业为主体、发展公益性文化事业的文化企事业制度；四是以民族文化为主体、吸收外来有益文化的文化开放制度；五是以党政责任为主体、发挥市场积极作用的文化调控制度。这五层制度互为一体，成为中国特色社会主义文化制度的管理和运作形式。

（四）"四个机制、五层框架"的中国特色社会主义社会制度。社会制度是维系和谐社会关系和社会稳定的制度保障。我国改革开放以来取得了巨大的历史成就，但随着人口加速流动和社会结构的急剧变化，我国在治安防控、社会保障、权益维护、户籍管理和基本公共服务等管理制度方面的滞后，使社会管理难度和风险逐渐加大。同时，传统的以维系社会秩序、保持社会稳定的社会管理方式，因情况变化而不利于激发整个社会的活力。从秩序和活力并重的现代社会管理理念看，中国特色社会主义社会制度在制度设计上应实现三个方面的互动，即在党的领导下，使社会管理网络实现政府调控机制同社会协调机制互联、政府行政功能同社会自治功能互补、政府管理力量同社会调节力量互动，形成科学有效的利益协调机制、诉求表达机制、矛盾调处机制、权益保障机制。

依据党的十八大报告，新的社会制度在内容上主要应建立和完善五个方面的具体制度：一是加快形成党委领导、政府负责、社会协同、公众参与、法治保障的社会管理体制；二是加快形成政府主导、覆盖城乡、可持续的基本公共服务体系；三是加快形成政社分开、权责明确、依法自治的现代社会组织体制；四是加快形成源头治理、动态管理、应急处置相结合的社会管理机制。其中，建立健全广覆盖、多层次和可持续的社会保障制度，也是重要内容之一。简言之，通过确立"四个机制、五层框架"的制度，确保社会既充满活力又和谐有序，使社会管理工作适应新时期的总要求。

（五）"一种形态，三层含义"的中国特色社会主义生态文明制度。党的十六大报告率先提出"推动整个社会走上生产发展、生活富裕、生态良好的文明发展道路"的设想。党的十七大报告把"建设生态文明"作为实现全面建设小康社会奋斗目标的新要求之一。党的十八大报告以"四个第一次"的方式强调生态文明建设的重要性。所谓"四个第一"，即第一次在党的报告中用一个单设篇来阐述生态文明建设；第一次把生态文明建设与经济、政治、文化、社会四大建设并列；第一次把生态文明建设作为中国特色社会主义"五位一体"总布局之一；第一次把生态文明建设写入了新修改的党章中。

生态文明是继原始文明、古代文明、近代文明之后的一种新的文明形态。从人类史前史和真正的人类史的视角看，"文明"是以人类为本体、以人类活动为本源、以实现人类预期目的为主题的物质活动与非物质活动的过程及其结果，是人类特有的自我开化、自我启蒙、自我觉悟的社会实践过程及其历史效应。从大时间尺度看，文明包括"史前文明"即人类形成过程中的文明；"真正的人类文明"即人作为社会主体创造的文明及其不同历史阶段的文明，如古代、近代、现代、后现代等形态。从地域空间角度看，没有"统一的"文明形态，只有千姿百态的"特色文明"形态，如两河流域、美洲、亚洲、欧洲等文明。从人文历史角度看，文明是照耀人类走出黑暗、愚昧、野蛮，走向光明、智慧、幸福的灯塔，是以宗教、风俗、习惯、文化、科学、精神等形态影响人类发展趋势的力量。

生态文明是以"生态"为特征，高度重视生命系统与非生命系统之间的交互作用、人文活动与自然活动之间的交错运动、科技效应与制度效应之间耦合效应的文明形态。它在本质上根本不同于"以物为本""以资为本"的文明形态。它以生命特别是"以人的生命为本"，充分尊重生命的个体差异性、群体多样性、整体（群落）复杂性，深刻理解这三者之间的辩证关系，以及与生命系统相关的自然环境系统和社会环境系统，并把这种文明理念融入整个社会制度体系的设计和构建之中。因此，生态文明建设，不仅是把生态文明理念灌输到中国特色社会主义的经济建设、政治建设、文化建设、社会建设等方面及其全过程中的行动，而且是要把中国特色社会主义制度体系的构建作为生态文明"落地"的现实途径，即借助制度体系把生态文明转化为物质力量的行动。

生态文明制度建设，既涉及资源系统与环境系统的重新耦合，还涉及经济制度、政治制度、文化制度和社会制度的重新构建。因此，它既要求重新认识与协调文明制度建设与其他制度建设之间的关系，又要求启蒙与推进其他制度建设向生态化方向的变革，还要求以法律制度体系的方式促进生态文明行动方案的实施。显然，比起其他制度建设来说，生态文明制度建设更具复杂性、艰巨性、创新性、探索性。从结果角度看，生态文明制度建设与科学社会主义理论一脉相承，也与人类文明演进趋势息息相关；最重要的是，它把人类文明史上唯一持续了五千多年的中华文明与当代文明和未来文明对接起来，并使之成为推动中国特色社会主义永续发展最重要的文明力量，因此，它必定是中国特色社会主义理论体系和制度建设的一个最重要的组成部分。

　　"中国特色社会主义'五位一体'的制度建设丛书"共分五个单册。由于生态文明建设在党的十八大报告中新提出与经济、政治、文化、社会四大建设并列，因此，生态文明制度建设仍处于研究阶段，《中国特色社会主义生态文明制度研究》一书的写作框架与其他四本也有所差异。

2013 年 8 月

前　言

从研究对象的角度看，《中国特色社会主义生态文明制度研究》起码从四个维度进行研究："人与生态""人与文明""人与制度""人与建设"。因此，涉及学科交叉问题，即人类生态学、社会文明史、政治学与制度学、人类学和行为学，以及生态文明与制度文明、生态文明建设与制度文明建设、生态文明制度建设与制度文明建设的生态文明视角的研究等，都成为本书研究的基础性前提。在这个研究过程中有诸多困难，首先，学科交叉绝不是把各种不同学科组合在一起的概念，也不是堆积木式的整合概念。其次，需要有一种更高的"跨学科"的视角以及将不同学科"耦合"在一起的能力，即要求研究者，不仅通晓上述各个学科知识，而且还能从中抽象出它们之中的内在联系，并将其进行类似"基因重组"式的"构建"进而形成新思路和新理论。显然，这种"跨学科"的能力是具有难度的，但却是必需的。再其次，跨学科的难度还表现在，所有跨学科的分析都要"集合"在"中国特色社会主义"旗帜下，都要"内嵌"于中国特色社会主义"五位一体"和"四个建设"的框架之中，只有这样才能彰显出中国特色社会主义的制度自信、道路自信、理论自信。最后当我们从生态文明建设的视角，反过来去观察和理解中国特色社会主义制度、道路、理论的方方面面的时候，我们发现了许许多多的"新形态"和"新表述"。如何将这些"新形态"和"新表述"与中国特色社会主义制度建设丛书统一起来，进而同党的十八大报告和十八届三中全会统一起来，这似乎是一个更大的困难。

本书对研究对象的理解是别开生面的，并由此做出与众不同的解说、提出颇具启迪性的设想。例如，生态文明是以"生态"为特征的社会文明形态，即以尊重个体生命差异性、群体生命多样性、整体生命系统稳定性为特征的人与自然和人与人和谐相处的社会文明形态，是一个在时间上和空间上都具有无限延伸可能性的社会文明形态，是迄今为止人类社会文明发展的最高形态。不仅如此，本书还基于唯物史观的基本原理，把生态文明比较研究的逻辑重点，不只是放在工业文明基础上，更重要的是放在了社会文明"整体系统"的研究上，明确指出：工业文明只是经济文明的一个表象层次，它既可以隶属于资本文明，也可以隶属于生态文明。社会，尤其是现代社会是有结构、有层次的"整体"，是由若干子系统耦合而成的"复杂系统"。因此，无论哪一个分层都不能代表社会整体，无论哪一个子系统都不能单独决定社会文明走向。一个社会的性质实际上是由经济的现实基础（制度基础）、政治的上层建筑（制度安排）、人文的意识形态（制度选择和设计）之间的相互作用，特别是核心价值观引领下的制度文明建设方向决定的。本书的这些观点，为把生态文明建设纳入中国特色社会主义"五位一体"和"四个建设"之中提供了马克思主义的理论依据。应该说，这样的理解和这样的观点，在同类书籍中尚不多见。顺便指出，在当前关于制度建设包括生态文明制度建设的理论研究中，以马克思主义为理论、为依据的著作尚不多见。

本书从实践哲学和过程哲学的角度，对生态文明建设，特别是生态文明的制度建设，做了深入研究。在此基础上，对生态文明建设特别是生态文明制度建设做了狭义和广义的区分，与之相契合提出了生态文明建设包括制度建设的中短期目标、中长期目标和终极目标。在本书作者们看来：人类作为社会文明的创造者，既是整体概念又是历史概念。文明作为人类世代历史活动的产物，既是指引人类走出蒙昧、战胜野蛮的明灯，又是引导人类走向光明、构建和谐的灯塔；因此，与某种文化的兴起与衰落有所不同，任何一种社会文明的确立与发展都是一个较为长期的历史过程，生态文明建设过程尤其如此。由于"过程"是由"阶段"构成的，长期的历史过程是由中短期或中长期的历史阶段构成的，所以生态文明建设的历史过程，必须分为若干个历史阶段。党的十八大报告和十八届三中全会，实际上，既从较长期的历史过程的视角，又从可操作的历史阶段的层面，阐述了生态文明建设与中国特色社会主义制度文明建设的关系问题，但在形式上并未展开；强调生态文明制度建设的意义，不仅在于把生态文明建设落在实处需要制度保障，而且在于把生态文明的世界观和方法论嵌入中国特色社会主义建设的方方面面之中，使之成为核心价值观的重要组成部分；生态文明制度建设的目标，不仅仅是构建人与自然和谐相处的社会，更重要的是构建人与人之间和谐相处的社会，因为后者是前者的条件，没有后者不可能实现前者。

本书从生态文明视角，探讨了生态文明制度建设在中国特色社会主义"五位一体"与"四个建设"中的地位和效应问题，探讨了生态文明制度建设与经济制度建设、政治制度建设、文化制度建设、社会（组织）制度建设之间的互动关系，探讨了生态文明建设为完善和丰富中国特色社会主义制度体系建设所提供的重大契机。因为从系统哲学和目标哲学的视角看，生态文明制度建设，既与共产党人的崇高理想（即共产主义）有内在联系，又与当代国际社会可持续发展战略中的人类福祉具有相关性，还与已经延续了五千多年的中华文明具有同步性。应该说，生态文明制度建设为中国的全面深化改革、为用全新思维标注中国特色社会主义现代化建设新高度，提供了一条在时间和空间上均可尽情拓展的思路和出路。正是基于这样一个视角，本书把"经济建设活动"理解为自然生态系统与社会生态系统的交互作用，探索了经济制度建设中如何调控经济生命系统与经济环境系统之间的辩证关系，指出了保障生态系统安全最重要的措施是构建具有科学依据的生态制度；本书还把"政治建设活动"理解为基于经济文明演化系统之上的人类制度文明的选择、安排、构架及其不断改革与完善的过程，并从中国近现代政治制度史学的视角，解释了政治制度建设对于拉动整个制度体系建设的"火车头"作用，并明确强调了核心价值观对政治制度发展方向具有引领作用，还探索了政治制度建设本身所具有的生态化意蕴及其生态化改革方向。

如果说上述内容是本书的"新思路"和"新思想"，那么下述内容就可以说是本书的"新理解"和"新观点"。本书认为：中国特色社会主义生态文明制度研究的着力点应当放在广义生态文明制度建设上，它既是中国特色社会主义率先从制度层面推进生态文明建设的初衷，也是中国特色社会主义从初级阶段走向高级阶段的路径。生态文明制度建设与生态制度建设是两个既有联系又有区别的范畴，前者涉及的是社会整体制度体系，后者涉及的是与资源修复、环境保护、生态补偿相关的制度机制。党的十八大报告和十八届三中全会报告，既从生态文明制度建设角度谈到生态文明建设问题，如习近平总书记所言："我们要认识到，山水林田湖是一个生命共同体，人的命脉在田，田的命脉在水，水的命脉在山，山的命脉在土，土的命脉在树"①；也从生态制度建设角度阐述了生态文明建设问题，如习近平总书记所说："我国生态环境保护中存在的一些突出问题，一定程度上与体制不健全有关，原因之一是全民所有自然资源资产的所有权人不到位，所有权人权益不落实。针对这一问题，全会决定提出健全国家自然资源资产管理体制的要求"。②本书认为，科学研究的重要任务就是要在理论上阐明这两者之间的关系，以便为现实中的生态文明建设，特别是生态文明制度各个层面的建设，提供坚实的理论基础。对此，在书中尽最大努力提出了一些颇有新意的建设性意见，是否能够引起理论界的共鸣不得而知，但本书还是愿意与读者分享。

杨　志

于美国密歇根州立大学

全球变化与地球观测中心

2014 年 5 月 29 日

---

①②　习近平：关于《中共中央关于全面深化改革若干重大问题的决定》的说明，新华网，2013年 11 月 15 日，http：//news. xinhuanet. com/politics/2013 – 11/15/c_118164294. htm。

目　录

第 一 章

中国特色社会主义生态文明制度
建设研究的方法

在中国特色社会主义制度体系的建设中，生态文明制度建设，既涉及自然系统与社会系统之间的耦合，又涉及作为耦合主体的人类自身的生活观、世界观、价值观（包括价值体系）及其行为方式（包括生产、交换、分配、消费等与人类生活相关的方式）的转变。因此，与经济制度建设、政治制度建设、文化制度建设、社会制度建设比起来，生态文明制度建设是最具复杂性的系统工程。这个超复杂工程在中国特色社会主义制度体系建设中，究竟处于什么位置（地位）、具有什么功能，发挥什么作用、产生什么效应，也是最值得商榷或最值得研究的问题。在这里，复杂性不仅是指人与自然之间的相互作用和人与人之间的交互运动及其相互嵌入，也不仅是指人类的主观世界和客观世界之间的相互影响及人类历史活动和现实活动之间的相互冲突，而且是指"制度"本身的设计问题和安排问题及"制度建设"所涉及的"建设者"的世界观和价值观等方面的问题。因为无论是设计者还是安排者，无论是"指挥者"还是"建设者"，都是由一个个具体的人构成，而这些"人"既是现实世界的产物也是历史世界的产物，并且这些人本身还不可避免地会带有这样或那样的局限性。这种局限一旦转化为设计者、规划者、发布者、建设者的"问题方案"，那么在生态文明的实际建设中就可能通过"蝴蝶效应"造成不可逆转的生态灾难。因此，在复杂性面前，我们必须树立一切都值得商榷的，一切都是可研究的，一切都具有或然性的观念，我们必须像对自然怀有敬畏之心那样，对与生态文明建设相关的制度建设也怀有谨慎之心。

我们这里研究的复杂性，存在于秩序与混沌之边缘、已知与未知的交界区、现代与后现代的十字路口、工业文明与后工业文明的交叉处、各种制度的确定性与不确定性之间。然而，超复杂性却归根结底产生于"当代人类"的科学文明观、经济文明观、政治文明观、文化文明观、社会文明观之间的碰撞、竞争、交流、合作、融合。在这种文明发展过程中，以尊重个体生命的差异性、群体生命的多样性、整体生命的系统性和稳定性为特征的生态文明，是最能表明人类渴望追求的那种"百花齐放""百家争鸣""万类霜天竞自由"的理想状态。

然而，阻碍生态文明建设的，既不是科学发明也不是技术应用；既不是人类愚昧也不是社会缺乏合力，而是资本利益对人类福祉的践踏和不可一世，是资本主义制度对生态文明制度的蔑视和狂妄自大。如同罗马俱乐部元老级人物乔根·兰德斯在其 2012 年出版的《2052——未来四十年的中国与世界》一书中所说的那样：占统治地位的范式需要从永久的物理增长转向地球承载力范围内的可持续发展，其他如资本主义、民主、公认的权力分享与人类对自然的看法等潜移默化、指导各种机构运行的观点也需要改变。"① 由此可见，在复杂性问题面前，一切都是未决的、不确定的。从这个角度来思考问题，我们应该承认，生态文明制度建设的研究方法首先是反思的、批判的，因此，这里没有权威，这里没有经验，这里没有任何不可探索的疆域。在这里，学习和思索是最重要的。

第一节　辨析生态与文明，明确生态文明是人类文明新形态

研究中国特色社会主义生态文明及其制度建设，首先遇到的是如何理解生态文明本身的矛盾性的问题。因为一般说来，生态是自然的而非文明的，文明则是社会的而非自然的。然而，由此把生态文明理解为一个自相矛盾的混合体却是错误的。本节通过解析生态与文明的内涵和来源，揭示它们各自的本质及其相互联系和相互嵌入的机制，说明生态文明并不是一个似是而非的概念，而是一个既承载人类科学发展永续发展的超复杂历史工程，又承载中国特色社会

---

① ［挪威］乔根·兰德斯著，秦雪征、谭静、叶硕译：《2052：未来四十年的中国与世界》中文版，译林出版社 2013 年版，第 13 页。

主义理论、道路和制度的崭新文明形态。本节所做的是"显微镜"下的工作，虽然烦琐却具有科学价值，因此是理论工作者必须要做的工作。

一、生态是地球自我演化的结果：生态是自然的而非文明的

"生态"是生物在一定自然条件下生存和发展的状态。在这一状态中，每个具有鲜明个性的生物体，作为生命因子同时成为另一个生物体的环境因子，于是具有个体差异性的各个生命体，建立了具有相互依存的物种之间的关系，以及种群之间和群落之间具有多样性的共生关系即生命系统。在这里，生命体与环境是构成生态系统的最基本的两大要素。① 从生命个体角度看，生态是生物个体与环境之间的相互关系，既包括生物对环境的适应过程，也包括环境对生物的塑造作用。从生命群体的角度看，生态是由生物的种群和群落构成的生命系统及其支撑生命的环境系统。种群是组成同一种生物的不同个体在特定环境空间内的集群，其中，生命个体的空间分布及其数量变动规律是衡量该种群生态状况的重要指标。群落是各种生物在特定空间内的集合体，其中，各种生物之间的数量、比例与其环境容量之间的交互关系是衡量生态状况的重要指标。生态系统则是由各个群落与其环境综合而成的。

从生态基本构成要素角度看，生态系统内涵生命系统和生命保障系统（即环境系统）。生命系统是具有新陈代谢特征的开放系统，需要有能量流入和物质循环，即生命保障系统或环境系统与之匹配。地球是迄今为止在宇宙中唯一具有支持生命存活的大系统。因此，要了解和认识生命系统和生命保障系统，必须从了解地球开始。从星球演化角度看，大约在46亿年前，尚未形成的地球是宇宙尘埃与陨石的"集团"，经过长时间绕太阳运行，它逐渐演化成一个由气圈、水圈、岩石圈以及三个圈交汇处演化出来的生物圈构成的星球。

---

① 本书认为：如何理解"生态"是如何理解"生态文明"及其"建设"的前提。然而，当前，大多数与生态文明相关的学术文献，要么将生态作为既定前提存而不论，要么将生态学对生态的解释原封不动地搬运到与生态文明相关的研究中来，其结果不是将"生态文明建设"理解为"保护环境"，就是将理解为"生态建设"。有鉴于此，本书首先对"生态"做出了基于生态学但绝不同于生态学的解说，然后以此为基础逐步拓展对生态的理解，以期对生态文明建设特别是生态文明制度建设做出别开生面的研究。

生物圈一方面是构成地球的子系统，另一面是地球独有的圈，是地球上出现生命并感受到生命活动的区域。从时间上看，大约在地球形成的 35 亿年以前，生物圈是伴随地球上最早出现的浮游生物出现的。从空间上看，生物圈包括地表上下 25～34 千米内的区域，包括大气圈的下层，岩石圈的上层，整个土壤圈和水圈，但大部分生物都集中在地表以上 100 米到水下 100 米。

生物圈中的各种生物按其在物质和能量流动中的作用，可分为生产者、消费者、分解者。生产者主要是绿色植物，它能通过光合作用将无机物合成为有机物。消费者主要指动物，以植物为生叫做一级消费者，比如羚羊；以动植物为生叫做二级消费者，如野猪；还有专门捕食小型肉食动物，被称作三级消费者，如老虎。至于人，则是杂食动物。分解者主要指微生物，可将有机物分解为无机物。这三类生物与其所生活的无机环境（气候、水、土壤、温度等）一起构成了一个生态系统：生产者从无机环境中摄取能量合成有机物；生产者被一级消费者吞食以后，将自身的能量传递给一级消费者；一级消费者被捕食后，再将能量传递给二级、三级……最后，当有机生命死亡以后，分解者将它们再分解为无机物，把来源于环境的，再复归于环境。这就是一个生态系统完整的物质和能量流动。一般来说，从环境特征上看，生物圈可以分为陆生生态区、过渡区生态区、水生生态区三种形态。

从生命系统和生命保障系统或环境系统的互动关系上看，只有当生态系统内生物与环境、各种生物之间长期相互作用下，生物的种类、数量及其生产能力都达到相对稳定状态时，系统的能量输入与输出才能达到平衡；反过来，只有能量达到平衡，生物的生命活动也才能相对稳定。所以，生态系统中的任何一部分都不能被破坏，否则就会打乱整个生态系统的秩序。从广义角度看，生物圈是结合所有生物及其之间关系的全球性的生态系统，包括生物与岩石圈、水圈和空气的相互作用。生物圈是最大的生态系统，是所有生物的家园。在这里，作为人类，我们必须明白：（1）人无论在陆生区还是在水生区或是在过渡区所扮演的角色都是消费者，因此人的生存和发展离不开生物圈的繁荣，保护生物圈就是保护我们自己；（2）与地球 46 亿年形成史、生物圈 35 亿年形成史相比，人类形成史不过是"一瞬间"，是地球孕育了生命、孕育了人类，而不是文明创造了生命、人类创造了地球（见图 1-1）。

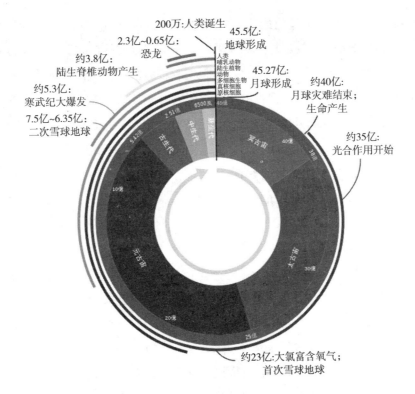

图1-1 地球地质时钟：自然何时孕育出人类

资料来源：http://zh.wikipedia.org/wiki/File: Geologic _ Clock _ with _ events _ and _ periods _ zh.svg，请接着参考：http://zh.wikipedia.org/wiki/生命演化历程。

二、文明是人类独有的伟大创造：文明是人文的而非自然的

"文明"是以人类为本体、以人类活动为本源、以实现人类预期目的为主题的物质活动与非物质活动的相互作用及其成果的总和，是人类特有的自我开化、自我启蒙、自我觉悟的社会实践过程及其历史效应的全部。[①] 与生态作为地球自然演化的结果决然不同，文明是人类社会活动的产物而不是自然或生态

---

① 本书认为：生态文明是人类文明史上的一个新形态，是以生态为"特征"、以文明为"本质"的新形态；因此，如何理解"文明"，如何理解"文明形态的演化与更迭"，是研究生态文明及其建设的另一个前提。如同不能将生态作为前提存而不论一样，对文明这个前提也不能存而不论。本书另一个特点是抓住"文明"不放，并从抽象上升到具体的叙事方式中逐层展开对其丰富内容进行解说。

本身的产物。对此，19 世纪最伟大的思想家马克思认为，文明史可以从两方面来考察："自然史和人类史。但这两方面是不可分割的；只要有人在，自然史和人类史就彼此相互制约"①；"全部人类历史的第一个前提无疑是有生命的个人的存在"②，"这些个人把自己和动物区别开来的第一个历史行动不在于他们有思想，而在于他们开始生产自己的生活资料"；③或者也可以说"人们为了能够'创造历史'，必须能够生活"；④"人们单是为了能够生活就必须每日每时去完成它，现在和几千年前都是这样"；⑤因此，"历史什么事情也没有做……创造这一切、拥有这一切并为这一切而斗争的，正是人，现实的、活生生的人……'历史'可不是利用人作为工具以达到自己目的的某种特殊的人格，它不过是追求着自己目的的人的活动而已"。⑥

文明是照耀人类走出黑暗、愚昧、野蛮，走向光明、智慧、幸福的灯塔。文明包括史前文明和真正的人类文明⑦；后者包括原始文明、古代文明、近代文明和现代文明。对此，20 世纪最伟大的历史学家阿诺德·汤因比在谈到文明起源与本质的时候发表了如下见解。他说："自原始社会开始变为文明社会，我们发现这是一种从静止状态向活动状态的过渡……所谓文明的起源，无论是否有亲缘关系，都可以用司马兹将军（Generl Smuts）的话加以描述：'人类再次动起来'。这种动与静、运动与休止与再运动的轮换韵律，被不同时代的许多观察者看作是宇宙的某种基本性质。中国社会的贤人用充满智慧的比喻，把这些变化成为'阴'与'阳'——'阴'表示静，'阳'表示动。中国字符中代表'阴'的基本符号似乎是一团遮盖了太阳的乌云，而代表'阳'的基本字符则似乎是没有云彩遮盖了的、光芒四射的太阳。按照中国人的规则，'阴'总是首先提到。在我们的视域之内，我们可以看到，在 30 万年以前，我们的祖先已经达到了原始人性的那块'岩石'，在那里歇息了 30 万年

① 《自然辩证法》，选自《马克思恩格斯选集》第四卷，人民出版社 1995 年版，第 259~386 页。
②③④⑤ 《马克思恩格斯选集》第一卷，人民出版社 1995 年版，第 67 页、第 67 页注释①、第 79 页、第 78~79 页。
⑥ 《列宁全集》第 55 卷，人民出版社 1990 年版，第 19 页。
⑦ 参见《马克思恩格斯文集》第一卷"德意志意识形态"，第四卷"家庭、私有制和国家的起源"。

的 98% 之后才进入文明的'阳'活动时期"。① 因而他认为，文明是"从旧社会向新社会的过渡"。②

文明从来都是千姿百态的"地域文明"或"特色文明"，而从来就没有过整齐划一的"世界文明"或"普世文明"。从哲学角度看，所谓"世界文明"、"普世文明"属于人类文明、一般文明的范畴。而"世界"总是"具体的"，"一般"总是寓于"个别"之中；没有具体、没有个别的这一现实存在的前提，就无法抽象出世界或普世这样的范畴或概念。因此，汤因比在其《历史研究》中以 21 个文明社会为研究对象，将其作为世纪文明具有多样化的样本，并在第一部导论中以章为单位探讨了"诸文明的比较研究"（第二章）、"各个社会的可比性"（第三章），在其中着力批判了那种"对文明统一性误解"（第三章第二节），还给出了"关于诸文明可比性的案例"。在汤因比看来，所谓"文明统一性的观点是现代西方历史学家受其社会环境影响而产生的一种误解。造成这种误解的原因是基于这样一个事实，即我们自己的西方文明在近代已经把它的经济体系网络笼罩了整个世界。这种在西方基础上的经济统一之后紧跟着的是西方基础上的政治统一，其范围也相差无几。……这一点也是事实，就是当今世界的所有国家都构成了源自西方的单一政治制度的组成部分"。③

文明如同人类一样，事实上都是独一无二的，因而在某些方面是无法比较的，但在其他方面，它却可以是它所处的类别（可以类比为生物学中的"种群"）中的一个成员，因而可以与该类别所涵盖的其他成员进行比较。没有两个生物体，无论是植物还是动物，可以达到纹丝不差的地步，如俗话所说，"世界上绝没有两片相同的树叶"，但这不能说生理学、生物学、植物学、动物学、人种学、生态学由此便失去了意义。相反，恰恰由于这种多样性造成的差异，文明才有了比较、交融、共存的前提。事实上，文明是以经济、政治、文化、社会等制度形式，并以物质、精神、文化、风俗、习惯等人文形态影响或决定人类社会发展趋势的力量。而决定经济、政治、文化、社会等制度形态之特色的因素，应该说，都是决定或影响文明之特色的因素。例如，西方文明

---

① ② ③ ［英］阿诺德·汤因比著，郭小凌、王皖强等译：《历史研究》（上卷），上海世纪出版集团 2010 年版，第 56、16、38 页。

一般被认为海洋文明；东方文明则被认为是河流文明。又如中国文明也会被称为黄色文明或炎黄文明。然而，从根本上看，决定文明特色的因素，是作为文明创造者的人及其人与人之间的社会关系，特别是固化这种关系的制度形式。正是从这个意义上，大不列颠联合王国是英国文明的特色；民主联盟是美国文明特色（见图1-2）。

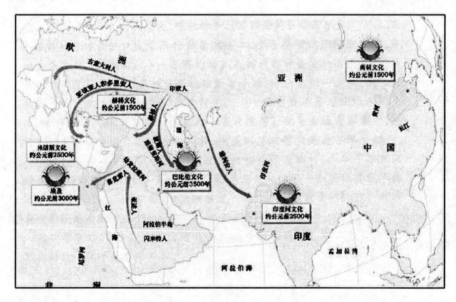

图1-2 世界文明群落：最大视野最全面的多样化文明

资料来源：［美］斯塔夫里阿诺斯著，吴象婴译：《全球通史：从史前史到21世纪》，北京大学出版社2006年版，附图。

三、生态文明是人类文明发展的新形态：既是自然的 又是社会的

生态文明是继原始文明、古代文明、近现代文明之后的一种新的文明形态（见图1-3）。如果说生命是生态的创造者（主体），那么人类就是创造文明的创造者（主体）。因此，文明史本质上是人类史。在这里应该指出，研究生态文明，如果没有生态学和人类学的支撑，我们所做的研究就缺乏应有的科学基础；同样，如果没有社会科学和人文科学的积累，我们所做的研究也缺乏应有

的理论深度。然而，现在的问题恰恰在于此。最让人无奈的是：不具有生态学背景的研究者，一般都将"生态文明本身"作为"既定事实"，或者作为可以存而不论的"前提"；而具有生态学背景的学者又缺乏对"文明本身"的常识，把衡量人类社会形态演化尺度的文明，混同于人类作为某一特定社会形态标志的文化形态。由此便发生两种不正常的情况：一种情况，以对"生态"的研究替代了对"（生态）文明"的研究，例如，学界有不少人把生态建设混同于生态文明建设；另一种情况，把以生态为特征的文明形态割裂开来，变成了关于"生态"和"文明"的研究。其实，从上述我们对生态与文明两个范畴的理解上看，生态与文明之间有着既相互区别又相互联系的内在联系。"社会"恰恰是耦合这种内在联系的中介（组织）。因此，深入研究文明及其社会功能和历史作用，就必须要研究"社会"和"人"，因为后者是前者的形式或载体。

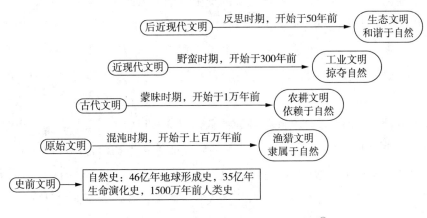

图 1 - 3　生态文明在人类文明史中的位置①

关于社会，在马克思看来就是"人的世界"②，构成社会的主体要素是"人"，如果说社会具有人性，与人具有社会性是一回事。基于这样的观点，马克思认为，人首先是源于自然且离不开自然的生命有机体，它的生存和繁衍离不开自然系统的支持；但马克思同时认为，人除了具有自然属性之外，还具

---

① 本书凡是没有注释资料来源的图表均为本书作者制作。
② 《马克思恩格斯选集》第一卷，人民出版社 1995 年版，第 1、60、80 页。

有社会属性，因为人的生命活动、生产活动和生活活动，总之一切活动，都必须借助人与人之间相互联系的"活动方式"才能进行。因此，从这个意义上看，马克思认为："人的本质……在其现实性上，它是一切社会关系的总和"。① 他说，"生命的生产，无论是通过劳动而达到的自己生命的生产，或是通过生育而达到的他人生命的生产，立即表现为双重关系：一方面是自然关系，另一方面是社会关系"。② 在这里，他强调的"关系"绝对是人所特有的，因为"动物不对什么东西发生'关系'，而且根本没有'关系'；对于动物来说，它对他物的关系不是作为关系存在的"。③ 因此，从唯物史观的视域中看，"人即使不像亚里士多德所说的那样，天生是政治动物，无论如何也天生是社会动物"。④ 应该说，人的本质及其二重属性，是自然与社会、生态与文明具有内在联系和相互嵌入的根源。

事实上，与人的二重属性相匹配，社会也具有自然和人文的二重属性，这二重属性也相互嵌入形成自然与人文的交错运动。因此，社会一方面是生物圈中的智慧圈，即人的活劳动过滤过的自然界，即人类赖以生存、繁衍的"自然环境系统"；另一方面是一切与人类特有的活劳动方式相联系的"关系体系"。由此可以发现，构成社会的最初要素是：（1）人及其与生存相关的活动；（2）自然环境或自然条件，"这些条件不仅决定着人们最初的、自然形成的肉体组织，特别是他们之间的种族差别，而且直到如今还决定着肉体组织的整个进一步发展或不发展"⑤；（3）人文环境即关系体系，它是承载人的所有活动的"人文环境系统"。由此还可以发现，社会与人具有同源同本的性质：它们均本源于自然，本质于人与自然和人与人之间的关系；不同之处在于：前者是关系体系（组织或网络），后者是关系主体（要素或节点）。在这里，我们需要强调的是：构成社会最重要的因素是"人的活动"，没有人的活动也就

---

① ② 《马克思恩格斯选集》第一卷，人民出版社 1995 年版，第 1、60、80 页。

③ 《马克思恩格斯选集》第一卷，人民出版社 1995 年版，第 81 页。马克思批判了那种把"关系"意识化的唯心主义错误，他说："在哲学家们看来关系＝观念，他们只知道'一般人'对自身的关系，在他们看来，一切现实的关系都成了观念。"参见《马克思恩格斯选集》第 1 卷，人民出版社 1995 年版，第 133 页。

④ 《马克思恩格斯文集》第五卷，人民出版社 2009 年版，第 379 页。

⑤ 《马克思恩格斯选集》第一卷，人民出版社 1995 年版，第 67 页，注释 2。

没有人与人之间的关系；如同马克思所说："全部社会生活在本质上是实践的"；[①] 社会作为人的活动的环境，它的"改变和人的活动的一致的，只能被看作是并合理地理解为变革的实践"[②]，"一个方面是人改造自然，另一个方面是人改造人"；[③] 前者为"人类与自然的和解以及人类本身的和解开辟道路"，[④] 后者为前者提供条件。[⑤] 因此，应该说，社会既是人类文明活动的产物，又是人类文明发展程度的标志。

生态文明，作为当代人类文明发展的新形态，不仅同样具有自然与人文二重性，而且更加鲜明地显现了这种二重性。从自然属性上看，生态文明是蓝色文明（气圈、水圈）、绿色文明（岩石圈和土壤圈），而不是黑色文明（大气、海水、河水被污染）、黄色文明（岩石裸露、土壤流失）。从人文属性上看，生态文明是"以人为本"的福祉文明、和谐文明，而不是"以物为本""以资为本"的物质文明、财富文明。生态文明不仅表征人与自然和谐相处的文明形态，而且表征人与人和谐相处的文明形态。那种把生态文明仅仅表述为人与自然和谐的观点是不正确的、是不符合生态文明发展实际历程的，也是十分有害的。[⑥] 在这里，我们强调：（1）对生态文明的理解，离不开对"以人为本"的福祉社会与和谐社会的理解，由此，对生态文明建设的理解，也离不开对福祉社会与和谐社会建设的理解；（2）生态文明及其建设问题，既不是单纯的生态及其建设的问题，也不是传统意义上理解的文明及其建设问题，而是一个以"生态为特征"的文明建设问题；（3）生态文明本质上，不仅是"以人为本"的社会主义新文明，而且是这个文明的高级阶段和高级形态。在研究方法上，我们还要强调，只有从什么是生态，什么是文明，什么是生态文明，什么是生态文明建设等等，这些最基本的范畴出发，才能挖掘生态文明内涵，并由此延伸到对人类文明形态演化方向的研究，而这些对于研究生态文明建设特别是制度建设是极其必要的。

---

①②③④⑤ 《马克思恩格斯选集》第一卷，人民出版社 1995 年版，第 56、59、88、63 页。

⑥ 参见叶文虎：《建设一个与自然和谐相处的社会》，引自《生态文明研究前沿报告》，华东师范大学出版社 2007 年版，第 21 页。

第二节　解析生态文明建设真谛，
明确经济社会发展方向

如果说前面揭示的"人与社会"的二重属性，揭示了与生态文明建设研究息息相关的隐蔽性要素，阐释了存在于"生态与文明""自然与人文"之间那种看似矛盾实际却紧密相连的内在关系，以及使它们能够相互嵌入并交错产生作用的力量和机制，那么，我们将进一步阐释生态文明建设为何一定要采取社会形式发展，如何理解社会形式？为何要把生态文明建设放在突出地位，融入经济建设、政治建设、文化建设、社会建设各方面和全过程？应该说，本节涉及的是与生态文明制度建设研究竖立其上的理论前提。

一、研究生态文明建设包括制度建设需要的逻辑前提

（一）如何理解"建设"从而理解生态文明建设包括的主体和力量——人及其活动

当前无论在国际还是在国内，研究生态文明及其建设的文献可用汗牛充栋来比喻，但是，几乎所有的学者都认为，真正能够将问题说清楚的文献并不多。原因何在呢？笔者认为，一个重要原因就是生态文明及其建设问题，不仅涉及众多学科的交叉，而且涉及用何种跨学科的语言对其进行叙述的问题。因为不同语境下的语言（范畴）指代的客观实在是不一样的，不同语境背后的真实世界也是大相径庭。鉴于这种情况，笔者不得不经常提及一些看似很简单的概念，以提醒包括我们自己在内的学者们，我们的逻辑是从这里出发的。现在，我们在讨论"什么是建设"的时候，又开始了这种提醒。如前所述，（1）社会，作为人的世界，是人的生存环境，其最初的构成要素是人及其活动与自然环境；（2）人，作为源于自然界的活生生的生命体是构成社会的主体要素，人的活动是人作为"活（体）物质"（有机体）释放出来的能量（亦称"活劳动"）；（3）自然环境，包括人的活动初次过滤或长期过滤的环境系统，也是所有生命系统的支持系统；（4）能够将人的生命系统和生命保障系统耦合

在一起并形成社会系统的力量是人及其活（劳）动。我们之所以进行这种提醒，是因为这些内容恰好是我们研究"建设"包括生态文明建设所必需的。

从人类生态学的视角看，人及其他们的活动，是一种能够实现与其他物质（有机体与无机体）进行变换的物质与能量。在这个意义上，将人称之为人力资源是正确的。由于这种能量内存于活着的人体本身，因此它可以被称作"活动"或"活劳动"，人也可以被称作"活物质"。越来越多的事实证明，人作为生物圈中的活物质，具有能够改变地球和太阳之间关系，以及地球生态系统中子系统之间的关系，从而能够改变整个地球系统的力量。① 所谓活物质，在生物圈学说的创立者、卓越的地球化学家、苏联科学院院士维尔纳茨基看来，是能够以重量、化学成分、能量、空间特征来表示的所有有机体的总和，是地壳（岩石圈）不可分割的一部分，是地壳变化的机制。活物质与"死物质"相比，具有独特的新陈代谢的功能：作为生物圈的"建设者"，它是能够把宇宙辐射转化为地球能——电能、化学能、机械能、热能的转换器；其功能完全可以同河流、风、火山及其他物质的地质作用相比，是统一地壳过程的表现形式；它与自然环境系统之间的互动，是影响生物圈变化的巨大力量。维尔纳茨基还认为：人类是活物质中一部分，作为一种特殊的"活物质"，人的活动具有使地球成为宇宙间迄今为止独一无二的生态球的巨大功能，因为人类具有其他种类的活物质无法比拟的"能动性"和"社会组织性"，以至于它的出现使生物圈演化为智慧圈；智慧圈的出现导致人类活动系统与自然环境系统之间的交互作用发生"质变"，即"生物圈发展的自然过程受到破坏……人首次成为巨大的地质力量"。②

从人文社会学的角度看，人的活动是有意识的具有能动性和社会组织性的建设活动。其中，有意识，是指人的活动有目的、有目标，有纲领、有规划，有分工、有协作、有指标、有任务、有监控、有管理，有效果、有效益取向；能动性，是指人的活动具有主观性、探索性、方向性、创新性、风险性；社会组织性，是指人的活动发生在社会框架中，是以社会组织为中介的具有集群性的，由人与人之间相互联系和交互作用来表现的活动。由此可以看出，建设作

---

① "我们向地球环境中排放了过多的碳氧化物，以至于改变了地球和太阳之间的关系"，参见〔美〕阿尔·戈尔著，环保志愿者译：《难以忽视的真相》，湖南科学技术出版社 2007 年版，第 10 页。

② 参见〔苏联〕维尔纳茨基著，余谋昌译：《活物质》，商务印书馆 1989 年版。

为一种内含寓于主体（人类）、发自于主观（人本身）的活动（活物质或活劳动），既包含人的精神层面、思维层面、文化层面的实践活动，也包含人与人的组织管理层面、交往交换层面、生产与消费层面的实践活动，而把这些活动联系在一起集合在一起的是社会。逻辑到了这里，于是，我们不得追问如下的问题：（1）社会形成机制是什么？或者说，是什么使人类结成社会?[①]（2）社会整体结构是怎样的？它是否有分层，其结构与功能又是怎样的？（3）社会是否具有生态的性质？显然，只有搞清楚这些问题，我们才能将生态建设和生态文明建设准确定位，从而清楚地确定它们性质、功能与内容。需要指出，正是人类特有的有意识的具有能动性与社会性的建设活动，才使人类创造了特有的生态与文明。

（二）如何理解"建设"从而理解生态文明建设的机制——社会结构、社会系统

在马克思唯物史观的视野之中，社会形成与人的形成同时同步都经历了一个从混沌到有序的过程。追溯社会形成过程，不论对于理解生态文明，还是理解生态文明建设的机制都非常有意义。具体地说，社会形成的起点，是从自然界走来的一团活物质，即一个以个体存活为前提的原始种群，是"一切动物中最爱群居的动物"[②]。为了维持"个体"生存（利益—动机），它们必须通过个体与个体之间的相互联系共同活动（集群劳动），以便能够从自然界（环境—供给）中获取维持生命活动所需的物质资料。它们像蚂蚁和蜜蜂一样集聚在一起，共同活动（劳动）、统一分配、一起消费，以实现群体（即生态学意义上的"种群"、集合体、共同体、全社会）的共同利益（即种群的存活和繁衍）。在原始社会个人的生命存活方式（获得利益的方式）决定了他们生活方式、劳动方式或生产方式，以及原始的社会形式。每个原始人的生命利益，是形成人与人之间相互联系和交互作用的初始动力和持续动力。于是，如马克思所说："以一定的方式进行生产活动的一定的个人，发生一定的社会关

---

① 《马克思恩格斯选集》第一卷，人民出版社 1995 年版，第 76～116 页。这是被德国社会学家拉尔夫·达伦多夫称为有史以来最令人困惑的一个社会哲学问题。达伦多夫是当代罕见的、其学术思想能够同时享誉欧洲和美国的德国的社会学家。

② 《马克思恩格斯文集》第九卷，人民出版社 2009 年版，第 553 页。

系和政治关系。……社会结构和国家总是从一定的个人的生活过程中产生的"①；国家是从氏族部落中演化而来的，"它刚一产生，对社会就是独立的"②，并很快就成为统治阶级的机关，同时还"马上就产生了另外的意识形态"③。然而，一旦到了这时，人类就不再是一个"混沌的整体"了，而是一个个由具有"个体"差异性构成的"群体"了。

从静态角度看，发育成熟的社会，是由三个功能不同的子系统构成的有层次、有结构的整体（见图1-4）。（1）在最底层的是支撑整个社会的"经济基础"。它是由生产力系统和生产关系系统的交互作用耦合而成的物质生产方式。其中前者是人与自然之间进行物质、能量、信息变换的系统，后者是人与人之间进行物质利益和各种利益交换及分配的系统。作为把两者耦合起来的物

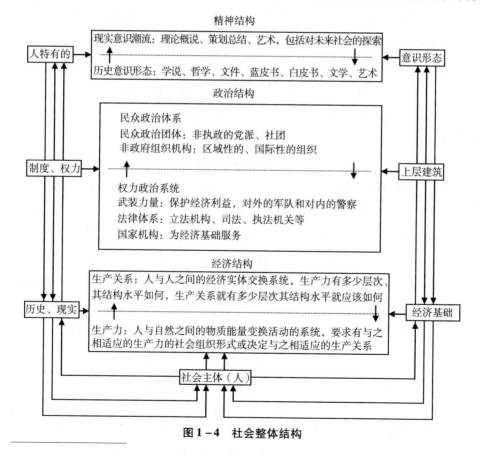

图1-4 社会整体结构

① 《马克思恩格斯文集》第一卷，人民出版社2009年版，第523~524页。
②③ 《马克思恩格斯文集》第四卷，人民出版社2009年版，第308页。

质生产方式，连同它们的社会形式，即经济制度安排，是社会与自然环境和自然生态连接最密切的地方。因此，人类的经济建设也是与环境建设和生态建设相联系的最紧密的地方。（2）竖立在经济基础之上的，处在社会整体中间层面的是"政治的上层建筑"。它是以法的关系、国家的形式等不同的政治体制（国体、政体）为政治制度安排的权力机构。尽管不同的政治部门具有不同的政治功能，但归根结底它们的功能都是为经济基础保驾护航。（3）处在最顶部的是坐落在社会存在基础上的"社会的意识形态"。虽然其个体意识形态具有五彩缤纷的多样性，但其群体形态在历史上却一直具有主流和非主流的区别。其中占统治地位的主流精神力量或具有引领或设计制度安排的理论体系，也可称作"精神的上层建筑"。

从动态角度看，发育成熟的社会，是一个由各种子系统构成的极其复杂的社会生命系统。把社会和生命的机体进行对比，是由来已久的。古希腊大学者柏拉图曾把社会机体表述为由思想（理性）、感情（精神）、食欲（躯体）三个子系统组成，其中每一个子系统代表一个特定的社会阶级。但是，把成熟社会当作有机体来研究的典范是马克思。他的《资本论》从一定意义上说就是研究资本主义有机体生命全过程的著作。他用资本主义有机体形态演变来解说其结构变迁。需要指出，马克思作为早期社会学家对社会学贡献最大的就是他的社会结构理论和社会形态理论。应该说，马克思的理论对 20 世纪乃至今天的社会学理论影响很大，以至于我们在党的十八大报告对"五位一体""四个建设"的表述中都能看得出这个影响。在这里，我们在有利于理解生态文明建设的范围内，对这一理论的演化过程作简要概述。1937 年，帕森斯发表了《社会行动的结构》一书，阐述了与"社会行动"（即社会建设）相关的范畴：行动单位、行动主体、行动目标、行动抉择、限制条件、规范及价值观等，以及由这些范畴之间的相互关系组成的结构。1951 年，他发表了《社会系统》一书，表达了他把社会看作一个生命有机体的观点，因此，社会作为有机体的生命系统就是社会的行动系统。在他看来，社会有机体行动系统像其他生命系统一样，必须具备某些基本功能：适应性功能、目标实现性功能、整合功能、模式维持性功能，还必须具备满足基本功能所必要的条件：一方面是处理系统内部状态和对付系统外部环境的条件；另一方面是追求目标和选择条件。他还认为，社会系统是由四个子系统组成（见图 1－5）：经济体，执行适应性功能；政治体，执行目标执行功能；社会共同体，执行整合功能；文化模式托管系统，执行模式维持功能；与它们相对应的社会结构范畴是：角色、集体、规范、价值观。

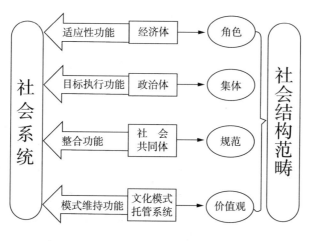

图1-5 社会（耦合）系统图示

（三）如何理解"制度建设"在社会系统建设中的地位和作用？

从生态文明的视角看，社会系统既是一个复杂的生命系统，又是一个复杂的生命保障系统。从生命系统看，构成社会的主体性要素，依然是每天都进行新陈代谢的个体（人）、每天都进行生生死死交替的群体（种群）、每天都进行协调群体与群体之间利益关系的有层次有结构的整体（群落或群系），因此，社会本身就是活生生的极其活跃的有机体。从生命保障系统看，支持社会生存发展状态的，依然是人与生态环境之间的"互动"，这里的生态环境及包括资源输入系统，又包括产品产出系统，同时这里的环境还有了更细的划分：自然环境、经济环境、政治环境、社会（衣食住行）环境、文化环境、精神环境。因此，社会有机体本身也可以演化成自组织、自循环、自发展的系统。当然，社会作为地球生物圈中具有特殊意蕴的生态系统，还表现在它具有极其复杂的二重性（见图1-6）：其生命系统，无论是个体、群体还是整体都是有信仰、有价值观、有人权诉求、有行动能力的"社会动物"；其生命保障系统即环境系统，是自然、人文（精神、思想、教育、历史、文化习俗）、社会

（基本制度＋各种具体制度）等环境系统的耦合。生态文明建设就是在不同层次的不同的子系统中进行的。而把这些具有超复杂性的社会生态系统耦合起来，就需要一种具有约束性的力量。这种力量就是制度。然而，制度不是凭空产生的，也不是千篇一律的，更不是一成不变的，它也需要全社会来建设，而制度建设就是本书主体部分要研究的内容。

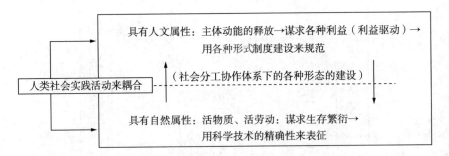

图1-6　社会实践活动与制度建设（活动）示意

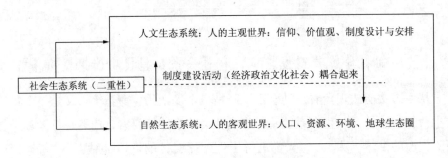

图1-7　社会生态系统示意

二、要正确理解"生态建设"与"生态文明建设"的联系与区别

（一）再谈"生态"的内涵与外延

如前所述，如何理解"生态"？这是研究生态思想、生态哲学、生态伦理、生态经济、生态文化、生态社会、生态取向、生态化、（各种各样的）生

态学，特别是生态文明及其建设的学理基础。就像没有地基不能盖大楼一样，没有这个学理基础，就不可能构建生态文明建设的理论大厦。同样，没有这个学理基础，生态文明建设也不知从何下手。正是基于这样的认识，本书一开始就给"生态"下了一个最简单的定义：即"生态"是生物在一定自然条件下生存和发展的状态。但当我们经历了从一个抽象上升到具体、从简单逐渐丰富为复杂的叙述过程之后，我们发现，生态不仅可以用种群、群落（群系）、生物圈、生态系统来表征，也可以用生命系统和生命保障系统、生命系统和物质循环与能量流动系统来表征，甚至也可以用生命系统与环境系统的互动来表征；我们还发现，如果从地球演化、人类演化和社会演化的视角来看待生态，那么生态也可以具有二重性，即一方面是自然生态，另一方面是社会生态；如果从 DNA 双螺旋的角度看，自然生态与社会生态相互嵌入、交互作用，那么还会出现基于复杂适应性的自然社会生态或社会自然生态。于是，我们对生态的理解也经历了一个从狭义到广义，从内含到外延的一个过程。

当然，这个过程是我们在认识上不断深化的过程，是我们一再强调由无知到有知、由知之不多由浅入深的过程。这个过程，对于理论工作者来说是非常重要的，因为这不仅仅对"认识（观念）"具有意义，而且对"方法（实践）"也具有意义。例如，只有搞清楚"生态"的内涵与外延，才能区分"两个建设"在主体与客体、动机与目的、路径与过程、空间与手段等方面有什么区别，才能明确"两个建设"在社会整体结构中居什么位置、发挥什么功能，也才能明确它们各自的子系统在哪里，与它们互动的子系统又在哪里？然而，这个看似"众所周知"的认识过程却在急速行进的"理论建设"过程中被太多的人忽略了。这种忽略带来的"实践效应"，一方面是使众多的研究工作陷于雷同，另一方面是使实际工作者分不清自己是在搞生态建设还是在搞生态文明建设。坦率地说，从本书选题、策划、构架、写作的全过程看，讨论最多的就是如何理解"两个建设"之间的区别与联系问题。或者说是党的十八大报告中的"五位一体"如何与"四个建设"相匹配的问题。经过了一个不算短的讨论过程，笔者在这里由衷地与读者分享心得或者向读者汇报：是马克思的唯物史观、马克思的辩证法、马克思的科学方法论使我们搞清楚了这个问题。

（二）"生态建设"是表征生态文明建设本性的基础建设

狭义地说，生态建设是以维护、修复、恢复生态系统功能为目标，以遏制、减缓、拯救生物多样化消失和节约资源能源、循环利用物质、减少污染排放、保护环境为内容，以重建生命系统与生命保障系统之间平衡关系为特点，以各国政府组织与各种非政府组织的联合行动为手段的人类自救活动。显然，从建设活动的动机、目的、方式、路径、对象、规模等角度去看，生态建设活动与经济建设、政治建设、社会建设、文化建设相比都是极不相同的。然而，根据生态具有自然与社会二重属性的特点，生态建设可以演化为自然生态建设和社会生态建设，可以广泛发生在社会整体结构中的每一个层面、社会系统的每个子系统之中。因此，广义地说，生态建设是人类文明史上前所未有、方兴未艾、无与伦比的伟大实践，它的任务是建立与生态文明建设本性相适应的物质、经济、政治、文化、社会的崭新基础。因此，它一定是站立在现代化全部文明的基础之上的。从建设实践的角度看，没有可持续进行的生态建设，就不会有生态文明建设的永续发展。

说生态建设前所未有，是因为在原始、古代、近代包括现代的文明阶段中，从未发生过以"生命"为特征、为标志的建设活动，取而代之的是为"物质资料""经济财富""资本增殖"的活动。说生态建设是方兴未艾的，是因为它虽然发端于现代社会，但本质上却属于未来，它是真正激动人心的伟大建设。说生态建设的无与伦比，是因为这种建设第一次超越了个人、群体的眼界或框架，第一次自觉地把个体、群体、整体之间的本质关系建立起来，并当作每一个生命得以延续的条件，这种建设的方式是革命性的。然而，生态建设是基于现实的，可以立即操作的建设。我们首先强调，保护生物多样性是生命系统建设中最重要的工作。生物多样性，包括基因多样性、物种多样性、生态多样性、功能多样性，这种保护生物多样性的建设工作，对于当代人建立热爱生命、尊重生命、保护生命的文明意识具有直接意义。需要强调的是，生态建设，不仅仅是人类活动创造的，生态系统中所有生命有机体，包括其生产者、消费者、分解者都是生态群落的建设者，只不过人在其中既是啮噬者又是捕获者。人，如果没有文明导引，是生态最危险的破坏者。我们还要强调，保护生命系统，必须保护生命赖以存活的支持系统。食物链和食物网是生命系统能量流动的路径和网络，而食物链和食物网的建设是以生物圈中物质能量的循环为条件的。

（三）生态文明建设是社会整体结构系统建设

生态文明是以生态为特征、以人的生命为根本、以人与自然和人与人之间的和谐相处为目标的社会文明形态。这种文明热爱和尊重人的生命及其活动，爱护和理解一切生命个体的差异性（即个性），生命群体的多样性（社会组织），生命整体的复杂性；热爱和尊重生命的支持系统，感恩和理解资源系统与环境系统对生命系统的奉献与支持。生态文明建设是以生态建设为基础，以生态化的经济建设为支撑、政治建设为保障、文化建设为导引、社会网络建设为载体的系统性建设。换句话说，生态文明建设，既是构成社会整体结构的五个分层的建设，又是"五位一体"的总和；既是各自具有独立运作的五个子系统的建设，又是"五位一体"子系统耦合而成的社会总系统的建设。作为人类文明史上的一种崭新文明形态，它主张树立尊重自然、顺应自然、保护自然的生态文明理念，坚持节约资源和保护环境的基本国策，坚持节约优先、保护优先、自然恢复为主的方针，坚持生产发展、生活富裕、生态良好的文明发展道路；它着力推进建设资源节约型、环境友好型社会，形成节约资源和保护环境的空间格局、产业结构、生产方式、生活方式，为人民创造良好生产生活环境，实现中华民族永续发展。生态文明建设的实质是把生态文明建设融入社会整体结构的经济建设、政治建设、文化建设、社会建设各方面和社会系统运行的全过程。

三、生态文明建设目标是构建人与自然和人与人和谐相处的社会

（一）人与自然的和谐相处，必须要人与人的和谐相处来引领

为了能够科学揭示生态文明建设的本质和内容，笔者不厌其烦地揭示了生态的构成要素及其演化过程、文明的本质属性及其历史进程、社会作为文明载体的构成要素及其二重属性，以及人类建设活动在文明发展过程中所起的决定

性作用。然而，现在当我们回顾前面对生态文明建设种种解说的时候，我们竟然发现曾被认为烦琐的解说，对于理解将要讨论的问题还是过于简单了。不过，这不是坏事，相反，它是我们正确理解复杂问题必经的道路。例如，现在我们对本节的题目："生态文明建设的目标是构建人与自然和人与人和谐相处的社会"进行评价，那么我们就会发现，它的理论基础是社会具有自然与人文二重性，但社会在本质上是"人的世界"。我们还会发现，在理论上把生态文明建设的目标表述为"人与自然和谐相处的社会"是非常错误的，起码是不严谨的；如果从更广阔的国际视角和更长远的历史视角去看，这种表述还是十分有害的。这是因为"社会"实际是一个能够耦合人与自然和人与人之间复杂关系的复杂系统，它内在具有的是"双螺旋结构"。如果双螺旋变成"单螺旋"，那么社会将不成其为社会了。所以把"人与自然和谐相处的社会"作为建设目标，在逻辑上是错误的，在事实上也是行不通的。在这里，我们先看看由于人类自我交恶导致的生态环境失衡的大事件。

20世纪上半叶是西方发达国家在科学技术、经济政治、文化社会等方面迅猛发展恣意扩张的时期。由此，他们在1914～1918年、1939～1945年这两段时间（总共31年）里进行了两次世界大战，把战火燃遍了整个地球，数以亿吨的炸弹在生物圈中爆炸，几十亿的人口拖进了战争，上亿的人的生命被残暴结束，数亿人成为残疾。其中特别要指出的是：（1）日本军国主义在侵华战争中，仅南京大屠杀就杀死中国人30万，此外，还使用化学武器和生化武器甚至灭绝人伦地搞"活体实验"；（2）美国为了结束这场反人类的法西斯战争，在日本投放了两颗原子弹，所有这些以空前规模造成了人类文明史上前所未有的生态系统的大劫难。难道不是吗？就在这个大劫难之中以及之后，在发达国家中作为生命保障系统的自然环境污染问题，也像两次世界大战一样[①]突然降临到他们面前。1930年比利时马斯河谷发生了烟雾事件；1943年美国洛杉矶发生了光化学烟雾事件；1948年美国发生了多诺拉烟雾事件；1952年英

---

① 1914～1918年，在同盟国和协约国之间发生的第一次世界大战，参战人数大约有6500万人，有1000万左右的人失去了生命，有2000左右的人受伤。参见 http://www.mod.gov.cn/hist/2011-10/13/content_4304898.htm。1939～1945年，第二次世界大战战争最高潮时全球有61个国家和地区参战，有19亿以上的人口被卷入战争，直接死于战争及与战争相关原因的人约为7000万，其中苏联占2700万，中国约占1800万人。参见 http://www.baike.com/wiki/第二次世界大战。两次世界大战是在人类社会生态系统中发生的"反人类"的惨案。

国伦敦发生了烟雾事件；1953～1956 年日本九州岛发生了水俣病事件；1955～1972 年日本富山发生了骨痛病事件；1961 年日本四日市哮喘病事件；1968 年日本九州岛发生了米糠油事件。这就是震惊世界的"八大公害事件"。这些接连发生的环境公害事件，不仅导致了许多贫困百姓的痛苦、疾病和死亡，而且将所有公众的生态环境至于危险之中。

（二）生态文明建设目标应当从生态环境危机的根源去寻找

生态环境危机问题"率先"发生在发达国家是世界各国公认的不争事实。从政府间气候变化专门委员会（IPCC）。提交的实证报告来看①：近百年来，地球气候正经历一次以全球变暖为主要特征的显著变化（中国气候变化趋势与全球气候变化的趋势基本一致），这个变化是由自然的气候波动和人类的各种活动效应共同引起的；近 50 年的气候变暖，主要是人类使用化石燃料排放的大量二氧化碳等温室气体的增温效应造成的；现有的预估结果表明：在未来 50～100 年全球（包括中国）气候将继续向变暖方向发展；近百年来的气候变化已给全球（包括中国）自然生态系统和社会经济系统带来了重要影响，未来气候变化的影响也将是深远而巨大的，许多影响是负面的或不利的。需要指出，IPCC 是 20 世纪 80 年代联合国环境规划署与世界气象组织联合成立的专门研究气候变化的科学规律、社会经济影响，以及适应与减缓对策的国际组织。IPCC 的评估报告是国际社会应对气候变化的重要依据。

全球气候变化反映的是全球生态系统的变化。如前所述，全球自然生态系统是由气圈、水圈（包括冰雪圈）、土壤圈（亦称岩石圈）及其相互作用"构建"的生物圈。因此气候变化肯定会导致构成生物圈的其他子系统的变化。当前国际社会公认除了气候变暖这一问题之外，已经威胁到人类生存安全的重大环境问题还有：臭氧层破坏、物种加速灭绝和生物多样性消失、土地退化和荒漠化、淡水资源危机、能源短缺、森林资源锐减、海洋环境恶化，以及由化

---

① 20 世纪 80 年代，国际社会认识到气候变化问题的严重性并采取了相应的对策。1988 年 11 月，联合国环境规划署与世界气象组织联合成立了政府间气候变化专门委员会（IPCC）。到目前为止，IPCC 对气候变化的科学规律、社会经济影响，以及适应与减缓对策提出了四次科学评估报告。这些报告为国际社会应对气候变化，以及为《联合国气候变化框架公约》的谈判提供了重要的科学咨询意见，已对国际政治、外交、环境和社会经济发展等产生了重大影响。

学物质引起的污染和垃圾成灾等问题。国际社会已经认识到，当代环境问题是工业化发展特有的"文明成就"或者说是"工业文明"特有的成就。在工业化进程中，人类的社会生产力一方面改变了"靠天吃饭"、受制于自然环境的经济形态，另一方面作为一种"活物质"快速地毁坏了自然环境系统在几十亿年演化过程中形成的"自我净化能力"，从而也破坏了自然环境的"承载力"。工业化不仅加大了地球的生态重量，也开拓了地球原有的生态足迹，使地球不堪重负。

众所周知，发达国家的工业化进程最早发轫于18世纪中叶的工业革命。工业革命的重要特征是把近代科学技术引进生产过程，将其作为资本增殖的生产力，由此从根本上改变了资本主义的技术基础。率先掌握了科学技术的西方国家一方面改变了国内的经济社会形态，建立了以重工业体系为主导的"国民经济结构"；另一方面改变了国外的"全球经济地图"，获得了以非工业化国家为资源供应市场和产品销售市场的"外围体系"。经过200年左右的工业化发展进程，西方国家确实"发达"起来了[①]，他们不仅有能力发动两次世界大战做了人类世界的主宰，而且也有能力"上天入地"做自然世界的主人。虽然，"二战"结束以后，国家独立、民族解放、人民革命成为不可逆转的潮流，由此发达国家在海外掠夺资源的路径受到了限制，但是，这个时期的发达国家依然普遍地采用凯恩斯主义来拉动经济增长。到20世纪50～70年代，发达国家真的迎来了经济增长的"黄金时期"。[②]

然而，就是从这时起，发达国家遭遇了前所未有的环境污染。前面提到的震惊世界的"八大公害事件"，其中，有五件发生在"黄金时期"；有四件发生在"二战"后在经济上以惊人速度重新崛起的日本。对此，日本著名环境哲学和伦理学家岩佐茂说："日本在战后……成了'公害的先进国家'"；由于"50年代后期开始的经济高速增长，由于企业偏重追求利润积累资本，轻视废

---

① 按照世界著名经济学家安格斯·麦迪森的意见：在相当长的时间内，中国一直是世界数一数二的经济体，直到1820年时中国的总产出仍位居世界第三；而在同一时期欧美国家则不如中国"发达"，欧洲的进步归功于更快的科学技术进步，也归于给美洲大面积地区的征服和殖民所带来的收入，以及来自它同亚洲和非洲的贸易所带来的收入。参见［英］安格斯·麦迪森著，伍晓鹰等译：《世界经济千年史》，北京大学出版社2003年版。

② ［英］安格斯·麦迪森著，伍晓鹰等译：《世界经济千年史》，北京大学出版社2003年版，第115页。

物处理，其后果，特别是在 20 世纪 60 年代后期到 70 年代前期，爆发了产业公害，出现了深刻的社会问题。河流被淤泥亏染，鱼无法生存。城市空气被工厂排出的煤烟和汽车排出的尾气所污染，光化学烟雾现象频繁发生⋯⋯""20世纪是环境破坏的世纪"。① 公平地说，20 世纪的环境破坏是发达国家 200 年工业化进程的历史遗产。以导致气候变暖的人为二氧化碳为例，有权威资料表明：在 1751~1860 年的 100 多年里，人为二氧化碳排放基本上是发达国家排放的；在 1861~1950 年的 90 年里，发达国家二氧化碳排放量占了全球二氧化碳累计排放量的 95%。②

（三）生态文明建设目标应建立在科学总结发达国家经验教训的基础上

从全球范围看，生态文明建设发端于发达国家对生态危机的警醒，以及对造成这种危机的社会根源的批判。这个批判是异常艰难的也是极其感人的，是波澜壮阔的也是动人心扉的。这是人类文明发展史上的一种"新生态"；是人类以个体、群体、大多数群体的多样化形式发出的求生呐喊。这是人类文明史上的一种"新文明"；是代表人类文明发展新方向的"新人类"，不遗余力地为当代人的生命安全、为后代人的发展空间、为全人类福祉的永续发展，在经济建设、政治建设、文化建设、社会建设等方面作的批判与探索。总结这些经验和教训，对于当代正在发生的全球经济发展方式向生态化转变起到引领作用，对于当前正在进行的中国特色社会主义生态文明建设也起到借鉴作用。在这里，我们还会看到，一种崭新文明的崛起绝不是无源之水、无本之木，它既有人类发乎本性的诉求和斗争，也与当代人类对前人的反思与对后人的责任；同时，我们也会发现，生态文明建设，绝不能停留在社会整体结构中的某一个层面，它像一种普照的光出现在社会整体结构中每一个层面。

---

① ［日］岩佐茂著，韩立新等译：《环境的思想——环境保护与马克思主义的结合处》，中央编译出版社 2006 年版。

② 《气候变化国家评估报告》编写委员会：《气候变化国家评估报告》，科学出版社 2007 年版，第 328 页。该编写委员会由中国科学技术部、中央气象局、中国科学院、外交部、国家发展和改革委员会、农业部、教育部、水利部、国家林业局、国家海洋局、国家自然科学基金委员会等部委派出的 17 个部门的 88 位专家组成；又有 18 个政府部门和 55 位专家参加了评估报告的评审工作，该报告正式出版前曾先后 8 次易稿。

20世纪60年代，对生态危机的批判是从女学者蕾切尔·卡尔逊发表的《寂静的春天》开始的。① 1962年，卡尔逊用女性细腻的情感控诉了现代工业生产方式对充满诗情画意的春天的肆意践踏。她用生动而细腻的笔触再现了农药、杀虫剂等化学制品对生物多样性和人类健康造成的毁灭性危害。这本书强烈地震撼人们的心灵，引发了西方社会广大人民对环境污染的激烈批判，引发人们对于"征服自然，向大自然开战"的反思。但这本书却受到与之利害攸关的生产与经济部门的猛烈抨击。他们甚至给卡尔逊以疯狂的人格迫害。在《寂静的春天》出版两年后，她心力交瘁与世长辞了。这是环境保护主义者为环境保护做出的牺牲。继卡尔逊去世三年之后，1965年，美国经济学家肯尼思·鲍尔丁提出了发展生态经济和循环经济的设想，立即遭到了代表资本利益的新自由主义学派的扛旗人弗里德曼的批判。② 在鲍尔丁看来，"地球像一艘宇宙飞船"，快速的经济增长一方面会耗尽飞船内部的有限资源，另一方面也排出各种废弃物污染飞船环境。他指出，人类必须找到自己在生态系统循环中的位置，人类必须与全球生态系统中的所有构成元素建立起共生共存的关系。③ 1966年，鲍尔丁又发表"未来宇宙飞船地球经济学"，他呼吁一定要尽快减少生产和消费的流量，以维护自然资源的存量；他还指出，环境污染问题，已经宣布了价格制度（即市场经济）的失败。④ 与美国学者对生态危机的警醒相对应，1968年春天，在罗马猞猁科学院，聚集了来自全世界十多个国家30多个对人类发展前景怀有极度关切的科学家、数学家、人类学家、生物学家、教育家、经济学家、哲学家、未来学家，他们共同探讨人类在当时和未

---

① ［美］罗兰·斯特龙伯格著，刘北成、赵国新译：《西方现代思想史》，中央编译出版社2005年版，第580页。

② 参见：*Human Values Ecnomic Policy*, edited by Sidney Hook . Copyright 1967 by New York University Press. 针对鲍尔丁的理论判断，米尔顿·费里德曼发表了"经济学中的价值判断"的评论与之相左，并在随之演化为"经济学中并不存在价值判断"这一非常有代表性的口号。在弗里德曼看来，只有研究资本增殖的经济学才是经济学，研究生态的经济学不是经济学。参见［美］米尔顿·费里德曼著，胡雪峰等译：《费里德曼文萃》（上册），首都经济贸易大学出版社2001年版。

③ Kenneth E. Boulding . 1965, *Earth as a Spaceship*. http：//dieoff. org/

④ Kenneth E. Boulding, 1966, *The Economics of the Coming Spaceship Earth*, in：H. Jarrett（Ed.）Environmental quality in a growing economy. Resources for the Future/Johns Hopkins University Press, Baltimore. http：//dieoff. org/page160. htm. 国内很多书籍资料说，鲍尔丁在1966年发表了题为《一门科学——生态经济学》的重要论文，提出"生态经济学"的概念，本课题组去查看原文、查找出处和国际相关评论，做了很大努力，未见到鲍尔丁著有此文的任何线索。后来看到周宏春等也有同样的发现，参见周宏春、刘燕华：《循环经济学》，中国发展出版社2005年版，第77～78页。

来所面临的"世界性问题": (1) 人与自然关系中的环境退化和恶化问题; (2) 资源流失和缺失问题; (3) 人与人关系中的富足中的贫困问题; (4) 就业无保障问题、对制度丧失信心的问题; (5) 自然与社会交错关系中的遗弃传统价值问题; (6) 经济秩序与金融秩序混乱问题; (7) 通货膨胀问题; (8) 以及上述引起的人们心理紧张的问题, 等等。

他们认为这些问题具有的特征: 一是全球化的趋势, 包含着技术的、社会的、经济的、政治的等多样化因素; 二是这些复杂的因素是相互联系并相互作用的, 这也是最重要的。

还认为造成人类困境的原因是: (1) 每一个专家、每一个企业、每一个国家; (2) 只是从自己的角度、只用自己熟悉的方法、只从自己的利益出发; (3) 去从事原本是互相联系和互相作用的工作。

20 世纪 70 年代是生态文明建设风起云涌的时代, 其重要标志是联合国扛起来保护地球生态环境的大旗, 从此"保护地球家园"的队伍壮大了。1970 年夏天, 罗马俱乐部在研究应对人类困境计划中, 把人口、农业生产、自然资源、工业生产和污染确定为最终限制地球经济增长的五个因素。1972 年, 他们发表了题为《增长的极限》报告①, 以鲜明的观点让全世界都知道"人类正处在转折点上", 给当时正在经受第一次石油危机的西方世界开出了一副清醒剂。同年, 美国女经济学家芭芭拉·沃德和生物学家勒内·杜博斯以个人的名义, 向联合国人类环境会议提供的一份题为《只有一个地球——对一个小小行星的关怀和维护》的非正式报告, 评述了经济发展和环境污染对不同国家产生的影响, 呼吁各国人民重视维护人类赖以生存的地球。也正是在这一年, 联合国在斯德哥尔摩召开了联合国人类环境会议, 通过划时代的《人类环境宣言》、制定了《人类环境行动计划》, 把"只有一个地球"的呼声传遍全世界。1974 年, 美国生物学家巴里·康芒纳发表了《封闭的循环——自然、人和技术》一书。他认为"使用战后生产技术的经济体系确实是短期内获利的, 但是, 这种利润是以污染环境及一个生产体系受到损伤为代价的。由环境危机所引起的各种问题是太深刻和太普遍了, 它们是不可能用技术妙计、聪明的纳税规划, 或者拼凑起

---

① [美] 丹尼斯·米都斯等著, 李宝恒译:《增长的极限: 罗马俱乐部关于人类困境的研究报告》, 吉林人民出版社 1997 年版。

来的宪法来解决的。它们召唤来一次全国性的辩论，去寻求最有效的利用美国能源的办法来满足长远的社会需求，而不是眼前的私人利润的获取"。① 该书还认为，人类必须树立生态学的观点，必须采取有效的、自觉的"社会行动"，才能重建自然。针对康芒纳的观点，《纽约时报》发表署名文章呼吁："如果下届美国总统只要有时间读一本书，那么这本书就应该是《封闭的循环》。②

20世纪80年代是从更广阔的视域考察生态文明建设的时代。1982年，生态学和经济学召开第一次跨学科会议，生态经济学诞生了，代表人物是罗伯特·康斯坦扎（Robert Costanza）和赫尔曼·戴利（Herman Daly），以及著名生态学家奥德姆（H. T. Odum）等。几乎同时，在老一代经济学家许涤新的倡导下，中国也成立生态经济学学会（具体内容下一章展开）。1984年，美国学者杰瑞米·里夫金发表了《熵：一种新的世界观》，从新世界观的角度警告人类：无节制地使用能源资源就会把地球变成一个"熵"的世界，即无效能量充斥的世界，也就是被污染的世界。同年，法国经济学家弗朗索瓦·佩鲁发表了《新发展观》，庄严提出经济社会的发展要以一切人的发展为目标，把人的全面发展，既作为评价发展的尺度，也作为推动发展的目的。1985年，英国女自然资源学家朱迪·丽丝发表了《自然资源分配、经济学与政策》明确指出："自然资源是一个庞大的集合，其范围从各种矿物材料到全球生物化学循环所提供的多样服务"，但"资源是由人而不是由自然来界定的"③，"资源稀缺一直是西方政治思想中的核心问题"④。因此，由自然资源而引起的一切问题，不单纯是人与资源之间的问题，而是人与人之间的经济关系的问题，关键是谁掌握这种关系中的杠杆，即谁掌握分配资源的权力的问题。⑤1987年，挪威女首相布兰特兰夫人受联合国委托主持并发布了世界环境与发展委员会报告《我们共同的未来——从一个地球到一个世界》，把新世界观和新发展观概括为与人类福祉相关的可持续发展观。应

---

① ［美］巴里·康芒纳著，侯文蕙译：《封闭的循环——自然、人和技术》，吉林人民出版社1997年版，第6页。需要指出，这本书就是1974年在苏联发表，作者被苏联科学院院士福洛连斯基批评为引用维尔纳茨基生物圈理论，但却不提理论来源的没有学术道德的外国人。参见科莫涅尔：《闭路循环》，水文气象出版社1974年版。

② ［美］巴里·康芒纳著，侯文蕙译：《封闭的循环——自然、人和技术》，吉林人民出版社2000年版，第306页。

③④⑤ ［英］朱迪·丽丝著，蔡云龙等译：《自然资源：分配、经济学与政策》，商务印书馆2002年版，第12、7、549～579页。

该说，到 80 年代末，在全球范围内，生态文明建设目标问题已经非常明确了，那就是建立一个"人与自然和人与人和谐相处的社会"。

第三节 强调生态文明制度建设，彰显中国特色社会主义自信

任何一种新价值观的确立，都不可能一蹴而就。任何一个新文明形态的建设目标，都不可能不经过一个长时间艰苦卓绝的努力就可以达到。新陈代谢、生命更替，生态系统形态的变化，无论在自然界还是在人的世界，从来都不是一帆风顺的。生态文明价值观的确立，生态文明建设的实际落地，一定也不例外。如果说在前两节，我们把研究重点放在生态文明建设目标上，那么在本节，我们将接着前面的叙述，但把研究重点放在生态文明建设的制度约束上，或者说生态文明制度建设上，旨在说明一个问题：如果没有制度支持、制度安排，生态文明建设将异常艰难甚至会半途而废。

一、没有制度支持的生态文明建设，只能是无序活动，不能有效接近目标

世纪之交，全球范围内的生态文明建设出现了前所未有的"热火朝天"的局面。20 世纪 90 年代，全球范围内的生态文明建设活动延续 70 年代和 80 年代的态势，但在程度上更热烈，在范围上更广阔。全世界大多数国家都支持联合国环境与发展大会提出的可持续发展思路。在参与主体上，一方面思想界的学者更多了，除了前面提到的那些来自地球学、生态学、人类学、社会学、经济学的学者之外，还有许多来自历史学、未来学、政治学、宗教学的学者，尤其还有来自西方马克思主义各个派别的学者，诸如生态马克思主义、生态学马克思主义、生态社会主义、生态批判主义的马克思主义学者；另一方面，在企业界、实业界、商业界、文艺界、宗教界中，许多从事产品生产、物质流通、文艺创造、灵魂相助的各类人士也都积极加入环境保护、绿色和平、生态建设中来。这说明当今人类所面临的众多紧迫问题，如水源污染、酸雨、全球变暖、物种消失、生态失衡等问题，已经不再是少数人与科学家的独特的发现；还说明联合国环境与发展大会报告

《我们共同的未来——从一个地球到一个世界》产生了震撼人心的效果。但是，从现实的实际来看，全球范围内的资源短缺、环境污染、生态危机问题却愈演愈烈。

在这种背景下，1992年6月联合国在巴西首都里约热内卢召开了题为"地球高峰会议"。183个国家和地区的代表、102个国家元首出席了该次会议。这是一个确定人类生存环境向绿色转型的会议。会议通过了《里约热内卢环境与发展宣言》（亦称《地球宪章》）和《21世纪议程》纲领性文件以及相关国际公约，目标在于通过建立一种新的、公平的全球伙伴关系，为履行尊重大家的利益和维护全球环境与发展体系完整的国际协定而共同努力，以维护大自然的完整性和互相依存性。在国际公约中最著名的便是《联合国遏制生物多样化消失框架公约》和《联合国气候变化框架公约》。显然，前者是与保护生命系统安全相关的公约，后者是与保护地球生物圈相关的公约。这两个具有全球环境宪法性质的纲领性文件和具有国际法效力的国际公约，实际在强调一个事实和一个原则：只有人类向自然索取能够同向自然回报相平衡时，只有当人类为当代的努力能够同人类为后代的努力相平衡时，只有人类为本地区发展的努力同为其他地区共建共享的努力相平衡时，全球的可持续发展或永续发展才能真正实现；只有全世界都能够用制度约束自己行动时，生态文明时代才能到来。

世纪之交，在全球范围内爆发的金融危机（1998年）、能源危机（石油涨价）还没有结束，粮食危机、气候变暖的危机就接踵而来。尤其以极端恶劣天气形式出现的气候变化，给欧洲、非洲、亚洲带来肆虐影响也给全世界敲响了应对全球气候变化的警钟。但与此同时，发达国家对按照《地球宪章》和《21世纪议程》原则已经签订的国际公约却公然采取了背信弃义的做法。例如，美国就对1997年由149个国家和地区代表在日本京都召开的《联合国气候变化框架公约》缔约方第三次会议上制定的《京都议定书》①拒绝签字。美

---

① 《京都议定书》建立了旨在减排温室气体的三个灵活合作机制，即国际排放贸易机制（IET）、清洁发展机制（CDM）和联合履行机制（JI）。《京都议定书》于2012年年底到期。国际排放贸易机制（IET）是指在减排义务国之间构建一个排放额贸易市场，一个发达国家将其超额完成减排义务的指标，以贸易的方式转让给另一个未能完成减排义务的发达国家，同时，从转让方的允许排放限额上扣减相应的转让额度。联合履行机制（JI）是指发达国家之间通过项目级的合作，使发达国家之间形成减排缔约联盟，以共同完成基于配额的减排指标。其所实现的减排单位（简称ERU），可以转让给另一发达国家缔约方，但是同时必须在AAU配额上扣减相应的额度。清洁发展机制（CDM）是允许附件1缔约方（发达国家）通过提供资金和技术的方式，与非附件1（发展中国家）进行项目级的减排量（CER）抵消额的转让与获得，在发展中国家进行温室气体减排项目。

国的做法直接导致议定书不能按照事先约定的某些原则在 2005 年如期生效。美国对议定书拒绝签字的原因是，美国作为最大温室气体排放国（占世界总量的近 1/3）履约《京都议定书》就必须要减少温室气体排放量，这样会影响美国很多行业的生产。因此，美国置遵守国际公约基本原则而不顾，在日本和欧洲均已签字的情况下拒绝签字从而阻碍议定书的实施。在美国"坏榜样"的影响下，日本和加拿大居然退出议定书，从而使一百多个国家耗费十多年时间签订国际公约就这样被瓦解了。这一方面说明国际公约从其形成之初就成为发达国家经济政治博弈的工具；另一方面也说明推进生态文明建设必须要有与之本性相适应的制度支持才行。

二、没有制度约束的生态文明建设，只能空耗时间和资源，最终于事无补

进入 21 世纪之后，全世界特别是发达国家陷入了前所未有的系统性危机之中：环境危机、生态危机、粮食危机、能源危机、经济危机、信仰危机等问题搅和在一起，而解决环境与发展问题的方式又呈现出经济化、政治化、法制化、机构化、全球化、区域化、跨国公司化交织在一起的复杂趋势。在这样的背景下，2002 年，联合国可持续发展委员会在南非召开世界首脑会议，通报了联合国坚持按照《地球宪章》精神解决环境与发展问题的思路，并把《21世纪议程》确定的可持续发展的基本原则，转变为具有时限的承诺性和具有可计量性指标的意见。此外，还通报各国，世界在发展观层面已经发生了方向性的全球性转变，经济、社会发展方式向循环、低碳、绿色方向转型已经成为不可逆转的趋势。在总结全球性转变过程中的环境问题与经济发展问题的时候，例如，在分析二氧化碳排放与世界各国工业化的发育程度之间相互关系的时候，发达国家与发展中国家的看法有很大分歧。这种分歧，既是双方在国际会议上激烈斗争的主要原因，也是世界范围内生态文明建设不能形成有效制度支持或制度制约的重要原因。关于这一点，我们之后再进一步展开讨论。

在这样的背景下，为了尽快走出危机，尽快在解决环境与发展问题上占领"竞争"高地，世界各国尤其是发达国家绞尽脑汁进行技术创新、"语境"创新。2003 年，"低碳经济"作为一个应对气候变化危机和能源危机的概念，见

之于英国能源白皮书《我们能源的未来：创建低碳经济》上。2008 年联合国秘书长潘基文指示把联合国环境日的口号定为"转变传统观念，推行低碳经济"。此后在金融危机中成为引领经济发展向绿色转型的话语体系。尽管低碳经济已多次被"乌龙"地理解为"阴谋"或"陷阱"①，然而从科学角度看，低碳经济是人类为了应对气候变化需要选择的发展战略。需要指出，生态文明建设在经济领域中的表现本应该具有多样化形式。从这个意义上讲，发展低碳经济、循环经济、绿色经济是无可厚非的。发展循环经济，主要是解决资源短缺、资源有效利用、减少生产排泄物问题；发展低碳经济，主要是解决节能减排、遏制气候变暖、洁净环境问题；发展绿色经济，主要是解决食品安全、动植物种安全、基因安全等问题；因此，无论是发展循环经济，还是低碳经济和绿色经济都是推进生态文明建设的实际做法。

问题不在于是否明确生态文明建设是世界经济社会发展新方向，也不在于是否认识到人与自然之间的和谐是生态文明建设新目标，问题在于，世界各国如何朝着这个方向行进，用怎样的方式实现这个新目标。以美国为代表的发达国家在这个问题上表现得非常无理霸道。例如，1992 年 2 月 8 日《经济学家》杂志刊登一份题为"让他们吃下污染"的备忘录，是 1991 年 12 月 2 日时任世界银行首席经济学家劳伦斯·萨默斯写给他的同事们后被曝光的。萨默斯曾任美国第 71 任财政部长，哈佛大学第 28 任校长，2009 年奥巴马经济政策班子成员和白宫国家经济委员会主任②，是个有资格代表美国意见的"大人物"。他在备忘录中说："我认为向低收入国家倾倒大量有毒废料背后的经济逻辑是无可指责的，我们应该勇敢面对。"③ 他还说："所有与反对向欠发达国家输送更多污染建议的观点（获得特定商品的固有权利、道德权益、社会关注、缺乏充分市场分析等）相关问题是可以逆转的，并且或多或少可以用来有效地反对世界银行的每一项自由化建议。"④这种以邻为壑的观点一经曝光，引起了一场轩然大波，但是却得到包括许多发展中国家的以新自由主义为代表的主流经

---

① ［美］S·弗雷德·辛格、丹尼斯·T·艾沃利著，林文鹏等译：《全球变暖——毫无由来的恐慌》，上海科学技术文献出版社 2008 年版。

② 萨默斯：《一位被称为"猪"的经济学家》，新华社—瞭望东方周刊，2011 年 1 月 31 日，http: //news. sina. com. cn/c/2011 - 01 - 31/094821904082. shtml。

③④ 转引自张剑著：《生态文明与社会主义》，中央民族大学出版社 2010 年版，第 3 页。

济学的支持。

显然，这种观点表达的是"赚钱的"文明、"资本的"与"新自由主义的"文明。在这种文明的旗帜下：只要挣钱，就可以转移污染；只要挣钱、就可以吃下污染；只要挣钱，没有荣辱、宁可屈辱！这种观点是伤害发展中国家根本利益的观点，发展中国家是不可能同意的。事实上，在联合国应对气候变化的历次大会上，无论在2007年巴厘岛会议，还是在2009年哥本哈根会议，无论是在2010年坎昆会议、2011年德班会议，还是2012年的卡塔尔会议上，以美国为代表的一些发达国家很虚伪，它们一方面对具有国际法效力的联合国公约公然践踏，另一方面拼命把握制定新公约的"权力"并依此为"板子"打压以中国、印度、巴西等新兴的发展中国家的利益。这种情形，无疑使那种利用联合国组织建立一套制度，以加快全球范围内生态文明建设的想法破产。因为这么多年过去了，发展中国家除了白白耽误时间、浪费人、财、物等各种资源陪着发达国家"游戏"之外，没有得到半点好处。发展中国家终于明白了，与其同发达国家"博弈"还不如努力"练内功"做好自己的事情。

三、建设中国特色生态文明制度体系，加快中国特色生态文明建设步伐

（一）马克思主义中国化最新成果与生态文明制度建设的理论基础

像构成地球生物圈的自然生态系统各不相同一样，构成世界总图景的社会生态系统也各不相同，推进生态文明建设特别是制度建设的路线也各不相同。在发达国家为推卸自己减少排放责任而挖空心思搞"说辞创新"的时候，或者在他们为抢占未来竞争高地而集中人力物力搞"智能超越"的时候，中国却更加坚定了脚踏实地搞生态文明建设特别是制度建设的决心。这是历史和逻辑的二重发展使然。回顾历史就会发现，发展是马克思主义最基本范畴之一。而在当今新的历史条件下，应该坚持的是以人为本，实现全面、协调、可持续发展。事实上，中国走的就是这样一条道路。难道不是吗？自1972年中国参加斯德哥尔摩环境大会签署《人类环境宣言》至今42载，作为一个发展中国家，中国一直身体力行推进环境与发展工作（我们在下一章将展开这个问

题）。这不仅因为我们是联合国的常任理事国，我们理当全力以赴去推进联合国积极推进的工作，而且还因为我们是一个有着深厚的马克思主义理论底蕴的社会主义国家，我们有责任向全世界彰显马克思主义、社会主义的形象。作为马克思主义者，我们早在联合国第一次环境大会上就庄严宣告："维护和改善人类环境，是关系到世界各国人民生活和经济发展的一个重要问题，中国政府和人民积极支持与赞助这个会议""我们认为，世间一切事物中，人是第一宝贵的。人民群众有无穷无尽的创造力。发展社会生产靠人，创造社会财富靠人，而改善人类环境也要靠人"。① 作为社会主义建设者，我们坚信"可持续发展战略事关中华民族的长远发展，事关子孙后代的福祉"②；"人民是创造历史的根本动力。中国最广大人民群众是建设中国特色社会主义事业的主体，是先进生产力和先进文化的创造者，是社会主义物质文明、政治文明和精神文明协调发展的推动者"。③"以人为本，就是要以实现人的全面发展为目标，从人民群众的根本利益出发谋发展、促发展，不断满足人民群众日益增长的物质文化需要，切实保障人民群众的经济、政治和文化权益，让发展的成果惠及全体人民。"④

（二）科学发展观与生态文明制度建设的指导思想和道路选择

如果说马克思主义是中国特色社会主义生态文明制度建设的理论基础，那么马克思主义中国化最新成果——科学发展观，就是中国特色社会主义生态文明制度建设的指导思想和道路选择。科学发展观，是对党的三代中央领导集体关于发展的重要思想的继承和发展，是马克思主义关于发展的世界观和方法论的集中体现，是同马克思列宁主义、毛泽东思想、邓小平理论和"三个代表"重要思想既一脉相承又与时俱进的科学理论，是中国经济社会发展的重要指导方针，是发展中国特色社会主义必须坚持和贯彻的重大战略思想。⑤ 科学发展观，不仅要求坚持以人为本，树立和落实全面、协调、可持续的发展观，而且

---

① 唐克：在1972年联合国人类环境会议上"中国代表会议发言"，http：//baike.baidu.com/view/933981.htm#3。
② 《十六大以来重要文献选编》（中），中央文献出版社2006年版，第69页。
③④ 《十六大以来重要文献选编》（上），中央文献出版社2005年版，第646、850页。
⑤ 《十七大以来重要文献选编》（上），中央文献出版社2009年版，第10页。

要求做到统筹城乡发展、统筹区域发展、统筹经济社会发展、统筹人与自然发展、统筹国内发展和对外开放，因此，它是中国改革开放和现代化建设实践的经验总结，是全面建设小康社会的必然要求，符合社会发展的客观规律，而且是联合国可持续发展观的更为科学的表述。胡锦涛同志说："要牢固树立保护环境的观念。良好的生态环境是社会生产力持续发展和人们生存质量不断提高的重要基础。要彻底改变以牺牲环境、破坏资源为代价的粗放型增长方式，不能以牺牲环境为代价去换取一时的经济增长，不能以眼前发展损害长远利益，不能用局部发展损害全局利益。要在全社会营造爱护环境、保护环境、建设环境的良好风气，增强全民族的环境保护意识。"[1] "要牢固树立人与自然相和谐的观念。自然界是包括人类在内的一切生物的摇篮，是人类赖以生存和发展的基本条件。保护自然就是保护人类，建设自然就是造福人类。要倍加爱护和保护自然，尊重自然规律。对自然界不能只讲索取不讲投入、只讲利用不讲建设。发展经济要充分考虑自然的承载能力和承受能力，坚决禁止过度性放牧、掠夺性采矿、毁灭性砍伐等掠夺自然、破坏自然的做法。要研究绿色国民经济核算方法，探索将发展过程中的资源消耗、环境损失和环境效益纳入经济发展水平的评价体系，建立和维护人与自然相对平衡的关系。"[2]

（三）"中国梦"与生态文明制度建设的目标选择和总体格局

如果说党的十六大报告率先提出"推动整个社会走上生产发展、生活富裕、生态良好的文明发展道路"的设想（2002）；党的十七大报告把"建设生态文明"作为实现全面建设小康社会奋斗目标的新要求之一（2007）；那么党的十八大报告（2012）则以"四个第一次"的方式强调"把生态文明建设放在突出地位，融入经济建设、政治建设、文化建设、社会建设各方面和全过程，努力建设美丽中国，实现中华民族永续发展"。所谓"四个第一"，即第一次在党的报告中用一个单设篇来阐述生态文明建设；第一次把生态文明建设与经济、政治、文化、社会四大建设并列；第一次把生态文明建设作为中国特色社会主义"五位一体"总布局之一；第一次把生态文明建设写入了新修改的党章中。具体地说，党的十八大报告对生态文明建设作了如下解读：树立尊

---

①② 《十六大以来重要文献选编》（上），中央文献出版社 2005 年版，第 853 页。

重自然、顺应自然、保护自然的生态文明理念，坚持节约资源和保护环境的基本国策，坚持节约优先、保护优先、自然恢复为主的方针，坚持生产发展、生活富裕、生态良好的文明发展道路；着力建设资源节约型、环境友好型社会，形成节约资源和保护环境的空间格局、产业结构、生产方式、生活方式，为人民创造良好生产生活环境，实现中华民族永续发展。在这里，需要再次指出，生态文明制度建设，既涉及资源系统与环境系统的重新耦合，又涉及经济制度、政治制度、文化制度和社会制度的重新构建。因此，它既要求重新认识与协调文明制度建设与其他制度建设之间的关系，又要求启蒙与推进其他制度建设向生态化方向的变革，还要求以法律制度体系的规范方式促进生态文明行动方案的实施。显然，比起其他制度建设来说，生态文明制度建设更具复杂性、艰巨性、创新性、探索性。从结果角度看，生态文明制度建设与科学社会主义理论一脉相承，也与人类文明演进趋势息息相关，最重要的是，它把人类文明史上唯一持续了五千多年的中华文明与当代文明和未来文明对接起来，并使之成为推动中国特色社会主义永续发展最重要的文明力量，因此，它必定是中国特色社会主义理论体系和制度建设的一个最重要的组成部分。

第二章

中国特色社会主义率先开展
生态文明制度建设

活在当下的现代人，不仅生活在自然环境中，而且活在社会环境中，更重要的是活在具有特色的制度环境中。例如，"我"活在中国特色社会主义制度环境中，"你"活在中华人民共和国香港特别行政区制度框架中，"他"活在美利坚合众国制度体系中。当然，在这里，制度首先是具有特殊规定的国家制度。

一般说来，制度，是支持或约束人的社会活动和社会关系的各种规范的总和。现代制度是现代社会法律体系、规则体系、价值体系等规范体系的总和。从社会结构的角度看，现代制度不仅仅是单个的法条、契约、规则、理念，或者说不仅仅是单个细胞，也不是简单的法条组合、契约组合、理念组合，或者说也不是简单的细胞组织，而是一个由许多规范和规范集合而成并有内在联系和有层次有结构的制度体系；这个制度体系是由经济制度、政治制度、文化制度、社会制度组成的。从社会形态角度看，现代制度是由若干制度细胞组织系统耦合而成的具有超复杂性的制度有机体，或者说是个由若干子系统集合而成的制度生态系统。从生态文明的视角看，现代制度体系的确具有生态化性状，具体表现为：其构成要素表现为大量的具有个体差异化的单项法律或规则，其某一层面或某一子系统（或某一部分、某一领域）的法律体系表现为既具有多样性又具有统一性的配套规范，其制度规范整体表现为具有互动性、稳定性的超复杂系统。

中国特色社会主义本身就是一个客观存在的制度体系。它除了具有制度的一般特征之外，还具有特殊规定性。第一，作为一种特殊的制度安排，它特别强调其根植于其上的制度基础的特殊性（特殊的自然环境和历史环境），还特别强调制度设计的特殊性，即马克思主义与其最新中国化成果。第二，作为一种特殊的制度建设，它特别强调自己是发展中国家、处在社会主义初级阶段，尽管制度建设过程充满艰难，但方向是既定的，道路是坚定的。第三，作为一个率先提出生态文明建设的社会主义国家，与那些进入 21 世纪便发生一连串的债务危机、金融危机、经济危机、能源危机、气候危机、环境危机、生态危机的发达国家相反，它越来越对自己的中国特色社会主义的理论、道路，特别是制度充满自信，它率先在中国启动生态文明建设特别是其制度体系建设，就是预期在生态文明制度建设中检验、调整、增强自身系统的稳定性和适应性，以实现中国特色社会主义朝着永续方向发展。中国特色社会主义像美国特色资本主义一样都是客观存在，没有什么不好理解的。

需要指出，当资源短缺、环境污染、生态危机成为全球性问题的时候，当联合国为代表的国际社会试图用"普世规范"约束以美国为代表的发达国家、支持以中国、印度、巴西、南非为代表的发展中国家的时候，"普适规范"失灵了。但也正是在这个时候，具有"中国特色"的社会主义制度规范发生效应了，于是中国特色生态文明制度建设开始了。

第一节　西方生态主义与生态马克思主义和社会主义

没有比较就没有鉴别。要想深刻了解和理解 21 世纪中国特色生态文明建设，不能不从 20 世纪中后期西方兴起的生态主义、生态马克思主义、生态社会主义说起。这不仅因为生态文明作为后现代文明发端于现代文明基础之上，也不仅因为生态文明作为后工业文明不可能脱离工业文明凭空建设，更是因为当代文明是人类历史上前所未有的信息全球化的文明，同时中国生态文明建设本身也离不开与全球文明包括西方文明的交流与融合。如果说中国率先开始生态文明建设的内在原因是得力于中国特色社会主义制度，那么其外在原因就是得力于世界各国在生态文明建设方面积累的经验和教训。

一、西方生态主义理论思潮及与此相适应的政治活动

对资源紧缺、环境污染、生态失衡问题的研究，在西方一直是与对工业化

和资本主义制度的批判联系在一起。一般来说，这种以"批判"为特征的理论思潮及由此发展起来的政治思潮被称作"生态主义"。这种思潮追求人与自然和谐相处，特别强调人类整体利益和未来人类利益，通过反思当代政治制度和社会发展模式，试图建立人类社会不同利益群体、阶级、种族、国别之间的新兴关系。① 因此，生态主义自诞生之日起就有着鲜明的实践性。

从思想历程看，生态主义自产生以来经历了一个由现象的批判到思想基础的批判，最后反思对于人类中心主义的批判的辩证过程，可以将其分为三个阶段。② 第一阶段即20世纪60～70年代，从"寂静的春天"问世（1962）、"宇宙飞船经济学"（1965）的提出，再到"罗马俱乐部"（1968）的诞生，以及《增长的极限》的出版（1972）、"只有一个地球"（1972）的呼吁，标志着生态主义的崛起。这个阶段的论战主要是针对工业主义思维及其带来的严重后果，"增长的极限"论和"没有极限的增长"论展开了激烈的争论。第二阶段即20世纪80年代，随着生态运动的蓬勃发展，生态主义展开了对技术理性的批判，由此催生了"深绿"和"浅绿"之争。虽然双方都批判"人类中心主义"，但是深绿派要求彻底改变现存政治、经济、社会制度、生活方式和人生观，主张否定一切技术，浅绿派则主要是批判对科学技术的运用不当，主张逐步变革。第三阶段，即20世纪90年代后，生态主义深入到政治和文化层面；这一时期，绿党分化为红色绿党和绿色绿党两大阵营，产生了生态社会主义和生态主义，两者的政治表现为社会主义和无政府主义的区分，在生态伦理观上表现为"人类中心主义"与"生态中心主义"的对立。

从实践历程看，生态主义在理论思潮的指引下逐步转变为一种政治活动。20世纪60年代末，世界上第一个绿色政治组织——新西兰的"价值党"成立。它是生态主义由理论思潮转向政治活动的标志，由此，生态主义翻开了历史新篇章。到70年代，伴随绿色运动理论水平的全面升华，绿色运动也逐渐开始出现自己的政治组织——绿党。到了80年代和90年代，绿党已经遍布欧美各国及日本等一些东方国家。例如，1983年联邦德国绿党成为第一个进入议会的绿色政治团体，树立了绿色运动的里程碑。又如1998年，统一后的德

①② 程春节：《西方生态主义的主要流派及其进路研究——基于伦理观的角度》，载于《科技管理研究》2012年第17期。

国绿党与社会民主党结盟竞选成功，登上了第一个国内执政的绿党宝座，从此翻开了绿色运动史上的新篇章。与此同时，欧美主要政治势力对绿色运动的态度发生转变。1997 年 6 月，各国环境部部长和部分国家的政府首脑在美国纽约召开了关于环境保护现状的联合国特别会议上，正式开始尊重绿色组织，各国政府开始把环境问题列入重要的国务之一①。

由此可见，在西方，生态主义作为一种具有批判性的理论思潮是伴随着政治活动发展起来的。由于其批判锋芒对准西方当代的经济、政治、文化、社会的现实制度，因此被看作是一种"新的激进主义"。虽然经过了这么多年的发展，但理论界对生态主义进行定位依然具有较大困难，即它到底是一种政治思潮，一种绿色整治与哲学理论，还是一种政治意识形态②，至今尚未定论。然而，有一点是可以肯定的，那就是生态主义坚决否定资本主义价值体系，它试图追求一种人与自然和谐的社会发展模式，只是由于这种理想在西方是超越现实，因此它不可避免地被戴上了"乌托邦"的帽子。尽管如此，生态主义及其相关理论在当代西方社会整体发展中，地位会越来越突出，其理论价值和实践价值正在一步比一步快地得到接纳和认可，生态主义为解决西方生态问题提供了有力的理论和经验支持。

二、西方生态马克思主义理论和生态社会主义行动方案

西方生态社会主义主张在社会主义视角下对生态环境问题进行理论阐释与探究，并提出相应的解决方案的政治主张③。它伴随着绿色运动的发展而逐步成长起来，在 20 世纪 60 年代中期，由西方生态灾害和能源危机直接引发的群众性抗议运动推向西方新社会运动前台。经过 70 年代"红色绿化"，80 年代的"红绿交融"，90 年代的"绿色红化"等运动，生态社会主义终于从绿党主流中脱颖而出，成为当代西方社会主义运动中一股不可忽视的力量。伴随着

---

① 仲娜：《生态主义的发展及对建设中国特色社会主义的启示》，载于《牡丹江师范学院学报（哲社版）》2013 年第 5 期。

② 安德鲁·多布森著，郇庆治译，《绿色政治思想》，山东大学出版社 2005 年版。

③ 戴维·佩珀著，刘颖译：《生态社会主义：从深生态学到社会正义》，山东大学出版社 2005 年版，第 1 页。

西方生态主义发展进程，其生态社会主义代表人物也各领风骚。

第一阶段，20 世纪 70 年代，"红色绿化"阶段。70 年代原民主德国的生态学马克思主义代表人物鲁道夫·巴罗（Rudolf Bahro）逃到西德之后，积极谋求"绿色"生态运动与"红色"共产主义运动的结合，希望建立一个由绿党、妇女运动、生态运动和一切非暴力社会组织组成的广泛群众联盟。他因此被称为"生态社会主义运动的代言人"。另外，波兰意识形态专家亚当·沙夫（Adam Schaff）是共产党人中最早介入生态运动的代表，被视为"红"色的"绿化"①。不过这时生态社会主义还只是其中力量较为弱小的派别，还没有完全从生态主义中分离出来，影响不大。

第二阶段，20 世纪 80 年代，"红绿交融"阶段。威廉·莱易斯（William Leiss）是加拿大著名左翼学者。他长期在加拿大约克大学从事教学研究工作，早年曾同法兰克福学派的成员一起从事过研究，后来抛弃了该学派偏重哲理和书本的倾向，致力于经验世界的研究。莱易斯在《对自然的统治》和《满足的极限》这两部著作中指出：统治自然的观念是生态危机的最深层的根源，最终会导致人类自我毁灭；要解决危机，就必须实行稳态经济，调整人与自然的关系，实现一种新的发展观。另外，本·阿格尔（Ben Agger）是加拿大滑铁卢大学年轻的社会学教授，是莱易斯学说的追随者和鼓吹者。他在《论幸福和被毁灭的生活》、《西方马克思主义概论》等著作中进一步发展了莱易斯的观点，系统阐述了生态马克思主义的基本主张。阿格尔在《西方马克思主义概论》这部著作中认为，马克思主义关于工业资本主义生产领域的危机理论已失去效用，今天，危机的趋势已转移到消费领域，亦即生态危机取代了经济危机。阿格尔认为，尽管如此，我们仍将从马克思关于资本主义生产本质的见解出发，努力揭示生产、消费、人的需求、商品与环境之间的关系②。

第三阶段，20 世纪 90 年代，"绿色红化"阶段。乔治·拉比卡（George Labica），早年参加过法国共产党，是法国左翼运动的主要理论家之一，曾为法国社会科学中心主任，法国巴黎第十大学校长。80 年代末东欧剧变、苏联解体（或称苏东剧变）以后，连续发表《生态学与阶级斗争》等论文，着力

---

① 孟鑫、陈桂芝：《生态主义与生态社会主义辨析》，载于《科学社会主义》2002 年第 2 期。

② "生态社会主义"，参见百度百科，http://baike.baidu.com/view/432806.htm。

研究全球生态危机与生态社会主义的关系问题，认为生态社会主义标志着工人运动进入了一个新阶段，即"工人运动的文化大革命阶段"。另外，瑞尼尔·格仑德曼（Reiner Crundmann），是德国左翼学者，哲学家。他主张以马克思主义的历史唯物主义为指导解决全球生态危机问题。他的主要理论贡献是为马克思的"人类中心主义"正名，捍卫马克思主义关于人化自然理论所代表的哲学理性传统。他认为，马克思主义的支配（domination）概念不同于统治（mastery），支配并不意味着征服与破坏，相反，这正是缺乏支配的表现，因为支配意味着人类对自己与自然关系的集体的有意识的控制。这是实质上的服务而不是破坏。其主要著作有《马克思主义和生态学》。还有大卫·佩珀（David Pepper），他是英国牛津布鲁克斯大学地理系讲师，是90年代生态社会主义理论的重要代表人物之一。佩珀的代表作有《现代环境主义的根源》和《生态主义——从深生态学到社会主义》等。佩珀自称为生态运动中的"马克思主义左派"。他的主要理论贡献在于勾勒了生态运动中的"红色绿党"和"绿色绿党"的轮廓，深化了生态社会主义与生态主义之间关系的争论，提出了生态社会主义的基本原则。

三、西方生态马克思主义和生态社会主义启示

生态马克思主义和生态社会主义虽然从其理论体系上说，比较粗糙，不够系统，很不成熟，甚至有很多空想的成分，但我们不能不承认，它们在许多方面是有价值的。它们毕竟像它所反映的绿色运动一样也是新生事物，因而从总体上来说是顺应世界潮流的，它们把斗争的主要矛头对准垄断资本，从各个方面批判了现代垄断资本主义的弊端，提出了保护生态平衡，反对生态殖民主义等主张，这些都是资本主义世界广大人民迫切要求的反映，其基本方面是积极的。总之，生态马克思主义和生态社会主义的理论研究和实践活动，为中国特色社会主义开展生态文明建设提供了有益的思想资料和实践经验。

第二节　中国特色社会主义生态文明制度
　　　　建设理论探索

观念指导行动或决定行动，这是人类区别于动物的显著特征。在现代社会

中，理论指导或决定实践、思想力指导或决定策划力、思路指引或决定出路，这不仅不是唯心主义，而且还是百分之百的唯物主义，千真万确的辩证唯物主义。正是因为如此，当代社会才是"软实力"指引或决定"硬实力"的时代。在提升"软实力"的历史进程中，观念更新、思想解放、理论创建具有非同一般的意义，因为它们是社会意识形态层面中的"硬实力"，是它们指引或决定着人的行动和社会整体结构发展的方向。中国特色社会主义之所以能够率先提出生态文明制度建设问题，就在于中国特色生态文明理论建设在 20 世纪 80 年代就已经率先行动了。

一、对生态主义、生态马克思主义、生态社会主义的分析评价

（一）最早评介西方马克思主义和生态文明思潮的"个体"

1. 徐崇温（1930 年 7 月~）：率先介绍西方马克思主义的第一人

20 世纪 70 年代末 80 年代初，正当西方马克思主义与生态马克思主义撑起批判主义大旗、驶向资本主义彼岸的时候，中国改革开放的思想大门敞开了。面对一切都很新奇的社会，包括面对马克思主义的新形态，中国思想界也一时有些不好适应。在如何对待西方马克思主义这个问题上，中国当时有两种观点：改革开放前全盘否定西方马克思主义的观点；改革开放后将西方马克思主义与马克思主义等同的观点，期间更有指导思想多元论等思想甚嚣尘上。在这种背景下，徐崇温等学者抱着"为了使我国学术界的同志，能够不是凭想象、凭主观上的好恶，而是根据客观事实，根据原著，对'西方马克思主义'的性质和作用作出正确的判断"[①] 的想法，于 1988 年主编出版了《国外马克思主义和社会主义研究丛书》，1989 年出版 11 本，1990 年出版 9 本，1993 年出版 13 本，1997 年出版 9 本，累计共出版了 42 本。由于那时正是生态马克思主义扬帆远航的时候，所以生态马克思主义者的著作也在那时被列入翻译书

---

① 徐崇温：《"西方马克思主义"研究在我国的开展》，载于《江西师范大学学报（哲学社会科学版）》2012 年第 1 期。

目。这就为中国系统研究生态马克思主义和生态社会主义提供了巨大便利。其中有著名的技术乐观主义者马尔库塞（Herbert Marcuse）的著作《单向度的人》和分析马克思主义学派创始人柯亨（G. A. Cohen）的著作《卡尔·马克思的历史理论———一种辩护》。

"单向度"这个词最早出现于马尔库塞的《单向度的人》这部著作。马尔库塞（1898～1979）是德裔美籍哲学家和社会理论家，是法兰克福学派重要一员。所谓单向度，是指现代资本主义的技术经济机制对一切人类经验的不知不觉的协调作用①。单向度的人就是在现代资本主义技术经济机制内丧失了否定性、批判能力和创新意识的人。这种人就是马克思的《资本论》在阐述雇佣工人从形式隶属到实质隶属于资本主义生产方式的历史过程的时候，所阐述的那种工场手工业把工人异化为片面发展的"局部工人"，而机器大工业则把工人彻底异化为机器体系的"零件"。在《单向度的人》中，马尔库塞反驳了技术中性论，认为技术本身也是为资本主义的经济、政治和文化服务的。他指出：技术对生态的负面效应是由技术被资本主义社会的统治集团所操纵从统治阶级自身利益出发，不顾及人民大众的利益而造成的结果；统治阶层为了自己短期利益，不顾对自然资源进行无休止的挖掘，造成资源的匮乏；他们还将污染物直接排放到自然界造成严重污染。这都表明了资本主义的反生态本质，而科技作为资本主义社会的统治手段也同样具有反生态的性质。② 尽管资本主义的科技强权深化了资本主义社会的单向度程度，但是马尔库塞认为，科学技术的负面作用是因为资本主义的缘故，是由于统治权掌握在少数资本家手中，因此，要想破除科技的负面作用，就必须对政治进行改革。"技术的转变同时也是政治的转变，但政治的变化只有当它能改变技术进步的方向，即发展一种新技术时，才会变成社会的质变。"③ 通过改变技术的占有者、使用目的和使用形式，实现技术理性统治，消除异化劳动，使对自然的支配服从于生存的自由和安定，把理性的功能和艺术的功能结合起来，才能真正实现人性的解放，实现人与自然的和谐。

---

① 赫伯特·马尔库塞著，张峰、吕世平译：《单向度的人》，重庆出版社1988年版，第3页。
② 焦冉：《马尔库塞的技术生态思想——以〈单向度的人〉为视角》，载于《辽宁工业大学学报（社会科学版）》2012年第5期。
③ 赫伯特·马尔库塞著，张峰、吕世平译：《单向度的人》，重庆出版社1989年版，第192页。

柯亨是英国牛津大学万灵学院奇切利社会和政治理论教授。在其著作《卡尔·马克思的历史理论———一种辩护》中，从内容出发而不是从形式出发，对历史唯物主义做了重构或重新表述。作者首先对生产力、生产关系和经济结构等概念进行了厘清和阐释，明确它们的内涵和构成；在马克思对社会的物质特性和社会特性概念的基础上进行分析，认为"社会的物质或内容是自然，其形式是社会形式"①；"能源的有限供应是一个即使在共产主义社会也不得不面临的一个物质事实。但资本主义的经济形式加剧了这一问题。这种经济形式因为单纯追逐利润而滥用短缺的自然资源"②，"当这种物质总和在社会形式被创造出来并超出了容纳它的社会时，革命就到来了"③，最终，"物质得以发展，社会形式则被'抛弃'"④。其实，社会的物质属性即人与自然的关系属性，社会的社会属性即人与人的关系属性。柯亨通过上述解读资本主义两种属性的发展趋势指出：人与自然的关系属性在人类发展中是起基础性作用的，它能够决定人与人关系的属性。这种分析不仅揭示了"现代人"在生命系统中的地位，更为生态化社会主义及以后的相关研究提供了唯物史观的理论依据。

2. 余谋昌（1935～ ）：将"人的活动"作为"活物质"引入中国的第一人

西方马克思主义是资本主义世界工人革命运动低潮的产物，将马克思主义同现代西方哲学的一些流派结合起来研究，尽管在理论上提出了很多有价值的见解并进行了精彩的论述，但是由于其自身的理论渊源不可避免地带有个人主义分析方法，其理论研究也具有明显的局部性特征，理论分析尚待完善。同一时期，由余谋昌翻译的苏联专家维尔纳茨基所著的《活物质》一书出版，给当时中国的理论研究带来了整体性思维，将相关理论的研究提升到一种新境界。

弗拉基米尔·伊万诺维奇·维尔纳茨基（1863～1945）是一位卓越的自然科学家，生物圈学说的创立者。《活物质》是根据他关于生物圈问题的一些未完成的手稿编纂而成。在这本书中，他通过像研究岩石、矿物总量一样研究植物和动物的总量，提出了"活物质"的概念。他把以重量、化学成分、能

---

①④　柯亨著，岳长龄译：《卡尔·马克思的历史理论———一种辩护》，重庆出版社1989年版，第104、116页。

②③　同上，第115页。

量、空间特征表示的有机体总和称为活物质。在这里，他不是把单个有机体放在首位，而是强调作为有机体总和的活物质，研究物质的地质作用。1942 年，维尔纳茨基在生物圈学说的逻辑基础上进一步提出了智慧圈学说。他指出，随着人的出现，生物圈受新的力量——人的智慧的力量的改造，生物圈发展的自然进程受到破坏，其性质发生了变化，从生物圈演化到了新阶段——智慧圈。智慧圈是建立人和自然界的合理的相互关系，人以自己的智慧和劳动改变地球，人的作用成为生物圈的新机制。[①] 维尔纳茨基的生物圈和智慧圈学说，不管在哲学范畴还是在实践范畴都有深远的意义，首次让人们从地球化学的角度上更深刻地了解到人与自然的关系，为相关研究向纵深发展提供了理论保障和富有前瞻性的成果。值得重视的是（1）维尔纳茨基把人的活动归结为"活物质"，为马克思将人的活动归结为"活劳动"提供自然科学基础；（2）虽然维尔纳茨基作为"生物圈"的创造者为全世界研究生态问题、研究生态文明奠定了自然科学基础，由此苏联也称他为研究地球自然生产力的开拓者，但是这样的科学功勋随着苏联解体的硝烟被埋在历史尘埃之中；（3）这说明科学无国界，但科学家是有国籍的，并由此会得到不同的历史评价，历史并不是公正的，因为历史学家是有价值取向的。

在对《活物质》翻译研究的基础上，余谋昌于 2010 年出版《生态文明论》。本书以整体论的思想统领全文，在哲学层面上提出"人—社会—自然"的生态文明哲学，强调从有机整体这个层面来理解生态文明；在此基础上提出社会的发展必然是从工业文明的资本主义社会到生态文明的社会主义社会转变；社会的生产方式和生活方式也会产生变革，即从工业文明线性的浪费资源的生产方式和生活方式，向非线性的合理利用资源的生产方式和生活方式转变[②]。本书对于生态文明的内涵和范畴的研究使我们对生态文明的理解达到了新高度。

（二）中央编译出版社：尽全力普及生态文明知识的优秀"群体"

改革开放以来，伴随着我国举世瞩目成就的不是光鲜亮丽的数据，而是在

---

① 维尔纳茨基著，余谋昌译：《活物质》，商务印书馆 1989 年版，第 412 ~ 418 页。
② 余谋昌：《生态文明论》，中央编译出版社 2010 年版。

这些数据掩盖下的生态问题。大气污染、水污染、自然资源短缺等问题越来越严重。在这个大背景下，对于生态文明的研究就不能只停留在少数几位专家的理论探讨和国家决策层面，而是应当在此基础上普及生态文明知识，动员社会力量认识、研究和解决生态问题。在这个大背景下，中央编译出版社作出表率，由俞可平和严耕主编的生态文明系列丛书、生态文明丛书出版面世。

1. 俞可平（1959～）：生态文明系列丛书的主编

俞可平认为，生态文明就是人类在改造自然以造福自身的过程中为实现人与自然之间的和谐所做的全部努力和所取得的全部成果，它表征着人与自然相互关系的进步状态①。从这个理解出发，建设生态文明，必然是以人为主体，以一种积极的手段和心态促进与自然的和谐。于是，在厦门市建设生态文明的经验教训基础上对生态文明、科学发展观、建设生态文明道路等问题进行了深入研究，并将研究结果倾注在"生态文明系列丛书"中，对于普及生态文明知识，推动中国生态文明研究有重要意义。这套书的问题在于，没有将人与人的和谐相处作为人与自然和谐相处的前提条件，而这个观点不仅是当代西方生态马克思主义和生态社会主义与生态主义的重要区别，也是马克思主义与非马克思主义的分水岭。

2. 严耕（1958～）：生态文明丛书的主编

应该说严耕主编的"生态文明丛书"在一定程度上纠正了俞可平主编的"生态文明系列丛书"的问题，比较注重从人与人的关系上即制度建设的视角上探讨生态问题。此外，如果说俞可平系列侧重于大而全的理论研究，那么严耕丛书则注重剖析，即以生态文明理论为主线，通过研究文明发展历程，分别剖析教育、哲学、伦理、行政、社会学等各类学科的生态思想机理。该丛书认为，生态文明建设首先应在反思现代工业文明模式（即现代制度）造成的人与自然对立的矛盾；然后在此基础上，以生态学规律为基础，以生态价值观为指导，从物质、制度和精神观念三个层面进行改善，建立资源节约型和环境友好型社会；在全面提升人的生活品质的同时（即以人为本），实现人类社会与自然的和谐相处，促进经济、社会和文化的可持续发展②。严耕对于生态文明

---

① 吴凤章主编：《生态文明构建：理论与实践》，中央编译出版社2009年版，第3页。
② 余谋昌：《生态文明论》，中央编译出版社2010年版，第2页。

建设的理解要比俞可平宽泛得多。严耕的生态文明丛书为我们研究生态文明提供了更多可选择的视角，大大丰富了研究视阈。

二、中国化的生态马克思主义和生态社会主义理论探索

（一）中国马克思主义者在生态文明理论建设方面的探索

1. 许涤新：中国生态经济研究的奠基人

许涤新（1906～1988）是中国著名经济学家。1980年，许涤新提出"要研究我国的生态经济问题，逐步建立我国生态经济学的倡议"[①]。这个倡议比1982年由罗伯特·康斯坦扎（Robert Costanza）、赫尔曼·戴利（Herman Daly）、奥德姆（H. T. Odum）等召开的第一次生态学和经济学的跨学科国际学术会议还要早两年。许涤新是中国老一代最著名的四位马克思主义经济学家之一[②]，由此，他成为中国马克思主义生态经济学奠基人是名副其实的。事实上，为了积极展开生态经济交流，提升中国生态经济理论水平，许涤新教授于1984年成立生态经济学会；1985年他出版了《生态经济学探索》一书，对生态经济学的研究对象、性质、任务、基本原理和实际应用等许多重要问题都作了论述。1987年他主持编撰了国内第一部《生态经济学》。这本书标志着中国生态经济学建立了最初的理论体系，代表了当时中国在这方面最高研究水平[③]。在这本书中，针对"文革"期间，那种"宁要社会主义的草，不要资本主义的苗儿"的"左"倾错误思潮，许涤新强调，人类与自然之间的物质变换，是人类生存的永恒条件；生态平衡规律同经济领域中的许多规律是息息相关。如果以破坏生态平衡来追求经济效益，势必造成再生产的失衡和中断；在社会主义现代化建设中，应当注意把经济平衡、经济效益同生态平衡、生态效益结合起来，推动了我国生态经济学研究发展。在许涤新的倡导下，一些高等

---

① 沈满洪：《生态经济学的发展与创新——纪念许涤新先生主编的〈生态经济学〉出版20周年》，载于《内蒙古财经学院学报》2006年第6期。

② 另外三名马克思主义经济学家是孙冶方、薛暮桥、于光远。

③ 王松霈：《20年来我国生态经济学的建立和发展》，载于《中国生态经济学会第五届会员代表大会暨全国生态建设研讨会论文集》2000年10月。

院校也开设了生态经济学的课程。他还受国务院环境保护委员会的委托，担任《中国自然保护纲要》的主编，主持编写了中国保护自然资源和自然环境方面第一部系统的具有宏观指导作用的纲领性文件。他以经济学家的历史责任感和科学敏锐感，开拓了中国生态经济学的研究，抓住了这个关系到国民经济建设全局的重大问题并深入研究，为我国生态经济学发展做出了不可磨灭的贡献。

2. 张薰华：中国可持续发展经济学与生态文明建设的先行者

张薰华（1921～ ）教授从 20 世纪 80 年代初就开始研究我国生态环境和生态经济问题。[①] 他运用马克思主义基本原理，从生产力出发，深入到人口、资源与环境的可持续发展问题，提出人类经济活动首先要服从生态规律，并且必须要遵循生态经济规律要求进行社会再生产。在他看来，生态规律就是生态系统中物质循环的动态平衡规律。这个平衡的前提是非生物环境（水、空气、简单化合物）的物质元素的相对稳定状态。在生态系统中，生物群落中的绿色植物是生产者，动物是消费者，微生物是分解者。绿色植物通过光合作用，将非生物环境中的无机元素合成为有机化合物，同时将太阳能转变为化学能储藏起来。植物的增殖实际上是非生物环境中的无机物质和能量转化为生命物质和化学能量的初级形式。没有这个转化，不会有动物，更不会有人类。所以，绿色植物特别是其中转化效益最高的森林是生态平衡的支柱。

张薰华教授认为，人类作为动物，作为生物群落中的高级消费者，其活动当然要服从生态规律。人类社会在发展过程中，在上述生态关系中引入了社会经济活动因素。如果人类社会发展遵循生态平衡规律，可以形成新的人工生态系统，即：（1）核心层是生命赖以生存的非生物环境（基础环境），它为生命提供所需的阳光、水、土、大气、有机化合物等物质。（2）在基础环境中生存的生物群落（植物、动物、微生物及内含的多样性基因组）复合为生态环境。其中，森林是生态环境的支柱。（3）人类社会。在这三个层次的辩证关系中，如果基础环境因子被毁，生命失去非生物资源就不能生存，人类也必然无法生存。如果作为生物群落中的人类不遵循生态规律而盲目膨胀自己，人口增长首先破坏生物群落中的生态环境的支柱（森林），然后破坏生物多样性，进而破坏基础环境（核心层）各因子的物理运动，最终使人类社会毁灭。在

---

① 张薰华：《经济规律的探索——张薰华选集》（第二版），复旦大学出版社 2010 年版。

上述理论基础上提出了两个重要的具有实践意义的观点：一是人类必须要约束自己，人口数量不使环境超载，人口素质知识化，要懂得如何保护环境；二是林业是国民经济基础（农业）的基础，林业本身不应是砍伐森林业，而应是培育森林业，农林牧副渔排序应当改为林农牧渔副排序。

人工生态系统是在自然生态系统基础上建立的社会和自然复合的再生产系统，在这个系统中所运行的内在经济规律就是生态经济规律。自然生态系统是社会再生产系统的物质基础，社会再生产系统归根到底就是人从环境中获取资源，然后将资源加工为各种生产资料和生活资料，在生产和消费过程中又将排泄物返还给环境。人们在社会生产和生活中，如果对自然资源开发不当，对排泄物处理不当，势必引起整个系统的恶化，导致整个系统失去平衡。因此，在人类社会再生产过程中，要充分认识到，森林是自然生态系统的支柱，水是自然生态经济系统的血液，土地是自然生态经济系统的母亲。要根据生态经济规律要求，树立如下科学观点；（1）环境是一个资源系统，应该从生态系统的宏观经济效益来综合开发资源并评估单项资源的开发和利用。（2）单项资源必须充分利用，否则资源就会转为污染物。（3）生产和生活排泄物必须转化为再生资源，把向生态系统排放的污染物减少至最低。通过科学发展，满足人工生态系统良性循环要求。

3. 孟氧：用《资本论》的方法研究粮食、石油、环境、生态及制度建设的经济学教授

孟氧（1924～1997）教授认为，在当代世界统一市场中，粮食、石油、环境、生态是全世界各种力量进行"博弈"的主要问题，其中石油与粮食是制动或改变全球城乡运动（发达国家和发展中国家之间的运动）的两个焦点[①]；这是由人类作为生命有机体和社会关系总和的二重属性决定的；因为无论人类社会发展到怎样的高度都无法改变人类固有的二重属性；所以作为维持有机体新陈代谢的基本物质——粮食，作为支撑人类自由个性发展的能量——石油，它们是当代乃至今后很长一个历史阶段国际城乡运动的轴心；然而，它们作为资本运动带给世界的却是与全人类生活质量息息相关的环境问题与生态问题；发达国家将它们作为国际战略武器制约发展中国家，发展中国家尤其是发展中的社会主义大

---

① 孟小灯：《孟氧学术文选（经济学卷）》，石油工业出版社2012年版，序。

国，例如中国却应该将这些问题作为国家战略发展目标，为人民谋求最大福祉。

孟氧教授非常重视维尔纳茨基关于"活物质"创造地球生物圈的理论，由此他格外强调人类劳动所做的地球化学功对人类未来命运的影响；在此基础上，他进一步揭示了发达国家是如何通过先进的科技手段、充足的资本积累和富裕的社会经济条件向发展中国家转移生态环境危机的。在他看来经济发展与生态环境的矛盾主要发生在工业化和城市化的过程中，他还强调中国作为社会主义国家应当及早研究这些问题。作为《资本论》研究专家，孟氧把研究石油、粮食、环境、生态问题的重点放在制度建设上。在他看来，没有人与人之间的和谐相处，就没有人与自然之间的科学对话；制度建构是解决自然与社会交错互动的关键所在，没有制度建设，所有的建设即便正在进行之中也是无效和短命的。30多年过去了，孟氧的研究成果不仅没有随着时间的流逝而褪去，反而因为其思想的前瞻性而闪光。

4. 刘思华（1940～）：富有开创精神的生态经济传承人

刘思华教授长期以来从事生态经济与可持续发展经济理论研究，近几年集中精力研究马克思生态经济思想，创建生态马克思主义经济学。早在1986刘思华教授就明确提出"社会主义物质文明、精神文明、生态文明的协调发展的论点"；1989年出版了国内第一部《理论生态经济学》专著；1994年出版了《当代中国的绿色道路》，是国内外第一部把发展现代市场经济的绿色道路作为探索具有中国特色的现代化建设的发展道路问题的学术专著；1995年在国际资源、环境、与经济增长学术研讨会上，第一个提出要创建"可持续发展经济学"；1997年发表了我国可持续发展经济学领域的开山之作——《对可持续发展经济的理论思考》的长文以及在生态马克思主义、可持续发展、生态文明等领域的开创性研究[①]。

刘思华教授的研究都是在详细研究生态经济协调发展理论的原则和实践途径的基础上，以生态经济协调发展理论为核心进行的社会主义生态经济学研究。他在揭示和论述生态经济协调发展规律，进一步拓展生态经济的研究范围，以生态经济协调发展理论为指导思想进行多学科研究方面取得开创性成

---

① 《中南财经政法大学刘思华教授：独辟蹊径的经济学家》，中国经济网，2009年7月27日，ht-tp：//district. ce. cn/zg/200907/27/t20090727_ 19635377. shtml。

果。30 年来，刘思华教授在生态经济学、绿色经济学、绿色产业经济学、可持续发展经济学、生态马克思主义经济学等可持续性经济科学的多个领域进行了开创性的理论研究，取得累累硕果，在推动工业文明时代的传统经济学走向生态文明时代的现代经济学方面居功至伟，是名副其实的生态经济传人。

（二）中国社会主义者在生态文明实际建设方面做出的努力

1. 马世骏：新中国最早的"海归"，中国生态文明建设的先行者

马世骏（1915～1991）是闻名中外的科学家。1937 年毕业于北平大学生物系，获学士学位。1948 年春在美国犹他州立大学攻读昆虫生态学，转年获科学硕士学位。1949 年冬转入明尼苏达大学研究院，1951 年获哲学博士学位，同年，冲破美国政府的阻挠返回祖国。

20 世纪 50～60 年代，马世骏主要致力于昆虫生态学，尤其是对飞蝗、黏虫和棉花害虫的生态防治方面，为中国昆虫生态学与农业发展相结合探索出了新思路和新方法。70 年代以后，他把生态学推向了新阶段：将人与自然相互作用作为统一体来研究；把生态学的研究重心从纯自然生态系统，扩展到"以人为中心"的人工生态系统；提出了社会—经济—自然复合生态系统的理论；将经济学原理和方法引入生态系统管理中，建立了经济生态学；把系统工程原理与生态学、工程学相结合，开创了生态工程研究；主张变消极的环境保护为积极的生态调控，从物质能量流动的机理和资源开发利用的深度和广度出发，提出"整体、协调、循环、再生"的战略方针，发展了城市生态学；将生态工艺设计与改造、生态体制规划与协调、生态意识普及与提高，作为社会与自然同步发展的几项措施，提出了在全国范围内开展城乡生态建设，实现经济效益和生态效益统一的建议。90 年代初，为了探索生态圈机理，促进交叉学科发展，提出了边际生态学设想，并系统地总结了生态学最新进展，较为全面地介绍了生态学各领域的研究内容及其前沿，展望了未来生态学及各个分支学科的发展趋势，在中国首次完整地概括了生态学研究的全貌。在联合国相关会议上，最先提出把环境与发展问题与人类福祉问题联系在一起的科学家，受到联合国同行的由衷尊重。

2. 曲格平：中国环境保护事业的开拓者

曲格平（1930～）是我国第一代环境保护事业的拓荒者，作为全国第一

次环保会议组织者之一，他参与见证了中国环境保护基本政策的制定，即以"预防为主"的政策思想指导环境保护，以"谁污染谁治理"的政策原则实施环保，以"强化政府管理"的政策措施推进环保。他还组织构架了中国环境保护的"八项制度"，领导构筑了中国环境法体系。

曲格平持续关注与思考现实环境问题，积极推进中国环境保护事业，全面考察和分析全球环境问题与形势，得出了一系列具有重要意义的观点和认识。他认为可持续发展是一种从思想理念到管理方式，到生存方式，再到消费方式的全方位、全层次的整合和转变；确立人与自然的整体关系，科学看待人的需求与自然生态的承载能力，是可持续发展的认识论基础；把发展循环经济、建立循环型社会看做是实施可持续发展战略的重要途径和实现方式，根据循环经济的思想和战略，来制定和指导我国城市发展的战略和政策；大力发展循环经济是改变依靠大量消耗资源能源的高投入、低效益、重污染的生产方式，走新型工业化道路，实现可持续发展和全面建设小康社会宏伟目标的必然选择。他还提出，要确立以人为本和谐发展的思想，转变经济发展方式，并认为传统的GDP增长方式，不能作为衡量社会经济发展的唯一指标，只有绿色GDP指标，才能体现真正的经济发展和社会进步。

曲格平还对生态文明建设提出一系列独特观点：生态文明是一场关乎人类存亡的变革，是人类文明发展理念、道路和模式的重大进步，是人类社会的全新选择；生态文明的核心理念是"人与自然和谐共生"，在制度建设中应始终贯彻"生态优先"的原则，在物质层面上应坚持可持续的经济发展；生态文明的兴起，一定要涉及生产方式、生活方式和价值观念的多方面变革。作为中国环境保护事业的主要开拓者和奠基人、中国环境保护管理机构的创建者和最初领导人之一，曲格平教授为中国环境科学理论的建立、环境发展战略目标和方针的制定、环境立法建设、环境大政方针和环境管理体制的建立等做出了重大贡献，对近年来我国环保科技事业、环保产业的发展起了决定性的影响。

3. 民间非政府组织：自然之友

自然之友①致力于推动公众参与环境保护，支持全国各地的会员和志愿者关注本地的环境挑战。1995 年，参与滇西北天然林和滇金丝猴保护、藏羚羊

---

① 参见自然之友，http：//www.fon.org.cn/。

保护，向媒体披露事实、给有关部门领导写信呼吁和邀请公众人物参与保护行动。1997年，为促成首钢的搬迁而努力。1997~1999年，组织教师团队赴德国学习德国的环境教育理念。2004年，关注西南水电开发的生态问题，联合多家环保组织开展一系列生态保护活动；同年，与北京地球村等六家组织发起"26度空调节能行动"，得到了公众的积极响应，并促成《关于严格执行公共建筑空调温度控制标准的通知》的出台。2005年以"圆明园湖底大面积铺设防渗膜"为例，有力地证明了湖底铺膜对生态有破坏性影响。

自2006年与中国社会科学文献出版社合作，每年出版一本《中国环境发展报告》。近两年，着重进行城市固体废物问题的调研、传播低碳理念、倡导绿色出行、环境教育和推动公众参与环保等。自然之友自成立以来就按其使命切实行动：建设公众参与环境保护的平台，让环境保护的意识深入人心并转化成自觉的行动，取得了非常好的效果，是我国民间推动生态文明建设的组织中的典范。

4. 环保部

环保部[1]在生态文明建设方面起着非常重要的主导作用，一方面，通过出台一系列生态环境保护政策规划，给生态文明建设予以政策保障；另一方面，专门成立自然生态保护司，负责指导、协调、监督生态保护工作。首先，生态环境保护政策规划致力于生态示范区和生态工业示范园区的建设：自1995年原国家环保局（环保部前身）出台《全国生态示范区建设规划纲要（1996~2050)》，直到2004年止，环保部共批准了九批全国生态示范区建设试点地区，并制定实施生态示范区的规划管理规定、考核验收指标或方案和创建标准等，这些试点覆盖全国各省。通过生态省、生态县（市）、生态乡镇和生态村的建设，起到了较好的"模范效应"，有效地带动了各地的生态文明建设。其次，生态环境保护政策规划还致力于生态文明建设试点：自2008年通过首批生态文明建设试点以来，到2013年，环保部共批准了六批生态文明建设试点；各试点地区积极探索适合自身的生态文明建设模式，不断取得生态文明建设的成效，并总结、推广试点地区的先进经验，适时推出一批生态文明建设的先进典型。最后，生态环境保护政策规划了生态功能保护区、自然保护区，进行生物

---

[1] 参见中华人民共和国环境保护部，http://www.zhb.gov.cn/。

多样性保护和资源开发的生态保护监督管理，实施土壤污染防治、农村环境保护、农村非点源污染防治、畜禽水产养殖污染防治，以及国家农村小康环保行动计划等。另外，环保部成立的自然生态保护司，内部再设农村环境保护处（农村土壤污染防治处）、生态功能保护处、自然保护区管理处和生物多样性保护处等，分别重点负责生态文明建设的各个方面。总之，环保部在我国生态文明建设的过程中具有至关重要的作用，代表我国政府组织推动着生态文明建设。

三、马克思主义中国化最新成果与中国特色社会主义生态文明制度建设

对于生态文明制度建设的理论研究仅仅停留在几位学术大家的研讨或者是几门学科的建设上是远远不够的。生态文明制度建设的理论研究必须要有国家层面参与，只有这样才能从整体上把握总思路，使其制度建设为中国特色社会主义服务。

中国特色社会主义理论体系包括邓小平理论、"三个代表"重要思想以及科学发展观等重大战略思想在内的科学理论体系。这个理论体系坚持和发展了马克思列宁主义、毛泽东思想、凝结了几代中国共产党人带领人民不懈探索实践的智慧和心血，是马克思主义中国化最新成果，是党最可宝贵的政治和精神财富，是全国各族人民团结奋斗的共同思想基础。马克思主义中国化最新成果是中国特色生态化文明制度创造的基础和前提，中国特色生态化文明制度创造是马克思主义中国化最新成果在实践中的运用和发挥。自党的十一届三中全会以来，中国共产党对马克思主义中国化最新成果，即中国特色社会主义事业总体布局的认识，经历了从"两个文明"到"五位一体"的逐步深化、不断拓展的过程。中国特色生态文明制度建设也是在这个总体布局不断演进中创造出来的。

关于"两个文明"协调发展的方针。两个文明，指的是物质文明和精神文明。1979年9月，叶剑英同志在庆祝中华人民共和国成立三十周年大会上提出社会主义"精神文明"的概念，并初步表达了"两个文明"协调发展的思想，即"我们要在建设高度物质文明的同时，提高全民族的教育科学文化

水平和健康水平，树立崇高的革命理想和革命道德风尚，发展高尚的丰富多彩的文化生活，建设高度的社会主义精神文明"。[①] 1982 年 9 月，党的十二大报告提出："物质文明的建设是社会主义精神文明的建设不可缺少的基础。社会主义精神文明对物质文明的建设不但起巨大的推动作用，而且保证它的正确的发展方向。两种文明的建设，互为条件，又互为目的"。[②]这里诠释了"两个文明"的互动关系，强调"同时进行物质文明和精神文明的建设"，确立了"两个文明"一起抓的战略方针。

关于"三位一体"相互促进的思路。党的十二大报告在强调"两个文明"一起抓的同时，论述了社会主义民主政治建设的重要性："社会主义的物质文明和精神文明建设，都要靠继续发展社会主义民主来保证和支持。建设高度的社会主义民主，是我们的根本目标和根本任务之一"。[③]1986 年 9 月，党的十二届六中全会通过《关于社会主义精神文明建设指导方针的决议》，将我国社会主义现代化建设的总体布局明确表述为："以经济建设为中心，坚定不移地进行经济体制改革，坚定不移地进行政治体制改革，坚定不移地加强精神文明建设，并且使这几个方面互相配合，互相促进"。[④] 自此，经济建设、政治建设、精神文明建设"三位一体"的思路已经明确。2002 年 11 月，党的十六大报告将经济建设、政治建设、文化建设与物质文明、政治文明、精神文明结合起来，使"三位一体"总体布局更加明晰和深入。

关于"四位一体"和谐互动的部署。新中国成立以来，社会建设的内容不同程度地蕴含在"两个文明""三位一体"的总体布局之中。中共十六大报告把"社会更加和谐"纳入全面建设小康社会的奋斗目标，更加明确了社会建设在中国特色社会主义事业总体布局中的战略地位。2005 年 2 月，胡锦涛在省部级主要领导干部提高构建社会主义和谐社会能力专题研讨班上的讲话明确提出："随着我国经济社会的不断发展，中国特色社会主义事业的总体布局，更加明确地由社会主义经济建设、政治建设、文化建设三位一体发展为社会主义经济建设、政治建设、文化建设、社会建设四位一体"。[⑤] 2007 年 10 月，中共十七大报告按照"四位一体"的总体布局来论述中国特色社会主义

---

①②③　《十一届三中全会以来重要文献选读》（上），人民出版社 1987 年版，第 80、489、496 页。
④　《十一届三中全会以来重要文献选读》（下），人民出版社 1988 年版，第 1173 页。
⑤　《十六大以来重要文献选编》（中），中央文献出版社 2006 年版，第 696 页。

道路，将"建设社会主义市场经济、社会主义民主政治、社会主义先进文化、社会主义和谐社会，建设富强民主文明和谐的社会主义现代化国家"①，纳入中国特色社会主义道路的基本内涵，并对经济建设、政治建设、文化建设、社会建设的内容作了全面部署，"四位一体"的总体布局完全确立。

关于"五位一体"全面发展的总格局。我国自改革开放以来，社会经济发展迅速，2010~2012 年，我国 GDP 总量已连续 3 年位居世界第二，但为此也付出了高昂的资源和环境代价，生态文明建设与经济社会发展不相协调的问题日渐显现。如果要摆脱"贫困—人口增长—环境退化—贫困"的恶性循环，就必须加快生态文明建设。中共十八大报告把生态文明建设提到突出地位，纳入中国特色社会主义事业总体布局，提出"要更加自觉地珍爱自然，更加积极地保护生态，努力走向社会主义生态文明新时代"②，并首次将生态文明建设与经济建设、政治建设、文化建设、社会建设并列，列入中国特色社会主义"五位一体"总布局。并在此基础上进一步强调"加强生态文明制度建设。保护生态环境必须依靠制度。要把资源消耗、环境损害、生态效益纳入经济社会发展评价体系，建立体现生态文明要求的目标体系、考核办法、奖惩机制"。这是党的十八大一个重要的理论突破和实践创新。把生态文明建设问题的解决上升到制度层面，实现了中国特色生态化制度的创造。体现了中国共产党对中国特色社会主义事业总体布局认识上的与时俱进，是中国共产党应对时代发展、社会变革、人民需求的理论创新，也是中国经济社会发展的必然选择。

第三节　中国特色社会主义生态文明制度建设实践行动

理论是实践的先导，理论指引建设的方向。然而，生态文明建设从理论到实践，必须在实践上迈出制度建设这一步。制度建设不仅是理论在现实中的实

---

① 《十七大以来重要文献选编》（上），中央文献出版社 2009 年版，第 9 页。

② 《坚定不移沿着中国特色社会主义道路前进　为全面建成小康社会而奋斗——在中国共产党第十八次全国代表大会上的报告》，人民出版社 2012 年版，第 41 页。

施与固化，而且也是现实实践活动的必要保障。我国的生态文明制度建设伴随着新中国经济社会发展全过程，并在发展水平不断提升中、在实践成果不断积累中逐步完善，形成了党和政府的指导文件、法律法规、行政规章等一系列重要的制度建设成果。党的十八大又进一步明确了生态文明建设与经济建设、政治建设、文化建设、社会建设相并列，形成建设中国特色社会主义"五位一体"的总布局，指明了今后生态文明制度建设的总体方向。

一、新中国成立至改革开放前的生态文明制度建设

我国对生态文明制度建设的探索，伴随着新中国的成长全过程。在1949年新中国成立后，虽然党和政府没有系统地提出生态文明制度建设，但关于环境保护、生态系统恢复等工作从未停止。在这一过程中的生态文明建设实践，为我国生态文明建设理论的丰富和制度的完善打下了牢固的基础。

（一）萌芽阶段（1949～1972年）

从1949年新中国成立到1972年，我国以国民经济恢复和工业化为主要目标，缺乏对环境问题重视及科学研究，导致生态环境日益恶化。该阶段的生态文明制度建设处于从到有的萌芽阶段，主要停留在环境保护的具体措施方面。

这一时期的生态文明制度建设成果主要体现在：一是以制度建设推进植树造林。1955年12月21日，毛泽东在《征询对农业十七条的意见》中指出，要在二十年内消灭荒山荒地、实行绿化。为使植树造林方针得以顺利贯彻落实，党中央于1950年5月16日颁布了《关于林业工作的指示》、1963年5月27日发布了《森林保护条例》、1967年9月23日颁布了《关于加强山林保护管理、制止破坏山林、树木的通知》、1973年11月发布了《关于保护和改善环境的若干规定（试行草案）》等，这些制度对保护森林资源发挥了应有的积极作用。二是兴修水利。针对淮河等水域洪灾泛滥的情况，政务院颁布了《关于治理淮河的决定》，确定成立隶属于中央人民政府的治淮机构——治淮委员会，这是新中国第一次在政府文件和专门领导机构的保障下治理一条大河。此外，这一时期修建的三门峡水库和葛洲坝水利枢纽在抗御自然灾害和促进工农业发展中发挥了重大作用。三是确立环境保护制度和法律。1973年经

国务院批准的《关于保护和改善环境的若干规定》中规定："一切新建、扩建和改建的企业，防治污染项目，必须和主体工程同时设计、同时施工、同时投产""正在建设的企业没有采取防治措施的，必须补上。各级主管部门要会同环境保护和卫生等部门，认真审查设计，做好竣工验收，严格把关"。从此，"三同时"成为中国最早的环境管理制度原则，这一原则后来被写入《中华人民共和国环境保护法》。

这一时期我国虽然有了一些对生态文明制度建设的探索，但生态文明建设的思想仍处于萌芽阶段，对环境、资源的保护和可持续利用认识不足，也没有形成系统的生态文明建设制度。

（二）起步阶段（1973～1978年）

1973～1978年是我国生态文明制度建设的起步阶段。这一时期，以治理传统工业环境污染，整治局部地区生态环境破坏为起点，我国开始探索避免走西方工业化国家"先污染后治理"的环境保护道路，主动开展了环境保护各方面的工作，为新时期的环境保护工作奠定基础。这一时期形成的生态文明制度建设主要成果有：一方面，环境保护走上法制化道路；另一方面，以调查研究和环保机构建设保障生态文明建设。

1973年8月5日，第一次全国环境会议在北京召开，会议审议通过了"全面规划、合理布局、综合利用、化害为利、依靠群众、大家动手、保护环境、造福人民"的32字环境保护工作方针，还制定了《关于保护和改善环境的若干规定（试行草案)》，这是中国环境保护首个综合性的法规，成为新中国环境保护立法的起点。

与此同时，自1973年起，为了研究污染源的基本情况和对策，我国开始对天津蓟运河污染，黄海、渤海污染等情况进行详细调查。随后，国务院连续召开会议研究治理对策，国家计委在《关于全国环境保护会议情况的报告》中明确提出限期治理，成为监管点源污染制度的雏形，为"限期治理"制度的建立奠定了基础。国家在污染调查的基础上，对工业开展"三废"综合利用和对城市环境消烟除尘治理，以污染源调查为指导，提出环保工作的目标。经周恩来总理批准，国务院于1974年成立环境保护领导小组，这标志着中国环境保护机构建设的起步。

1978年修订的《中华人民共和国宪法》规定："国家保护环境和自然资

源，防治污染和其他公害"，把环境保护上升为宪法规范，为我国环境保护工作和进一步构建环境保护法律体系奠定了宪法基础。五届人大十一次常务会议颁布的《中华人民共和国环境保护法（试行）》，标志着我国环境保护工作进入了法治阶段，也标志着我国环境法律体系开始建立。

从总体看，这一阶段是我国在生态文明制度建设的起步阶段，我国环境保护理念从无到有，开展了工业污染治理为重点的环境防治工作，开始探索中国特色的环境保护道路，结束了环境保护无法可依的局面。

二、改革开放以来至世纪之交的生态文明制度建设

改革开放以来，我国转变发展思路，把工作重心转移到经济建设上，与此同时，加快环境保护的立法工作，进一步开始了生态文明建设的征程。

（一）形成阶段（1979～1992 年）

这一时期是我国生态文明建设的奠基时期，实现了从"末端治理"到"预防为主、防治结合"的转变。党和政府在抓经济建设的同时，也非常重视环境保护工作，强调处理好经济、人口、资源环境之间的关系，有利于经济建设与人口、资源、环境相协调。这一时期是中国特色社会主义生态文明建设与中国特色社会主义工业化同步进行，中国特色社会主义生态文明建设思想逐步形成时期，环境保护工作取得重大成就，为环境保护事业奠基了基础。

这一时期形成的生态文明制度建设的主要成果有：

1. 将环境保护确定为我国的基本国策

在 1983 年 12 月 31 日召开的第二次全国环境保护会议上，环境保护被正式确定为国家的一项基本国策。中共中央在 1981 年《关于在国民经济调整时期加强环境保护工作的决定》中指出："环境和自然资源，是人民赖以生存的基本条件，是发展生产、繁荣经济的物质源泉。管理好我国的环境，合理地开发和利用自然资源，是现代化建设的一项基本任务。"[1] 1982 年中国共产党第

---

① 《中华人民共和国环境保护法（试行）国务院在国民经济调整时期加强环境保护工作的决定》，法律出版社 1981 年版，第 16 页。

十二次全国代表大会上提出，"今后必须在坚决控制人口增长，坚决保护各种农业资源、保持生态平衡的同时，加强农业基本建设……""必须加强能源开发，大力节约能源消耗"① 等生态文明建设的观点。1984 年《国务院关于环境保护工作的决定》明确提出：保护和改善生活环境和生态环境，防治污染和自然环境破坏，是我国社会主义现代化建设中的一项基本国策。

2. 提出由粗放经营向集约经营的转变

1987 年召开的中国共产党第十三次代表大会上明确指出了我国"人口多，底子薄，人均国民生产总值仍居于世界后列"② 的发展现状，首次提出了"要从粗放经营为主逐步转上集约经营为主的轨道"③ 上来的思路，并特别指出"人口控制、环境保护和生态平衡是关系经济和社会发展全局的重要问题"④，"在推进经济建设的同时，要大力保护和合理利用各种自然资源，努力开展对环境污染的综合治理，加强生态环境的保护，把经济效益、社会效益和环境效益很好地结合起来。"⑤转变经济发展方式和经济、社会、环境效益有机结合的思路为后来的历代领导人所吸收和发展，先后提出了可持续发展战略、和谐社会建设等一系列的战略构想。

3. 促进国际合作

从 20 世纪 80 年代到 90 年代初，我国先后加入多个世界性环境保护组织，签订了多个协议，参与多个国际环境公约。1980 年与美国签订《中美环境保护科技合作协议书》；参加了 1985 年的《防止倾倒废物及其他物质污染海洋的公约》和 1989 年的《保护臭氧维也纳公约》；签订了 1991 年的《关于消耗臭氧层物质的蒙特利尔议定书》；1989 年第十五届联合国环境署理事会提出了可持续发展战略，进一步加强生态环境的高科技综合治理的作用，促进我国环保事业的积极健康发展；1992 年环境与发展大会上通过了被普遍接受的可持续发展战略——《21 世纪议程》，我国率先制定了《中国 21 世纪议程》，在世界环境与发展领域影响不断扩大。

4. 以制度和法律保障生态环境保护工作的开展

1979 年《中华人民共和国环境保护法（试行）》的颁布将环境保护从条

---

① 《中国共产党第十二次全国代表大会文件汇编》，人民出版社 1982 年版，第 18 ~ 19 页。
②③④⑤ 《十三大以来重要文献选编》（上），人民出版社 1991 年版，第 10、17、24、25 页。

例上升为国家法律，标志着我国的环境法律体系开始正式建立。1980 年以后，我国的环境立法工作发展迅速，环境立法成为我国法制建设中最为活跃的一个领域。截至 1992 年，全国人大常委会已颁布十几部环境和资源保护法律，主要有：《中华人民共和国环境保护法》（1979 年制定，1989 年修改）、《中华人民共和国海洋环境保护法》（1982 年）、《中华人民共和国水污染防治法》（1984 年）、《中华人民共和国大气污染防治法》（1987 年）、《中华人民共和国森林法》（1984 年）、《中华人民共和国草原法》（1985 年）、《中华人民共和国水土保持法》（1991 年）等。同时，国务院颁布实施了 20 多项行政法规，如《中华人民共和国防止船舶污染海域管理条例》（1982 年）、《中华人民共和国海洋石油勘探开发环境保护管理条例》（1983 年）、《中华人民共和国海洋倾废管理条例》（1985 年）、《水土保持工作条例》（1982 年）等。此外，还设置了环境保护机构，1978 年我国成立了设在国家建委之下的国务院环境保护领导小组办公室。1982 年调整为城乡建设环境保护部下属的一个环境保护局。1984 年改名为隶属于建设部下的国家环保局。1987 年改为独立的国家环境保护局，成为直属国务院管理的副部级单位，这就为环境管理与环境执法提供了重要的组织保障。从法律的产生到专门的管理机构的成立，反映了国家在资源、环境和人类协调发展上进入了一个新的阶段，同时也标志着我国环境保护建设走上了法制化的道路。

（二）完善阶段（1993～2002 年）

1992 年后，以邓小平南方谈话和党的十四大为标志，中国改革开放事业进入了新的发展阶段。在新的历史条件下，党和国家对已有的生态环境建设进行了全面的继承与发展，随着改革开放不断发展，中国特色社会主义生态文明思想与实践逐步成形。

这一时期形成的生态文明制度建设成果主要有：

1. 首次明确提出可持续发展战略任务

1995 年 9 月 28 日，江泽民在十四届五中全会上指出："在现代化建设中，必须把实现可持续发展作为一个重大战略。要把控制人口、节约资源、保护环境放到重要位置，使人口增长与社会生产力发展相适应，使经济建设与资源、环境相协调，实现良性循环"①。

1996 年 3 月，八届人大第四次会议通过了《中华人民共和国国民经济和社会发展"九五"计划和 2010 年远景目标纲要》，把实现经济与社会的协调和可持续发展作为未来 15 年我国经济社会发展的重要方针之一，并明确把实施可持续发展、推进社会事业全面发展作为战略目标，使可持续发展战略在我国经济社会发展过程中得以确立。

1997 年，党的十五大报告进一步提出："我国是人口众多、资源相对不足的国家，在现代化建设中必须实施可持续发展战略"②。

2. 生态环境法律保护体系进一步完善

20 世纪 90 年代，国家把依法保护环境作为依法治国的主要内容，环境法制建设逐步完善。1993 年确立了"三个转变"③的工业污染防治工作的指导方针，这是我国环境保护工作的重要转变。同年设立环境保护委员会，后来改名资源环境与环境保护委员会。先后制定出台了《清洁生产促进法》《环境影响评价法》等 5 部新法律，并完善了相关的法律条文。

三、21 世纪以来生态文明制度建设

这一时期，逐渐重视生态环境政策，并把环境政策上升为宏观战略和基本国策。从国家发展战略的高度对我国生态文明建设进行了深入探索，为我国生态环境质量的进一步提高提供了制度保障。至此，我国可持续发展观念逐步形成，生态环境法制化建设日趋完善，生态环境国际合作化日益加强，广大人民群众的环境保护意识有了显著提高，形成了较为系统的生态文明建设思想。

（一）成熟阶段（2003～2012 年）

党的十六大以来，随着工业化和城镇化进程的加快，我国经济社会发展对能源资源的需求迅速增加，生态环境的压力也越来越大。党的十七大首次提出

---

① 《江泽民文选》第一卷，人民出版社 2006 年版，第 463 页。
② 《江泽民文选》第二卷，人民出版社 2006 年版，第 26 页。
③ "三个转变"，即由末端治理向生产全过程的控制转变；由浓度控制向浓度与总量控制相结合转变；由分散治理向分散与集中控制相结合转变。

建设"生态文明"这一概念，强调要"共同呵护人类赖以生存的地球家园"，从而将生态建设上升到了文明的高度，形成了成熟的中国特色社会主义生态文明建设的战略思想。

1. 将生态文明建设纳入社会主义事业总体布局

中共十六届三中全会上，胡锦涛提出科学发展观的第一要义是发展，核心是以人为本，基本要求是全面协调可持续，根本方法是统筹兼顾。2004年9月，中国共产党第十六届中央委员会第四次全体会议上正式提出了"构建社会主义和谐社会"，与自然和谐相处是其重要特征之一，也是和谐社会的重要基础。党的十七大还将"人与自然和谐""建设资源节约型、环境友好型社会"写入新修改的党章中。党的十八大报告系统化、完整化、理论化地提出了生态文明的战略任务，将生态文明建设纳入社会主义现代化建设的总体布局中，与经济建设、政治建设、文化建设、社会建设形成"五位一体"的总格局，并首次把"建设美丽中国、走向社会主义生态文明的新时代"作为生态文明建设的宏伟目标。

2. 加快形成新的经济发展方式，发展循环经济

党的十七大报告中强调，要在实现经济又好又快的发展的同时将好作为首要要求。党的十八大报告中指出，"要适应国内外经济形势新变化，加快形成新的经济发展方式，把推动发展的立足点转到提高质量和效益上来……要更多依靠节约资源和循环经济推动"。[①] 2007年，胡锦涛在中央经济工作会议上进一步指出"节约资源、保护环境，关系到经济社会可持续发展，关系到人民群众切身利益，关系到中华民族生存发展。""要大力发展循环经济，逐步改变高耗能、高排放产业比重过大的状况，努力在优化结构、提高效益、降低消耗、保护环境的基础上，完成现代化的历史任务。"[②] 党的十八大报告中指出，"要全面促进资源节约……发展循环经济，促进生产、流通、消费过程的减量化、再利用、资源化。"[③]

3. 构建资源节约型、环境友好型社会

资源环境问题关系我国发展大局，关系人民群众的切身利益，关系中华民

---

①③ 《坚定不移沿着中国特色社会主义道路前进　为全面建成小康社会而奋斗——在中国共产党第十八次全国代表大会上的报告》，人民出版社2012年版，第20、40页。

② 《十七大以来重要文献选编》（上），中央文献出版社2009年版，第78页。

族的长远发展。党的十六大后，一直强调资源节约和生态保护，"十一五"规划中明确提出建设资源节约型和环境友好型社会。党的十七大报告中指出，必须把建设资源节约型、环境友好型社会放在工业化、现代化发展战略的突出位置。2007年胡锦涛同志又进一步强调："我们必须把推进现代化与建设生态文明有机统一起来，把建设资源节约型、环境友好型社会放在工业化、现代化发展战略的突出位置，加快形成节约能源资源和保护生态环境的产业结构、增长方式、消费模式。"① 党的十八大报告中再次将资源节约型、环境友好型社会建设取得重大进展作为全面建成小康社会和全面深化改革开放的目标之一。构建资源节约型、环境友好型社会，必须转变粗放型的经济发展方式，充分利用先进科技对传统产业进行生态化改造，积极发展生态农业、生态工业，实现可持续的发展，为生态文明建设夯实基础。

4. 国际合作取得巨大进展

2002年8月，南非约翰内斯堡举行了联合国可持续发展世界首脑会议，通过了《可持续发展世界首脑会议执行计划》和《约翰内斯堡可持续发展承诺》，总结了过去十年可持续发展走过的道路，明确了保护地球生态环境、消除贫困、促进繁荣的行动蓝图，为今后发展增加新的动力。2007～2008年，我国先后公布了中期减排目标以及中国减排缓和气候变化的政策与行动。十一届全国人大常委会通过了《可再生能源法》和《循环经济促进法》，积极响应气候变化的决议。2011年，联合国气候变化框架公约第17次缔约方会议召开，中国以负责任的大国形象加入《京都议定书》。进入21世纪以来，中国生态文明建设的国际合作迅速发展，合作伙伴遍及全球，不断引进先进理念、技术与资金，为我所用。

5. 形成环境保护标准体系

仅"十一五"期间，我国就发布国家环境保护标准502项，增长幅度在30多年环境保护标准工作历史上前所未有。截至"十一五"末期，累计发布环境保护标准1494项，其中现行标准1312项。截至"十一五"末期，共有国家环境质量标准14项，国家污染物排放标准138项，环境监测规范705项，管理规范类标准437项，环境基础类标准18项。我国已形成的环境标准体系

---

① 《十七大以来重要文献选编》（上），中央文献出版社2009年版，第78页。

由两级五类标准组成，分别为国家级标准和地方级标准，标准类别包括环境质量标准、污染物排放标准、环境监测规范（环境监测方法标准、环境标准样品、环境监测技术规范）、管理规范类标准和环境基础类标准（环境基础标准和标准制修订技术规范）。

（二）全面推进制度建设阶段

从实际情况来看，自新中国成立以来，我国的生态文明制度建设伴随着本国经济发展和国际环境变化而发展，从质朴的环境保护措施起步，到将生态文明建设纳入社会主义事业整体布局，我国的生态文明制度建设取得了重大进展，为推进我国社会主义现代化建设奠定了基础（见表 2 - 1）。正是这些扎扎实实的实际工作包括上述的理论建设工作，使我国作为一个发展中国家却在国际上率先开展了生态文明制度建设。

表 2 - 1   中国政府发布的生态文明制度建设重要文件

名称	批准机关	时间
中国环境与发展十大对策	中共中央、国务院	1992 年 8 月
中国环境保护战略	国家环保局、国家计委	1992 年
逐步淘汰破坏臭氧层物质国家方案	国务院	1993 年 1 月
中国环境保护行动计划（1991~2000 年）	国务院	1993 年 9 月
中国 21 世纪议程	国务院	1994 年 3 月
中国生物多样性保护行动计划	国务院	1994 年
中国环境保护 21 世纪议程	国家环保局	1994 年
中国林业 21 世纪议程	林业部	1995 年
中国海洋 21 世纪议程	国家海洋局	1996 年 9 月
国家环境保护"九五"计划和 2010 年远景目标	国务院	1996 年 9 月
中国跨世纪绿色工程规划（第一期）	国务院	1996 年 9 月
全国主要污染物排放总量控制计划	国务院	1996 年 9 月
全国生态环境建设规划	国务院	1998 年
全国生态环境保护纲要	国务院	2001 年

续表

名称	批准机关	时间
中华人民共和国环境影响评价法	全国人大常委会	2002 年
中国 21 世纪初可持续发展行动纲要	国务院	2003 年 1 月
关于落实科学发展观加强环境保护的决定	国务院	2005 年
环境信息公开办法（试行）	国家环境保护总局	2007 年
规划环境影响评价条例	国务院	2009 年 8 月
防治船舶污染海洋环境管理条例	国务院	2010 年 3 月
消耗臭氧层物质管理条例	国务院	2010 年 3 月
国务院关于加强环境保护重点工作的意见	国务院	2011 年 11 月
国家环境保护"十二五"规划	国务院	2011 年 12 月
关于实行最严格水资源管理制度的意见	国务院	2012 年 1 月
关于加快发展节能环保产业的意见	国务院	2013 年 8 月

资料来源：诸大建：《生态文明与绿色发展》，上海人民出版社2008 年版，第295 ~296 页；2008 ~ 2013 年部分内容来自中国政府网公开信息。

　　值得一提的是，1971 年下半年，我国恢复了在联合国作为常任理事国的合法地位。1972 年，我国参加了具有划时代意义的联合国第一次人类环境大会即斯德哥尔摩大会。换句话说，我国在恢复联合国常任理事国合法地位后的第一个行动就是签署"联合国人类环境宣言"，就参加"联合国人类环境行动"。此后，我国先后加入多个世界性环境保护组织，签订了多个协议，参与了多个国际环境公约，彰显了大国风范，为国际社会做出了表率。例如，1980 年与美国签订《中美环境保护科技合作协议书》；1983 年成为最早参加联合国世界环境与发展委员会的 22 个国家代表之一积极推进联合国的工作；1985 年签署了《防止倾倒废物及其他物质污染海洋的公约》；1989 年参加了第十五届联合国环境署理事会并提出了可持续发展战略，同年签订了《保护臭氧维也纳公约》；1991 年签订了《关于消耗臭氧层物质的蒙特利尔议定书》1992 年在巴西里约热内卢召开的联合国环境与发展大会，这是继 1972 年联合国人类环境会议之后联合国召开的最大规模、最高级别的会议，在这个会议上，李鹏总理和宋健国务委员分别代表中国政府做了重要讲话，签署了《联合国遏制气候变化框架公约》和《联合国遏制生物多样性消逝框架公约》，还签署了环境与发展大会上被普遍接受的可持续发展战略——《21世纪议程》。进入21世纪以来，伴随我国综合国力的提高，我国在国际社会生态文明建设方面发挥着越来越大的作用。例如，在2007年巴厘岛气候会议，我国为联合国制定气候谈判的时间表和路线图做出了重大贡献。再如，在举世瞩目的2009年哥本哈根气候谈判上，我国作为发展中国家主动提出到2020年单位国内生产总值二氧化碳排放比2005年下降40%～45%，彰显了作为社会主义国家对事关全人类福祉的深切关心和努力。作为发展中国家，我国还率先制定了《中国21世纪议程》。

在这一系列战略思想和重大部署指导下，我国生态文明建设扎实展开。生态文明观念逐步树立，全民资源节约和环保意识增强；节能减排目标顺利完成，"十一五"期间全国单位国内生产总值能耗下降19.1%，二氧化硫、化学污染物排放总量分别减少14.29%和12.45%，基本实现"十一五"规划确定的目标；资源利用效率提高，"十一五"期间全国单位工业增加值用水量降低36.7%，主要产品单位能耗大幅度减低；环境质量局部改善，2005～2010年，七大水系国控断面好于三类水质的比例提高18.9个百分点，环保重点城市空气质量达到二级标准的城市比例提高30.3个百分点；生态保护和修复取得成效，"十一五"期间森林覆盖率提高2.16个百分点，退牧还草区牧草质量提高，重点生态功能区保护力度加大，全国沙化面积减少；应对气候变化取得进展，"十一五"期间通过节能提高能效累计减少二氧化碳排放14.6亿吨。

党的十八大开始了我国生态文明建设的新纪元，报告中明确提出"制度建设"是推进生态文明建设的重要保障。不仅如此，还从操作的角度上，对生态文明制度建设上提出要求。（1）要加强生态文明考核评价制度建设。必须改变唯GDP的观念，淡化GDP考核，增加生态文明在考核评价中的权重，把资源消耗、环境损害、生态效益纳入经济社会发展评价体系，建立体现生态文明要求的目标体系、考核办法、奖惩机制。（2）要健全基本的管理制度。根据我国国土空间开发管理制度缺失的问题，必须建立国土空间开发保护制度。如对国家重点生态功能区和农产品主产区要建立限制开发的制度，对依法设立的各级自然保护区、世界文化自然遗产、风景名胜区、森林公园、地质公园等要建立禁止开发的制度。我国耕地、水资源、环境等管理制度已经建立，但仍不完善，要完善最严格的耕地保护制度、水资源管理制度、环境保护制度。（3）要建立资源有偿使用制度和生态补偿制度。能源、水资源、土地资源、矿产资源等资源性产品的价格改革和税费改革还不到位，资源有偿使用制度虽已确立，但没有体现生态价值，生态补偿制度正在探索中。需要深化资源性产品价格和税费改革，建立反映市场供求和资源稀缺程度、体现生态价值和代际补偿的资源有偿使用制度和生态补偿制度。（4）要建立市场化机制。建设生态文明同样需要依靠市场机制，要用市场化办法促进资源节约和生态环境保护，积极开展节能量、碳排放权、排污权、水权交易试点。（5）要健全责任追究和赔偿制度。资源环境是重要的公共产品，对其的破坏和损害要追究责任，进行赔偿。要加强环境监管，健全生态环境保护责任追究制度和环境损害赔偿制度。

|第三章|

中国特色社会主义生态文明制度
建设的历史基础

中国特色社会主义率先开展生态文明制度建设，首先决定于中国化马克思主义最新成果理论自信和中国特色社会主义制度自信，还决定于中国特色社会主义道路自信以及决定于这条道路的历史基础之厚重而宽广绵长。

如果我们说中国特色社会主义道路来之不易，它是在改革开放 30 多年的伟大实践中走出来的，是在中华人民共和国成立 60 多年的持续探索中走出来的，是在对近代以来 170 多年中华民族发展历程的深刻总结中走出来的，是在对中华民族五千多年悠久文明的传承中走出来的，那么我们还可以说中国特色社会主义具有深厚的历史渊源和广泛的现实基础，中华民族是具有非凡创造力的民族，我们已然创造了世界上最绵长的中华文明，我们必然能够继续拓展并建设好中国特色社会主义生态文明。更有甚者，我们还可以说，迄今为止，只有中华文明能够证明人类文明的可持续，只有中华文明有资格证明人类文明可以永续发展。应该说，这种基于中华文明的自信正是我们率先进行中国特色社会主义生态文明制度建设的历史基础。从生态文明视角看，这种历史基础，既包含中国特色自然基础，也包含中国特色人文基础。

从自然史角度看，中国幅员辽阔，从南向北跨越热带、亚热带、暖温带、温带、寒温带；从东向西跨越湿润、半湿润、半干旱、干旱区，而且地形复杂多样，高山深谷、丘陵盆地众多。由此决定，中国的气候类型也丰富多样，东半部近地面层主要由于海陆热力差异的季节变化而导致海陆季风，西部的青藏高原则主要是受高原面与周边大气热力差的作用而形成高原季风。这种复杂多样的地理条件为孕育绚丽多彩的中华文明提供了自然基础。从人文史角度看，在中华大地上，56 个民族相互碰撞与融合，儒家、道家和佛教文化共同作用与交织，君主、士大夫和百姓各阶层一同创造与斗争，形成了千姿百态的、

5000 年延续不断的文明史，赋予了中华大地丰富、厚重的文化沉淀，为今天中国特色社会主义生态文明制度建设提供了重要历史基础。

当人类需要寻找可持续发展道路、当中国需要确定永续发展目标的时候，我们非常有必要回过头去向深沉的历史请教，向悠久的文明请教。相信通过对潜藏于中国历史长河中的生态伦理思想的梳理、挖掘，必定会获得对中国社会主义生态文明制度建设有益的启迪。

第一节　中华文明制度延续五千年之谜

中华文明是世界上唯一没有中断的文明，五千年的延续性是中华文明的第一特性。这种延续性具有丰富的内涵，包括自然环境的整体平衡、人口数量的长期增长、民族文化的持续繁荣，等等。中国特色社会主义生态文明制度建设，是人类制度建设历史中的一环，是中华文明演化、传承和积累的结果，因此离不开对中华文明延续性的缘由与内涵的剖析，离不开对中国古代文化和制度建设的认识与学习借鉴，从而不仅回答了中华文明延续五千年这一现实存在之谜，也回答了在结束数千年帝制之后，不断工业化、信息化、现代化的社会主义中国是否依然存在不竭动力的可能性之谜。

一、世界上唯一未曾间断的文明

距今 5000 年到 4000 年之间，世界文明史上曾经出现过至少七种文明实体：两河流域苏美尔文明、尼罗河流域古埃及文明、南亚印度河流域古文明、黄河长江流域的中华文明、爱琴海的古希腊文明、古犹太文明和古美洲文明。这些文明都具有高度的文化创造性、独特的价值观和思想体系、独立的社会治理结构和经济运行模式。但是，除了中华文明，其他所有的文明体都先后湮灭、衰亡或被替代。

根据考古资料，中华文明至少可以追溯到公元前 26 世纪黄帝统一中原，至今延续近五千年了。中华文明不断创新，旧的形式不断被新的形式代替，代相传，人相承，中华文明生生不息。无论是语言、文字，还是哲学、文学、绘画、戏曲、建筑、园林、饮食，五千年的发展脉络清晰可见，代有高峰，蔚为壮观。与世界其他文明相比，中华文明在自然环境基础的保护、人口与人种的延续，以及民族文化的不断创新与繁荣方面均体现了绝无仅有的可持续性，体现了中华文明在处理人与自然、人与人关系上的优越性。

首先，作为人类的发祥地之一，从新石器时代开始，中国广袤的土地已经供我们的祖先从事农事活动至少六七千年了。在漫长的社会发展过程中，中国先民创造了光辉灿烂的文化。这期间，我们的祖先有保护和改善环境的巨大业绩，同时也有过盲目开发，暴殄天物，导致环境衰退的诸多教训，但是整体而言，我们的国土得到了较好的保存，整个生态系统依然处于较为稳定的状态。

其次，经过一代一代的繁衍和不断的迁徙，各民族人口数量呈现总体不断增长趋势，全国各地均有华夏民族的定居点。从春秋战国开始，随着冶铁技术的发展及扩充实力的需要，统治者不断鼓励人口的增殖和土地的垦辟。秦汉以来，大量中原人民迁往西北屯垦；东汉之后北方的人口又经历了多次南移；明朝中后期，湖广成为最令人注目的垦区；清初开始又有大量人口流入四川和云南；道光年间，政府记录在案的人口已达近4亿。相对世界其他国家，中国的人均可耕种土地面积一直都非常小，但是数千年的持续繁衍，文明创造的主体——人口，达到并保持在相当的数量，虽然这也给生态系统造成了巨大压力，但这也反过来表明了中华文明保持可持续发展的能力。

最后，民族文化持续繁荣，并对其他国家有很大的影响。与单一民族形成文明体的类型不同，中国古代汇聚了疆域内外数以千计的民族群落，形成了今天的56个民族，构成中华文明的多民族主体。几千年来，中华民族在天文、地理、数学、物理、农业、纺织、饮食、水利、建筑、城市、交通、医药、陶瓷、髹漆、冶金、玉石、机具、书写工具、印刷工艺、文学艺术等方面均在世界文明史上占有重要地位。彩陶罐代表的彩陶文化，后母戊鼎代表的青铜文化，都江堰代表的水利枢纽工程，活字印刷术、造纸术、指南针和火药的四大发明，还有丝绸之路、万里长城、兵马俑，以及世界上最早预报地震的仪器地动仪、测量天体球面坐标的浑天仪、敦煌莫高窟九重楼和敦煌壁画中的飞天、郑和下西洋，等等，都是中华悠久文明兴盛的重要象征。中华文明一直都保持着对世界的影响力，同时也保持着与世界互动互馈、互激互励的多元化过程。

二、中华文明延续五千年的原因分析

丰富的中华文明史为我们和后世留下了无数有益的经验和宝贵的教训，其核心精神和价值，就像春雨，"随风潜入夜，润物细无声"，在不经意中将文明之根深深地植入了中国人的基因中。不仅如此，与其他的古文明湮灭、衰亡、替换或断裂的成因相比较，中华文明对自然的认知、社会的人权特征和公平正义水平明显高于其他文明体，具有人类一般或共同价值特质。中国古代朴素的生态学思想、土地资源、水资源、物种的变异与传播、生态习性的观察研究、植树造林、公园苑囿、古代遗迹和景观、与环境保护有关的机构和法令、社会风尚对环境保护的影响、自然灾害与对策、统一的文字与制度等均是中华文明得以长存的原因所在。

首先，从自然条件而言，中国国土东临大海；北接人烟稀少的西伯利亚；西北、正西和西南均为浩瀚的沙漠；巨大的高原和山系构成的腹地，将中国与西亚、南亚及遥远的西方隔离开来，具有一定的封闭性，这样的条件虽然将中国"孤岛化"了，但是也有利于中华文明独立发展与成熟。同时，由于整体地势的西高东低，黄河、长江、淮河、珠江等主要河流均呈由西向东流向，加上各个朝代修建的联通各水系的运河，形成了贯通全国的水网、交通网，保障了中国这个庞大国家的政治、经济、文化和军事联系。气候方面的整体季风性也使得生产方式、民族心理和文化呈现一定的统一性，这也是中华文明重要的黏合剂。在此基础上，中国盆地、山地交错，南北气温、物候差异，使得人种、农作物种类、宗教、民俗文化等方面又存在着较大的多样性，从而赋予中华文明更大的生命力。

其次，以统一的汉字、"天人合一"的生态伦理思想和哲学为代表的中国传统文化对中国社会的"可持续演化"起着绝对重要的作用。一位哲学家曾经说过："在对于自然的控制方面，我们欧洲人远远走在中国的前头，但是作为自然的意识的一部分的生命却迄今在中国找到了最高的表现。"[①] 歌德亦称

---

① 何兆武、柳卸林主编：《中国印象：外国名人论中国文化》，中国人民大学出版社 2011 年版，第 246 页。

孔子为"道德哲学家",认为中国人举止适度、行事中庸,正是中国人在一切方面保持节制才使中国维持几千年之久。古人在劳动实践中,通过对物候的观察,了解了各种物候和天象,并通过象形的汉字将自身的智慧转化为语言,进而形成相应的概念。在此基础上,形成了儒家、道家、法家等哲学流派,此后融合外来的佛教,形成了禅宗。这些中国古典哲学充满了人与自然、人与人之间和谐相处的生态意蕴,这对统治者的施政纲领和老百姓的生产实践均具有重要的指导意义。例如,道教认为天地万物是一个和谐完美的有机整体,天地万物的和谐秩序是由道的生养、和合、协调、制约功能产生的,不仅万物都是由阴阳之气的中和而生,而且世界万物的运动变化也是由道的循环往复的运动演化的结果。这已经成为中国人民对于人与自然关系的基本观点,也是人们追求的一种崇高的实践伦理道德境界,这种精神对农业文明的发展具有实际应用价值。

最后,在实践层面,中国古代不仅形成了人地良性互动的生产和生活实践,也制定了一系列保障生态平衡与国家持久统一的制度。在农业生产中,古人强调天时、地利、人治,也就是尊重自然规律并充分发挥主观能动性,并有诸多礼教与政令禁止破坏生态和自然的行为,提倡合理保护自然资源,注重保护农业生产的条件;在实际生活中,古人崇尚抑制人类的欲望,提倡适度消费,这对于消费主义盛行的当今社会仍具有重大的指导意义。最重要的一点就是,在中国的生态保护、生产生活和国家治理实践中,人们很早就建立了一系列比较有益的、合理的、不断调整的管理制度。国家体制性的制度方面,从联邦制到央政制,从分封制到郡县制,从察举制到科举制,从里坊制到街巷制,从木制农具到铁器的大规模推广使用,从区域市场到全国商路和国际商路的大贯通,以及国家土地制度、税负政策、官制和区域管理体制的多次改革,等等,对经济文化的发展都产生过巨大推动作用。这些基本制度与文化结合,又向下辐射,形成了许多有利于生态保护、国家稳定的具体制度和一般规章条例,从而整体保证了中华文明的延续性。

第二节　支撑中华文明制度得以演化的自然生态系统

大自然孕育了人类,人类则在与自然进行对话的过程中扬起了文明的风帆。文明作为人类对自然认识和理解的产物，必然包含着人类对其赖以维生的环境压力做出的回应。而人类文明史本质上就是"自然人化"的历史。此外，从另一个视角看，地理环境是人类演绎自己历史的舞台，人类文明总是在一定空间中进行长时间的演化和积累。中国（地理环境）既是中华文明发展的空间，也是中华文明赖以形成的基础。中国既是形成多元而统一，又是形成绵长而厚重的中国特色的物质文明、精神文明和政治文明的自然基础。总之，中国特色既是人文的也是自然的，既是创新的也是传承的，既是现实的也是历史的。

一、自成一体的气候、土壤、水、生物多样性

万物都离不开自然环境，我们人类也离不开自然的怀抱。生态环境与人类活动，并非相互隔绝或关联极少，而是相互依存的两个领域。自然界中蕴藏着财富与美好的源泉，也展现了沉默的、人类必须正视的、和谐的法则与规律，这些均是历史形成的基础条件。中国的历史，自秦汉以来，以大一统的帝国居多，其广阔的国土由数条自西向东流淌的大河贯穿，同时整体的气候均呈现出季风性，就是中华文明长期统一的重要地理基础。此外，中国相对封闭的疆土、庞大的版图上多样的地形、气候与物种亦是中华文明得以保持多样性与连续性的重要基础。

首先，中国所处的欧亚大陆东端，自古就被多种自然屏障团团包围。东面是一望无际的太平洋，航海技术几千年来总体上的停滞不前，使得即便近如扶桑之国，竟也是通行抵达为难。北面是间有荒漠、戈壁的欧亚大草原，高寒和荒漠化令其地广人稀，虽然是东西方交流的一条通道，却不是坦途，不是大宗货物贸易和频繁人员交流的途径。南面是南中国海，西南面是东南亚热带雨林等。西面则是号称世界屋脊的青藏高原。这种近乎四面阻绝的处境，就使得长江、黄河流域的人类生态系统大致自成一体。

其次，水系是古代世界文明的黏合剂，中国水系的内部统一性十分明显，水系在西部和北部的青藏高原、天山、阿尔泰山和长白山等河流发源地出发，丘陵、盆地、平原在中部和东部首尾相连，便于陆上往来。适应地势的西高东低，长江、淮河、黄河、珠江、黑龙江都从西部奔向东部下海。下游低平，便

于开掘运河，互相联络。公元前 214 年，秦朝史禄开凿灵渠，引湘水入漓江，沟通长江和珠江两大水系；公元 612 年，隋朝修建南北运河，沟通黄河、淮河、长江、钱塘江四大水系，从而构成了中华大地上纵横交织的水网。在一定时空条件下，江河水系成网络状的联系，能够带动流域内的人流、物流，即形成经济地理上的整体性联系，使中华大地得以滋养结成体系。

再其次，气候、地形、植被、动物和土壤之间相互影响，形成了多样化的生态环境。中国整体上是在大陆与海洋热力不均匀加热下形成和维系的季风气候。由于幅员辽阔，东部地区跨越从热带、亚热带、暖温带到寒温带的热量带，又有青藏高原从高山寒带到亚热带气候类型的梯度分布，所以水平地带及垂直地带之间存在着巨大的差异。除此之外，山脉走向、距离海洋的远近等因素也加大了整体气候的复杂性。在这样的气候条件下，各种生命活动与生命过程得以共同进行，动物、植物多样性显著。

最后，各类自然灾害彼此关联，巨大的治理工程需要国家的统一。超越社会大分工而进一步形成国家机器的压力，有些的确与环境地理有关。在中华文明产生的早期，黄河这样人口密度较高的大河流域，以及东亚季风性气候，均是高度影响制度演化的自然环境变量，它们共同产生了频繁的治水需要。强烈的季风性气候会产生救灾统筹和协调的需要，这些都容易导致权力集中现象暨包括中央集权的统治结构在内的机制性安排。从早期国家的雏形到成熟定型的夏、商、周，中原地区国家的最终形成，都与治水的需要推动的权力集中现象有关，这就意味着：基于大河流域的治水的统筹需要，推动了政权合并即统一的倾向。

二、自然生态系统的类别及特征

同世界其他地区一样，受光、热、水、土壤等自然因素的影响，中国生态系统的类型丰富多样，并且具有明显的地带性规律。无论是水平纬向维度还是水平经向维度，均呈现出明显的依次更替。另外，由于青藏高原的高原地带性，其生态状况的分布又具有其特殊性。

在水平纬向地带方面，大兴安岭—吕梁山—六盘山—青藏高原东缘一线把中国划分为东南部和西北部。东南部是季风区，发育各种类型的中生性森林；西北部季风影响微弱，分布着旱生性草原和荒漠。东南部森林区自北向南随热量的递增，明显地依次更替着寒温带针叶林带、温带针阔叶混交林带、暖温带落叶阔叶林带、亚热带常绿阔叶林带、热带季雨林、雨林带、赤道雨林带。在中国西北部的内陆地区，由于南部为青藏高原所占据，植被的水平纬度地带系列表现不完整。仅在新疆的温带荒漠地区有南、北差异——以天山为界，天山以北的准噶尔盆地为温带荒漠带；天山以南的塔里木盆地为暖温带荒漠带。另外在准噶尔盆地北端阿尔泰山南麓，还有一条狭窄的荒漠草原带通过。再向北，由草原带过渡到俄罗斯西伯利亚泰加林带。在西藏阿里的西南部有亚热带荒漠的山地类型。

在水平经向地带方面，大致在昆仑山—秦岭—淮河一线以北的温带和暖温带地区，从东到西和从东南到西北，即从沿海的湿润、半湿润区到内陆的干旱区，植被依次更替为落叶阔叶林或针阔叶混交林—草原（草甸草原—典型草原—荒漠草原）—荒漠（草原化荒漠—典型荒漠）。

青藏高原的高度达到对流层一半以上，因此植被与低海拔的水平地带性植被有很大不同，而且属于垂直带性的高寒植被类型。但是，由于来自东南太平洋季风和西南印度洋季风的水汽首先到达高原东南部，使高原上降水自东南向西北减少，因而植被又与同纬度的山地植被有明显差别：相似类型的植被在高原上分布的海拔界限远比在同纬度的山地为高；植被的大陆性也比同纬度的山地强烈。特别是高原面上各种植被主要是呈带状按水平方向由东南向西北更替，而不是按山地垂直带更替，虽然在水平更替的基础上也叠加了垂直高度变化的影响。大体来说，青藏高原的生态分布：高原东南部山地峡谷寒温性针叶林带、高原南部雅鲁藏布江中上游谷地灌丛草原带、高原东南部高寒灌丛与草甸带、高原中部高寒草原带、高原西部阿里山地荒漠带和高原北部高寒荒漠带。

除了地带性的分类，按照建群种生活型相近而且群落外貌形态相似和水热生态条件相当，可以将陆地生态系统分为森林、草地、水体、农田生态系统；按照生态基质的盐分浓度，可以将水域生态系统分为淡水生态系统和海洋生态系统。在各个子生态系统内，又可以根据水热大气候带特征和建群种、土壤类型和地貌、水分盐分浓度，以及优势种[①]等因素往下细分。

---

① 对群落结构和群落环境的形成有明显控制作用的植物种称为优势种。群落的不同层次可以有各自的优势种，优势层中的优势种称为建群种。

总之，相对其他国家而言，中国由于面积大，跨越的纬度范围大，而且东临世界上最大的大洋、西靠世界上最大的大陆，并且拥有世界上最高大的山脉，因此其生态系统内部多样性非常明显，在三大自然带之间差异的基础上，又随着水热、温度带、地形和土壤的变化而变化，从而构成了多元而又统一的中华文明存在和发展的自然基础。

三、自然生态系统的历史演化

生态系统的形成与演化首先是受到自然历史过程的影响。中国生态系统大体可以分为东南地区、西北地区和青藏高原三大自然区，这样的格局是在历时200万年左右的第四纪完成的。在这一时期的新构造运动中，西部高原、山地强烈隆起，东部冀辽平原不断沉降，自西向东地势差日益扩大，阶梯状地形得以形成，地表水流顺地势东下，大江大河发育成长。气候在总的变冷趋势下多次发生寒暖变化，在大高原地形的影响下季风环流趋势加强，东、西之间的干湿对比和南、北之间的气温差异增大，进而为三大自然区奠定了雏形，自然地带的分异更为复杂。植物界和动物界在复杂的环境条件下进一步发展、演化，特别是高级哺乳动物的进化，终于出现了人类，成为生物发展史和环境形成过程中的飞跃。及至末次冰期的大冰盖从北美和欧洲大陆上消失，全球温度回升，中国现代自然环境的面貌得以奠定。

在距今约一万年前，地球开始进入全新世时期，在这一时期内，环境演变已经与人类社会的发展互为因果、融为一体。在经历延续长达数千年、增温幅度大的"仰韶温暖期"、春秋—西汉温暖期、隋唐温暖期之后，中国全新世时期气候呈现出旱化趋势。

地球环境的变化和生物进化是驱动生态系统演化的基本因素。然而，随着人类的出现，人类活动成为生态系统演化的又一因素，并且越来越成为生态系统演化的主要驱动力。如表3-1所示，中华民族的历史就是一部人与生态系统相互作用的历史。从采集狩猎时代到原始农业社会、传统农业社会，再到工业社会，随着生产方式和生产工具不断进化，人类生产活动从一开始屈服于自然以维持最低水平的生活发展到将自然纳入人类生产要素的高度控制程度。

表3-1 中国历史上的生产方式、生产工具和生态系统变迁

年代	生产方式变迁	生产工具变迁	生态系统变迁
远古时代	采集、狩猎	旧石器时代：打制石器、骨器和木器	局部森林被焚烧退化，但是可以恢复
上古时期	采集、狩猎，渔猎，种植业开始发展	新石器时代：打制和磨制石器、木器，制造陶器	北方有草原、森林和草地；结束"刀耕火种"、大规模伐林垦地，关中森林减少，农田生态系统出现
西周、秦、汉、南北朝	青铜器和铁器工具的发展，进入种植业的社会	青铜器时代、铁器时代：金属工具，简单的畜力、水力、风力和人力机械	全面农业，大规模砍伐森林，农田生态系统形成，灌溉改变水系，干旱地区出现沙漠化
隋、唐、宋			战争破坏，水土流失，环境恶化，沙漠开始南侵
元代			沙漠化加快，土壤侵蚀加剧，环境开始脆弱
明代			气候变化异常，土壤侵蚀和沙化加剧，大规模垦荒，土地退化
清代			土壤侵蚀，森林破坏严重，灾害频繁，社会动荡
民国时期	生产方式不局限于农业，工业和其他产业开始发展	现代科技时代：蒸汽机、内燃机、电力机械、生产加工、交通运输现代化	水土流失加剧，沙漠继续南侵，军阀混战，战争频繁，对生态环境破坏很大，毁林开荒、毁草开荒、围湖造田，人口压力大、历史欠账多，生态系统退化趋势严峻

原始农业出现，"刀耕火种"使人们掌握了大量有关"自然"的知识，这种种植技术的发展与普及也导致人类对生态系统的影响加大，人类不再依存于动物和野生植物，开始掌握自然规律，控制生物界，减少对自然界的依赖，不过"刀耕火种"的耕作技术和以石器为主要的生产工具，既不会对生态系统造成大的干扰，也不会产生生态系统不能同化的废物，人类对生态系统的影响

很难超过其承载限度。

然而随着青铜器与铁器的出现，人类开始了对自然大规模的改造，人类活动空间和人口规模急剧增加，单位土地上的产量大幅度提高。于是，大片人类从未涉足的原始森林被人们开垦，用以耕种人们培育出的各种农作物品种，随之而来的便是土地利用不合理造成的土壤侵蚀和土地退化等问题。传统农业投入的主要是劳动力和土地，劳动力的投入即是扩大生产规模的前提，因此除了对土地的开垦，人口规模亦是不断扩大，当人口规模超过一定限度，传统农业中便出现了水土流失、荒漠化、盐渍化、干旱、洪涝、病虫害、森林减少、草原退化、水源枯竭等生态问题。

随着清朝末年洋务运动的推动，中国官方正式启动向西方工业社会学习的进程。工业社会与农业社会的本质区别在于人类活动强度有了空前的发展，人类对自然的干预能力有了空前的提高。这种巨大的活动强度，来源于工业社会的资源基础和技术基础确立之后，很快形成的新的技术、经济、社会、文化相协调的系统结构，这强化了人类不断开发利用资源进行财富积累的过程。工业化也带动农业生产规模的扩大，技术的现代化和效率的大幅度提高。仅仅是这种量上的改变就可能引起人与自然关系的质的变化。特别是表现在对不可再生资源的大规模、高强度开发，对环境的占用以及产生的多种后果上。工业社会中人造成的生态系统的失衡和矛盾比农业社会复杂得多，产生的问题也日益多样化。主要表现在，人口快速增长与规模过大，资源短缺，能源危机，粮食紧张，以及水土流失、荒漠化、干旱、洪涝、盐渍化、病虫害、森林减少、草原退化、生物多样性减少、核辐射污染、固体废弃物、噪声污染、电磁污染等。工业社会不仅包括了农业社会的问题，同时也产生了工业社会特有的生态问题。

第三节　中国文明制度得以发展的人文生态基础

自然基础与自然影响历史的特征形成，需要经过一定的中介与机制。这一中介，便是"人本身"、人与自然和人与人之间形成的"关系"；这一机制，便是这种关系的既定表现形式，即"制度"，分为"外在制度"（国体与政体）

和"内在制度"（文化、价值观）。就内在制度即文化而言，包括三个层次的内容：意识文化、制度文化和物质文化。其中，意识文化是文化的核心，哲学是意识文化的聚集点；制度文化则是意识文化在人与人关系中的具体化；物质文化是在物质产品中融入意识文化要素，是意识文化与制度文化的载体。中国地域辽阔，民族众多，语言复杂，民俗丰富，历史悠久，其文化与大自然一样，千差万别，复杂多样。这对中国的生产、生活实践与文明的建设具有重大的影响，其中，儒、道、释三教的生态观、"顺应自然"的生态实践观及知足朴素的生活传统，对中国特色社会主义生态文明制度建设具有重大的指导意义。

一、"天人之学"：中华文明的底蕴

（一）"天人合一"的认识论

思想的起源和广泛深入传播，与特定历史时期内的地理环境息息相关，亦与长期的劳动生产实践和国家政治环境有关，中国长期的农耕文明和统一的帝国国体，是其哲学生长的土壤。在这片土壤上，儒家、道家和佛家的经典著作一直被世代相传，这对于一个连续发展的文化共同体来说，是不断被解读和被复制的基因。经典的创作和流传，参与塑造了一个文明的共同体意识。可以说，经典扩展到哪里，这个共同体就扩展到哪里。而中国古代宗教与哲学的经典著作中，最核心的内容便是"天人之学"。

由于在传统农业社会中，人事的安排须合乎时令的要求，不与之乖忤悖逆，人与自然和谐相处的理念深入人心，这种和谐相处的学问——"天人之学"——便成为中华文明的形而上学思考的根基。中国古代哲学的底蕴为"学究天人"，儒、道两家学说虽林林总总，包赅广泛，但其基本范畴结构都是一致的，究其实而不能外于"天人之学"。"天人合一"是修养上的一种理想境地，儒、道两家皆悬此鹄。差别在于，道家乃灭人以全天，是趋向消极方面；儒家乃尽人以合天，是趋向积极方面。前者清归自然，正是自然主义的本色；后者即人见天，也正是人文主义的本色。其中值得一提的是，张载认为："乾称父，坤称母，予兹藐焉，乃浑然中处。故天地之塞，吾其体；天地之师，吾其性，民吾同胞；物吾与也"。① 因而，成为第一个明确提出"天人合一"命题的古代哲学家。

"天人合一"的主题构成了中国古代宗教思想的主流。例如中国古代的五行学说，以木、火、土、金、水五类物质的特性及其生克制化规律来认识、解释自然。参照或依据五行的思想而对人事的安排产生影响的方面，几乎涵盖了所有重要的领域，包括农事、生产禁忌、政令、祭祀、礼乐、生理的调解，等等。五行说涉及天文带与大气圈、地表生态圈和人事系统这三大系统（三才）之间的同态与感通，堪称是中国古代朴素的系统思维。

（二）保护自然生态的价值观

佛教宇宙论还有三大劫之说，也可看做对人类破坏环境所带来的灾难性后果的警示性预言。人类的业报须依自作自受的法则，也就是自己的所作所为，概由自己负责。但人类也有自他共同作用的所谓共业，环境的破坏应该说就是人类的共业所致，而不是一个人的能量所能够左右。从今天的立场来看，环境的问题仍在相当程度上是人的价值观和世界观问题，因此这种宗教认识可以为人们寻求治理环境问题的方略提供有益的启示。

中国经典著作中不仅包含了丰富的生态意蕴，而且能够直接指导统治者的政治实践。可以认为，儒家在秦汉大一统帝国的政治框架下为作为教化的儒教做了紧密联系在一起的三件事情：其一，在礼仪制度中注入了更加持久和绵密的人道主义解释，并把它视为政治评价的终极原则；其二，几乎是熔铸先秦诸子百家思想的精华于一炉；其三，促使自身的观念和语言成为这个政治框架的一部分。作为东亚地区唯一成熟的政治伦理，儒家学说蕴涵着丰富的生态内涵。如孟子讲，人旦昼之所为，有桎梏般的戾气时时放其良心，犹如濯濯童山为斧斤所加，又有牛羊从而牧之，是以若何其荒芜也，非其山之本性然。不难看到，孟子的观察完全是基于一种生态的比拟和对照。而对于服务于政治性的通信和传播的儒生，孔孟的言论和据信是论辩的最后依据，当他们起草那种冠冕堂皇的诏诰、制策和奏章时，这一生态思想便通过制度和政令的中介作用在实践当中实现了。

---

① （宋）张载撰：《张子正蒙·乾称》，上海古籍出版社 2000 年版。

（三）治理环境的政绩观

当前，人们的幸福观和价值观正面临着消费主义的冲击，这造成了自然环境和人文环境的双重恶化，要突破这一现代化难题，国家文化形象和精神生态的优化非常重要。这时如果不注意文化的凝聚力，不注意文化对心灵的重要意义，社会发展就会出大问题。可以说，中国古典哲学中所包含的思想是那种超越自我而与人性连接的思想，中国古代文人是超越了个人小我悲欢而思考人类终结性问题的一类人，这对于中国特色社会主义生态文明制度建设来说仍是一笔宝贵的历史财富。

二、多元一体的民族：中华文明的载体

中华民族在近百年和西方列强的对抗中成为自觉的民族实体，但是作为一个自在的民族实体，其在新石器时期到青铜器时期便经历了多元源头文化的交融和汇集而形成华夏血缘族团的过程，进而经过秦汉的统一以及魏晋时期北方诸族入住中原，形成了以汉族为主体的多元一体格局。在这个过程中，主流是由许许多多分散存在的民族单元经过接触、混杂、联结和融合、分裂和消亡，形成一个你来我去、我来你去、我中有你、你中有我，而又各具个性的多元统一体。

中华民族的多元性的形成既有自然原因，也有人文与社会原因。首先，中华民族形成所在的地理空间便有显著的东西三级阶梯和南北巨大的跨度，温度和湿度的差距自然形成了不同的生态环境，给人文发展以严峻的桎梏，但也带来丰润的机会。各民族在其聚居地适应环境并长期繁衍生息，形成了各具特色的民族文化。以服饰文化为例，北方民族，无论是古代的匈奴、突厥、契丹，还是近代的蒙古、鄂伦春、柯尔克孜族，大都穿适于防寒的长袍形服装和靴帽；南方民族，大都穿短小单薄的服装，无领或小领的短上衣，通风散热的筒裙，爱用斗笠遮阳，冬季也可跣足露顶。山区民族有打绑腿的习惯，可以防虫蛇叮咬、荆棘刺划，穿勾尖鞋上山爬坡，可以减少登山阻力，防备脚趾受伤。住在大小凉山的彝族，男女都用批毡，适应高山多变的气候，冷时紧披防寒，热时脱去降温，白天当衣，晚上当被，蹲裹而息。

接着，从起源上来说，在新石器时期，中华大地上便形成了各地不同的文化区，各个不同的文化区之间既有接触又有竞争，相互吸收比自己优秀的文化而不失其原有的个性。例如，黄河中游经历了前仰韶文化—仰韶文化—河南龙山文化的序列，以彩陶著名；而黄河下游则是青莲岗文化—大汶口文化—山东龙山文化—岳石文化，以黑陶著名；另外长江中下游也分别存在着以太湖平原和江汉平原为中心的良渚文化和湖北龙山文化区；而不同文化区既有独立发展的序列，亦存在相互的交融和影响。在黄河中游兴起的仰韶文化，曾一度向西渗入黄河上游的文化区，但当其接触到了比它优秀的黄河下游山东龙山文化，就出现了取代仰韶文化的河南龙山文化。

由于中华文明的这种多元性，以及秦代以来在文字、交通和度量衡的统一，各民族和各地区之间形成了长期的互动与交流。从物质层面来说，各民族生产方式的差异形成了物品交换的条件，例如游牧民族所需的茶叶、丝绸等产品，除了取自其在大小绿洲里建立的一些农业基地和手工业据点外，主要是取之于农区。一个渠道是由中原政权的馈赠与互市，一个渠道是民间贸易，从而形成了农牧区之间的"茶马贸易"。在制度和文化层面，各民族之间也有历史悠久的相互借鉴。例如出现于战国时期的匈奴，曾与赵、燕和秦国发生过联系，长城即为秦帝国北部防御匈奴的军事体系。有匈奴的外在压力，汉朝要应对，就得知己知彼，重视外面的情况，随着不断派使臣出使，中国人开始了解了西域至地中海的国家。苏联学者提到，西域的发现对中国人来讲，不亚于欧洲人对于美洲的发现。现在大家熟悉的苜蓿、胡萝卜、核桃等，都是那时传进中国的。匈奴的胡琴、胡服、胡帐、胡床、牌饰等都影响了中原文化，农耕区的中国人的思路和视野也因此大大开拓。在西晋末年，黄河流域及巴蜀盆地出现了"十六国"，实际上有二十多个地方政权，大多是非汉民族建立的，少数民族建立的地方政权几乎曾波及全部中原地区。在这大约一个半世纪（304～139）里，正是这个地区民族大杂居、大融合的一个比较明显的时期，杂居民族间的通婚相当普遍，甚至发生在社会上层，到唐代的统治阶级中，仍有不少是各族的混血，唐朝的建立过程中，鲜卑贵族对汉化的支持起了举足轻重的作用，因此他们在统治集团中一直处于重要地位。有人统计，唐朝宰相369人中，胡人出身的有36人，占1/10。

各民族文化的互动交融共同构成了中华文化，无论是语言、艺术、哲学还是科学技术，都离不开各民族人民共同的智慧。例如，文学名著《红楼梦》是满汉两大民族文化融合的硕果。而在科学技术方面，元代《万年历》的作者扎马鲁丁是回族，他是北京观象台的建造者，以及浑天仪等七种观象仪器的设计者。元代《农桑衣食撮要》的作者是维吾尔族鲁明善。清代《割圜密率捷法》的作者是蒙古族明安图。在音乐方面，隋炀帝时音乐分九部：清乐、西凉、龟兹、天竺、康居、疏勒、安国、高丽、礼毕。除清乐和礼毕两部是汉族音乐外，其余都是周边民族音乐。

文化正如天空中的氧气，自然界的春雨，不可或缺却视之无形，飘飘洒洒，润物无声。在长期经济、政治和文化制度的规范与实践，以及各民族的交融之中，中华民族形成了稳定、多样而有活力的多元一体格局。

三、生态伦理观念：中国古代社会朴素的价值体系

在中国古代，人类对自然界的干预能力微弱，农业文明与生态环境之间并不存在必然的矛盾。但是人地关系的紧张，地少人多所造成的资源约束，季风性气候带来的农业收成不稳定，依然促使了中国古代朴素的生态伦理观念的产生，这不仅有助于中华文明五千年的延续，并且参与到中华文明的生态基因的塑造过程中，对于很多中国古代哲人，尤其对儒家而言，心性论、伦理学和政治哲学，都是某种生态伦理在相应实践领域中的运用而已，所以生态意蕴是渗透于其他多个领域的。具体而言，中国古代朴素的生态伦理观念由以下四部分组成。

（一）爱惜生灵的美德

中国古代的主流文化一直推崇爱惜生灵的美德，古代君王提倡"好生之德"，商朝的创建者汤"网开一面"等历史故事的流传，不仅仅表现出君王仁政爱民，也客观上引领社会风尚，对保护生态起到了重要的价值引领作用。国家法制上也一直强调生物的四时生长规律，严禁破坏，如"天地有大美而不言，四时有明法而不议"、《管子》第一章《四时》、《吕氏春秋》、《淮南子》中的《四时训》均结合生物的四时生长规律对农林牧渔行为进行了规定，这体现了中国古代维护基本生态过程和完善生命维持系统的生态系统保护理念。

另外，原始时期对动植物崇拜，佛教的众生平等，道教的人与自然和谐，以及宋明儒家中的"民胞物与"的主张均蕴涵了丰富的维护生态系统的思想，宗教作为古代德化的重要内容，其主张也对传统道德起到了重要的塑造作用。

（二）践行生态伦理

著名史学家陈寅恪先生曾经指出，中国古代哲学、美学都不如西方发达，先秦时期中国所擅长的是实践伦理学，实践伦理学注重应用，而不孜孜于追求其形而上的问题。的确，在中国古代哲学的生态思想传统中，"天人合一"学说，既是人与自然关系的一个基本观点，也是人们所追求的一种崇高的实践伦理道德境界，体现了一种生态伦理实践精神，这种精神对农业文明的发展是有实际应用价值的，例如在传统中医的实践中，注重从自然资源中寻求药源，从而形成了藏药、彝药、苗药、蒙药等各具特色的中草药流派，而人与自然的和谐也成为中国传统医学诊治方式。

（三）追求素朴恬淡境界

华丽堂皇的建筑、绚烂繁缛的装饰风格，以及奢侈淫靡的生活享受，至少在缺乏高度的技术保障和合理的生态规划的情况下，往往是以环境的破坏或对不可再生资源的掠夺式开采为代价的。古代的文人士大夫，反对"暴殄天物"，秉持一种朴素的生态经济学思想。例如，杜甫《又观打鱼》中说道："吾徒胡为纵此乐，暴殄天物圣所哀"；康熙也在五年一次的诏书写到："若恣情纵欲，暴殄天物，则必上干天怒，水旱灾祲之事，皆所不免"。古人推崇的是老子"清静为天下正"和"知足常乐、知止不殆"的思想。节制欲望以清虚自守的观点，在《道德经》中可谓比比皆是。因此，在适度地克制消费欲望的立场上，儒、佛、道三教，乃至于一般民间信仰的态度几乎高度一致，这对于生态环境的保护，具有不可忽略的价值。

（四）崇尚勤俭节约的生活方式

东亚季风区有适宜农耕的一面，也有降水变率大、水旱涝等灾害较多的一面。小农经济抗御自然灾害能力不强。先民只有克勤克俭，积谷备荒，才能度过灾险，繁衍生息。生态问题的应对与解决，涉及一个庞大的社会系统工程的问题。在技术和规划并非万能的情况下，生活方式的调整提供了一种选择。孔子将节俭作为一项美德加以提倡，而将奢侈铺张作为一种恶行加以禁止和反对，"礼欲其奢也，宁俭；丧欲其易也，宁戚"。节俭就是要控制人类过度消费的欲望，这意味着节约资源和财富。节约资源，人们就不会乱杀、乱伐、乱捕各种动植物资源，从而保护生态平衡，维护生态稳定；无度消费会导致人们私欲膨胀，过度开发自然资源，从而破坏生态平衡。中国传统宗教"知足不辱，知止不殆"思想的作用，不仅可以使人格趋于完善，而且对于维护生态环境，对于农业生产的顺利进行也有着重要意义。

四、集约与循环：物质文明模式

广大劳动人民在几千年生产实践和同自然界进行斗争的过程中积累了丰富的经验，创造了完善的有机农业的生产模式、桑基鱼塘生态农业模式、修筑梯田保护土地的做法等，它反映着中国气候、水土、作物品种的特点，同时政府组织修建了大量有利于保持与提高地力的农田水利工程，历史悠久而富有创造性的劳动生产形成了中国古代集约与循环的物质文明创造模式，这是我国人民创造的极宝贵的历史遗产。

（一）农业生产中的"保墒"与"水土保持"

中国的农业生产区域得以长期保持是中华文明得以延续的生产力基础，这源自历史上各种因地制宜的土地开发和生产模式，和对保护生产条件的重视。例如，宁夏灌区的开发从秦汉时期便已开始，汉唐时期兴修的大量引黄水利使得灌区不断扩展。而元代著名科学家郭守敬主持的对灌溉系统的改造，明代亦坚持修筑水利设施改善灌区条件，使得原先的荒芜之地变成塞北江南。中国古代不仅通过水利开发，解决了西北干旱地区降水少、蒸发量大的问题，而且通过引进灌、排、洗、淤整套行之有效的措施改良盐碱土，并采用稻旱轮作制增强改良盐碱土的效果，从而将科学合理开发水资源和维护土地资源相结合，使得灌区历久不衰，从而避免了文明与环境约束之间的冲突。另外，起源于明中叶的陇中砂田，通过相配套的技术、工具和砂田改造工程，也达到了蓄水保土、压碱保温和高产稳产的效果，使得陇中地区得以利用这一因地制宜的技术，克服干旱，发展生产。新疆吐鲁番盆地的人民则在海拔很低、终年少雨无雪、气候干燥的吐鲁番地区发展出了一套节水高效的灌溉系统——坎儿井。这一工程在当今看来，依然是一种奇妙的维护水资源的抗旱灌溉法。从以上几个案例可见，中国古代人民能够做到在充分认识与尊重本地资源的条件下，发展出适应当地气候地理条件的生产技术。

防止水土流失历来也是保护农业生产的生态环境的重要内容。据《尚书·舜典》记载，舜对禹说："汝品水土，惟时懋哉。"于是大禹受命，担任治理河湖的司空，使农田不淹不旱。其后，人们对于水之利害的认识不断加深，围绕着如何除水之害、兴水之利进行了多方面的思考和探讨。兴修水利，已有较固定的时间进行，形成制度，且由司空专门负责。为了保障人的生存安全和农业生产的基本条件，兴修水利工程，治理水患，化害为利，保持生态平衡，就成了与中华文明延续和发展相始终的大事。由于我国劳动人民在治水过程中，既注意农业生态条件的保护，又重视把水利建设与改良土壤结合起来，并结合长期形成的生态农学，如整地循环、用养结合、利用有机肥和绿肥，根据土地类型选择作物品种，采取精耕细作、综合经营的方法，在养活了日益增多的人口的条件下，维护了农业生产必需的自然条件，保持了土壤的肥力，最终使中华农业文明得以延续下来。相反，灌溉农业的发达曾经造就了灿烂的巴比伦文明，但是这种文明却由于过度的索取与缺乏对土地的更新，最终没落于土壤的盐渍化和荒漠化。可见，在物质生产领域，一种和谐共生的制度观念和"天人合一"的哲学思想至关重要。中国古代劳动人民结合生产实践，摸索和总结出来了以"坞壁"为代表的北方集约生产组织，以"桑基鱼塘"为代表的南方循环农业生产模式，还有新疆"坎儿井"、宁夏"塞外江南"等农田水利工程以及城市排泄物和建筑废弃物的"循环利用"等因地制宜的农业生产模式和大量的生态保护措施。

（二）生产和生活中资源的循环利用与循环工程

中国古代在农业生产时非常注重保护周围的环境，保护自然资源，贯穿在其中的主导思想是"天人合一"。这种思想是在生产力较为落后的条件下产生的，是古代中华民族对人地关系的高度概括和浓缩。虽然由于当时人们对自然的认识受认识水平、物质条件的限制，对自然环境的诸多现象和变化还只能持敬畏的态度，但他们能够依据朴素的唯物主义观点，从社会生产、生活的实际出发，重视生物生长规律、土地的合理利用，注重发挥人的主观能动性，保护人类赖以生存的周围环境和自然资源，为当代人保护生态环境，解决生态危机，引导人们走出困境提供了宝贵的精神财富。

在实际的生产和生活实践中，出于节约劳动力以提高产量与生活质量的缘故，在总结日常有益经验的基础上，农业生产内部产生了大量关于物质循环利用的案例。例如对粪肥的利用、"桑基鱼塘"、稻田养鱼等生产模式，无一不是环境经济思想的原始体现。此外，古人对城市生活垃圾、粪肥，以及建筑垃圾的处理也充分地表明了我国古代在城市经济发展中已经遵循了朴素的"循环利用"思想。这些模式在实践中长期可行，必须依靠大量的制度安排和生产工艺创新。以城市粪便垃圾处理为例，唐代长安城人口众多，拥有几十万甚至近百万人口。城市的产生意味着随之而来的大量粪便和生活垃圾。除了通过严刑厉法规制城市居民，严格禁止利用垣墙上的排水口进行排污外，城市生活垃圾与粪便处理业的兴盛则是重要的经济杠杆。对城市建筑废弃物的"循环利用"方面，明代冯梦龙所著《智囊》一书记载的实例表明，中国古代对建筑垃圾的"循环利用"的设计十分精巧，不仅达到了"减量化"、"再使用"和"再生利用"，而且很好地解决了运输问题。对于当代生态文明制度建设，这些各个民族共同创造的历史记忆，依然具有重大的意义。

（三）资源节约型与环境友好型的农业工艺

中国古代的劳动生产集中体现在先进的农业生产上，中国古代农业文献凝结了各行各业人们的集体智慧，曾是东亚各国共同使用的教科书。在东亚所有的国家中，中国古代农业文献被公认为是东亚各国古代科学萌发的源泉。日本研究中国农业史专家天野元之助教授在其《中国古农书考》中对中国各代的农业古籍做过统计：先秦9种、汉4种、三国魏晋南北朝4种、唐5种、宋45种、元8种、明78种、清139种，合计292种。其中北魏贾思勰的《齐民要术》为传统农学经典。《农桑辑要》是元代官修农书，使用价值很高。王祯的《农书》将南北农业加以对比，"农器图谱"总结描绘了中国各种门类的传统农具，是一部很有特色的古农书。《农政全书》是明代科学家徐光启研究农政和农学的总结。清代官修《授时通考》是中国最后一部大型农书，供征引文献 420 余种，取材量大面广又不失详确，且体例独特，查检方便，处于传统农书集大成的位置，亦有农学百科全书之称。

另外，还有一些农书将农业生产或农村生活事项按月编排，如石声汉的《四民月令校释》。而陈恒力、王达先生 1958 年整理出版的《补农书校释》融入对杭嘉湖地区农业生产状况之实地调查成果，察古明今，以今知古，为地方性农书校注的力作。《农桑经》《花镜》《群芳谱》等重要古籍涉及农作物、蚕桑、花卉、果树、林木、畜牧兽医、水利、农具、屯垦、博物等各个方面，反映出中国古代精湛的农牧业技术和丰富的动植物品种资源，许多记载至今仍有切实可用之处。

今天的能源危机、环境危机、生存危机等此起彼伏，中国古代农业文献在农业应用方法上强调环境保护型的农业工艺依然具有生命力。如汉代的带肥下种、水稻移栽、区田法和溲种法，魏晋南北朝的种植绿肥、以虫治虫、浸种催芽、水稻烤田、果树嫁接、果园熏烟防霜技术，元代的棉花整枝、青饲料发酵技术，明清的小麦育苗移栽技术等至今还在利用。有的经过改造后，还被作为先进技术予以推广。

中国古代不仅有丰富的生态实践，而且也有成体系的理论书籍，从而使得古代集约且循环、各具特色的物质文明创造模式得以继续启迪当代中国人进行中国特色社会主义生态文明制度建设。

第四节　决定中国生态文明制度得以传承的社会生态系统

为适应中国人口密集、耕地分布不均及季风气候条件下的农业生产模式，在儒教的"民胞物与"的爱物思想、道教的"天地不仁"的生态观和佛教的"无情有性"的万物平等论的影响下，中国历代统治者的政治思想和治国理念均有保护生态、鼓励作物种类多样化与推进合理用地技术的倾向。这种倾向通过礼法、法律和政令得以固定，并在具体的生态规划以及各类生态保护措施中得以施行。中国古代无论是在耕地技术、生物资源利用、森林保护，还是在城市建设、环境卫生及行为规范方面，都积累了丰富的立法和管理经验，并对当代的生产生活方式及立法仍有一定的影响和积极的借鉴意义。

一、文化：统一国家制度建设的指导思想

（一）"先国后家"即"系统大于要素"的"荣辱观"

中国至少从公元前 21 世纪初前后的大禹时代开始，华夏大地上就已经出现初步统一的局面。商、周以后人们的"中央"意识和统一观念不断加强，即使在春秋战国时期，象征统一的周天子也始终存在，各诸侯国纷争的主要目标都是统一天下。中国传统文化中从不存在某一部分可以独立于中国以外的内容，甚至南北朝和五代时一些少数民族建立的方国①，也都以统一全国为目标。中国人历来具有十分强烈的国家统一的心理和独特的统一观。

无论是时间上还是空间上，中国都是世界上最大的经济、政治与文化系统之一，系统内部的有序化和凝聚力，需要实际的工具，其中最重要的，就是语言。按照《中国语言地图集》，汉语有 7 大方言区和 53 个亚方言区。采用拼音文字，汉语可以形成几十种文字。如果没有秦汉以来坚持不懈地推行统一汉字，中国也许要分成几十个国家。象形文字可以防止文随音转，消除方言纷繁的干扰，将中华民族凝聚在一起。

因此，在维护多民族共荣方面，军事手段始终都只是起到次要作用，自黄帝、尧、舜以降，天下的治理趋于完备，阶级分化，国家机器诞生，君臣之义遂判。中华民族的长期统一与延续，首先是在于文化上的认同感的建立，并通过中央权力的强化减少诸侯之间的争斗和杀戮，特别是制止一些诸侯（部族）以强凌弱，保护弱者，使人口和经济得到发展，推行一些大大超越诸侯国范围的巨大工程，以有利于人民生活的安定和生产发展。

司马迁在《史记·夏本纪》中详细记载了奉舜帝之命去治水的大禹如何带领群臣到全国各地去和洪水做斗争。大禹之所以能够"开九州，通九道，陂九泽，度九山"，"天下于是太平治"，除了他本人的优秀品质、出色才干和有伯益与后稷这样杰出的助手外，还有一个最为重要的条件，即当时以舜帝为

---

① 周思源：《中国人追求统一的民族文化心理》，载于《中国文化研究》2001 年第 4 期。

首的中央朝廷有很高的权威。所以禹才能和伯益与后稷按照统一部署，调动全国的力量，"命诸侯百姓兴人徒以傅土，行山表木，定高山大川"。同样，钱学森曾经也强调，一国资源再生利用问题，要国家统筹解决，"我们从自己的经验和世界各国的教训应该认识到：关系到环境保护和资源永续的资源再生问题是国家问题，不应该由各部门分散各自去管理"。[①]

（二）"爱国爱家"即"维护环境大于维护个人"的"生态系统观"

中国作为统一的国家，悠久历史和由此建立的热爱国家统一与和谐的民族心理，对当代及未来中国的生态文明制度建设具有重大的意义。正如罗马俱乐部 2013 年最新报告所指出的："我们无法预测，2052 年的中国将采用何种体系。但是，可以确信的是，2052 年的中国政府将积极地从中国传统中汲取有益的营养。传统上，中国一直倾向于中央集权和精英政治（儒家思想）。这种思想在解决 21 世纪重要问题上将非常有效，可以将目前的资源密集型、污染严重的生产方式，转变为对全世界都能产生长期福利的产业。……到 2052 年，中国将成为系统性抗击气候变化的国家中最为有效、最有组织的国家（不考虑一些处理失当的事件）。……尽管中国并不是唯一一个具有影响力的国家，但中国文明将是最为独特的，并且受到本国身份和逻辑思维的影响。这种影响来自国家内部，还有中国悠久的历史。"[②]

二、古代中国的生态规划与治理——生态制度体系建设

中国古代有很强的环境保护的意识，为保护自然资源，维护自然界的可持续性，提出了一系列禁止人类破坏自然和生态行为的主张，例如，《礼记·月令》中按照每一个月的自然生态情况，列出了一些必须禁止的破坏自然和生态的行为，奠定了中国古典生态规划的基础。例如，春天是万物复苏、萌芽、发育的季节，因而应做到，"昆虫未蛰，不以火田，不麛，不卵，不杀，不杀胎，不殀夭，不覆巢"。中国古代人意识到人类生存同周围的环境息息相关，

---

① 钱学森：《国家要统一管理资源的再生利用》，载于《中国资源综合利用》2002 年第 1 期。
② 乔根·兰德斯著，秦雪征、谭静、叶硕译：《2052：未来四十年的中国与世界》，译林出版社 2013 年版，第 264～268 页。

人类发展离不开自然资源，而这些主张只有通过颁布禁令和设置专门机构进行管理，才能得以实现。

（一） 设置世界上最早的环保机构

设置有关机构来负责保护环境的制度建设方面，中国的实践是世界上最早的。五帝时期，舜派大禹治水的同时派伯益为管理山泽草木鸟兽的官员并定名这一官职称"虞"，根据清代黄本骥《历代职官表》，夏商周均有虞，《周礼》详细记述了周代管理山林川泽的官员的建制、名称、编制及职责等。周代地官大司徒分管农、林、牧、渔等生产部门及教育和税收，并按山林川泽的大小制定了大、中、小三类的官吏，以及工人的数目编制。

（二） 通过立法促进生态保护

中国古代亦颁布了诸多关于保护山林川泽及野生动物的法令，管仲和吕不韦的《吕氏春秋·上农》中便含有保护生态环境的条例，而皇帝诏书中也有关于保护鸟类、野兽及提倡植树造林等保护自然资源及环境的命令。管仲还在总结春秋时期保护植被经验的基础上，提出了把山林川泽作为国家的财富统一管理。采取立法和执法手段加以保护，提出建立管理山林川泽的"泽立三虞，山立三衡"的组织机构，强调"以时禁发"，把资源保护和合理开发利用结合起来。西周时的《伐禁令》指出："毋坏物，毋填井，毋伐树木，毋动六畜，犹如不令者，死无赦。"禁止人们破坏周围环境，乱砍滥伐树木，破坏生物资源，如有违抗法令者，将被处死。

（三） 创立独立森林管理制度

在中国林木保护实践中，很早就建立了一系列比较有益的合理保护植被的管理制度，如按照季节合理采伐树木、利用林木的制度，植树造林制度，禁止滥伐和盗伐森林的法律制度，按照季节与农事特征进行森林防火的制度，建立木材市场管理、限制不合理采伐规定的市场管理制度，以及利用税收政策调节、健全保护森林植被的制度等。美国学者埃克霍姆在研究中国周代的森林保护问题时指出："甚至早在腓尼基人定居以前，人们就迁入中国北部肥沃的、森林茂密的黄河流域。几个世纪以来，迫切需要永无止境的农田，终于导致华北平原大部分地区成为无林地带，这种趋势在周朝872年之后的统治时期（公元前1127~前255年），被部分地制止了，这一黄金时代产生了肯定是世界上最早的'山林局'，并重视了森林保持的需要。"这说明，早在周代，中国的森林管理和保护机构对植被保护的实践，就对作为农业生产先决条件的土地资源的维护起到了积极的作用。

（四）进行系统的农业生态规划

除了制度层面的建设，在具体的落实过程方面，从秦汉之际开始，虽然可能对于整体的生态圈的规律尚处于相当朦胧的认识阶段，但是，华夏族已经开始围绕黄河流域的农业生态建立起了系统的规划方案。中国古代进行生态规划的初始原因是季风气候的变化性唤起了古人对于天道循环规律的关注，并积极以生态规划的形式去适应"天道规律"。《礼记·月令》详细规定了几乎每个月针对农事的安排：在仲春之月，强调毋做大事，以免徭役之妨碍农事，孟夏、季夏也都有"毋起土功，毋发大众"之类的警示。只有仲冬毋作土事、毋征发大众的要求，或许不是针对农事本身，而是为了臻于天人相应的目标。而补筑城郭、建设宫室、都邑等大型活动，比较合适的时间是孟秋和仲秋，当然应该避开收割的时候。除了消极的方面需要注意以外，官方还必须正面引导农民在每个月适当的时候去从事与农业相关的活动，这是贯穿整个规划的最基本内容。具体实施规划的过程中，最顶层的是涉及天子车服等的礼仪性安排，甚至包括天子每个季节的衣食住行等，也许本身并不会直接影响到自然界的过程，但是具有某种象征价值，可唤醒人们注意当月或当季生态圈的特征，可以认为起到了一种仪式性的观念引导作用。其次才是以国家政令督促或禁止的方式调节生产劳动安排、推广生态保护措施。这个月令的模式中体现出一个非常清晰的总体性思路，那就是：人类的行为和制度的设计必须遵循天道循环的规律，并随着季节和月份而编制一份详尽的时间表，行为方式和制度上的差异实际就是一个社会体系中的人们适应自然界的周期性波动而产生的差异。换言之，在一个时段内人们的行为方式必须和该时段内的生态圈特征表现出一定的同质性。因此，在叙述每个月的规划方案而即将结束的时候，《月令》还特地断言了违反季节、时令特征可能带来的后果。月令模式的创造与延续，虽然缺乏灵活的调整能力，但是整体上有利于维护自然界生生不息的力量，这依然可以指导今人依据气候波动或者其他因素，以严整的方式指出周期性当中的一些可能出现的时间点，并对实际情况进行判断，指导人们进行调适，提高个体对于环境的适应性。

生态意识的启蒙、生态规划的完善、民主政治的建设、产权制度的配套完善，是今天生态文明制度建设不可忽视的一些框架性前提。在避免幼稚套用古典学说精华的前提下，吸纳古人认识自然的优秀方法、观念和制度模式，通过现实的社会系统来寻求应用与解决当代问题的途径，是当代人的重要责任。

三、近代中国生态模式的变化——生态管理体制实施

在农业社会背景下成长起来的古代文明，代表了中华民族辉煌了历史成就，然而其丰富的物质和文化内涵只能代表已知的过去。而任何一种社会状态皆非永恒。华夏大地之外，工业革命为英国等国家带来的生产力"大跃进"，完全改变了中西实力格局，从而也改变了利益纠纷面前，西方对待中国的选择。在军事、文化和经济方面的力量悬殊，直接决定了文明的冲突形式不再是和平的使者来往，而是战争！

（一）民族危亡引发的文明反思

1840年，"鸦片战争"爆发，西方列强的坚船利炮残酷打击了中国人在相对封闭地域内构建的"天朝上国"。中国近代化与工业化的进程开始在帝国侵略与民族解放和复兴的背景下曲折推进。中国一代又一代仁人志士和人民群众为救亡图存而英勇抗争，并开始改变自己被了解的地位，主动了解西方，以得民族独立和人民解放。随之而来的是西方文化和工业文明的输入，这是中华文明第一次受到工业文明的正面挑战。在这一应战过程中，西方文化的输入不仅促成了中国政治领域的巨大变革，而且也使中国人的生活方式和思维方式发生了巨大改变，促进了近代意识的萌生。近代意识中已经萌生和发展的人道主义、个性思想、民主、自由等观念，表明传统的封建意识正在被怀疑和动摇。在农业文明的社会经济和总体环境背景下形成的生产方式、政治组织形式、语言和话语模式均受到了巨大的冲击，"民主"与"科学"开始被植入中华文化的基因之中，但与此同时，原有系统的解体亦使得原本相互联系的各元素相继

受到严重破坏，中华文明在进步之中付出了惨重的代价。

（二）社会危机引致的制度变革

近代中国的特点首先体现在制度变革上。尽管在鸦片战争以前，中国人自身早就开始了对各种改革封建制度的探讨与努力①，但是直到鸦片战争带来强烈刺激之后，人们才真正睁开眼睛，1861 年年初总理衙门的建立，是中国近代制度变化的关节点，② 中国开始改变"天下观"的传统世界观，走向世界，认同世界体系。但是近代的各种变革依然具有过渡性，旧式的官场陋习很快浸润其中，因此无论是军事改革、政治改革还是经济改革，均由于历史包袱遗留其中而难以成型，以失败告终。例如，洋务运动三部曲：军事现代化、军火工业现代化和工商业现代化，使得一个个颇具规模的现代化企业破土而出，揭开了中国学习西方的第一篇章，但是仅仅止步于官督商办。湘军与淮军采用了先进的装备，海军甚至采用了西式的军队制度，并且在海军章程中规定了海军军官的学历要求，但是在半殖民地半封建社会的大背景下，没有独立与先进的国家，没有相适应的文化，西方的装备与制度并不能落地生根。以甲午战争为标志，洋务运动所开启的"自强运动"戛然而止。

（三）战争引发的文化变革

由前面可以看出，制度的变迁，需要文化的引导与政治经济基础的共同演进。甲午战争是中国士大夫普遍觉醒的转折，邻国日本的强大改变了知识阶层对技术与政治的认知，并积极寻求国家制度的变革。戊戌维新对于中国制度变革并没有起到立竿见影的作用，但是从旧营垒中分裂出来的士大夫，经过几年办报、结社和办学的经历，在中国第一次演练了西方政治的某些过程，也经过了一场前所未有的思想启蒙。这为日后的制度变革，诸如辛亥革命和新文化运动，奠定了观念与文化基础，由此可见，中国传统文化与生态文明相契合的诸多历史观念确实是中国实现生态文明转向的宝贵舆论基础。

---

① 例如在 19 世纪初开展的漕运、盐政和货币等领域的制度改革中引入商品经济，陶澍被认为是中国近代经济改革的先驱。

② 张鸣著：《中国政治制度史导论》，中国人民大学出版社 2004 年版，第238 页。

（四） 殖民者入侵带来的生态失衡

进入近代以来，在原有政治和文化体系受到冲击的同时，人与自然的关系也呈现失衡的状态。中国的生态环境急剧恶化，主要表现在土地荒漠化、盐碱化，以及湖泊的泥沙淤积、生物物种的减少甚至灭绝等方面。由于战争、矿藏的不合理开采、人口增加、灾荒、近代城市化等原因，中国近代生态环境遭到的破坏较为严重。进入近代以来，全国尤其是东北地区的森林遭受战争以及帝国主义的大量掠夺。封建王朝原有的生态保护制度渐渐崩溃，导致物种多样性遭到严重破坏，例如，皇家苑囿缺乏资金与国家机器管理，原有的围场被放开，保护了数百年的生物资源遭到迅速的破坏。

如果从社会系统工程的高度来认识中国的历史基础，必须意识到传统生态观的一个基本弱点：缺乏对技术后果的预见性。这一点在伴随着人口不断增长而不断开垦拓殖的过程中愈益体现出来，当"孤岛式"的文明发展环境受到外来冲击被迫开放时尤其如此，直到今天人们才有可能去避免和扭转有关的趋势。因此，重视中国特色社会主义生态文明建设的历史基础，并不意味着要抱着单纯从古典哲学的浪漫主义立场，不遗余力、不分青红皂白地抨击技术的态度，也不是对工业文明怀有天生敌意，这是幼稚和过于理想化的做法，不值得提倡。用一种更为务实的态度考虑如何把利益和伦理、技术和情感的立场统一起来，这样才能建立一种扎实而有生命的新文明形态。

四、新中国制度建设的经验与教训

新中国成立之时，中国人民面对的却是旧社会被列强与战争践踏的国土，以及政治经济文化的综合体。新中国的建设意味着对这个综合体的重铸，在独立与自强的前提下实现文明的复兴。这一方面需要强大的国防力量、稳定的政治环境、积极的经济建设；另一方面，亦急需对传统文化与先进文化的多维吸收以及对生态环境的恢复。历经中华人民共和国成立六十余年、改革开放三十余年的时序跌进和痛定思痛，如今积贫积弱已经成为历史，总结新中国成立以来的制度建设实践，探索中国生态文明的道路成为新的任务与目标。首先，在生态环境保护方面，由于片面相信"人定胜天"，以及工业化与城镇化相继扩大对资源的开采和对环境的污染，一度出现了毁林开荒、乱砍滥伐、过度开采地下水资源等生态破坏现象；其次，在制度建设方面，法制建设进度落后于经济发展的速度，导致经济系统的利益与权力得不到恰当的约束；最后，在文化和教育方面，外来文化的进入，一方面有利于推进现代化进程，另一方面对于民族文化传统的尊重不足也是一个长期存在的问题。

人与自然之间的交互作用和互动关系，要求人与自然共同进化、协调发展。人们必须承认自然的客观性，尊重自然，顺应自然，保护自然，学会与自然和谐相处。人类社会发展过程中，必须以实现生态文明为社会发展的目标，重视生态环境保护，促进人与自然的和谐发展，实现经济社会的全面可持续发展。

新中国成立以来的实践表明，良好的环境保护意识和道德风范及健全的法制是作为后现代文明的生态文明建设的基本条件。要建设后现代生态文明，就必须对现代生活方式进行反思和超越，在此基础上发展一种后现代生活方式，以造就一代自由而全面发展的人。建设中国特色社会主义生态文明制度，不仅要向国内现有的先进模式学习，向国外丰富的经济、政治、文化发展经验学习，还要充分认识中国古代的物质文明与精神文明遗产，学习古人维持与我们现在所拥有的这片国土数千年和谐关系的细节与秘诀，从而改革现代世界观，阻止消费主义、拜金主义和科学沙文主义在华夏大地的肆无忌惮。

中华民族海纳百川，有容乃大。中华文明本质上是一种多元文化大开放、大包容、大汇聚、大融合，进而大创造的文明体。世界顶尖环境战略研究学者乔根·兰德斯在《2052：未来四十年的中国与世界》中预言道："从1911年到2052年，在经历了一百五十年漫长而艰难的现代化进程之后，中国终于再次成为经济上的强国，并且能够在本国的历史和天性的基础上，成熟自如地开展各种行动。"实现人与自然之间、人与人之间"两大和解"的生态文明社会，是促进人的全面发展的社会。中国六十年来的发展实践证明，走中国特色社会主义道路是中国人民正确的选择，是进行中国特色社会主义生态文明建设的制度保障，必将促进中国社会人与自然的和谐发展，实现经济社会的全面可持续发展。

|第四章|

中国特色社会主义生态文明及
制度建设定位

如果说前面几章谈及的是与中国特色社会主义生态文明制度建设研究相关的隐蔽性前提、理论研究和实际建设的背景，那么本章涉及的内容就是与本书研究对象相关的基本范畴。应该说，这些基本范畴已经不是泛泛的一般范畴，而是作为研究对象的特殊范畴，是与中国特色社会主义生态文明制度建设紧密相关的具有特别指向性的范畴，即党的十八大报告提出的专有范畴。这里所涉及的定位也已经不是国际上或历史中的定位，而是中国特色社会主义生态文明制度建设本身特殊的定位，即党的十八大报告中用一个专门篇章来表述的定位。我们之所以不厌其烦地强调这个问题，就是因为中国的社会主义理论、制度、道路具有"中国特色"，这才是中国在国际社会中率先开展生态文明建设问题的根本原因。与此同时，也正是因为具有中国特色的社会主义生态文明制度建设，才能保障中国生态文明建设得以贯彻实施。在这里，与"生态文明"相关的"制度建设"便成为被研究或被定义的对象。

如果说前面侧重从生态与文明之内在关系上，解释生态文明特征，揭示生态文明本质，那么在这里将进一步从社会文明史演进的视角，特别是从比较的视角，即与生态文明相连接的工业文明进行比较的视角，进一步阐释生态文明的本质和特征，使具有这种特殊性的文明建设得到有效的制度保证。如前所述，从社会整体结构角度看，生态文明在社会不同层面上有不同的表现形态。例如，在经济层面，它可以循环发展、低碳发展、绿色发展为特征；在政治层面，它可以民主、公正、法制为特征；在文化层面，它可以个性张扬、特色鲜明、大众参与为特征；在社会建设方面，它可以个人、家庭、社区的主动性为特征，等等。然而，不管生态文明在社会整体结构中的各个层面采取哪一种具体形态，都应是尊重生命个体差异性、生命群体多样性，以及社会整体系统稳定性的特质，都是生态文明制度建设的关注点，只有尊重这种特质，"以人为本""以人民为本"的文明才能落在实处。

像对生态文明有狭义和广义的解说一样，对制度建设也有狭义和广义的解说。例如，党的十八大报告，一方面以全新的视野深化了对共产党执政规律、社会主义建设规律、人类社会发展规律的认识，从理论和实践结合上提出了生态文明建设对于中国这样人口多底子薄的东方大国建设什么样的社会主义、怎样建设社会主义这个根本问题的意义所在；另一方面，以求真务实的态度直面中国特色社会主义建设遇到的资源约束趋紧、环境污染严重、生态系统退化的严峻形势。应该说，党的十八大报告既从相对长的大历史尺度，也从相对短的小历史尺度，提出了中国特色社会主义生态文明建设特别是制度建设的问题，为我们提供了方法论的启示。从操作角度看，可以肯定地说，党的十八大报告提出的生态文明制度建设，是小尺度的、狭义的制度建设问题。因为只有这样才能避免制度建设上的"高、大、全"，才能使生态文明制度建设真正落地生根发挥功能。本章正是基于党的十八大报告对制度建设进行解说。

第一节　生态文明：从狭义到广义

文明是人类活动创造的，文明的发展本质上是人的文明的发展。人的文明发展是以社会文明形态来表现的。从文明的发展的历史形态看，人类社会依次经历了史前文明、原始文明、古代文明、近现代文明，并且开始逐步进入后近现代文明。从人作为创造文明的主体的角度看，文明包括物质文明、精神文明和政治文明。从社会整体结构分层的角度看，文明包括经济文明、政治文明、文化伦理文明、社会（组织）文明。从社会生产力发展的特点看，人类文明经历了渔猎文明、农业文明和工业文明，并且开始进入到后工业文明和生态文明。工业文明给世界带来了观念和制度的大变革，带来了效率和快速增长的财富，也带来了自然资源的过度使用和环境污染。生态文明是对工业文明的批判和矫正。党的十八大要求"把生态文明建设放在突出地位，融入经济建设、政治建设、文化建设、社会建设各方面和全过程。"

一、文明的性质和演进

文明是人类所创造的物质财富和精神财富的总和，是社会发展到较高阶段表现出来的状态，是人类审美观念和文化现象的传承、发展、糅合、分化过程中所产生的生活方式、思维方式、生产方式、交往方式的总称，是人类开始群居、出现社会专业化分工、人类社会雏形基本形成后开始出现的一种现象，是较为丰富的物质基础上的产物，是人类社会的一种基本属性。文明是人类活动创造的，文明的发展本质上是人的文明的发展。

文明可以从不同的视角进行划分、展开研究。从文明的发展的历史形态看，人类社会依次经历了原始文明、古代文明、近现代文明，并且开始逐步进入后近现代文明。从人作为创造文明的主体的角度看，文明包括物质文明、精神文明和政治文明，这是目前基本形成共识的划分视角。从社会整体结构分层的角度看，文明包括经济文明、政治文明、文化伦理文明、社会（组织）文明。从社会生产力发展的特点看，人类文明经历了渔猎文明、农业文明和工业文明，并且开始进入到后工业文明和生态文明。在本书中，遵循历史唯物主义方法，把生态文明定位为是继工业文明（近现代文明）之后的新文明形态（后近现代文明）；在对文明的基本问题研究中，选择从人作为创造文明的主体的角度，对物质文明、精神文明和政治文明展开研究；在对生态文明制度体系构建研究中，选择从社会整体结构对文明进行分层的角度，依次展开为生态文明的经济、政治、文化、社会制度建设研究。

如果说人既是物质的又是精神的并且是社会人，那么文明就具体分为物质文明、精神文明和政治文明。物质文明是人类改造自然的物质成果，表现为人们物质生产的进步和物质生活的改善。在文明的产生和发展过程中，劳动者的剩余产品的出现是物质文明的重要表现，它为社会分工、交换、社会阶层和城市的产生，以及社会组织的出现提供了物质基础，而劳动者剩余产品的日益丰富为人类从原始文明到农业文明再到工业文明的大转折奠定了重要的物质基础，物质文明是文明的物质基础。精神文明是人类社会发展的文化成果总和，体现了一定历史阶段科学、文化、艺术、道德、伦理、宗教、哲学、经济、政治、法律等思想理论和意识形态的发展状况及进步程度，从而使人类社会得以历史的延续，精神文明是文明发展的思想保证、精神动力。政治文明是在社会中占主导地位的政治思想意识形态和政治行为，体现一定社会政治制度（包括国体、政体、法律规范体系等）的进步程度和完善发展的水平，它为文明发展提供了稳定的社会、政治秩序和法律制度保障。①

在社会生产力不断发展的推动下，文明不断发展着、进步着，但是，之前人类所经历的文明形态都有其时代局限性。经过漫长的渔猎文明之后，随着社会生产力的发展，人类迎来了农业文明和工业文明。农业文明是人类社会发展的第一次大转折，工业革命带来的工业文明是第二次大转折，这些大变革特别是工业文明以前所未有的生产和生活方式替代了原来的生产和生活方式，给世界带来了观念和制度的大变革，带来了效率和快速增长的财富，也带来了自然资源的过度使用和环境污染。

从18世纪中叶到19世纪中叶，伴随着市场的不断扩大和蒸汽机、纺织机的发明，在英国进行了以机器的广泛使用为标志的工业革命，这次工业革命是以劳动资料为起点进行的产业革命，特点是使手工劳动工具转变为机器。马克思认为，工业革命的结果是使工人成为机器的附属品，必须依赖于整个工厂和资本才能够进行生产。机器使技术条件彻底改变：机器的使用突破了手工劳动的局限性，通过机器把自然力和自然科学并入生产过程，使劳动生产力大幅度提高；机器的使用还进一步改变了社会劳动组织以适应新的技术条件，比如按机器的生产程序组织劳动的分工、协作。产业革命的完成，使先进的资本主义生产关系彻底战胜了腐朽的封建主义生产关系，从而解放了被封建主义生产关系所束缚的生产力，使社会生产关系与建立在分工协作和机器大工业基础上的社会化的生产力相适应，最终确立了资本主义经济制度在社会生产过程中的统治地位。马克思和恩格斯在《共产党宣言》中对于资产阶级所领导的工业革命创造出的巨大的生产力给予高度评价："资产阶级在它的不到一百年的阶级统治中所创造的生产力，比过去一切世代创造的全部生产力还要多，还要大。自然力的征服，机器的采用，化学在工业和农业中的应用，轮船的行驶，铁路的通行，电报的使用，整个大陆的开垦，河川的通航，仿佛用法术从地下呼唤

---

① 张纯：《人的全面发展与生态文明建设研究》，选自《中国优秀博硕士论文数据库》2007年4月，第14页。

出来的大量人口，——过去哪一个世纪料想到在社会劳动里蕴藏有这样的生产力呢？"①

　　托夫勒在《第三次浪潮》一书中把工业革命带来的工业文明称为"第二次浪潮"，并且对工业文明给世界生产和生活方式带来的巨大变化做了如下描述：工业革命"掀起了历史上的第二次浪潮，创建了一个独特而权威，奋发有为而与农业文明相对立的文明。工业化并不只是工厂的烟囱和装配线，它是具有一种丰富多彩的社会制度。它涉及人类生活的各个方面，冲击了过去第一次浪潮的一切特征。它产生了底特律郊外的大汽车厂，而且还使拖拉机在农田上奔跑，办公室里有了打字机，厨房里有了电气冰箱。它产生了新闻日报和电影，地下铁路和 DC – 3 型飞机。它带给我们立体主义的绘画和十二音阶的音乐。它带给我们巴霍斯派的建筑和巴塞罗那的椅子，静坐罢工，维生素丸和延长了人的寿命。它普及了手表和选举权。尤其重要的是，它把所有这一切事物集中联系起来，像一台机器那样组装起来，形成了世界有史以来最有力量、最有向心力、最有扩张性的社会制度。这就是众所周知的第二次浪潮文明。"②

　　托夫勒概括了工业文明的特征："一、以使用不能再生的化石能源作为能源基础。二、技术的突飞猛进。三、大规模的销售系统。三者结合，形成了第二次浪潮的技术领域。"③他还特别指出，"能源，是任何文明的先决条件。第一次浪潮文明的能源是'活的电池'：人力与畜力，还有来自太阳，风和水。烧饭取暖用的是木材，推动磨盘是利用水力的水车和风车，拉犁用的是牲口。到法国大革命时为止，据估计，欧洲的能源是一千四百万匹马和二千四百万头牛。所以第一次浪潮社会的能源是可以再生的。大自然长出新林替代砍伐之木，风帆不愁无风，流水永远推动水车。至于牲畜和人，更是可以代代生息以新替老的'能源奴隶'。与此相反，所有第二次浪潮社会的能源开始使用煤，天然气和石油，这些都是不能再生的化石燃料。这一革命性的改变是在 1712 年纽康曼（Newcomen）发明的可以使用的蒸汽机以后。它意味着人类文明开始吃自然界的'老本'，而不只是吃自然界的'利息'了。这种采掘地下储藏的能源，为工业文明提供了不为人们所察觉的大量的补贴，大大地促进了经济

---

　　① 《马克思恩格斯选集》第一卷，人民出版社 1995 年版，第 277 页。
　　②③ 托夫勒：《第三次浪潮》，生活·读书·新知三联书店 1983 年版，第 66 ~ 67、6 页。

的增长。从此开始，第二次浪潮所及之处，各国无不自以为是在取之不尽用之不竭的廉价化石燃料基础上，建立起庞大的技术和经济结构。……化石燃料组成了所有第二次浪潮社会的能源基础。"[1]

工业文明不仅仅给人类带来了巨大的财富，也带来了发展的困境。马克思认为，资产阶级完成了工业革命，在工业化基础上建立起来的资本主义经济制度一方面刺激着社会生产力的快速发展，另一方面其固有的基本矛盾又不可避免地通过周期性爆发的经济危机和社会生产的比例失衡破坏着社会生产力的成果，"社会的理智总是事后才起作用，因此可能并且必然会不断产生巨大的紊乱"[2]。而且，以资本为本、以逐利为目的的资本主义制度导致了对自然资源和劳动力的疯狂的掠夺式的使用，使财富的源泉遭到破坏，使自然环境日益恶化。资本主义社会在其工业化过程中陷入经济和生态双重危机不能自拔。

托夫勒也指出了工业文明的弊病："第二次浪潮本身有两个变化，使工业文明不可能再正常生存下去。第一，征服自然的战役，已经到达到一个转折点。生物圈已不容许工业化再继续侵袭了。第二，不能再无限地依赖不可再生的能源。第二次浪潮文明两个非常重要的基本补贴：廉价的能源与廉价的原料均将消失。"[3] "第二次浪潮文明降临，资本主义的实业家在规模巨大的范围内挖掘资源，把毒气注入空中，为追求利润而大面积砍伐，不考虑各方面后果和长远影响。由于目光短浅和自私自利，竟然认为自然界为人类利用提供了最方便的场所。"[4]

经济学家、社会学家、生态学家等对于工业化导致的人类社会可持续发展困境的原因有各种解释，但是，所看到的问题是相同的。一个不争的事实是，从工业革命开始，一系列发明和技术革新快速地提高了人类社会的生产力，人类社会开始大规模、高速度地开采与消耗能源和其他自然资源，大量的不可再生的矿物质能源和原料的使用，不仅带来一些地区的资源耗竭，而且在使用中排放出的废气、废水、废渣对环境造成污染。工业化所伴随的高度城市化使人口和工业聚集在大城市，使城市及周边地区饱受水污染、垃圾污染和汽车尾气污染。在 20 世纪 60 ~ 70 年代，发达国家普遍支出高成本治理城市环境问题，

---

①③④ 托夫勒：《第三次浪潮》，生活·读书·新知三联书店 1983 年版，第 69 ~ 70、14、152 页。
② 《资本论》第二卷，人民出版社 1975 年版，第 350 页。

104

但是，发展中国家在之后的工业化和城市化过程中，仍然在步发达国家工业化的后尘，加之发达国家把污染严重的工业输出到发展中国家，使发展中国家面临着严重的生态破坏和环境污染问题。环境污染、生态失调、能源短缺、人口膨胀，这一系列问题已经开始严重威胁到人类的生存和发展。不断出现的生态危机使人类意识到，以工业文明的观念推动社会发展，只关注提高生产率追逐物质财富，不遵循生态规律利用自然，人类社会的发展将是不可持续的。在残酷的事实面前，迫使人类开始全面反省自己对待自然的态度，提出了与自然共生共荣、协调发展的发展观——可持续发展观，生态文明开始萌芽并且发展起来。

二、生态文明的内涵

生态一词源于古希腊，意思是指家或者我们的环境，现代一般比较通行的含义是指一切生物的生存状态，以及它们之间和它与环境之间环环相扣的关系，生态概念的产生最早也是从研究生物个体而开始的。现在，"生态"一词涉及的范畴也越来越广，人们常常用"生态"来定义许多美好的事物，如健康的、美的、和谐的等事物均可冠以"生态"修饰。

生态是一个系统，生态系统指由生物群落与无机环境构成的统一整体。生态系统的范围可大可小，相互交错，最大的生态系统是生物圈，最为复杂的生态系统是热带雨林生态系统，许多基础物质在生态系统中不断循环。生态系统是开放系统，为了维系自身的稳定，生态系统需要不断输入能量，否则就有崩溃的危险。人类主要生活在以城市和农田为主的人工生态系统中。

生态分为自然生态和人工生态。自然生态是指生物与非生物环境之间的物质交换和能量传递形成生态关系，这个关系的内在联系形成生态规律，其核心就是生态系统中物质循环的动态平衡规律。这个平衡的前提是非生物环境（水、空气、简单化合物）的物质元素的相对稳定状态。如果加入系统外的因素，或者使原有因素和分子处于不稳定状态，生物赖以生存的非生物环境一旦被破坏，生态系统就会趋于崩溃。在生态系统中，生物群落中的绿色植物是生产者，动物是消费者，微生物是分解者。绿色植物通过光合作用，将非生物环境中的无机元素合成为有机化合物，同时将太阳能转变为化学能储藏起来。植物的增殖实际上是非生物环境中的无机物质和能量转化为生命物质和化学能量的初级形式,没有这个转化,不会有动物,更不会有人类。人类作为动物,作为生物群落中的高级消费者,当然要服从生态规律。人类在其文明发展过程中,在上述生态关系中引入了社会经济活动因素,如果人类文明发展遵循生态平衡规律,可以形成新的人工生态系统,即:(1)核心层是生命赖以生存的非生物环境(基础环境),为生命提供所需的阳光、水、土、大气、有机化合物等物质;(2)在基础环境中生存的生物群落(植物、动物、微生物以及内含的多样性基因组)复合为生态环境。其中,绿色植物特别是森林是生态环境的支柱;(3)人类社会。①

生态文明是指人类遵循人、自然、社会和谐发展这一客观规律而取得的物质、精神及制度成果的总和。生态文明同以往的农业文明、工业文明一样,主张在利用自然的过程中发展生产力,不断提高人的物质生活水平。所不同的是,生态文明突出生态的重要性,强调尊重和保护生态环境,强调适应自然,强调人类在利用自然的过程中必须要遵循生态规律,强调人与自然环境的相互依存、相互促进、共处共融,强调人与人的和谐是人与自然和谐的基础。

三、狭义和广义生态文明

生态文明的含义可以从狭义和广义两个角度来理解。从狭义角度来看,生态文明是与物质文明、精神文明和政治文明相并列的文明形式之一,着重强调人类在处理与自然关系时所达到的文明程度。在实践中,狭义生态文明更多的是指保护环境的观念和行为,它可以在人类文明发展过程中随着人类生态保护意识的提高并不断发展,在人类社会发展历史过程中所出现的许多保护自然环境的思想、行为,以及当下大多数对生态文明概念的解读、宣传和实践中的操作都局限于此。在生态文明萌芽和发展的初级阶段,囿固生产力发展水平和认识上的局限性,狭义的生态文明无论是从理论还是实践方面都会率先发展起来。

从广义角度看,生态文明是人类社会继渔猎文明、农业文明、工业文明之

---

① 张薰华:《经济规律的探索——张薰华选集》,复旦大学出版社 2000 年版,第 10～11 页。

后的新型文明形态。它以人与自然协调发展作为行为准则，建立健康有序的生态机制，实现经济、社会、自然环境的可持续发展。这种文明形态把生态文明融入于物质文明、精神文明和政治文明之中，表现在经济、政治、文化、社会等各个领域，使社会整体结构中的各个层面的文明全都体现"人与自然环境的相互依存、相互促进、共处共融，强调人与人的和谐是人与自然和谐的基础"的生态文明的内涵。也就是说，全面生态化的物质文明、精神文明和政治文明，或者全面生态化的经济文明、政治文明、文化（伦理）文明、社会（组织）文明，是广义的生态文明，是生态文明的完成形态。

作为新型的文明形态，生态文明本质上要求物质文明、精神文明和政治文明的生态化，或者经济文明、政治文明、文化（伦理）文明、社会（组织）文明的生态化。从物质文明、精神文明和政治文明的生态化看，生态文明不是要求人在自然面前无所作为，而是在把握自然规律的基础上能动地利用和适应自然，采用环境生态友好型的低碳循环生产和生活方式，使自然资源更好地为人类服务，这即是物质文明的生态化。生态文明要求人类要尊重自然，并以此约束自己的行动，确认人与自然和谐统一的价值观，把追求生态文明作为人类追求高质量的精神生活的一项重要内容，使生态保护意识深入人心，并最终成为人类的自觉行动，这即是精神文明的生态化。生态文明要求人类在意识、行为和制度构建上要以生态文明为导向，通过加强环境立法及其执行力度，在目标、法律、政策、组织、机制等方面为生态文明建设提供法律和制度保障，这即是政治文明的生态化。

第二节 生态文明的社会生产方式基础

在经济社会文明形态的发展变革中，生产力和生产关系的矛盾运动构成了社会生产方式转变、社会经济形态和文明演进的根本动力。物质文明是经济文明发展的基础，经济文明是物质文明发展的社会形式。物质文明的发展动力是社会生产力，社会生产力发展的不可持续使物质文明发展丧失推动力，经济文明发展也将停滞甚至消失，政治文明、文化文明、社会文明的发展也会陷入紊乱甚至崩溃。应该说，只有在以生产资料占有为基础的社会主义生产方式下，即在科学社会主义生产方式下，人类才能真正有意识地选择人与人、人与自然和谐相处的发展方式，社会生产力才能实现可持续发展，人类才能走向生态文明。

一、社会生产力和生产关系的矛盾运动是社会生产方式转变的动力

生产力是社会形态的物质基础，与生产力相适应并形成特定的生产关系总和①，构成社会的经济基础（也即社会生产方式），在经济基础之上与之相适应竖立起法律的、政治的和一定的社会意识形态组成的上层建筑，特定的经济基础和相应的上层建筑构成一个特定的社会经济形态。

人类社会在发展的历史长河中、在社会生产力和生产关系的矛盾运动中不断进化，逐渐走向高级阶段。马克思在 1859 年所著的《政治经济学批判》序言中揭示了不同社会现象间的内在联系及其社会经济形态演变规律，他指出："人们在自己生活的社会生产中发生一定的、必然的、不以他们的意志为转移的关系，即同他们的物质生产力的一定发展阶段相适合的生产关系。这些生产关系的总和构成社会的经济结构，即有法律和政治的上层建筑竖立其上并有一定的社会意识与之相适应的现实基础。物质生活的生产方式制约着整个社会生活、政治生活和精神生活的过程。不是人们的意识决定人们的存在，相反，是人们的社会存在决定人们的意识。社会的物质生产力发展到一定阶段，便同它们一直在其中活动的现存生产关系或财产关系（这只是生产关系的法律用语）发生矛盾。于是这些关系便由生产力的发展形势变成生产力的桎梏。那时社会革命的时代就到来了。随着经济基础的变更，全部庞大的上层建筑也或慢或快地发生变革。"②

与生产力相适应形成特定的生产关系，可以适应当前生产力发展水平的要求，促进生产力的发展。但是，作为社会形态物质基础的生产力有它自身不断发展的客观规律，这是因为，生产力中的劳动者的生产知识和技能在生产实践中总是在不断的提高，而生产力中的劳动工具也伴随着劳动者的生产知识和技

---

① 生产关系包括社会经济活动主体在直接生产过程中形成的生产关系、交换关系、分配关系和消费关系。

② 《马克思恩格斯选集》第二卷，人民出版社 1972 年版，第 82 页。

能的不断提高不断改进。因此，原有的生产关系和不断发展的生产力之间必然产生矛盾，陈旧、衰老的生产关系成为阻碍生产力发展的桎梏，而且终将被滚滚向前的生产力发展巨浪所冲毁，一个与生产力发展要求相适应的新的生产关系诞生，随着经济基础的变更，竖立在新的经济基础之上的上层建筑也会发生相应的变革。经济基础和相应的上层建筑的变革是一场社会革命，结果是一个新的社会经济形态的诞生。特定的社会生产方式或经济结构或经济基础又成为区分社会经济形态的标志。

人类社会发展的核心是社会生产力的发展，在人类社会发展和社会经济形态变革中，生产力是最活跃、最革命的因素，而生产关系对生产力的发展起着重要的推动或者制约作用，生产力和生产关系的矛盾运动构成了社会生产方式转变和社会经济形态演进的根本动力。

二、社会生产力的可持续发展是文明可持续发展的动力

物质文明是文明发展的物质基础，物质文明的发展动力是社会生产力，更高水平的物质文明建立在更高水平的社会生产力基础之上。生态文明是人类社会超越工业文明的更高级的文明形态，其物质成果表现为物质文明的生态化。物质文明的生态化要从生产力的三要素入手。

马克思主义政治经济学认为，社会生产力发展是人类社会不断发展进步走向越来越高层次文明的推动力，而社会生产力的本源是自然环境和人的劳动。社会生产力是一个系统，这个系统由它的源泉（自然环境资源的自然力、人、科学力）、它本身（劳动力、劳动资料、劳动对象）及它的结果（单位劳动生产的产品量）组成。在这个系统中，从社会生产力形成的源泉看，人类劳动是生产力形成的主观能动因素，自然界是人类的原始的食物仓和原始的生产资料库，人类在劳动实践中智力劳动不断发展并且把其体现在劳动工具中，劳动借助于它所创造的体现智力发展水平的劳动工具作用于自然界，形成现实的劳动生产力。

从社会劳动生产力发展的源泉看，可以分为劳动的社会生产力、劳动的科学技术生产力和劳动的自然生产力三个组成部分。劳动的社会生产力产生于劳动和劳动之间的结合，每个劳动者个体通过分工协作结合起来，摆脱了个人劳

动的局限性，产生出劳动的社会生产力。劳动与科学技术力（劳动者的智力劳动物化为机器等劳动资料）相结合，产生劳动的科学技术生产力。劳动与自然力相结合产生劳动的自然生产力，即在劳动对自然的利用中产生的生产力。由于劳动的自然生产力在相当大程度上受自然条件的制约，而人类迄今为止所使用的自然条件大多属于不可再生的，因此，劳动的自然生产力与劳动的社会生产力和劳动的科学技术生产力最大的不同在于，后者通过分工协作、科学技术进步，可以得到不断发展，前者则在劳动不断地对自然条件的开发利用中，由于其中不可再生的自然条件被不断地消耗掉而趋于下降。劳动的自然生产力下降趋势在一定程度上可以通过劳动的社会生产力和劳动的科学技术生产力的发展来弥补。如科学技术的发展能够发现改善土壤条件的更好的方法，这会抵消劳动的自然生产力下降。但是，如果科学技术的发展更多的是节约劳动，提高人的劳动开发自然、利用自然的能力，结果不是使劳动的自然生产力提高，恰恰相反，由于劳动对自然力的过度使用，导致自然力萎缩，使劳动的自然生产力下降，最终使社会生产力下降，使社会生产力发展不可持续。

依据马克思的社会生产力理论，在社会生产力系统中，社会生产力标准规范着局部生产力，相应地，商品的价值量由社会必要劳动耗费量决定。在现实的社会生产力发展过程中，如果没有社会制度的强制规范，局部生产者（个人、企业、集体或地区）往往只注意节约内部劳动，提高内部劳动生产力，不注意节约资源，任意向外部排污，损坏自然环境，这种行为破坏了生产力的源泉。因此，从社会生产力发展看，依据马克思的社会生产力理论和劳动价值理论，局部生产者生产产品所耗费的劳动还应追加治理损害自然环境的外部劳动，也即使外部劳动内部化。用社会生产力标准规范局部生产力，核算局部生产者的单位产品所耗社会劳动量的标准应该为：单位产品所耗社会必要劳动量 = 内部劳动 + 外部劳动。这样，局部劳动者如果只注意节约内部劳动，提高内部生产力，不关注污染物治理，任意向外部排污，损坏环境，其外部劳动耗费高于社会必要劳动所规范的耗费标准，其局部生产力作为社会生产力不是提高了，而是下降了。[1] 表现为生产单位产品耗费了较多的不能够被社会所承认的劳动。

----

① 张薰华：《经济规律的探索——张薰华选集》，复旦大学出版社 2000 年版，第 9 页。

从社会生产力系统的三个组成部分看，人的劳动贯穿其中，起着主观能动作用。社会生产力系统中的自然环境之所以遭受破坏，人在其中起了主导作用。人类为了生存和发展，必须利用自然，把他们的劳动和自然相结合，形成劳动生产力，完成他们和自然之间的物质变换，才能获得满足人类需求的物质财富，人类才能生存和发展。客观上，人类与自然之间的物质交换存在着矛盾，因为，外界自然条件是自然界免费提供给人类使用的，如果人类把自然条件当作免费的午餐任意享有，虽然可以方便地获得更多的物质财富，满足更多的需求，但是，这对于作为自然界的一个组成部分、依赖于自然条件而生存发展的人类来说，是在损害人类社会生产力可持续发展的源泉，毁坏人类社会存在的基本条件。人作为自然人（人是动物），处于生物食物链金字塔的顶部。多样性的生物，在食与被食的天敌关系中相生相克，维护其生态比例，一旦生物多样性比例破坏，环境就受损害。然而人作为社会的人，在其社会生产力发展中特别是在工业文明过程中，培养了巨大的消灭他的天敌的能力，豺狼虎豹等反而成为珍稀动物，人口可以在无天敌下盲目发展，终而使环境不胜负载，也使生物金字塔崩塌。[1] 工业文明还使人通过大规模地向自然界索取资源和排放废弃物，获得了社会生产力的快速发展，但是，这种竭泽而渔的生产方式快速消耗着自然环境资源，所以，作为工业文明物质基础的物质文明虽然创造了大规模的物质财富，但是破坏了人类赖以生存的自然生态环境。由于人口的膨胀和自然环境资源的快速消耗，使社会生产力的两个源泉，即自然环境和人的劳动（人口）之间比例失调，长此以往的必然结局是社会生产力发展的不可持续性。社会生产力发展的不可持续使文明发展的基础——物质文明的发展丧失推动力，人类文明发展终将停滞甚至消失。

所以，人类文明的持续发展必须要超越向自然无度攫取财富的工业文明，走向生态文明，其关键点是要使作为生态文明物质基础的物质文明生态化。具体落实到发展过程中，就是人类在发展其社会劳动生产力时，必须要从可持续发展的视角来考虑自己的社会生产力发展方式，社会生产力发展方式的选择要遵循生态规律，以保持生态平衡、实现人类与其外部自然环境和谐相处为目标。生态文明下的社会生产力的发展本质上是可持续的。可持续发展的社会生

---

[1] 张薰华：《经济规律的探索——张薰华选集》，复旦大学出版社 2000 年版，第 10 页。

产力，是人类发展到比工业文明更高级的文明——生态文明的生产力基础，是文明可持续发展的动力。

三、科学社会主义生产方式是生态文明发展的基础

人类区别于其他动物的重要特征是他的社会性和他具有的利用其外界自然条件所形成的社会劳动生产力，因此，在人类社会发展过程中，不仅有人与人之间复杂的、发展变化的社会生产关系，而且还必然存在着人与自然之间复杂的、发展变化的劳动生产力关系，这些关系的总和构成社会生产方式。只有在社会中，这些关系才能形成，人类才能生存和发展，人类文明也才能产生和发展。从社会生产活动看，"人们在生产中不仅仅同自然界发生关系。他们如果不以一定方式结合起来共同活动和互相交换其活动，便不能进行生产。为了进行生产，人们便发生一定的联系和关系；只有在这些社会联系和社会关系的范围内，才会有它们对自然界的关系，才会有生产"①。从社会生活活动看，人是自然界的一个组成部分，同时，人又是社会的人。"社会性质是整个运动的一般性质；正象社会本身生产作为人的人一样，人也生产社会。活动和享受，无论就其内容或就其存在方式来说，都是社会的，是社会的活动和社会的享受。自然界的人的本质只有对社会的人说来才是存在的；因为只有在社会中，自然界对人说来才是人与人联系的纽带，才是他为别人的存在和别人为他的存在，才是人的现实的生活要素；只有在社会中，自然界才是人自己的人的存在的基础。只有在社会中，人的自然的存在对他说来才是他的人的存在，而自然界对他说来才成为人。因此，社会是人同自然界的完成了的本质的统一，是自然界的真正复活，是人的实现了的自然主义和自然界的实现了的人道主义。"②

然而，由于构成社会的经济基础也即社会生产方式不同，使社会区分为不同的形态，"大体说来，亚细亚的、古代的、封建的和现代资产阶级的生产方式可以看作是社会经济形态演进的几个时代"③，但是，这些社会形态并没有能够实现人同自然界的统一，并不是完成了的自然主义和人道主义社会。资本

---

① 《马克思恩格斯全集》第 6 卷，人民出版社 1961 年版，第 486 页。
② 《马克思恩格斯全集》第 42 卷，人民出版社 1979 年版，第 121 页。
③ 《马克思恩格斯选集》第二卷，人民出版社 1972 年版，第 83 页。

主义社会本质上是以资本为本的社会，对建立在资本主义生产方式基础之上的工业文明的考察可见，以机器大工业的生产方式，通过资本所有者以追逐剩余价值为目的的大规模资本积累，确实促进了生产力快速发展，确实给人类带来了巨大的财富，但是，在资本主义生产方式下，资本家异化为资本，人的劳动和自然也异化为资本，资本支配着劳动和自然，发展生产力只是无限制追求剩余价值的手段，如何使用生产力源泉，采用什么方式提高生产力，都以是否能够为资本带来剩余价值为目标。虽然在不可再生资源供给能力下降而需求量不断增加情况下，在价值规律作用下，资本家必须要通过节约自然资源来节约不变资本，因此也会考虑通过减量化、再循环和再利用来实现在自然资源使用上的节约从而节约不变资本。但是，所有节约自然资源的方法的使用都要以资本能否获得最大剩余价值为目的，只要能够廉价而方便地支配自然，满足获得最大剩余价值的欲望，资本绝对不会关心其生产目的之外的自然资源的节约和保护问题。从实践中看，和资本在世界范围内对自然资源的掠夺性使用相比较，对自然资源的这种节约不足挂齿。资本主义生产方式导致对生产力源泉的滥用和不合理使用是必然的。所以，从本质上讲，"资本主义生产发展了社会生产过程的技术和结合，只是由于它同时破坏了一切财富的源泉——土地和工人"①。

只有科学社会主义社会才是完成了的人道主义社会，因为"共产主义是私有财产即人的自我异化的积极的扬弃，因而是通过人并且为了人而对人的本质的真正占有；因此，它是人向自身、向社会的（即人的）人的复归，这种复归是完全的、自觉的而且保存了以往发展的全部财富的。这种共产主义，作为完成了的自然主义，等于人道主义，而作为完成了的人道主义，等于自然主义，它是人和自然界之间、人和人之间的矛盾的真正解决"②。科学社会主义社会作为完成了的人道主义社会，它通过否定资本统治雇佣劳动、占有劳动者剩余劳动的资本主义所有制，解放了劳动者，实现了劳动平等，使人"以一种全面的方式，也就是说，作为一个完整的人，占有自己的全面的本质"③。完成了的人道主义等于自然主义，它是一个以人与人和谐相处为基础的人与自

---

① 《马克思恩格斯全集》第23卷，人民出版社1972年版，第553页。

②③ 《马克思恩格斯全集》第42卷，人民出版社1979年版，第120、123页。

然和谐相处的理想社会，因为只有劳动者不是被迫为了生存、为了满足一部分人对财富的无限贪欲而劳动，才能够谈得上对自然条件的合理利用，才能够使人回归自然，完成同自然界的本质统一。

为了在"最无愧于和最适合于人类本性的条件下"生存和发展，即消除异化，回归到人与人、人与自然和谐相处的最适合人类本性的状态中，实现人类社会的可持续发展，人类必须要联合起来，共同控制和利用自然，以最小的劳动和自然的耗费，完成人和自然之间的物质变换。实现这个目标，需要转变社会生产方式，这个转变是资本主义向科学社会主义的转变。"生产资料的社会占有，不仅会消除生产的现存的人为障碍，而且还会消除生产力和产品的明显的浪费和破坏，这种浪费和破坏在目前是生产的不可分离的伴侣，并且在危机时期达到顶点。此外，这种占有还由于消除了现在的统治阶级及其政治代表的穷奢极欲的浪费而为全社会节省出大量的生产资料和产品。通过社会生产，不仅可能保证一切社会成员有富足的和一天比一天充裕的物质生活，而且还可能保证他们的体力和智力获得充分的自由的发展和运用，……人们第一次成为自然界的自觉的和真正的主人，因为他们已经成为自己的社会结合的主人了。……只是从这时起，人们才完全自觉地自己创造自己的历史；只是从这时起，由人们使之起作用的社会原因才在主要的方面和日益增长的程度上达到他们所预期的结果。这是人类从必然王国进入自由王国的飞跃。"① 所以，只有当以生产资料社会占有为基础的社会主义生产关系与不断发展的社会生产力结合时，即在科学社会主义生产方式下，人类才能真正有意识地选择人与自然和谐相处的生产力的发展方式，实现可持续发展。

科学社会主义的生产方式本质上是可持续发展的社会生产方式，它把社会生产力和社会生产关系统一在可持续发展目标和原则下，根据社会生产力可持续发展要求，构建联合劳动、共同利用和适应自然的社会生产关系。与可持续发展的社会生产方式也即可持续发展的经济基础相适应，形成可持续发展的上层建筑（法律、政治和社会意识形态等），保护和促进可持续发展的社会生产方式的巩固和发展。在可持续发展的社会生产方式基础上所形成的文明和工业文明有着本质区别，是一种比工业文明更高级的新文明，从其社会生产方式基

---

① 《马克思恩格斯选集》第三卷，人民出版社1972年版，第440~441页。

础看，是人与人、人与自然和谐相处的生态文明。科学社会主义生产方式是生态文明发展的基础，而在此基础上发展起来的生态文明即是广义生态文明，是中国特色社会主义生态文明建设追求的终极目标。

第三节　制度的内涵和功能

如果说文明是人的活动的产物，那么制度就是文明的题中之意。制度本质上是维系人与人之间关系的规范，是人类为了构建一个能够维系相互关系的稳定空间，追求一定社会秩序、实现一定交流和沟通效率的博弈规则、法律规定、契约结果。制度包含基本制度以及建立其上的正式规则及非正式规则。从经济层面上看，国家的基本经济制度由生产力水平决定。中国社会主义处于社会主义初级阶段，社会生产力水平相对较低且在地区间分布不均衡，由此形成具有中国特色的基本经济制度以及树立其上的正式规则和非正式规则。这种具有中国特色的制度体系，既是历史演化过程的产物也是历史继续演化的基础。

一、制度的内涵

从人类社会之初的蒙昧时代到野蛮时代，没有基本规则来约束人的行为，弱肉强食。随着人类生产能力的提高，特别是剩余产品和分工的产生，促使人们开始探索如何协调相互之间的利益和行为，逐渐认识到通过制定规则建立一定的秩序对于社会的存在和发展的重要性，制度应运而生。通过制度，建立起社会秩序并不断改进制度，人类开始走向文明。可见制度是文明的题中之意，是人类为了构建一个稳定的空间，追求一定社会秩序的结果。"制度是行为规则，并由此而成为一种引导人们行动的手段。因此，制度使他人的行为变得更可预见。它们为社会交往提供一种确定的结构。"①

关于制度，有各种不同的论述。凡勃伦认为："制度实质上就是个人与社会对有关的某些关系或某些作用的一般思想习惯"；"人们是生活在制度——

---

① 柯武刚、史漫飞：《制度经济学》，商务印书馆2002年版，第112～113页。

也就是说，思想习惯的指导下的，而这些制度是早期遗留下来的"；"今天的制度——也就是当前公认的生活方式"①。康芒斯说："我们可以把制度解释为'集体行动控制个体行动'②"；诺思对制度有一系列的论述，认为："制度是一系列被制定出来的规则、守法秩序和行为道德、伦理规范，它旨在约束主体福利或效用最大化利益的个人行为"③，"制度提供了人类相互影响的框架，它们建立了构成一个社会，或更确切地说一种经济秩序的合作与竞争关系"④，"制度是一个社会的游戏规则，更规范地说，他们是为决定人们的相互关系而人为设定的一些制约"⑤。相当一部分学者如肖特尔、舒尔茨、艾尔斯娜、刘易斯、拉坦和速水等都把制度看成是某种规则。由此可见，"规则"是人们较普遍使用的关于制度的规定。制度的实质就是"规范人们相互关系的约束"。制度是由生活在其中的人们选择和决定的，反过来又规定着人们的行为，决定了人们行为的特殊方式和社会特征⑥。需要说明的是，上述所有关于制度的讨论都是以基本经济制度确定为前提的，如果从社会长期发展的角度看，马克思运用历史唯物主义方法研究了不同社会形态中存在的基本经济制度，认为不同社会形态的基本经济制度规定着不同的社会生产关系，比如资本主义制度下资本统治雇佣劳动的生产关系，社会主义制度下劳动者共同进行联合劳动的生产关系。完整的制度体系包括基本经济制度和建立其上的"规范人们相互关系的约束"。

二、制度的分类和功能

这里讨论的制度是"规范人们相互关系的约束"。这类制度的规定即规则包含两个方面，即正式规则和非正式规则。"正式规则包括政治（即司法）规则、经济规则和合约。这些规则可以作如下排序：从宪法到成文法与普通法，

---

① 凡勃伦：《有闲阶级论》，商务印书馆1964年版，第139页。
② 康芒斯著：《制度经济学》（上册），商务印书馆1962年版，第87页。
③④ 道格拉斯·C·诺思：《经济史中的结构与变迁》，上海三联书店、上海人民出版社1994年版，第225～226页。
⑤ 道格拉斯·C·诺思：《制度、制度变迁与经济效绩》，上海三联书店1994年版，第3页。
⑥ 张曙光：《论制度均衡和制度变革》，载于《经济研究》1992年第6期。

再到明确的细则，最终到确定制约的单个合约，从一般规则到特定的说明书。"① 正式规则可分为四类：（1）界定分工责任的规则；（2）界定可以做什么和不可以做什么的规则；（3）惩罚的规则；（4）确定交换价值量标准的规则。非正式规则是来自于文化部分的遗产，主要由习俗、惯例、个人行为准则和社会道德规范组成。制度的内容和功能，可以分为以下三个层次。

第一个层次是宪法秩序。宪法是用以界定国家的产权和控制的基本结构，它包括确立生产、交换和分配的基础的一整套政治、社会和法律的基本规则，它的约束力具有普遍性，是制定规则的规则（立宪规则）。宪法秩序，是基于人们对一定社会规律的认识，通过制宪对社会所需要的一致性、连续性和确定性进行确认，形成一种宪法上的应然秩序，再通过宪法的各种调整手段，将宪法上的应然秩序变成实然秩序。宪法秩序是人为了生存与发展而自发地、有目的地组织共同体规则，并依据该规则形成的一套以保障人的权益为最终目的的社会秩序。宪法秩序是法律秩序的核心，是实现法治社会的关键，对社会稳定快速发展起着决定性作用。宪法秩序包括内外两种秩序，即内构秩序和外生秩序。内构秩序是指宪法秩序中本源性、一致性、连贯性的各种内部要素的总和，是实现宪法秩序的根本动力。外生秩序主要包括公权力制约和监督，违宪审查以及人权保障等，是实现宪法秩序的保障。

第二个层次是制度安排。即是在宪法秩序的框架内，在特定领域约束人们行为的一套行为规范的具体安排，支配着经济单位之间可能采取合作与竞争的方式，是集体行动获取收益的手段。制度安排是在宪法秩序下界定交换条件的一系列具体的操作规则，包括成文法、习惯法和自愿性契约。制度安排的不同导致收入分配形式的改变，从而使资源分配随之改变，经济发展速度和绩效也会改变。制度安排可以是正式的，也可以是非正式的；可以是暂时的，也可以是长期的；可以是由社会全体决定或国家规定的，也可以是由少数人决定的或私人商定的。一项新的制度安排的功能与作用在于：给制度内部成员提供一种在制度安排外部不可获得的利益，防止外部成员对制度安排内部成员的侵害并协调社会组织之间的利益冲突，防止组织内部成员的机会主义行为或"搭便车"行为，为内部成员形成稳定的制度预期和提供一个持续的激励机制创造

---

① 道格拉斯·C·诺思：《制度、制度变迁与经济效益》，上海三联书店1994年版，第64页。

条件，并在此基础上降低组织内部和组织之间的交易费用。可见，制度安排的功能和作用主要是激励与约束，而约束机制是激励机制的反向激励，因此制度安排的实质是提供一种激励机制。

第三个层次是行为的道德伦理规范。涉及"文化背景"与"意识形态"，它们是宪法秩序、操作规则的背景材料和渊源，包括社会所处的阶段、文化传统、国家意识形态和心理因素，等等。表现为非明文规定或非条例化规定的，但却使社会中的人在潜在的国家强制力下潜移默化。通过这种潜移默化，宪法秩序和制度安排的合法性得到确定。这类制度的特点是"根深蒂固"，变化缓慢，变动不易。伦理道德构成人们的行为规范内容，构成制度约束的意识形态，它来源于人们对现实的理解，是社会调控体系的重要手段。意识形态是与对现实契约关系的正义或公平的判断相连，它对于赋予宪法秩序和制度安排的合法性至关重要，一致的意识形态可以替代规范性规则和服从程序，并降低交易费用。

正式规则也称为外在制度，具有确定性、稳定性和强制性。非正式规则也称为内在制度，内在制度不是出自任何人的设计，而是源于千百万人的互动，是社会发展过程中的文化积淀产物，承担着外在制度所不可替代的独特作用。诺思指出："我们必须关注那些非正式约束（informal constraints）我们都知道行为习惯、习俗和行为模式对一个社会的运转起到关键作用。"[1] 各种制度相互影响、相互作用，共同构造了规范和引导人类社会朝着某个特定方向发展的规则。制度对个人与组织行为通过内部和外部两种强制力来激励与约束人的行为，防止个人与组织在选择行为中的损人利己的机会主义行为，以减少行为后果的不确定性，从而形成一定的社会秩序，建立一个人们相互作用的稳定的结构。

三、制度的演化

制度是长期演化过程的产物。把演化纳入制度研究范畴，是基于制度与生

---

[1] 科斯、诺思、威廉姆森等：《制度、契约与组织——从新制度经济学角度的透视》，经济科学出版社 2003 年版，第 16 页。

物成长机制的相似性。按照达尔文主义的生物进化理论，一个生物的生长与繁衍，是自然选择的结果，而自然选择包括两个机制：一个是复制机制；另一个是选择机制。制度的演化同样可以用复制机制和选择机制加以解释。制度的复制机制表现为路径依赖，而制度的选择机制则表现为制度变迁。制度的路径依赖与制度变迁的综合则称为制度演化。制度作为社会规则，必须经过众多个体对同一规则的一致认同。这种认同，是长时期自愿选择和强制安排的结果。其自然选择是在社会发展过程中人们对有利于社会发展的制度规定给予进一步确定，并经过人们的内化而不断形成人们的统一认识。对于原有制度规定中因多种原因导致的不能促进社会经济发展，甚至阻碍或延缓社会发展进程的制度规定，则要进行制度创新并形成制度变迁。这种制度依赖与制度变迁的交替进行，使制度演化的进程得以延续。

各个国家和社会都有其自己的制度体系。同一个国家的不同历史时期的制度体系也存在巨大差别并处在不断演化的过程中。马克思认为，国家的基本经济制度是由生产力水平决定的。社会主义基本经济制度，是指以社会主义公有制为基础的社会主义生产关系或社会主义生产关系的总和，包括社会主义公有制（国有制和劳动群众集体所有制）和在公有制基础上逐步实现的劳动者的主体地位，按劳分配，消灭剥削，消除两极分化，最终实现共同富裕。成熟的社会主义经济制度不包括私有制经济。社会主义经济制度本身是一个不断成熟与完善的过程，在其各不同历史阶段，经济制度因为生产力水平的差异而表现出不同的特征。在社会主义初级阶段，社会主义经济制度的各个组成部分，无论在制度上、体制上和运行机制上，还处于探索的阶段，在许多方面还不成熟、不完善。社会主义初级阶段的经济制度，具有初级阶段的特点。从所有制结构上来看，是以公有制为主体，多种所有制经济共同发展。除了作为主体的公有制经济（包括国有经济和集体经济）外，还存在多种非公有制经济，其中包括：私营经济、个体经济和外资经济和混合所有制经济，等等。生产资料的不同归属，决定了分配制度的不同形式。从分配制度看，是以按劳分配为主体，多种分配方式并存。这种制度安排，一方面是社会主义国家的基本经济制度要求，另一方面是社会主义初级阶段生产力水平的现实决定。中国是社会主义国家，其社会生产力水平较低、生产力水平在地区间分布不均衡的特殊国情决定了中国处于社会主义初级阶段，并且形成具有中国特色的基本经济制度和建立其上的正式规则及非正式规则的制度体系。这种具有中国特色的制度体系，也是一个历史演化过程的产物，并且还将继续其演化过程。

第四节　生态文明制度建设：从狭义到广义

如果说社会生产力的发展水平，特别是社会生产方式的现实状况是决定制度建设或制度安排的经济基础，那么社会核心价值观就是决定制度建设或制度设计与制度安排的指导思想和理论基础。从这个意义上说，中国特色社会主义核心价值观由社会主义基本经济制度决定，生态文明制度目标由社会主义核心价值观规定的。生态文明有一个从狭义到广义的演进过程，中国特色社会主义经济制度也有一个从初级到高级的演进过程，同样，中国特色社会主义生态文明制度建设也有一个从狭义到广义、从低级到高级的历史演进过程。在这个演进过程中，物质文明、精神文明和政治文明，或者说经济文明、政治文明、文化文明、社会文明是相互联系相互作用的。

一、生态文明制度目标由社会主义核心价值观规定

与社会基本经济制度相适应，不同社会形态以及文明形态都需要一系列与之相适应的制度安排和具体制度体系。制度服务于目标，制度的目标由一个社会确定的核心价值观规定。

价值观是指一个人对周围的客观事物（包括人、事、物）的意义、重要性的总评价和总看法。作为一种社会意识，价值观集中反映一定社会的经济、政治、文化，代表了人们对生活现实的总体认识、基本理念和理想追求。任何一个社会在一定的历史发展阶段，都会形成与其根本制度和要求相适应的、主导全社会思想和行为的价值观，即社会核心价值观。社会核心价值观是社会基本制度在价值层面的本质规定，体现着社会意识的性质和方向，不仅作用于经济、政治、文化和社会生活的各个方面，而且对每个社会成员价值观的形成都具有深刻的影响。

社会主义核心价值观作为社会主义的意识形态，由社会主义基本经济制度

决定。中国社会主义核心价值观反映着中国社会主义国家的性质、社会的本质及全体人民的奋斗目标和努力方向。在社会主义核心价值观引领下，形成正式和非正式制度体系，而制度体系又反作用于核心价值观，使核心价值观得到不断强化。

党的十八大报告明确提出了中国社会主义核心价值观："富强、民主、文明、和谐、自由、平等、公正、法治、爱国、敬业、诚信、友善。"在2013年8月发布的《国务院关于加快发展节能环保产业的意见》中又提出，要把"生态文明纳入社会主义核心价值观"。在生态文明建设视域下，在社会主义基本经济制度基础上，生态文明是中国特色社会主义核心价值观的题中之意。从中国处于社会主义初级阶段并处于不断演化过程视角看，把"生态文明纳入社会主义核心价值观"是现实的选择，这与党的十八大报告提出的"建设中国特色社会主义，总依据是社会主义初级阶段，总布局是五位一体，总任务是实现社会主义现代化和中华民族伟大复兴"以及"把生态文明建设放在突出地位，融入经济建设、政治建设、文化建设、社会建设各方面和全过程"[1] 的总布局和总要求相一致，特别是，要实现把生态文明建设融入经济建设、政治建设、文化建设、社会建设各方面和全过程，需要生态文明价值观的引领。

需要指出，党的十八大的关于生态文明建设的定位还不是一个明确的广义概念，但是已经比之前的研究和认识进了一大步，强调要把生态文明建设放在突出地位，融入经济建设、政治建设、文化建设、社会建设各方面和全过程，但是，在总体布局上还是和经济、政治、文化、社会建设处于并列地位，所前进的一大步是强调了"要融入"。而在党的十八大报告中，没有在社会主义核心价值观中明确提出生态文明内容，在之后的《国务院关于加快发展节能环保产业的意见》中也只是提出要把"生态文明纳入社会主义核心价值观"，这应该是对党的十八大关于中国社会主义核心价值观提法的补充。党的十八大关于生态文明建设的提法是今后几年在生态文明建设中要做的事情，但是距离生态文明的全面发展（广义生态文明）还有较大差距，全面发展的生态文明不是经济建设、政治建设、文化建设、社会建设和生态文明建设（狭义生态文

---

[1] 《坚定不移沿着中国特色社会主义道路前进　为全面建成小康社会而奋斗——在中国共产党第十八次全国代表大会上的报告》，人民出版社2012年版，第20、40页。

明）"五位一体"中的一个内容，而是继工业文明之后的更加高级的新文明形态，是其他四个建设的生态化。然而，党的十八大的提法是适合于中国当前和未来一段时间发展实际的策略性和对策性的阶段性建设布局，同样，在当前和未来一段时期的社会主义初级阶段，社会主义核心价值观还不能够全面体现生态文明的理念，生态文明全面统领中国特色社会主义核心价值观，是未来相当长时间不断追求的目标，是社会主义追求的终极目标。当然，终极目标是通过阶段性目标达到的，实际上，自从中华文明产生以来，就已经有了人与自然要和谐相处的生态伦理观，并且这种观念世代延续并未中断，从现实看，无论从国家层面、社会层面还是大众层面，不能说在价值观方面完全没有生态文明的观念，但是，在实践中确实存在其地位不突出的问题，问题的根源在于缺乏在国家舆论上的认可和制度对其的强化。由于制度的目标由社会确定的核心价值观规定，所以，把生态文明纳入社会主义核心价值观，对于推动生态文明建设，特别是对于生态文明制度建设（制定正式规则、构建制度运行机制、形成牢固的非正式规则）具有重要意义。制度又服务于目标，生态文明制度建设会使生态文明作为社会主义核心价值观得到不断强化，不断深入人心。

二、狭义生态文明制度建设内容

中国目前以及今后相当长时期所处的发展阶段决定，中国特色生态文明制度建设需要一个长期的建设过程，这个过程是一个从狭义到广义的演进过程。

狭义的生态文明制度更加突出具有确定性、稳定性和强制性的正式规则或者外在制度，这是因为，工业文明带来的环境破坏急需控制好治理，作为继工业文明之后的新文明——生态文明，从其萌芽到成熟需要相当长的发展过程，人在工业文明下形成的生产和生活方式以及观念需要一个逐步转变的过程，在这个过程中，需要具有确定性、稳定性和强制性的规则来规范人们的行为，使社会生产和生活朝着人与人、人与自然和谐相处的方向发展。

狭义生态文明着重强调人类在处理与自然关系时所达到的文明程度，在实践中是指生态环境保护的观念和行为，与此相适应，狭义生态文明制度建设重点是生态环境保护的制度体系建设，主要包括体现生态环境保护理念的政治制度、社会组织制度、文化制度、经济制度建设，以及生态环境保护法律法规、行政管理制度等制度运行机制构建。党的十八大报告提出："加强生态文明制度建设。要把资源消耗、环境损害、生态效益纳入经济社会发展评价体系，建立体现生态文明要求的目标体系、考核办法、奖惩机制。建立国土空间开发保护制度，完善最严格的耕地保护制度、水资源管理制度、环境保护制度。深化资源性产品价格和税费改革，建立反映市场供求和资源稀缺程度、体现生态价值和代际补偿的资源有偿使用制度和生态补偿制度。加强环境监管，健全生态环境保护责任追究制度和环境损害赔偿制度。加强生态文明宣传教育，增强全民节约意识、环保意识、生态意识，形成合理消费的社会风尚，营造爱护生态环境的良好风气。"① 这些内容涉及的均是通过制定正式规则着力改善人与自然关系促使其和谐相处的狭义生态文明制度建设，规定了中国特色社会主义未来一段时期内生态文明制度建设的主要目标和内容。

三、广义生态文明制度建设内容

生态文明制度建设不能只停留在狭义层面，要在经济、政治、文化和社会制度建设中逐步融入生态文明的理念和内容，即从狭义生态文明制度建设渐进向广义生态文明制度建设推进。广义生态文明制度建设是"长期的""方向性的""战略性的"，是生态文明制度建设的终极目标。

现阶段，广义生态文明制度建设的重点是理论建设，提出完成的生态文明制度建设的最终目标、制度框架和建设路径。

广义生态文明制度和狭义生态文明制度的不同，不是只着重于生态环境保护制度建设，而是一个生态化的制度体系，是政治制度、法律制度、文化制度、社会组织制度和经济制度的全面生态化。

广义生态文明制度建设的基本经济制度的基础是充分体现马克思主义的科学社会主义基本经济制度特征的高级阶段完善的社会主义经济制度，真正实现了人的全面发展和人与人关系的和谐。在完善的社会主义经济制度基础上建立

---

① 《坚定不移沿着中国特色社会主义道路前进　为全面建成小康社会而奋斗——在中国共产党第十八次全国代表大会上的报告》，人民出版社 2012 年版，第 20、40 页。

的规则不仅包含制定正式规则和制度运行机制，而且包含第三层次的非正式规则或者内在制度，并且非正式的规则①将发挥更加重要的作用，因为生态文明已经全面统领社会主义核心价值观，人与人和谐相处、人与自然和谐相处将成为人自愿的行为习惯。

① 在人类生态文明观念逐渐形成和提高过程中，作为社会发展过程中的文化积淀产物即人的行为习惯、习俗和行为模式才能够逐渐形成，因此，这些非正式的制度形成是一个缓慢的、渐进的过程，一旦形成则具有自愿性、稳固性。

第五章

生态文明视域中经济制度建设
及其生态化改革探索

如果说中国特色社会主义生态文明制度建设的长远目标是构建人与自然和人与人和谐相处的崭新社会，这个社会是迄今为止人类文明史上前所未有的最高形态，那么中国特色社会主义生态文明制度建设的中短期目标就是全面建设小康社会，这个小康社会就是通过一个又一个国民经济和社会发展五年规划去实现的现实社会。然而，无论从长期还是中短期的视角来看，中国特色社会主义生态文明制度建设都是一个整体性的概念，即把中国特色社会主义作为一个制度体系进行建设的概念。当然，如前所述，"社会整体"是有结构、有分层的，"社会整体"作为一个"系统"是由若干相互作用的子系统耦合而成的。从社会整体分层的视角来看，经济活动及其制度建设是支撑社会整体的现实基础，它处在社会整体结构中的最底层。从超复杂社会系统视角来看，经济活动及其制度建设系统是人与自然和人与人相互作用最直接、最紧密的系统，因而也是人类文明史演进过程中最原初、最基本、最具有生态文明内含与外延意义的基础子系统。从这个意义上看，作为本章研究对象的"生态文明视域中的社会主义经济制度建设"，是党的十八大和中国"十二五"规划中最为强调的"加强生态文明制度建设"的部分，因而也是本书"中国特色社会主义生态文明制度建设"中最重要的组成部分。

尽管如此，应该说，如何从生态文明的视域考察和研究中国特色社会主义经济制度建设，依然是一个非常具有挑战性和前沿性的崭新课题。在这里，经济活动被看做自然与社会交互运动并无时无刻不表现出二重性的过程。即它一方面是人与自然之间进行物质、能量、信息的变换过程，也就是人的生命系统与其生命保障系统之间进行的物质、能量与环境相交换的自然生态过程，只不过，这里的自然生态，是"人化的"的自然生态，或"社会化"的自然生态，因此这个自然过程是人的活动过程，或人的有设计、有预期、有组织的社会建设过程；它的另一方面是人与人之间进行利益的交换和分配的过程，这里的利益既表现为经济产品也表现为经济资源，即表现为社会内部人与人之间和社会与自然之间不同人与自然资源的制度关系，也可以被理解为是人的生命系统内部与其生命保障系统之间的制度关系，尽管是已经异化了的人与自然之间的关系。从人类文明演进的视角，特别是人类经济文明演进的视角看，经济活动过程完全可以被看做是人类的社会生产力与社会生产关系相互作用的过程。这个过程一方面是人类的个体、群体、整体的社会能力不断成长、变化、发展的过程；另一方面也是人类不断用"制度建设"来承载、调节、约束、促进人类之间利益争端，并不断朝着人与自然和人与人和谐相处的生态文明方向发展的过程。

第一节　生态文明制度建设与经济制度建设及其相互关系

从社会生产力发展的特点看，渔猎文明、农业文明、工业文明是人类文明演进的几个阶段，这个视角更多地体现了人类社会经济活动的文明演进，因此也可以称为经济文明。从经济活动演进过程看，人类经济文明进步程度可用社会生产力和社会生产关系相互作用的机制、机理及其基础上的制度设计和制度规范来表征。然而，如何确认经济机制、机理，以及经济制度建设的文明性和文明程度？法国重农学派领袖魁奈认为，符合"自然秩序"的"社会秩序"就是好制度。马克思主义创始人认为，人类社会经济发展过程是一个自然史的过程，适合与促进社会生产力发展的经济制度就是可以存活下去的制度。在生态文明视域中，人与自然和人与人能够和谐相处的经济制度是可持续发展的制度。

一、经济文明演进的历史序列与中国经济制度建设的现实基础

（一）经济文明演进的历史序列及其划分依据

1. 经济文明演进的历史序列

从文明所具有的人文属性上看，经济文明，既是人类经济行为的理性反映

和理想追求，也是一个循序渐进的历史过程①。人类从蒙昧走向文明，大概有几个步骤最为关键：第一步是走出森林；第二步是从茹毛饮血到制造和使用工具并发明用火；第三步是从渔猎文明走向农业文明；第四步是从农业文明走向工业文明。这四个步骤对于人类发展都是划时代、里程碑式的进步，对于人类进程具有重大影响和意义②。工业革命对于今天人类发展进步和生产生活方式的变革影响巨大，其直接催生的工业文明也是迄今为止波及范围最广的。一方面，工业文明时期带来的巨大生产力创造了空前发达的物质文明；另一方面，在物质繁荣的背后却诞生了环境污染和生态破坏这对双胞胎，给人类的生存和发展带来极大威胁。针对这种状况，从斯德哥尔摩到哥本哈根，从"人类环境会议"的召开到《京都议定书》的出台，各国人民都在积极寻找应对之策。虽然单个人的意志会受到其他人意志的妨碍，但是"最终结果都是从许多单个的意志的相互冲突中产生出来的"③。随着生产力进一步发展，生产关系不断调整，人作为生产方式变革最具能动性的力量也开始发挥作用。在所有这些合力的基础上，生态文明应运而生。生态文明是人类文明发展史上又一次飞跃，是一场不可逆转的世界潮流④。这个发展过程的演进依据就是生产方式。

2. 经济文明演进序列的划分依据

用发展的观点观察生产方式，生产方式的运动表现为一个不断变革的过程。生产方式所承载的生产力和生产关系矛盾运动的社会形式是划分经济文明时代的标志。生产方式变革具有二重性。一方面，生产力系统是生产方式构成要素中最活跃、最易变动的要素系统；特别是生产力系统中的主观要素——人，每一代人都会从他们的前辈那里获得现实的生产力并能动地加以转换和利用，进而再成为加速发展的出发点，因而，生产力系统自身的变革愈发成为生产方式加速变革的基础。另一方面，生产关系作为生产力要素的社会结合方式同生产力既相互适应又相互矛盾，这是因为生产关系本身不仅具有社会性、客观性而且具有阶级性和主观性。

在人类经济文明史中，正是生产方式的变革成为经济文明演变的标志和依

---

① 孟安邦：《论经济文明》，载于《前进》2004 年第 12 期。
② 孟范例：《文明的步伐》，载于《环境教育》2007 年第 11 期。
③ 《马克思恩格斯选集》第四卷，人民出版社 1972 年版，第 478～479 页。
④ 王孔雀：《生态文明是社会文明的新形态》，载于《生态经济》2010 年第 2 期。

据。从生产力角度看，正是用工具、机器、工艺水平、物质装备、科学应用等技术要素的变迁来指明经济时代的变迁。例如，旧石器与新石器是划分渔猎文明及其内部发展阶段的标志；成熟的灌溉技术和完备的水利系统是人类进入农业文明的标志；从手推磨的产生向机器磨的转化则成为近代工业文明诞生的标志；而信息技术和网络技术普遍应用，则成为现代工业文明的标志。从生产关系的角度看，经济文明用社会制度、经济体制、经济运行机制、经济秩序、法制水平，以及社会文化道德的结构变迁或形态演变来判定。例如，以血缘和地域为纽带的共同生产和共同消费与渔猎文明相适应的原始文明；在欧洲，与农奴生产为标志的封建庄园经济是与农业文明相适应的古代文明；以资本为主体、以雇佣劳动为基础、以市场为运行机制的资本主义生产方式则是近现代文明的标志。

如前所述，生态文明是指人类遵循人与自然和人与人和谐相处这一客观规律而追求的一种文明。在现实建设过程中，它以人类文明建设所取得的全部物质成果与精神成果的总和为基础，或者说是以人类迄今为止最能够代表生产力和生产关系和谐相处的最先进的社会生产方式为基础，它是人与自然、人与人、人与社会和谐共生、良性循环、全面发展、持续繁荣为基本宗旨的社会经济形态。生态文明是迄今为止人类文明的最高形态。它是建立在可持续发展的社会生产方式基础之上的。需要指出，从整体性、系统性的视角看，社会生产方式本身包括资源和产品的分配方式、交换方式和消费方式，因此可持续发展的社会生产方式是引导人们走上持续、和谐的发展道路的生产方式，是强调人与自然环境的相互依存、相互促进、共处共融，既追求人与生态的和谐，也追求人与人的和谐的生产方式。应该说，支撑生态文明的生产方式，是人类对传统文明形态特别是工业文明的生产方式进行深刻反思的成果，那种把支撑生态文明的生产方式理解为倒退到原始的古代的生产方式的观点是错误的。

（二）中国经济文明建设的制度安排与制度基础

中国特色社会主义经济制度建设及其制度安排经历了一个曲折的发展过程。改革开放以前，受苏联、东欧等社会主义国家影响，我国建立起了计划经济体制，公有制经济基本是我国唯一的经济形式。改革开放后，中国特色社会主义经济制度的建立也经过了一个长期演变的过程：1981 年十一届六中全会第一次从生产力与生产关系的角度来说明所有制结构，提出了非公有制经济是公有制经济"补充"的思想；党的十四大确立了以公有制为主体、多种经济成分共同发展的方针；党的十五大首次提出公有制为主体、多种所有制经济共同发展，是我国社会主义初级阶段的一项基本经济制度；党的十六大提出"两个毫不动摇"的方针；党的十八大则进一步丰富和发展了我国基本经济制度的内涵。

当前阶段，中国特色社会主义经济制度在基本层面上包括公有制为主体、多种所有制经济共同发展的基本经济制度，以按劳分配为主体、多种分配方式并存的分配制度和社会主义市场经济体制三个层面。① 在公有制为主体、多种所有制经济共同发展的基本经济制度框架中，公有制为主体是我国现阶段经济制度的基础，多种所有制形式的共同发展体现现阶段的中国特色。

中国特色社会主义经济制度有四大特点②：

其一，以公有制为主体，多种所有制共同发展。以公有制为主体，多种所有制共同发展是中国经济制度中的核心也是最重要的特色。其中，多种所有制包括国有经济、集体经济、个体经济、私营经济和外资经济等。允许多种所有制并存，采取多种经营方式，会刺激市场、活跃经济，实现经济的高速增长，同时，也是我国社会保持稳定的要求。

其二，公有制和非公有制经济统筹协调发展。从中国的特殊国情来看，国有企业在国民经济中承担着宏观经济任务和重要的特殊职能，通过独资、绝对控股（股权在51%以上）、相对控股（打散股权，成为最大股东）和掌持金股（1%的股权，并设常任董事，拥有否决权）等形式发挥国有资产的杠杆效应。国有经济战略调整应遵循"有进有退""有所为有所不为"的原则，与民营经济统筹协调发展，不与民争利，才能既有利于国家发展又有利于促进生产力的提高。

其三，以人为本。如果任随非公有制经济发展，中国经济在大力发展的同时也会导致两极分化，社会经济发展成果向已有资源的方向倾斜，按照生产要素分配的规律也会导致整个经济失去发展活力，丧失经济稳定性因素，导致社会动荡不安。我国以公有制为主体，一方面在经济发展中控制关乎国计民生的

---

① 乔惠波：《中国特色社会主义基本经济制度的内涵与定位》，载于《中国特色社会主义研究》2013年第4期。

② 赵净：《中国特色社会主义经济制度三题》，载于《中共山西省委党校学报》2012年第1期。

产业，使我国关键领域发展处在良性可控的轨道上；另一方面可以调节因非公有制经济发展所造成的两极分化弊端，维护社会稳定，增进社会和谐。公有制经济不以盈利为根本目的，涉及国计民生的大事会发挥自己独有的优势，促进人与人、人与自然关系的和谐。

其四，经济全面持续发展。走中国特色可持续发展道路，即寻求一种将保护自然环境、消除贫困、发展文化事业、提高教育水平等多种目标统一起来的发展战略。目前，中国经济发展面临的主要矛盾已经从总量扩张转化为结构优化，从而决定了未来一个时期的经济发展将主要由结构优化来推动，面临的主要任务就是全面贯彻落实科学发展观，通过兼顾各种利益关系，实现科学发展、和谐发展、和平发展和可持续发展。

二、生态文明制度建设内嵌于中国经济制度改革开放之中

（一）问题倒逼改革，改革解决危机

毋庸置疑也无须自卑，相比西方发达国家，近代中国是一个因愚昧而挨打，因落后而饱受蹂躏的国家；现代中国是一个寻求救国救亡因而浴血奋战，驱走列强而独立自主的国家。从 1949 年新中国成立到现在，半个多世纪以来，中国从一个殖民地半殖民地国家转变成一个独立自主的社会主义大国。我国经济总量在世界上居第二位，社会生产力、经济实力、科技实力方面取得的成绩令世界瞩目，人民生活水平、居民收入水平、社会保障水平在 21 世纪均得到跨越式发展，综合国力、国际竞争力、国际影响力也越来越大。与旧中国比起来，新中国的"国家面貌发生新的历史性变化。人们公认，这是我国经济持续发展、民主不断健全、文化日益繁荣、社会保持稳定的时期，是着力保障和改善民生、人民得到实惠更多的时期。我们能取得这样的历史性成就，靠的是党的基本理论、基本路线、基本纲领、基本经验的正确指引，靠的是新中国成立以来特别是改革开放以来奠定的深厚基础，靠的是全党全国各族人民的团结奋斗。"①

---

① 《坚定不移沿着中国特色社会主义道路前进 为全面建成小康社会而奋斗——在中国共产党第十八次全国代表大会上的报告》，人民出版社 2012 年版，第 20、40 页。

然而，中国特色社会主义依然需要在不同历史阶段解决不同的问题。如同习近平总书记所说："当前，国内外环境都在发生极为广泛而深刻的变化，我国发展面临一系列突出矛盾和挑战，前进道路上还有不少困难和问题。比如：发展中不平衡、不协调、不可持续问题依然突出，科技创新能力不强，产业结构不合理，发展方式依然粗放，城乡区域发展差距和居民收入分配差距依然较大，社会矛盾明显增多，教育、就业、社会保障、医疗、住房、生态环境、食品药品安全、安全生产、社会治安、执法司法等关系群众切身利益的问题较多，部分群众生活困难，形式主义、官僚主义、享乐主义和奢靡之风问题突出，一些领域消极腐败现象易发多发，反腐败斗争形势依然严峻，等等。解决这些问题，关键在于深化改革。"实际上，"35 年来，我们用改革的办法解决了党和国家事业发展中的一系列问题。同时，在认识世界和改造世界的过程中，旧的问题解决了，新的问题又会产生，制度总是需要不断完善，因而改革既不可能一蹴而就，也不可能一劳永逸。"①

（二）生态文明建设不是简单的污染防治而是经济发展中的革命

党的十八大把生态文明建设纳入中国特色社会主义事业总体布局，正式拓展为经济建设、政治建设、文化建设、社会建设、生态文明建设"五位一体"。实际上，在科学发展观的视域中，坚持和实现科学发展，必然要求生态文明建设与经济建设、政治建设、文化建设、社会建设相融合相协调，赋予经济建设、政治建设、文化建设、社会建设以生态意蕴并以生态尺度评价之。因此，"生态文明绝不是简单的污染防治，而是经济发展过程中的一种社会形态，是人类为保护和建设美好生态环境所取得的物质成果、精神成果和制度成果的总和，包括先进的生态伦理观念、发达的生态经济、完善的生态制度、可靠的生态安全、良好的生态环境"；"建设生态文明，并不是放弃对物质生活的追求，回到原生态的生活方式，而是超越和扬弃粗放型的发展方式和不合理的消费模式，提升全社会的文明理念和素质，使人类活动限制在自然环境可承受的范围内，走生产发展、生活富裕、生态良好的文明发展道路"；"建设生

---

① 习近平：关于《中共中央关于全面深化改革若干重大问题的决定》的说明，新华网，2013 年 11 月 15 日，http：//news. xinhuanet. com/politics/2013－11/15/c_118164294. htm。

态文明，以把握自然规律、尊重自然为前提，以人与自然、环境与经济、人与社会和谐共生为宗旨，以资源环境承载力为基础，以建立节约环保的空间格局、产业结构、生产方式、生活方式以及增强永续发展能力为着眼点，以建设资源节约型、环境友好型社会为本质要求。"①

毫无疑问，生态文明建设，不仅是经济社会发展史中的伟大革命，而且是人类社会发展史上前所未有的伟大革命。摆在我们面前的问题是，如何从历史经验和现实需要的高度来应对这场事关中国人民福祉和世界人民福祉的伟大革命？事实上，"党的十八大以来，中央反复强调，改革开放是决定当代中国命运的关键一招，也是决定实现'两个一百年'奋斗目标、实现中华民族伟大复兴的关键一招，实践发展永无止境，解放思想永无止境，改革开放也永无止境，停顿和倒退没有出路，改革开放只有进行时、没有完成时。面对新形势新任务，我们必须通过全面深化改革，着力解决我国发展面临的一系列突出矛盾和问题，不断推进中国特色社会主义制度自我完善和发展。"② 从中国特色社会主义建设的实际情况来看，目前的中国正处于并将长期处于社会主义初级阶段，经济社会发展不足和对生态系统保护不够的现象同时存在，社会整体结构发展中不平衡、不协调、不可持续的问题仍然十分突出。因此。这就要求坚持做到在经济发展中保护环境、在保护环境中发展经济。

（三）生态文明建设是在合理继承工业文明基础上进行新的文明建设

按照科学社会主义基本观点，社会主义作为后资本主义形态，不是拒绝和摧毁资本主义时代的成就，相反，社会主义只有全面继承和接受资本主义时代全部的成就才能真正站立起来。事实上，科学社会主义这个基本原理，恰恰是中国特色社会主义坚持改革和开放的理论依据。同理，中国特色社会主义生态文明建设也不是要抛弃工业文明已经实现的所有的成就。相反，它必须借助工业文明创造的先进技术为保护和修复生态系统服务。

在美国著名未来学家杰米瑞·里夫金看来：第一次工业革命造就了密集的

---

① 周生贤：《生态文明不是简单的污染防治》，http：//www.chinanews.com/gn/2012/12-10/4395247.shtml。

② 习近平：关于《中共中央关于全面深化改革若干重大问题的决定》的说明，新华网，2013年11月15日，http：//news.xinhuanet.com/politics/2013-11/15/c_118164294.htm。

城市核心区，拔地而起的工厂破坏了人类赖以生活的自然生态系统；第二次工业革命催生了城郊大片房地产以及工业区的繁荣，把人类赖以生存的自然生态系统推向了毁灭；但是，第三次工业革命将会把每一栋楼房转变成住房和发电站，数以亿计的人们将在自己的家里、办公室里、工厂里生产自己的绿色能源，并在"能源互联网"上与大家分享，能源民主化将从根本上重塑人际关系，并且重塑社会生态系统。他还认为，当前，我们正处在第二次工业革命和石油世纪的最后阶段；这是一个令人难以接受的严峻现实，因为这一现实将迫使人类过渡到一个全新的能源体制和工业模式即工业文明中去，否则，人类文明就有消失的危险。①

如何才能避免人类文明消失的危险呢？里夫金认为，把21世纪两种不同的技术——互联网与再生能源联系在一起，为人类未来描绘了一个新的、充满活力的崭新的发展前景。这个发展前景借助一种"新经济模式"，或者说借助的是一种"新工业文明"把自然生态系统和社会生态系统耦合起来，从而，一方面使当前这种陷入危机的世界经济走出沼泽重新获得新生，另一方面，新工业革命为人类提供了一条推进生态文明建设富有启迪性的新文明道路。值得重视的是，美国、日本、英国，特别是德国已经行走在里夫金展示的这条新工业文明的道路上了，它们已经把发展绿色交通网络、构建绿色智能电网、构建绿色智能城市、发动绿色经济革命、将生物圈变为学习环境转化经济发展过程中的创新因素了。

实际上，中国作为一个发展中国家，比这些发达国家更迫切重视这些工业文明创造的成就。自从2009年中国在联合国哥本哈根气候大会正式对外宣布控制温室气体排放的行动目标，决定到2020年单位国内生产总值二氧化碳排放比2005年下降40%~45%之后，中国就"把应对气候变化作为我国经济社会发展的重大战略和加快经济发展方式转变和经济结构调整的重大机遇，进一步做好应对气候变化各项工作，确保实现2020年我国控制温室气体排放行动目标。"②为此，中国一方面"大力开发低碳技术，推广高效节能技术，积极

---

① [美]杰米瑞·里夫金著，张体伟、孙豫宁译：《第三次工业革命——新经济模式如何改变世界》，中信出版社2012年版。

② 《中共中央政治局第十九次集体学习　胡锦涛主持并讲话》，http：//news. xinhuanet. com/mrdx/2010－02/24/content_ 13035895. htm。

发展新能源和可再生能源，加强智能电网建设"；另一方面"努力建设以低碳排放为特征的产业体系和消费模式，积极参与应对气候变化国际合作，推动全球应对气候变化取得新进展"；① 同时还通过重点产业调整振兴和培育新兴产业，引导企业开发新产品和节能降耗、加快淘汰落后产能、大力发展新能源、新材料、节能环保、生物医药、信息网络和高端制造产业；积极推进新能源汽车、"三网"融合取得实质性进展，加快物联网的研发应用。

三、经济制度建设是生态文明制度建设的根基

（一）经济制度作为支撑整个社会的现实基础决定政治与文化的上层建筑

社会结构具有抽象和具体二重性。构成社会结构的抽象要素是：生产力、生产关系、国家、警察、法院、文学、艺术、哲学、宗教、教育、理论等。这些要素以其内在固有的不同性质，按不同的类别，相应的数量比例，在不同层次搭配或排列起来，形成相对稳定的有层次的结构。各分层结构中的各种要素，在相互关联中发挥各自的功能，这是结构赋予要素的功能即结构功能。结构功能的意义在于强调整体结构的合理性。因为在这里，整体大于要素。当然，结构功能是否有绩效决定于构成要素相互关联的形式，因为没有合适的形式就没有有效的关联，于是也就没有合理的整体结构，没有整体结构当然也就没有有效的结构功能。同理，生态文明制度作为一个整体的结构，其功能的发挥要看各个分层结构中的各种要素如何形成有效的关联，以达到整体大于要素的效果。整体结构的功能只有在合理选择和配置要素的情况才会发生。

如前所述，在研究分析社会构成要素的时候，马克思主义把经济结构看成是社会整体结构中的"原生"的、处于"第一级"的分层结构，它是支撑整个社会的"经济基础"。它作为基础是由生产力系统和生产关系系统交互作用耦合而成的物质生产方式构成的；其中，前者是人与自然之间进行物质、能

---

① 温家宝：《2010 年政府工作报告》，http：//www.xinhuanet.com/politics/2010lh/zhibo_20100305a.htm。

量、信息变换的系统，后者是人与人之间进行物质利益和各种利益交换和分配的系统；作为把两者耦合起来的物质生产方式，连同它们的社会形式，即经济制度安排，是社会与自然环境和自然生态连接最密切的地方。因此，人类的经济建设也是与环境建设和生态建设联系最紧密的地方。

（二）经济制度建设作为社会整体建设的躯干决定社会文化精神风貌

经济制度作为支撑整个社会的现实基础的这个基础地位，说到底是由于人所具有的自然与社会的二重属性决定的，即一方面人作为人力形态的生产力进入生产力系统，另一方面人作为扮演特定角色的经济人或社会人进入生产关系系统。于是，物质生产活动也就具有了二重性，从生产力系统看，其基本要素，除了人，就是土地、河流、森林、矿产、各种资源、气候等，它们都是生物圈中最基本的要素。因此，17 世纪英国古典经济学家威廉·配第说："土地是财富之母，劳动是财富之父"；同时，从生产关系系统看，构成生产力系统的要素本身同时都是财富要素，或者都是财富的物质载体。于是，既然是财富载体，他们就有归谁所有、归谁占有、归谁配置、归谁管理的问题，以及由此决定的财富收益归谁所有和如何分配的问题了。而后者就是自然资源作为资产的产权制度问题。然而，迄今为止，由于人类所有的物质生产还都没有达到"封闭循环"的程度，换句话说，物质生产还会有物质排泄，于是除了自然资源资产的产权问题，还有自然环境产权问题。因而，自然资源和自然环境及其它们的产权制度，正好构成经济制度的基础和躯干，因而成为支撑社会上层建筑和意识形态的基础，也就是在社会整体结构中，作为原生的第一级的内容去支撑第二级的和第三级的内容。

如果把第一级和第二级看做是社会存在，那么文学、艺术、哲学、宗教、教育、理论等第三级分层结构内容就是与之相对应的社会意识形态。经济基础首先决定的是作为上层建筑核心的政治制度，而政治制度中最重要的是产权归谁所有的制度安排问题。这个问题关系到国体和政体的性质。对于经济制度建设与生态文明制度建设之间联系来说，最密切的自然资源是作为资产的所有权问题，因为它无论在自然生态系统中还是在社会生态系统中都具有重要的地位。如习近平总书记在十八届三中全会上所说："我国生态环境保护中存在的一些突出问题，一定程度上与体制不健全有关，原因之一是全民所有自然资源资产的所有权人不到位，所有权人权益不落实。针对这一问题，全会决定提出健全国家自然资源资产管理体制的要求。总的思路是按照所有者和管理者分开和一件事由一个部门管理的原则，落实全民所有自然资源资产所有权，建立统一行使全民所有自然资源资产所有权人职责的体制。"① 从社会存在决定社会意识的基本原理上看，经济制度和政治制度作为社会存在，既决定社会意识也被社会意识反作用。这是因为人不仅具有自然、社会、经济、政治的属性，而且还具有文化、信仰等精神追求的属性。从人类文明史来看，给人类以生命、生存、快乐幸福的大自然，从来都是人类崇拜、敬畏、讴歌、热爱的对象，自然生态很大程度上决定人类社会风貌。

第二节　中国特色社会主义经济制度建设的生态化探索

一位学者说得好，不论人类本身及人类社会发展到怎样的高度，人类最终超脱不了自身作为生命有机体的限制，人类社会最终逃脱不了自组织作为地球生态系统一部分的限制。人类作为生命有机体就必须把生命代谢作为头等大事，人类社会作为地球生态系统的一部分就必须使支撑社会整体结构的经济基础符合地球生态系统的基本要求。从这一视角看，中国经济文明的制度建设，或者说中国特色经济制度建设，不仅是中国特色生态文明制度建设的基础，而且是躯干，是最重要的组成部分；无论从哪种意义上讲，中国特色经济制度建设生态化了，那么中国特色生态文明制度主体建设也就成功了。

一、中国特色社会主义经济生命系统建设的生态化意蕴

（一）经济生命系统的含义

经济生命系统是与经济环境系统相对应的概念，是构成经济生态系统的两

---

① 习近平：关于《中共中央关于全面深化改革若干重大问题的决定》的说明，新华网，2013 年 11 月 15 日，http://news.xinhuanet.com/politics/2013－11/15/c_118164294.htm。

个相互耦合的复杂系统之一。经济生命系统，简单地说，就是生态文明中关于生命和生态这两个概念所承载的客观实在经济系统中的表现形态。在这里，我们强调经济生命系统的意义，其一是因为经济生命系统和经济环境系统相对应，它承载的是经济系统中有机体存活方式，以及它们之间的内在联系；其二是因为经济生命系统中的生命是以人为本的生命，强调经济系统的生命属性有助于我们了解和理解社会主义的本质；其三，是因为经济系统中的生命，必须依靠经济系统给予的经济能量维持生活，没有经济来源的生命是悲惨的，因此生态文明制度建设不能离开经济生命系统可持续地循环。

为了更好地理解经济生命系统，不妨把它同自然生命系统进行比较。如前所述，在生命系统中有个体、种群、群落，抛开生命保障系统不说，每一个个体、群体、群落都是另一个个体、群体、群落的环境因子；因此，生命系统本身内含环境系统，理解生命系统是理解环境系统和生态系统的基础。就像没有生命体存在的生物圈不可思议一样，没有经济生命体存在的经济系统也不可思议。倒退一步说，没有经济生命系统的存在，建设经济环境（系统）又有什么意义呢？由此，实在不能设想，一个没有经济生命体的经济系统是怎样一个系统？实际上，在经济系统突出对经济生命体的个体、群体和整体的研究，既有助于理解经济系统内部的经济活力来自何方，从而更好地构建经济环境系统和经济生态系统，也有助于理解生态文明制度建设与经济制度建设的内在联系。因此，这种类比式研究是必要的。

在经济生命系统中，具有鲜明差异性的个体是经济生命系统中最活跃的因素；若干个具有差异性的同类个体构成了具有群体意义的种群，它是经济生态系统中最具有集群（规模经济、范围经济）性质的经济群体，同时它也是最具有多样性特征，因而是既互相区别（分工不同）又互相联系（互为市场）的经济群体；这些不同性质和不同规模的经济群体聚集在一起，形成了互为生命因子（系统）又互为环境因子（系统）因而具有整体性的经济生命群落，这就是经济生命系统，其实也就是经济生态系统。因为内嵌于一定时空范围内的经济群落，作为一个具有稳定性的经济生命系统，本身也就成为所有经济个体和经济集体的生存环境。正像在生命系统中，生命个体、种群、群落都有与其相对应的生命保障系统或环境系统一样；经济生命系统中每一个有机体、集群、集团也有与之相匹配的生命保障系统或环境系统。

（二）经济生命系统中的"个体"

中国特色社会主义经济生命系统中的"个体"是"企业"。是指具有自我存活、自我成长、自我增殖能力，以盈利为目的，能够配置和运用各种生产要素（劳动力、土地、技术、装备、信用），向市场提供商品或服务，实行自主经营、自负盈亏、自觉纳税、独立核算的具有法人资格的经济组织。企业作为市场经济系统普遍存在的生命个体也具有二重性。一方面，它像自然生态系统中的自然生命体一样是一个充满生命活力，既能够"吞进"物质与能量也能够"吐出"物质与能量的有机体；因此，它既需要自然资源系统作为它吞进物质与能量的"供给场"，也需要自然环境系统作为它吐出物质与能量的"存储场"。另一方面，企业在社会生态系统中的生命活力表现在它既能够"自组织"成为一个封闭系统，并在其中调整投资人、员工、客户、利益相关者之间的关系，还能够"自繁衍"成为一个突破民族与国家界限的跨国组织，在远离母公司的国家与地区设置分公司、分蘖子公司，以便把物质与能量的吞吐或新陈代谢转移到国外，因此它也就不断要求改变它与外部环境的关系。

从现代产业经济学的角度看，企业作为经济生命系统中最活跃的生命个体，是构成现代产业、现代产业集群、现代产业集群带的最基本的也是最重要的要素。那些能够在构建新兴战略产业中起"龙头"作用的企业更是经济生命系统中具有克隆功能的干细胞。一般说来，它们是区域经济生命系统最宝贵的经济财富。从现代组织学的角度看，现代企业有三种类型：独资企业、合伙企业和公司，其中公司制企业是最主要的最典型的企业形式。这三种类型的企业，在经济生命系统中就是由具有差异性的经济个体"合并同类项"而构成的三种不同类型的"种群"。它们都需要与它们的生命形式相适应的生命保障系统或环境系统。例如中国特色的中小企业都需要有与之相适应的融资政策和机制。从理论上说，在经济生命系统中存活的生命个体不是一般意义的自然人，而是具有经济活力和经济过程的经济人。虽然在互联网背景下，有许多"外挂商""外包商"就是既无注册也无纳税的自然人，但实际上他已是具有经济代谢功能的经济人了。或者说，他实际上已经是"1人企业"了。

从所有权或产权的视角看，中国特色社会主义企业可以分为两大类：公有制企业——国有企业；非公有制企业——混合所有制企业；当然，这两大类企业还可以细分为不同的亚种。例如，国有资本全资企业、国有资本控股企业、国有资本参股企业，等等。在改革开放进行了35周年的今天，中国特色社会主义企业，作为构成中国特色社会主义经济生命系统的最基本的生命个体，亟须与之相适应的支持系统和环境系统；与此同时，它们也亟须"自我适应"和"自我修复"。应该说，正是基于经济生命体与经济环境之间亟待调整的互动关系，《中共中央关于全面深化改革若干重大问题的决定》深刻地指出："完善产权保护制度。产权是所有制的核心。健全归属清晰、权责明确、保护严格、流转顺畅的现代产权制度。公有制经济财产权不可侵犯，非公有制经济财产权同样不可侵犯。国家保护各种所有制经济产权和合法利益，保证各种所有制经济依法平等使用生产要素、公开公平公正参与市场竞争、同等受到法律保护，依法监管各种所有制经济。"①

（三）经济生命系统中的"群体"

经济生命系统中的群体是类似自然生命系统中"种群"层次的概念。它不仅表征生命体"同类项"合并，而且还表征生命个体之间的那种相互依存相互竞争的生命关系。从系统或整体的角度看，群体是一种比个体更高级的生命层次。如前所述，作为企业集合的产业、作为产业集合的产业集群、作为产业集群集聚的产业集群区或产业集群带，都是建构较为高级的经济生命系统不可缺少的经济群体或经济群落。应该说，中华人民共和国国民经济和社会发展第十二个五年规划纲要，是把这样的生态文明建设理念贯彻到经济制度建设中去的最好样板。例如，规划纲要第三篇就把促进中小企业发展、加强企业技术改造、引导企业兼并重组、优化产业布局、推动重点产业结构调整，作为促进我国经济转型升级、提高产业核心竞争力的重要路径。另外《北京市"十二五"时期中小企业发展促进规划》中，关于"北京'两带十区'中小企业特色产业集聚区"的设计（见图 5 - 1），也可以被看做是经济群体发展与经济生命系统建构相互促进的一个例证。②

---

① 习近平：关于《中共中央关于全面深化改革若干重大问题的决定》的说明，新华网，2013 年 11 月 15 日，http：//news. xinhuanet. com/politics/2013 - 11/15/c_118164294. htm。

② 《京十二五中小企规划：中小企业将分类集聚两带十区》，金融界，2011 年 11 月 9 日，http：//finance. jrj. com. cn/2011/11/09041311515721. shtml。

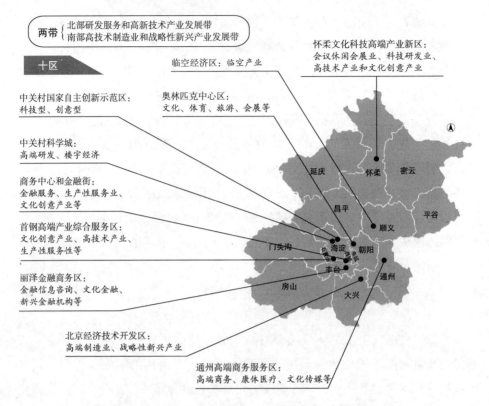

图 5 - 1 北京"两带十区"中小企业特色产业聚集区

从产权角度看，公有制经济和非公有制经济，作为两大不同类型的生命体，对于建构更有活力的经济生命系统各有千秋相得益彰，因此，在中国特色社会主义经济制度建设中要"积极发展混合所有制经济"。这就是说"国有资本、集体资本、非公有资本等交叉持股、相互融合的混合所有制经济，是基本经济制度的重要实现形式，有利于国有资本放大功能、保值增值、提高竞争力，有利于各种所有制资本取长补短、相互促进、共同发展。允许更多国有经济和其他所有制经济发展成为混合所有制经济。国有资本投资项目允许非国有资本参股。允许混合所有制经济实行企业员工持股，形成资本所有者和劳动者利益共同体"。① 从理论视角看，混合所有制经济是产权分属于不同性质所有者的经济形式，其性质由控股主体所有制形式来决定，它是不同产权主体借助

---

① 《中共中央关于全面深化改革若干重大问题的决定》，人民出版社 2013 年版。

治理结构而形成一种复杂的产权制度。从实践角度看，我国的混合所有制经济，不仅为盘活国有资产存量、促进国民经济快速增长找到了有效途径，而且为实现政企分开创造了产权条件，为国有企业顺利转制提供了有利契机。

(四) 经济生命系统中的"整体"

经济生命系统中的整体就是理论上把握的经济生命系统本身。显然，经济生命系统，既是由无数个具有差异性的经济个体构成的子系统，又是由无数个具有多样性的经济群体构成的不同层次的子系统，以及它们在经济生命体内部动力和外部经济环境的压力下，借助交互作用的机制和机理最终耦合在一起而形成的经济群落。与经济个体和经济群体比起来，是否具有自我调节和自我修复功能，对于从整体上着眼的经济生命系统更为重要。因为，不用从生命科学去论证，只要从我们自身对生命状态感悟到的经验，我们就可以体会到，健康的生命系统不仅是富有活力的而且是富有稳定性的，它完全可以凭借生命系统内部的自我调节和自我修复功能来保障生命状态长期稳定地运行。这样的观点同样适应于对经济生命系统的判断。从这个意义上看，经济生命系统并不高深莫测，相反，它根植于我们每个人的生命体验之中。而一旦理解了经济生命系统，经济环境系统也就很好理解了。

从整体上看中国特色社会主义经济生命系统，绝对是有层次、有结构并不断发生变化的超复杂的生命系统。所谓复杂性，不仅表现在构成经济生命系统的个体要素和群体要素应具有复杂性，而且还表现在这些构成要素之间的耦合与疏离也具有复杂性。例如，在混合经济实体运行的过程中，各种产权的收益尤其是公有制产权收益非常容易在资产流转和流通中发生转移因而成为贪污腐败的经济源头。同样，朴实的经验告诉我们，贪污腐败不仅表明经济生命系统不健康，而且还表明经济生态系统会崩溃。因此，当我国发展进入新阶段，改革进入攻坚期和深水区的时候，我们必须牢牢记住："公有制为主体、多种所有制经济共同发展的基本经济制度，是中国特色社会主义制度的重要支柱，也是社会主义市场经济体制的根基。公有制经济和非公有制经济都是社会主义市场经济的重要组成部分，都是我国经济社会发展的重要基础。必须毫不动摇巩固和发展公有制经济，坚持公有制主体地位，发挥国有经济主导作用，不断增强国有经济活力、控制力、影响力。必须毫不动摇鼓励、支持、引导非公有制经济发展，激发非公有制经济活力和创造力。"①

二、中国特色社会主义经济环境系统构建的生态化解说

（一）经济环境系统含义与市场功能定位

经济环境系统是与经济生命系统相对应的概念，也是构成经济生态系统的两个相互耦合的复杂系统之一。如果说自然生命系统的支持系统包括太阳辐射热、气、水、土和营养物等，即那些提供了生物的生命过程得以实现的场所、食物和能量，简言之，是那些支持生命体内部物质和能量交换的环境系统；那么同理，经济生命系统的支持系统就是包括以土地、水为代表的自然资源，包括以办公地点、机器设备、供应链、客户链、信用、声誉、投资者、利益相关者等为代表的经济资源，简言之，就是那些能够支持经济生命个体、群体、群落内部进行物质和能量交换的环境系统。由于经济活动具有自然与社会或自然与人文二重性，所以经济环境也具有自然与社会或自然与人文的二重性。需要指出，像生命有机体创造了地球生物圈一样，经济生命体是创造经济环境的主体性力量；当然，像自然生态系统中的生命保障系统包括资源支持系统和（狭义）环境支持系统一样，经济生态中的生命保障系统也是包括资源支持系统和（狭义）环境支持系统。

中国特色社会主义经济环境系统是由资源支持系统和（狭义）环境支持系统组成的。前者是经济生命体即企业的吞进系统或投入系统；后者是企业的吐出系统或产出系统。从这个意义上看，经济环境系统本身，不仅是经济生命体进行物质与能量变换的外部条件，而且也是它们进行生命体新陈代谢的生命机制和机理。毫无疑问，无论从历史上看还是从现实看，中国特色社会主义经济环境系统就是中国特色社会主义市场经济体制。中国特色社会主义市场经济体制，作为与中国特色社会主义经济生命体相匹配的经济环境系统，是同其作为中国特色社会主义经济生命主体的基本社会制度相匹配的。因此，当前中国特色社会主义经济制度建设的一个非常重要任务就是确认"市场在资源配置

---

① 《中共中央关于全面深化改革若干重大问题的决定》，人民出版社 2013 年版。

中起决定性作用"①。因为不可设想，作为市场经济体制的经济生命体支持系统或环境系统的市场，如果不在资源配置中起决定作用，那么作为经济生命体的企业还能生存和发展吗？所有关于加快现代企业制度建设的重要任务，例如"推动国有企业完善现代企业制度""鼓励非公有制企业参与国有企业改革"等，还有什么意义？

（二）经济环境系统形成与市场体系构建

与自然环境系统的自然形成机理有所不同，经济环境系统的形成具有核心价值观设计与引领的特殊性。作为中国特色社会主义经济主体企业生存与发展环境中的社会主义市场经济体制，既是中国特色社会主义理论创新的产物，也是中国特色社会主义改革开放的产物。如习近平总书记指出："1992 年，党的十四大提出了我国经济体制改革的目标是建立社会主义市场经济体制，提出了要使市场在国家宏观调控下对资源配置起基础性作用。这一重大理论突破，对我国改革开放和经济社会发展发挥了极为重要的作用……经过 20 多年实践，我国社会主义市场经济体制已经初步建立，但仍存在不少问题，主要是市场秩序不规范，以不正当手段谋取经济利益的现象广泛存在；生产要素市场发展滞后，要素闲置和大量有效需求得不到满足并存；市场规则不统一，部门保护主义和地方保护主义大量存在；市场竞争不充分，阻碍优胜劣汰和结构调整，等等。这些问题不解决好，完善的社会主义市场经济体制是难以形成的。"②

然而，提出问题是解决问题的先导。实际上，从党的十四大开始至今的 20 多年间，中国特色社会主义就一直在探索如社会主义市场经济体制的地位，功能问题。党的十五大提出了市场在国家宏观调控下对资源配置起基础性作用。党的十六大提出了在更大程度上发挥市场在资源配置中的基础性作用。党的十七大提出了从制度上更好发挥市场在资源配置中的基础性作用。党的十八大提出了更大程度更广范围发挥市场在资源配置中的基础性作用。由此可见，中国改革开放的设计者对构建中国特色社会主义经济环境系统的理论认识一直处在不断地深化之中。直到党的十八届三中全会通过的"关于全面深化改革

① 《中共中央关于全面深化改革若干重大问题的决定》，人民出版社 2013 年版。
② 习近平：关于《中共中央关于全面深化改革若干重大问题的决定》的说明，新华网，2013 年 11 月 15 日，http：//news. xinhuanet. com/politics/2013－11/15/c_118164294. htm。

若干重大问题的决定"中把市场在资源配置中的"基础性作用"修改为"决定性作用"。为此，必须加快完善现代市场体系，因为"统一开放、竞争有序的市场体系，是使市场在资源配置中起决定性作用的基础"，所以"必须加快形成企业自主经营、公平竞争，消费者自由选择、自主消费，商品和要素自由流动、平等交换的现代市场体系，着力清除市场壁垒，提高资源配置效率和公平性。"①

(三) 经济环境系统机能与市场调节机理

如前所述，在自然环境系统中存在三种不同角色的生命体：生产者、消费者、分解者。生产者吸收太阳能并利用无机营养元素（碳、氢、氧）等合成有机物质，同时也把吸收的部分太阳能以化学能形式储藏于有机物中，属于自养性生物。消费者是指直接或间接利用生产者所制造的有机物作为食物或能源的生物群，它们不能直接利用太阳能和无机态的营养元素，属于异养性生物。分解者通常以动植物残体或它们的排泄物作为自己食物和能量的来源，通过其自身的新陈代谢作用，有机物最后分解为无机物并还原给生产者作为它可利用的营养物，分解者也是异养性生物。很明显，在自然环境系统中，生产者、消费者、分解者之间形成一个食物链；三者的生存和发展，既取决于自然环境系统能够提供的物质和能源，也决定于三者自身的数量及其比例。从生态学视角看，具有一定时空范围的自然环境系统，以自身能够提供一定数量的物质和能源为栖息在其中的生产者、消费者、分解者服务，这就是自然环境的服务功能，生产者、消费者、分解者的数量和比例也对服务功能产生压力。

环境系统与生命体之间相互适应的机能是一种生态机能。这种机能同样适用于在经济环境系统与经济生命体之间的关系上。所不同的是自然环境系统的调节机能是纯粹自然世界的产物，而经济环境系统的调节机能即市场调节机理无论如何不是自然的产物，即便是在不受政府行为扰动的市场经济之中。这是因为，市场本身就是"人化自然"，人不是自然动物，人是文明过滤过的社会动物。为了更好地发挥中国特色社会主义市场经济体制在资源配置中起决定性

---

① 《中共中央关于全面深化改革若干重大问题的决定》，人民出版社 2013 年版。

作用，即市场在生产者、消费者，以及调节者之间进行资源配置的决定性作用，我们必须建立公平开放透明的市场规则，首先实行统一的市场准入制度，在制定负面清单基础上，各类市场主体可依法平等进入清单之外领域；完善主要由市场决定价格的机制，凡是能由市场形成价格的都交给市场，政府不进行不当干预；建立城乡统一的建设用地市场，扩大国有土地有偿使用范围，减少非公益性用地划拨；完善金融市场体系，鼓励金融创新，丰富金融市场层次和产品；深化科技体制改革，健全技术创新市场导向机制。

（四）经济环境系统生态化与市场体制生态化

"生态化"的基本含义是强调以生命系统和生命保障系统（亦即环境系统）之间的相互联系和相互作用为特征的生命状态和环境状态，亦即这种状态的发展过程和发展趋势。在生态化的框架中，单个的生命体是不能存活的，因为没有与之相对应的环境因子；单一的种群也是不能延绵不断地繁衍，除非它有一个尚未被认知的环境系统在支持（这种景象在自然界也常见）；相对独立的一个生命群落，其内部的单个生命体一定各式各样，其内部的生物种群一定具有多样性，其生命系统和生命保障系统的关系一定是错综复杂的，例如赤道热带雨林生态系统。实际上，在生态系统中，每一个生命个体都是有价值的，不仅有生命价值而且有环境价值，即便是以别的生命体的粪便为生的"屎壳郎"也是整个生态系统的"清道夫"；每一生命种群都是有价值的，不仅为自己而活，而且为其他生命而活，每一个种群的产生与消亡都遵循着自然规律；每一生命群落都是有生命力的，它的生命力不是来自某个生命个体，而是来自每一个生命个体、每一个生命种群及其与之相适应的每一个支持系统，即环境系统。

如果说把生态文明称做以生态为特征的文明形态，那么我们就可以把生态文明建设以及生态文明制度建设称为"生态化"建设。因此，在这里，我们强调中国特色社会主义经济建设、经济制度建设的生态化解说。以市场经济体系这一范畴而言，现代市场体系必须是生态化的市场体系。因为现实经济生活的经验告诉我们：有一种商品就有一个市场，例如面包市场，实际上有卖面包的，有买面包的，面包市场就存在。由此，面包市场本身就是一个生命系统与生命保障系统的相互耦合。所以，我们不用做更多的引申，所有的市场都是一种生态，是社会生态，是社会生态系统中重要的组成部分。实际上，在党的十八届三中全会上通过的《中共中央关于全面深化改革若干重大问题的决定》已经从生态文明的视角解说了"加快完善现代市场体系"生态化的意蕴。因为它已经从类别（种群）的视角对现代市场经济体系即系统进行了解说。不仅如此，还非常明确地指出："'统一开放、竞争有序的市场体系'是使'市场在资源配置中起决定性作用'的基础。"①

三、中国特色社会主义经济制度建设的生态化方向

（一）经济制度生态化建设的客观性及其根源

从生态文明视角观察，经济制度体系建设既是一个复杂的经济生命系统的构建，又是一个复杂的经济环境系统的构建。从经济生命系统看，其构成要素主要是作为生产者的企业、消费者的家庭和调节者的政府机构。以企业为例，无论是从生产力水平还是从生产关系性质的角度看；无论是从产品性质与产业规模还是从市场占有率和外贸依存度的角度看；无论是从产权制度建设还是从法人治理结构的角度看；无论是从企业纳税自觉性还是企业认可的社会责任角度看；无论是从企业文化还是从企业员工接受生态文明的觉悟角度看，中国特色社会主义本土企业的群体和整体都是极其复杂的。这种复杂性既来自历史也来自现实。从历史上看，1949 年以前，中国是一个殖民地半殖民地的国家，其中90% 以上的人是传统农民。所谓传统农民，就是生活在"孤立的点（村子）"和"狭隘范围（自然村落）"内的农民，就是一家一户过着日出而作，日落而息；鸡犬相闻，老死不相往来的农民。在自给自足的小生产方式下，农民家庭外出范围平均不超出 10 公里。从现实生活来看，新中国成立后，中国企业在沿海一带的工业城市基础上快速发展起来，但那时企业就本质而言是计划经济体制下的"大工厂"，这种情况一直延续到 1978 年的改革开放。应该说，中国特色社会主义企业作为独立的经济生命系统中的有机体，是改革开放以后的事情。这既是中国作为发展中国家最深厚的社会基础，也是决定中国社

---

① 《中共中央关于全面深化改革若干重大问题的决定》，人民出版社 2013 年版。

会主义特色的历史基础。

从人类文明史的角度看，任何一个国家的今日的现状都是昨日历史的延续。中国要在一个半殖民地半封建社会基础上建立一个能够独立自主决定自己命运的共和国，唯有走社会主义道路。正是这样的基础和这样的道路决定了新中国选择了计划经济体制，也决定在改革开放初期政府承载了更多的经济责任。然而，正是这样的历史环境成为了中国特色社会主义企业成长的外部环境。当然，伴随着改革开放的深入，外国企业、港澳台地区企业越来越多地来到中国大陆进行投资办厂，这些企业既与中国企业相互联系相互依存，又与中国企业竞争资源竞争环境，成为中国企业的竞争对手。在这样的经济环境系统中，如果没有政府作为调节者，那么，中国的消费者购买谁的产品、会把"货币选票"投给谁？中国的企业又要面对怎样一种生存环境呢？因此，必须历史地、辩证地看待中国市场经济环境中政府的作用问题。当然，历史在前进，中国改革开放的历史已经走过了 35 个年头，"实践发展永无止境，解放思想永无止境，改革开放永无止境。面对新形势新任务，全面建成小康社会，进而建成富强民主文明和谐的社会主义现代化国家、实现中华民族伟大复兴的中国梦，必须在新的历史起点上全面深化改革，不断增强中国特色社会主义道路自信、理论自信、制度自信。"[1]

在这种环境背景下，深入研究中国经济生命系统与经济环境系统之间的耦合关系，特别是生产者、消费者、调节者之间的关系，尤其是处理好政府和市场关系是非常必要的。

（二）企业生命体内生风险及其应对措施

解决政府和市场关系的目的是为企业创造最适合它们生存与发展的经济环境。这毫无疑问是非常正确的。然而，从生态文明视角看，改变政府和市场关系只是企业健康生存和发展的一个重要条件，实际上企业健康发展最重要的条件却是企业生命体自身的生命力、适应力、调节力、竞争力特别是核心竞争力。实际上，"坚持社会主义市场经济改革方向，以促进社会公平正义、增进人民福祉为出发点和落脚点，进一步解放思想、解放和发展社会生产力、解放

---

① 《中共中央关于全面深化改革若干重大问题的决定》，人民出版社 2013 年版。

和增强社会活力，坚决破除各方面体制机制弊端，努力开拓中国特色社会主义事业更加广阔的前景"①，最终都要落实到中国特色社会主义企业这个经济生命系统是否健康、是否强壮、是否具有竞争力上。从这个意义上，正确认识中国特色社会主义企业自身的生命力和竞争力是正确认识我国经济生命系统内生风险的关键所在。对中国企业来说，目前最大的挑战是如何在市场化改革中走出新路子，如何在经济发展方式转变过程中成功转型。一般来说，前者对于公有制企业来说更具挑战性，后者对于非公有制企业来说更具挑战性。

国有企业作为公有制企业存在形式属于全民所有。它是推进国家现代化、保障人民共同利益的重要力量。经过改革开放35年的历史进程，国有企业总体上已经同市场经济相融合，走市场化道路、适应国际化新形势，依法规范经营决策、全力进行资产保值增值、公平参与竞争、提高企业效率、增强企业活力、承担社会责任，是国有企业深化改革的任务，也是增强自身生命力和竞争力的唯一途径。由于国有企业是中国特色社会主义公有制经济的代表，所以准确界定不同国有企业功能是非常必要的。为此，国有资本应加大对公益性企业的投入，在提供公共服务方面作出更大贡献；国有资本继续控股经营的自然垄断行业，实行以政企分开、政资分开、特许经营、政府监管为主要内容的改革，根据不同行业特点实行网运分开、放开竞争性业务，推进公共资源配置市场化；进一步破除各种形式的行政垄断；健全协调运转、有效制衡的公司法人治理结构；建立职业经理人制度，更好发挥企业家作用；探索推进国有企业财务预算等重大信息公开。

民营企业作为非公有制经济典型代表，在支撑增长、促进创新、扩大就业、增加税收等方面具有重要作用。在市场化改革中，坚持权利平等、机会平等、规则平等，废除对非公有制经济各种形式的不合理规定，消除各种隐性壁垒，制定非公有制企业进入特许经营领域具体办法；鼓励非公有制企业参与国有企业改革，鼓励发展非公有资本控股的混合所有制企业，鼓励有条件的私营企业建立现代企业制度；应该说，这意味着中国民营企业迎来了又一个发展的春天，同时也是民营企业自身进行产业升级、经济发展方式转型的大好时机。经济发展方式转型，对于企业来说就是生产方式和经营方式的转变。这种转变

---

① 《中共中央关于全面深化改革若干重大问题的决定》，人民出版社2013年版。

往往是以企业的生产设备报废、员工技能转换、市场渠道变化为前提的。然而，这些变化不仅仅是增加资金投入而且在很多时候是以投入下去的资金血本无归为代价的；因此这种转变对企业来说往往是生死一线间的"炼狱"。在炼狱中能够存活下来的企业一定是有生命力有竞争力的，而那些淘汰出局的企业也是保证经济生命系统健康的一种方式。

（三）市场经济体制的内生风险及其应对意识

"改革开放是党在新的时代条件下带领全国各族人民进行的新的伟大革命，是当代中国最鲜明的特色。"① 改革开放在经济领域中最大的革命则是确立市场在资源配置中起决定性作用的定位。在这里，需要强调的是：从生态文明视角，强化"市场经济体系"本质上是经济生命系统的支持系统、是支撑企业生存和发展的环境系统的这个认识，对于我们加快完善现代市场体系，正确处理政府与市场关系，防范市场经济体制的内生风险意义是重大的。这是因为，从一般意义上来说，"市场"只是资源配置的机制、方法、手段、路径、载体，并不是具有资源配置意识和能力的主体，因此"使市场在资源配置中起决定性作用"不太好理解。然而，从生态文明的角度看，"不好理解"的问题是不称其为问题的。因为"市场"作为经济生命体的支持系统或环境系统，是由自然生态系统 + 社会生态系统构成的，其中社会生态系统的一个最重要的构成要素系统就是经济生命系统本身。在这里，每一个生命系统同时就是另一个生命系统的支持系统或环境系统的概念，在这里就起到了关键性的作用。

从生态文明视角看，中国特色社会主义市场体制的内生风险主要在于中国特色社会主义企业本身。无须回避，企业只是资本的载体。说企业是生命体，不如说资本是生命体。说市场在资源配置中起决定性作用，不如说资本在资源配置中起决定性作用。从这个意义上，市场体制的内生风险实际是资本本身的内生风险。应该说，在"建立公平开放透明的市场规则，实行统一的市场准入制度，在制定负面清单基础上，各类市场主体可依法平等进入清单之外领域"的前提下，如公有制企业、非公有制企业、外国企业，总之所有的企业

---

① 《中共中央关于全面深化改革若干重大问题的决定》，人民出版社 2013 年版。

之间的竞争，都是资本之间的竞争。从这个意义上说，随着改革开放的深入发展，中国特色社会主义市场机制的内生风险不是缩小了而是扩大了。如何应对呢？从《中共中央关于全面深化改革若干重大问题的决定》的内容上看，主要着力点放在了"必须毫不动摇巩固和发展公有制经济，坚持公有制主体地位，发挥国有经济主导作用，不断增强国有经济活力、控制力、影响力"①上，而对防范风险的具体措施似乎还没有提到议事日程。

（四）经济制度建设生态化风险及其调控

从经济学视角看，经济制度建设作为经济制度安排方式，从根本上是为经济建设服务的。一个既有经济个体和经济群体的充分活力，又有经济系统稳定性的制度安排，不仅是经济学研究所追求的最高境界，也是所有经济生命体梦寐以求的期待。然而，从生态文明建设视角看，追求经济制度安排的系统性、稳定性、生态化，其目的只有一个，那就是为了更好地在经济建设领域中贯彻生态文明。因为由经济制度安排不合理而导致的经济危机，都是引致资源危机、能源危机、环境危机、生态危机的最危险的导火索。而在这种系统性危机之中，受损害最大就是社会生命系统中占大多数的人民，尤其是妇女儿童。因此，在这里，自然生态系统与社会生态系统的耦合又是一个非常重要的概念。我们必须承认，这个耦合由于其构成要素的超复杂性，因而具有相当程度的非稳定性。从这个意义上说，追求经济制度生态化建设还只能是生态文明建设中的一个非常有前景的方向。只有当经济环境系统的发展与经济生命系统发展相适应的时候，这种耦合结构才会出现和谐的可能。

从生态学视角看，生态系统所具有的保持或恢复自身结构和功能的相对稳定的能力称为生态系统的稳定性②。如果把这个概念应用到我国经济制度体系建设中，那么我国经济制度体系本身也具有保持或恢复自身结构和功能的相对稳定的能力。其中，能够在经济制度体系中担当保持自身结构和功能相对稳定性的是社会主义公有制。因为，在中国特色社会主义基本经济制度整体构架中，公有制是决定中国特色社会主义基本经济制度性质的主体和主导的力量，

---

① 《中共中央关于全面深化改革若干重大问题的决定》，人民出版社2013年版。
② 沈显生：《生态学简明教程》，中国科学技术大学出版社2012年版，第73页。

它决定着中国特色社会主义经济建设的主题。它决定中国社会主义经济建设的特色。只有坚持公有制的主体地位才能保证我国社会主义经济结构自身稳定性，才能够在多种所有制经济构成的混合经济中起中流砥柱的作用。因为多种所有制经济是经济系统中最具活力的组成部分，只有充分调动其积极性才能真正适应社会主义市场经济，才能作为有机体在经济体制中苗壮成长。因此，只有充分发挥各自的优势，同时把握好它们之间的关系才能真正控制社会主义经济制度体系的非稳定性，实现经济制度体系的生态化发展。

第三节　生态制度建设是中国特色
经济制度建设之重

生态制度是指某个国家或区域对其版图范围内所有领空、领海、领土中的自然生态系统的保护与合理使用所做的制度安排，包括对自然资源资产的制度安排和对自然环境资产的制度安排。生态制度建设是指与自然资源资产和自然环境资产相关的制度设计和制度实施的活动。例如，中国生态制度建设就是在中国特色社会主义制度体系框架中进行的制度设计与制度实施的活动。显然，生态制度建设首先是在特定社会制度框架下人对自己与自然之间相互作用关系的一种认知、调整和规定。对自然生态系统进行制度安排，既需要考虑它的整体性和系统性，又必须考虑它的脆弱性以及在当代它被高强度人类活动干扰和破坏的危机性。

一、生态制度建设的内涵与外延

（一）生态制度建设与生态系统的差异性、多样性、系统性、脆弱性

我们一再强调，自然生态系统包括生命系统和生命保障系统，前者虽然"以人为本"但不意味着轻视其他形态的生命价值，后者既包括资源系统也包括环境系统。因此，自然生态系统的核心问题是人类（人口）与资源和环境之间的协调关系问题。在这个意义上，我们所说的（自然）生态（系统）制

度建设，实际就是维系生命系统与生命保障系统的和谐运动，以及两者之间关系的协调稳定发展，从而最终实现既调节人与自然的物质交换、能量循环、信息之间的相互转换，也实现了调节人与人的利益关系。不论人们如何解释生态制度建设这个概念，其内涵或是外延都始终围绕着这个中心。

在马克思恩格斯看来，以生产劳动形式表现的社会实践，既是人与自然关系的纽带，又受到"人和自然之间的物质变换"自然规律的制约。"我们统治自然界，决不像征服者统治异族人那样，绝不是像站在自然界之外的人似的，"[1] "社会化的人，联合起来的生产者，将合理地调节他们和自然之间的物质变换，把它置于他们的共同控制之下，而不让它作为盲目的力量来统治自己；靠消耗最小的力量，在最无愧于和最适合于他们的人类本性的条件下来进行这种物质变换。"[2] 既然是交换，如果人类单有对自然的任意支配，缺乏尊重爱护自然的意识，双方的交换势必难以维系，人类与自然的矛盾也将日益凸显，并最终威胁人类自身的生存发展。

从生态文明视角看，生态制度建设是以人类对环境污染、物种毁灭、生态失衡、资源浪费、水土流失等生态危机的反思为前提，依靠一国政府的权威执行，以对生命系统和生命保障系统的保护、维护、建设、关系协调、行动指引为中心，以可持续发展为原则，追求人与人、人与自然和谐相处目标的制度规范的总称。[3] 在这里，需要强调的是：在生态系统中，"人类（人口）"这个要素与其他构成要素相比较，既有独有的主观能动性又有和系统的社会组织性，因此人类高强度的活动是在一个相对短的时间框架中引起生命系统与生命保障系统之间相互关系快速变化急剧恶化的主导因素。如前所述，人类生命系统是由个体（人）、群体（种群）和整体（群落或群系）构成的，从自然生态系统中走出来的人类是形成社会的主体性要素；伴随着人类社会的发展，自然生命

---

① 《马克思恩格斯选集》第四卷，人民出版社 1995 年版，第 383～384 页。

② 《资本论》第一卷，人民出版社 1975 年版，第 926～927 页。

③ 持这种观点的有孙芬、曹杰：《论中国生态制度建设的现实必要性和基本思路》，载于《学习与探索》2011 年第 6 期；张首先：《生态文明：内涵、结构及基本特性》，载于《山西师范大学学报（社会科学版）》2010 年第 1 期；刘冬梅：《可持续经济发展的生态制度创新》，载于《商场现代化》2005 年第 30 期；王自力、谢燕：《生态稀缺、制度稀缺与生态制度文明建设》，载于《当代财经》2004 年第 9 期；徐民华、刘希刚：《马克思主义生态思想与中国生态制度建设》，载于《江苏行政学院学报》2011 年第 5 期。

保障系统作为支持社会生存发展的系统，即资源输入系统和产品产出系统，维持着人与生态环境之间的"互动"。

然而，这只是设计生态制度建设时应该考虑到的一般原理。事实上，在一定时空范围内的自然生态系统本身是充满差异性的。例如，从地球生物圈视角看，既有以北极熊为代表的冰原生态系统，又有以热带雨林为代表的赤道生态系统；再如，从中国自然地理角度看，既有以喜马拉雅山为标志的世界屋脊生态系统，又有以长江、黄河冲积扇为代表的三角洲平原生态系统。因此，生态制度建设者必须综合考虑不同空间范围中的生态系统的差异性、多样性、系统性及其脆弱性。生态系统的差异性要求生态制度建设不能搞"一刀切"，如滇池治理与太湖治理的区别。生态系统存在时空的异质性决定不同生态系统的自我调节和自我恢复，一定遵循的是只适合于它的特殊规律。实际上，在地球生物圈中根本就不存在缓解生态问题的"万能丹药"。

实际上，正是生态系统的差异性决定了生态系统的多样性，也正是因为地球上存在多样化的生物，人类的生存、生活、生产才变得多姿多彩。应该说，正是生物的差异性和多样性决定了生态制度建设的复杂性和艰难性。当然，我们强调生态制度建设的这些特点，并不等于否认生态制度建设要从全局性、整体性设计的必要性。相反，像所有的"一般"寓于种属的特殊性和个体的差异性之中一样，生态系统的差异性和多样性，正是制度建设者综合考虑和设计生态制度建设的前提。另外，还需要注意的是，生态系统所具有的复杂性及脆弱性，在客观上要求生态制度建设一定要具有整体性和长远性的设计，生态制度建设作为一项系统工程，不可能一蹴而就，不可以一拍脑袋就完全解决，需要前瞻性的顶层设计和规划理念，人与人、人与自然关系的和谐必须贯穿始终，体现在每一个具体的执行措施上。

（二）生态制度建设与内嵌于文化伦理系统中的贪婪性、功利性、短视性

从人类文明发展史出发，可以看到人类为了维持"个体"生存（利益—动机），他们必须通过个体与个体之间的相互联系共同活动（集群劳动），以便能够从自然界（环境—供给）中获取维持生命活动所需要的物质资料；虽然个体诉求、个体与个体之间的关系，以及获取自然界物质资料的方式随着时

间的推移发生了变化，但并没有改变作为生命系统主体的人类与生命保障系统之间的本质联系。从实际过程来看，为了自身的发展，人类一直在与自然界进行着物质、能量、信息的变换；同时，为了有效率地实现这种变换，人类也一直在不断地设计和创造着更有效率和更加公平的社会组织形式和制度形式。在这个过程中，尽管充满劫掠、杀戮、暴力、强权、野蛮、不合理，但如同恩格斯所说，人类还是在这条道路上不畏艰难地为着"人同自然的和解以及为人类本身的和解开辟道路。"① 这是因为，一方面，人作为生命体来源于自然界，另一方面，自然界是"人的生活和人的活动的一部分"。一方面人把自然界"作为人的直接的生活资料""作为人的生命活动的材料、对象和工具"，以及科学和艺术的对象②；另一方面，人作为人与自然之间对话的能动因素，也作为人与人之间对话的主动性因素，人的行为的个体性、主观性、目的性、短视性将导致人与自然、人与人之间矛盾冲突存在的必然性。从这个意义上，生态制度建设在构建人与人、人与自然和谐相处的目标指引下，首先应着重解决人与人之间的关系；因为人与人之间的关系是人类经济活动赖以进行的充分必要条件，是解决人与自然关系需要倚重的前提。马克思把人与人之间的关系归结为生产关系、交换关系、分配关系、消费关系，但归根结底是财产关系和利益关系。③

应当承认，人类文明演进的过程实际是人类的愚昧、野蛮、贪婪、短视和自私不断被开化、被战胜、被克服、被教化和被调节的过程。从生态文明视角看，人类的愚昧、野蛮、贪婪、短视、自私，不仅表现在人与人之间你死我活的争斗（例如，我们在导论中提到的"两次世界大战"其中包括日本军国主义发动的"侵华战争"），而且表现在一部分人为了自身的利益，不惜借助科学技术、市场机制、资本寡头、政治权力、文化机器、社会组织，向大自然开战、向生态系统开战、向地球开战。这已经成为众所周知的事情。在这里，我们需要强调正是从这点出发，生态制度建设需要生态文明制度建设来开启，即必须从生态文明视域出发，去反思生态制度建设（虽然它内嵌于经济制度之

---

① 《政治经济学批判大纲》，选自《马克思恩格斯全集》第1卷，人民出版社1972年版，第603页。

② 《1844年经济学哲学手稿》，选自《马克思恩格斯全集》第42卷，人民出版社1979年版，第95页。

③ 杨志、张欣潮、贾利军：《生态资本与低碳经济》，中国财政经济出版社2011年版，第16页。

中）、经济制度建设，以及政治制度建设、文化制度建设、社会组织建设中存在的"制度问题"是什么，并反其道而行之，将保护生态系统安全的理念和措施制度化。这个问题不解决，生态制度建设问题不可能解决；这个问题不解决，人类对自然生态系统保护的问题也不可能有根本性的转变。这就是乔根·兰德为什么在《2050：未来四十年的中国与世界》一书的开篇就表达了他的"忧虑未来"。他说："在我的整个成人岁月里，我一直在为未来感到担忧。我所忧虑的，不是我个人未来前途，而是全球的未来——这颗小小的行星地球上的，人类的未来……眼下我所担心的问题是：在人类下决心痛改前非之前，情况将发展到何等糟糕的地步。"[①] 在他看来，罗马俱乐部第一篇报告《增长的极限》自 1972 年出版到 2012 年整整 40 年了，人类对自然生态系统的破坏程度远远超过当初的预测，然而人们津津乐道的依然是"资本主义成功地将注意力和资本集中在能够为顾客提供商品和服务的组织上"。[②]

二、生态制度建设旨在遏制人类为获取经济利益掠夺自然

（一）生态制度建设是与生态相关的人的行动的规范总和

生态制度建设旨在支持和约束生态活动主体的各种利益（经济利益、生态利益、社会利益等），激励参与者从人与人和人与自然和谐相处的高度规范行为、衡量价值，共享福祉。作为生命保障系统的资源与环境，具有典型的公共物品属性，具有非竞争性和非排他性，在工业文明发展的很多阶段都会出现供应不足的现象。因为，人类生存发展所需的物质资料取自于此，每个个体依据"理性人"做出选择时，也仅仅会考虑私人成本和私人收益，生产或消费行为的外部性造成的社会成本或社会收益则往往被忽视或忽略，长此以往，人类会陶醉于自然的恩赐，索取掠夺成为主旋律。然而，生命系统与生命保障系统是一对矛盾的统一体，两者之间需要平衡，人类对资源的无限需求以及对环

---

①② ［挪威］乔根·兰德：《2050：未来四十年的中国与世界》，译林出版社 2013 年版，第 9、10~11、14 页。

境生态的肆意践踏终将冲破自然可以容忍的底线，一旦生命系统与生命保障系统出现失衡，人类面临的将不仅仅是自然的惩罚，生态危机的频发，有可能是人类自身的灭亡。

人类作为具有二重性身份的个体，首先表现为具有能动性、有意识的主体；其次表现为受限于自然环境的主体。一方面，人类可以按照自己的意识规划、设计、实施各种不同的行为，以便达到积累物质财富、提高生活水平、提升生活质量的目的；另一方面，人类在改变自然环境的同时，也受到自然环境变化的影响，如物质资料丰裕度的变化和生存环境适宜性的变化等，这些变化从另外一个侧面限制着人类活动的无限扩张，制约着经济社会的发展。可见，人类行为的规范化势在必行。生态制度建设涵盖生命系统和生命保障系统，作为两大系统中具有主导型、能动性、意识性的人类的行为，自然关系着生态制度建设的既定目标能否实现的大局。由于人作为经济主体进行的往往是分散化、独立性活动，个人的能力、信息拥有量以及个体素质的差异，会导致个体活动的盲目性、短视性，继而影响人类社会整体的利益，扰乱生命系统的正常运行。譬如，生活在上游的居民，为了生活的方便，往往忽略水的科学利用和保护，他们的行为短期内有利于自身，但是长期不仅损害下游居民的生活生产，而且影响自己的长远利益。生态制度建设从全局性高度、整体性角度、综合性考虑出发，按照生命系统和生命保障系统自身的演进或演化规律，站在全人类视角，突破个体的孤立、片面性，统筹审视人与人、人与自然的关系，为人类行为的规范化指引了方向。

（二）生态制度建设与自然资源资产和自然环境资产紧密相关

生态制度建设既然是与生态系统相关的规范总和，自然资源资产与自然环境资产制度的改革与发展理应涵盖其中。界定清晰的产权、顺畅流动的产权是维护产权主体权益，降低产权纠纷成本的有效措施。正如习近平总书记明确指出的那样："健全国家自然资源资产管理体制是健全自然资源资产产权制度的一项重大改革，也是建立系统完备的生态文明制度体系的内在要求……总的思路是按照所有者和管理者分开和一件事由一个部门管理的原则，落实全民所有自然资源资产所有权，建立统一行使全民所有自然资源资产所有权人职责的体制。国家对全民所有自然资源资产行使所有权并进行管理和国家对国土范围内的自然资源行使监管权是不同的，前者是所有权人意义上的权利，后者是管理者意义上的权力。这就需要完善自然资源监管体制，统一行使所有国土空间用途管制职责，使国有自然资源资产所有权人和国家自然资源管理者相互独立、相互配合、相互监督。"①

　　事实上，中国经济改革的成功起源于土地制度改革，土地联产承包制，乡镇企业的崛起，民营企业的发展，都离不开中国早期土地改革奠定的基础以及后来开放城市土地市场。② 但是，随着中国经济的发展，稀缺土地资源的预期利益越来越高，近年来出现的强拆、最牛钉子户、大量撂荒农地、小产权房等现象，也在提醒人们土地权利的所有、使用、经营遇到了挑战，可能会激发社会矛盾，扰乱人与人的关系，继而影响人与自然的关系。矿权也是牵一发而动全身的综合领域。由于探矿、采矿等活动会引起一系列资源与环境问题，如大气污染、土壤污染、河流污染、地面塌陷等，所以，矿权承载的不是简单的相关方利益，而是关系全局，牵涉地方、区域甚至全国的复杂性利益。水权的明晰与交易也日趋紧迫与复杂。因为水循环在地球维持基本生态系统中发挥着重要作用。如果人为因素的影响超过水域的自我调节限度，则会造成整个水域系统的崩溃，况且水域是众多生物的栖息地，是生物多样性保护的重点领域，再加上上下游流域间的经济发展水平、森林覆盖率、文化、国别等的差异，水权问题就成为牵一发而动全身的问题。保护生物多样性，维系生物多样化，尊重生物多样化也权责无旁贷。生物多样化是指地球上的动物、植物、微生物多样化和它们的遗传及变异，包括遗传多样性、物种多样性和生态多样性。保护生物多样性就是保护人类的家园，不可想象失去了生物多样性的地球如何能成为人类的家园。最后，保护大气清洁也是摆在我们面前最重要的任务。当前，"还我一片蓝天"不仅成为北京人的强烈呼吁，甚至也成为上海老百姓的同样强烈的呐喊。

---

　　① 习近平：关于《中共中央关于全面深化改革若干重大问题的决定》的说明，新华网，2013 年 11 月 15 日，http：//news. xinhuanet. com/politics/2013 – 11/15/c_118164294. htm。

　　② 许成钢：《国家垄断土地所有权带来的基本社会问题》，求是理论网，2011 年 3 月 29 日，http：//www. qstheory. cn/jj/jjggyfz/201304/t20130407_ 221292. htm。

三、生态制度建设的本质是资源产权与环境产权及其配置权

（一）生态制度建设是经济制度建设中的"攻坚战"

由于人类的发展和随之而来的各种需要不断扩大，必须要发展生产力，必须要与大自然做斗争，这是任何社会形态、任何生产方式下所必需的，这是人类社会发展过程必然经历的。[①] 但是，在这个必然经历中，不同的社会制度有着不同的促进生产力发展的方式。为了在"最无愧于和最适合于人类本性的条件下"生存和发展，需要转变社会生产方式，即强化生态制度建设在经济制度建设中的地位和作用，但是传统经济发展模式追求财富积累、忽视资源环境价值的僵化思维势必阻碍经济制度建设的进程，生态制度建设作为转变发展思路、明确发展方向、迎接发展机遇的重要一环，成为经济制度建设中的"攻坚战"。

中国改革开放 30 多年的经济发展历程展现出截然不同的两面，一方面中国经济总量不断提高，中国的国内生产总值（GDP）在 2010 年首次超过日本，位列世界第二，仅次于美国；2013 年全年 GDP 为 568845 亿元，约为日本 GDP 的两倍。1978～2012 年，中国城镇居民人均可支配收入的年均增长为 7.5%，农村居民人均纯收入年均增长 7.4%。[②] 另一方面，中国面临着与日俱增的资源与环境压力。2012 年中国一次能源总消耗折合 36.2 亿吨标准煤，约占全球的 21.3%，单位 GDP 能耗是国际的 2 倍，是发达国家的 4 倍。即使"十二五"规划把 GDP 增幅控制在 7.5% 左右，预计到 2015 年一次能源总消耗将达到 40 亿吨标准煤，2020 年将突破 45 亿吨标准煤。[③] 2012 年中国每消耗 1 吨标准煤的能源仅创造 1.4 万元人民币的 GDP，而全球平均水平是消耗 1 吨标准煤创造

---

① 杨志、郭兆晖：《环境问题与当代经济可持续发展辨析》，载于《经济学动态》2009 年第 1 期。

② 《去年城镇居民人均收入达 24565 元比 1978 年增 71 倍》，载于《新京报》，2013 年 11 月 7 日。

③ 李毅中：《我国生态环境恶化状况未得到有效遏制》，新华网，2013 年 7 月 30 日，http://news.xinhuanet.com/local/2013 - 07/30/c_ 116740660. htm。

2.5 万元 GDP，美国的水平是 3.1 万元 GDP，日本是 5 万元 GDP。① 2012 年，中国 198 个地市级行政区开展了地下水水质监测，报告显示，水质呈较差级的监测点占总监测点的 40.5%，水质呈极差级的监测点占比 16.8%。② 农业部长江流域渔业资源管理委员会办公室发布了《2013 长江上游联合科考报告》，警示长江上游渔业资源严重衰退，一些珍稀、特有鱼类濒临灭绝，金沙江干流鱼类资源濒临崩溃，这无疑为长江生态保护拉响了红色警报。③ 2013 年，中国遭遇史上最严重雾霾天气，仅 12 月初的雾霾就波及 25 个省份，100 多个大中型城市，安徽、浙江、江苏等 13 地雾霾天数均创下历史纪录，全国平均雾霾天数达 29.9 天，创 52 年来之最。④ 传统经济发展方式忽略经济质量、忽视资源环境承载力的弊端不断显现，经济发展方式的转变已迫在眉睫，经济制度建设的"攻坚战"——生态制度建设拉开了帷幕。

（二）生态制度建设涉及经济制度建设中与人·资·环相关的因素

近年来，中国快速工业化、城镇化过程中所积累的环境问题逐渐显现，高耗能、高排放、重污染、产能过剩、布局不合理、能源消耗过大和以煤为主的能源结构持续强化，城市机动车保有量的快速增长，污染排放量的大幅增加，建筑工地遍地开花，污染控制力度不够，主要的大气污染排放总量远远超过了环境容量等多种原因造成一些大中城市的雾霾不断发生，不但冬天有，夏天也时有发生，尤其是在京津冀、长三角、珠三角出现的频次和程度最为严重。监测表明，这些地区每年出现霾的天数在 100 天以上，个别城市甚至超过 200 天。⑤

客观上，人类与自然之间的物质交换存在着矛盾。因为外界自然条件是自然界免费提供给人类使用的，如果人类把自然条件当作免费的午餐任意享有，

① 王秀强：《中国单位 GDP 能耗达世界均值 2.5 倍》，载于《21 世纪经济报道》，2013 年 11 月 30 日。

② 中华人民共和国环境保护部：《2012 年中国环境状况公报》。

③ 《长江生态系统崩溃：电站水库林立鱼类濒临灭绝》，载于《燕赵都市报》，2013 年 10 月 20 日。

④ 《全国今年平均雾霾天数达 29.9 天 创 52 年来之最》，经济参考报，2013 年 12 月 30 日，http://www.js.xinhuanet.com/2013-12/30/c_118754810.htm。

⑤ 吴晓青：《环境保护部就"环境保护与生态文明建设"相关问题答记者问文字实录》，中华人民共和国环境保护部，2013 年 3 月 18 日，http://www.zhb.gov.cn/zhxx/hjyw/201303/t20130318_249501.htm。

虽然可以方便地获得更多的物质财富，满足更多的需求，但是，这对于作为自然界的一个组成部分、依赖于自然条件而生存发展的人类来说，是在损害人类社会生产力可持续发展的源泉，毁坏人类社会存在的基本条件，这种竭泽而渔的行为和人类的社会生产方式紧密相关。在促进生产力发展方面，资本主义制度远比它之前的社会形态有力得多，文明得多，它使生产力快速发展，使物质财富不断快速地丰富起来。但是，在资本主义基本经济制度决定的资本主义生产关系下，发展仍然具有对抗的形式，资本主义生产关系强制剥夺了劳动者公平劳动、公平享有劳动成果的权利，表现出的人与人、人与自然之间的关系仍是不和谐的。① 以生产资料社会占有为基础的社会主义生产关系与不断发展的社会生产力相结合的中国特色社会主义基本经济制度，决定了全体社会成员共同占有自然条件，由社会全面规划管理和使用自然条件，这与生态制度建设所遵循的从全人类视角协调人与人、人与自然关系的理念不谋而合。

（三）生态制度建设本质上是生命共同体的建设和生态文明制度建设

生态制度建设的目标是实现经济增长、社会发展和自然环境保护三者之间的协调，人口、资源、环境缺一不可。如同习近平总书记说："我们要认识到，山水林田湖是一个生命共同体，人的命脉在田，田的命脉在水，水的命脉在山，山的命脉在土，土的命脉在树。用途管制和生态修复必须遵循自然规律，如果种树的只管种树、治水的只管治水、护田的单纯护田，很容易顾此失彼，最终造成生态的系统性破坏。由一个部门负责领土范围内所有国土空间用途管制职责，对山水林田湖进行统一保护、统一修复是十分必要的。"②

在这里，"良好的生态环境是生态文明的'硬实力'，先进的制度体系是生态文明的'软实力'。党的十八届三中全会提出，'建设生态文明，必须建立系统完整的生态文明制度体系，用制度保护生态环境。'生态文明制度既是约束人类行为的规则，同时也是衡量人类文明水平的标尺。经常有人把建设生态文明与保护生态环境等同起来，认为建设生态文明主要就是防治污染、修复生态，只要环境质量改善了，生态文明水平就提高了。其实生态文明建设的重

---

① 王岩：《马克思主义可持续发展观及当代价值研究》，光明日报出版社 2012 年版。

② 习近平：关于《中共中央关于全面深化改革若干重大问题的决定》的说明，新华网，2013 年 11 月 15 日，http://news.xinhuanet.com/politics/2013 - 11/15/c_118164294.htm。

心是在'文明'上，更多的是反映在人类行为的进步上。当我们'砸'下去几千亿元治理环境，环境一定能得到改善，但如果人们的生态环境意识和环保法律法规标准都还停留在原来的水平上，那么可以说生态文明水平并没有大的提高，因此，制度是否系统和完整，是否具有先进性，在一定程度上代表了生态文明水平的高低。"①

《中共中央关于全面深化改革若干重大问题的决定》（简称《决定》）已经从生态文明建设的高度对生态制度建设做出了既具有指导性又具有操作性的意见。《决定》首先指出：建设生态文明，必须建立系统完整的生态文明制度体系，实行最严格的源头保护制度、损害赔偿制度、责任追究制度，完善环境治理和生态修复制度，用制度保护生态环境。《决定》接着给出四个方面立即便可操作的意见：健全自然资源资产产权制度和用途管制制度；划定生态保护红线；实行资源有偿使用制度和生态补偿制度；改革生态环境保护管理体制。应该说，这四个方面的意见都是从生态制度建设视角提出来的。建立系统完整的生态文明制度体系，用制度保护生态环境，是实现美丽中国愿景的必经途径。按照中共中央决定的意见，"到 2020 年，在重要领域和关键环节改革上取得决定性成果"② 的要求，建立这个制度体系无疑是一场紧迫和艰巨的战役。

第四节　生态文明制度建设框架中经济制度建设的顶层设计

中国特色社会主义率先开展生态文明制度建设的重要意义之一，就是用生态文明引领中国特色社会主义制度体系建设尤其是经济制度建设。因为面对资源约束趋紧、环境污染严重、生态系统退化的严峻形势，我们必须树立尊重自然、顺应自然、保护自然的生态文明理念，坚持节约资源和保护环境的基本国策，坚持节约优先、保护优先、自然恢复为主的方针，坚持生产发展、生活富

---

① 夏光：《用系统完整的制度保护生态环境》，光明网，2013 年 11 月 16 日，http：//theo-ry. gmw. cn/2013 – 11/16/content_ 9505676. htm。

② 习近平：关于《中共中央关于全面深化改革若干重大问题的决定》的说明，新华网，2013 年11 月 15 日，http：//news. xinhuanet. com/politics/2013 – 11/15/c_118164294. htm。

裕、生态良好的文明发展道路，着力建设资源节约型、环境友好型社会，形成节约资源和保护环境的空间格局、产业结构、生产方式、生活方式，为人民创造良好生产生活环境，实现中华民族永续发展。

一、构建一个符合生态文明建设方向的经济制度体系

经济制度包括基本经济制度和各个经济部门和领域的各种具体的规章制度。前文已经对生态文明视域的中国特色的基本经济制度和市场经济体制进行了讨论，这里讨论的是生态文明视域的各个经济部门和领域的各种具体的规章制度建设问题。

理论上讲，各种具体的规章制度由社会活动中的人来制定，社会人对于制度的安排是有偏好的，这里所说的偏好是指社会偏好，所谓社会偏好是指由一个社会的核心价值观决定并且体现核心价值观的公众普遍认同的观念。在不同的社会基本经济制度下，其核心价值观的社会偏好不同，因此有不同的规章制度安排，但是，无论制度安排如何不同，其基本功能是共同的，即规范人们相互关系的约束。在社会制度体系中，经济制度规定着参与经济活动的人的经济利益，即对社会经济活动中的成员形成激励。经济制度安排的不同导致收入分配形式的改变，从而使资源分配随之改变，经济发展速度和绩效也会改变。

在当今世界通行的市场经济中，价格机制、供求机制和竞争机制的相互作用，引导资源的配置。但是，在没有制度激励的自由的市场经济条件下，市场机制并不能使所有资源实现合理有效率的配置，突出的问题是，市场根据经济效率配置资源，但是，经济效率有不同的判别标准。具体讲，经济效率由收益和成本的比较产生，收益和成本的差额越大，经济效率越高，这涉及对成本的判别。成本用价格计量，但是市场并不能把所有与经济活动相关的资源都纳入价格机制当中，比如空气、流动的水源等环境资源，这些不能用价格计量的东西被排除在成本之外，因此也不在经济效率评价之列，结果是，自由的市场经济在资源配置过程中必然不会考虑环境资源的保护问题，导致一部分人无偿地掠夺性使用环境资源从中获利，破坏了生态环境，经济发展质量下降。

虽然在现代西方经济学中，凯恩斯主义主张政府要干预市场经济。但是，凯恩斯主义经济学只关注经济增长中出现的短期波动问题，致力于为政府制定和实施调节经济短期波动的经济政策提供理论基础。对于环境问题，凯恩斯主义者采取的态度是，"那些环境问题是遥远的将来的事情，现在是不可能钻研得了的，因而不属于他们的真正课题；在凯恩斯的理论架构中，重点是且应当是短期问题"。① 凯恩斯主义试图用经济增长解决失业和增强经济实力，因此在理论和实践中掀起"经济增长热"。但是，"经济增长热"不仅带来了滞胀，还带来了能源紧张，环境污染等问题，凯恩斯主义的实践给资本主义世界带来了生态和经济双重危机。凯恩斯主义以激励资本投资为核心拉动经济增长的政策显然是与可持续发展不协调的。后凯恩斯主义（新古典综合派）对滞胀、经济增长导致自然资源不足从而是否要放慢经济增长速度等问题做出理论上的解释并提出解决办法。比如索洛在其新古典增长理论基础上提出自然资源在经济增长中是否会消耗日益增加问题，依靠节约使用现有自然资源和发展替代品的技术进步，可以解决这个问题。索洛认为，同技术进步对生产率的促进作用一样，每单位自然资源投入量的产出率越往后增长越快，所以，经济增长过程中资源枯竭的假设缺乏技术上的依据。② 后凯恩斯主义提出，国家干预是必要的，可以通过微观财政支出政策（部门优先发展政策）和微观的财政收入政策（税收结构政策）影响资源的供给和需求。可见，后凯恩斯主义对资源供给问题有所关注，但关注点还是在经济增长上，目的是要证明经济增长和稳定增长的概念没有过时，并没有针对资源环境问题系统研究和把资源环境保护系统融入其政策体系的具体对策。

在生态文明视域中，经济发展目标是实现经济增长、社会发展和自然环境保护三者之间的协调推进，这是一次从观念到行为的革命，是对传统的生产方式和生活方式的变革。这就要求我们必须要解决自由市场导致的生态环境破坏问题。在资源配置起决定性作用和更好发挥政府作用的中国特色社会主义市场经济体制下，一方面，在组织资源配置方面，充分发挥市场决定作用，使其实

---

① E. 库拉：《环境经济学思想史》，上海人民出版社 2007 年版，第 106 页。

② 索洛：《世界就要面临末日了吗?》，选自威廉·米契尔编：《宏观经济学文选：当前政策问题》，纽约出版社 1974 年版，第 484~485 页。

现高效利用，而在转变发展方式，实现经济增长、社会发展和自然环境保护三者之间协调推进方面，则特别需要政府在生态文明视域下通过顶层系统设计宏观经济管理制度，提供激励机制，把市场价格机制排除在成本之外的环境资源的耗费纳入成本，激励企业逐步转变生产方式，促进居民逐步转变生活方式，最终实现经济社会发展方式的全面转变。

在生态文明视域下，作为比传统的灰色工业经济形态更高级的绿色生态经济形态，其生产和消费方式在本质上是人与自然和谐发展的生产和消费方式，由此决定的经济发展方式是生态文明建设中实现经济发展方式转变的必然选择——循环经济和低碳经济是有别于传统灰色工业经济中线性、高碳经济的新型经济发展方式。在市场经济体制下，要实现从传统经济发展方式到循环、低碳的新型发展方式转变，必须要通过制度安排构建新的赢利模式，对人们符合发展循环、低碳经济要求的生产行为产生激励和导向作用，协调和整合循环、低碳经济运行中不同利益群体之间的关系，规范和约束人的经济行为，使企业在市场经济条件下进行循环、低碳生产有利可图，实现生产方式向循环、低碳的新型经济发展方式全面转变；必须要通过制度安排引导公众追求循环、低碳的生活方式，从而构建生态文明的生活和消费方式。这就要求构建一个生态文明视域下促进绿色生态经济发展的制度体系，对人们的经济行为进行诱导和约束，实现生态文明建设在经济领域的目标——经济发展方式向循环、低碳的新型发展方式全面转变。

从我国的国家宏观管理制度体系看，制度安排绝大部分服务于传统的工业经济，在此制度框架下，宏观经济政策的目标及政策手段选择也主要沿用了凯恩斯主义和后凯恩斯主义宏观经济政策。针对生态文明建设所制定的制度和政策，还处于狭义的生态文明建设层面，即重点是生态环境保护的经济制度和政策体系建设，并且与以调节经济稳定增长为目标的宏观经济管理制度和政策体系未能有机融合，甚至存在矛盾冲突，难以发挥引导经济发展方式实现向循环、低碳的新型发展方式全面转变。因此，生态文明建设，转变经济发展方式，在经济制度体系建设方面，需要构建一个生态文明视域的，以实现经济增长、社会发展和自然环境保护三者之间协调推进的经济发展目标宏观管理制度。

二、经济制度建设中生态环境保护实践及存在的问题

（一）制度建设实践

在环境保护方面，颁布了《中华人民共和国环境保护法》《中华人民共和国大气污染防治法》《中华人民共和国环境影响评价法》《中华人民共和国固体废物污染环境防治法》《中华人民共和国水污染防治法》《中华人民共和国水土保持法》等法律，以及一系列管理条例。实际上，环境保护与生产和消费方式紧密相关，循环经济和低碳经济领域进行的制度建设也推动着环境保护制度建设。

在循环经济领域，最先开始重视对工矿企业废物的回收利用，提出末端治理思想，颁布了《中华人民共和国循环经济促进法》和一系列管理条例，明确了国家将通过财政支持、税收优惠、金融支持、政府采购支持及价格措施等方面的激励来推进循环经济。在节约能源、资源的综合利用、清洁生产方面取得了一定的成效。

在应对气候变化和发展低碳经济领域，我国的规章制度建设还处于起步阶段，目前主要集中在能源领域，主要涉及发电、煤炭及可再生能源等方面。国家通过土地划拨、税收优惠等积极的财政激励手段鼓励和支持利用可再生能源和清洁能源发电的制度设计。制定了《中华人民共和国可再生能源法》（简称《可再生能源法》），为可再生能源的发展构筑了"绿色通道"，确立了可再生能源总量目标制度[①]、可再生能源并网发电审批和全额收购制度[②]、可再生能源上网电价与费用分摊制度[③]、可再生能源发展基金制度[④]、可再生能源经济激励制度[⑤]等。确定未来制定低碳经济相关法律，可以将分类电价制度纳入可

---

① 《中华人民共和国可再生能源法》第七条，中央政府门户网，2009 年 12 月 26 日，http://www.gov.cn/flfg/2009 –12/26/content_ 1497462. htm。

②③④⑤ 《中华人民共和国可再生能源法》第十三、十四、十九、二十、二十四、二十五、二十六条，中央政府门户网，2009 年 12 月 26 日，http://www.gov.cn/flfg/2009 – 12/26/content_ 1497462. htm。

再生能源和新能源激励制度的规定中①。颁布了《可再生能源发展基金征收使用管理暂行办法》。颁布了《煤炭法》和一系列管理条例，确立了煤炭综合开发利用制度，该制度将国家关于煤炭产品的开发、加工转化和综合利用的方针、政策法律化。鼓励、引导煤矿大力发展煤炭的精加工、深加工和综合利用。颁布了《节约能源法》等，对节能标准体系制度作出了规定，对高耗能项目、产品、设备和工艺淘汰制度作出了规定。制定了节能目标责任制和节能考核评价制度。对节能技术创新、能效标识、建设项目节能评估审查、节能产品认证、重点用能单位节能、建筑节能、交通运输节能、公共机构节能和节能经济激励制度做了规定。颁布了《清洁发展机制项目管理办法》，规定国家从清洁发展机制项目减排量转让收入中收取一定比例的费用，用于应对气候变化的工作。颁布了《中国清洁发展机制基金管理办法》，确立了环境协议制度、申报许可制度、优惠措施制度等法律制度。

（二）制度建设存在的问题

第一，法律制度可操作性不强，法律法规之间相互衔接、相互协调性需要完善，缺乏对经济活动各个环节系统的法律规制，仍存在不少法律空白。以循环经济法律制度建设为例，《中华人民共和国循环经济促进法》的颁布是我国循环经济法制建设上具有里程碑意义的重要大事，它具有循环经济建设基本法的性质，对于引导循环经济发展，提高资源利用效率，保护和改善环境，实现可持续发展具有重要作用。但是其中法律条文的规定过于笼统，具体执行时的指导能力有限，与已有的法律法规之间如何相互衔接、相互协调，是一个尚未解决的问题。国民经济活动包括生产、分配、交换、消费四大环节，每一个环节都会产生废物、污染环境的可能，尤其是生产、消费两大环节，而在《清洁生产促进法》中规定重视在生产过程中削减废物的产生，但是其他环节却缺乏系统性的法律规制。发展循环经济涉及财政、税收、金融、投资、贸易、资源回收、科技、教育培训等纵向管理，以及企业经营、包装、垃圾处理、建筑、食品、化学品、家电、服务行业等领域，需要制定法规或规章的任务很多

---

① 曹明德等：《中国已有相关法律与应对气候变化内容分析》，选自《中国已有相关法律与应对气候变化内容分析》课题中期报告，第65页。

很重，有许多法律上的空白需要填补。

第二，缺少完善的促进循环、低碳、绿色经济发展的市场制度。市场制度规范着市场经济的运行，市场经济运行机制由市场机制、企业经营机制（微观运行机制）和宏观调控机制构成，其中的价格机制是市场经济运行机制的核心。在市场经济下，企业是市场经济活动的主体，它决定着生产什么，怎样生产，因此，在循环、低碳经济发展中，企业能否积极主动的参与是关键。健全的价格机制能够公平地对企业利益的增减进行调节，具有很强的引导企业行为的力量。然而，在现实中，自然资源和再生资源的价格形成机制不同，再生利用原料的价格往往比购买新原料的价格更高。由于现行的价格机制在环境和自然资源定价制度方面不合理，如果不通过价格制度创新构建资源再利用和再生产环节的盈利模式，使市场条件下循环、低碳生产有利可图，那么对于以利润最大化为目标的企业来说，不会主动优先选择循环、低碳、经济的项目建设或生产方式，市场机制无法有效发挥推动循环经济、低碳经济发展的作用。

第三，在资源环境管理制度中，政府侧重于直接控制，较少采用市场手段激励机制，使得企业和社会公众缺少发展循环经济、低碳经济的积极性。企业和社会公众是自然资源和产品的直接消费主体和废弃物的排放主体，在经济活动中扮演着环境消费者和环境权益人两种角色，因此，循环、低碳经济发展离不开企业和社会公众的参与。从当前情况看，循环、低碳、绿色经济发展过多地依赖于政府推动，国民的生态环境意识不强，对发展循环、低碳、绿色经济的重要价值认识不足，加之政府的激励制度和政策不完善，公众对参与循环、低碳发展缺乏主动性和积极性，由公众自发参与（比如民间组织、自发的公益活动等）而形成的自主治理活动严重不足。

第四，在环境影响评价、生态补偿机制方面效果并不理想。比如，《煤炭法》两次修订也未使生态补偿制度得到法律的认可[1]。包括资源税、环境税、财政转移支付、排污权交易、财政补贴、价格等内容的生态补偿制度体系还没有建立。

---

[1] 曹明德等：《中国已有相关法律与应对气候变化内容分析》，选自《中国已有相关法律与应对气候变化内容分析》课题中期报告，第100页。

167

第五，在经济绩效评价方面，资源核算制度不健全，由于资源浪费、环境污染和生态破坏所带来的经济发展成本不计入国民收入核算体系中，对地方官员的考核，更加看重经济增长指标，即便有考核环境保护的指标，其指标体系和管理制度也远未完善，淡化了地方政府官员的环境保护意识，强化了追求GDP的行为。

第六，在制度的实施方面，强制力和约束力弱，管理关系不顺。虽然已经有了一些资源环境方面的法规，但这些法规的严肃性和约束力不强，往往是"上有政策，下有对策"。一些地方政府，尤其是中西部一些资源富集的欠发达地区的地方政府缺乏提供有效的生态文明经济制度的意愿，这些地区由于经济基础薄弱，无论是地方政府、企业还是百姓都把尽快发展经济、增加就业、提高收入当作最重要的事情，至于经济运行是否符合生态经济规律则被忽略。另外，由于制度规范往往是由多部门推出，制度之间缺乏协调、配套和整合，导致了制度实施时责任不清，界定困难，相互推诿、相互冲突。

由此可见，中国还远未形成促进经济发展与生态环境保护有机融合的顶层整体设计和安排的经济制度体系，难以引导经济发展方式实现向循环、低碳的新型发展方式全面转变。因此，在生态文明视域下，经济制度体系建设亟待以经济制度生态化建设为目标，通过顶层设计及制度创新构建以实现经济增长、社会发展和自然环境保护三者之间的协调推进为经济发展目标的经济制度体系。

三、经济政策实践中生态环境保护措施及存在的问题

制度建立，并不意味着可以起到应有的作用，还需在其框架内细化、归类，制定各种政策来辅助实施，通过政策发挥其作用。政策是由一定主体（政府和社会团体）为了实现一定的目标，对一定客体确定的行为准则、规定、要求、希望、强制等，它表现为对客体的利益进行分配和调节而采取的一系列可操作的活动，它是在制度形成后或逐渐形成的具体操作，较之制度，它更具有行为特征。政策作为计划、规划、议案、政府决策、社会目标等，从属于制度框架，是对制度发挥推动作用的最有效形式。

在前述制度框架下，为了推动、落实制度建设和实施，国家制定实施了产

业政策、环境和资源保护政策、价格政策、财政政策和金融支持政策等，政策文件和条款众多。

产业政策调节主要集中在煤炭、煤化工、钢铁、铝业、水泥、电力、建筑和汽车等产业，主要目标是调整产业结构，淘汰生产方式落后、产品质量低劣、环境污染严重、原料和能源消耗高的落后生产能力、工艺和产品，鼓励和支持有利于节约资源、保护环境的关键技术和装备及产品的生产，严格控制产能过剩行业上新项目。根据有关法律法规，制定更加严格的环境、安全、能耗、水耗、资源综合利用，以及质量、技术、规模等标准，提高准入门槛。加强信贷、土地、建设、环保、安全等政策与产业政策的协调配合。完善限制高耗能、高污染源性产品出口的政策措施。提高产业集中度，鼓励综合利用和节约资源，发展循环经济。

环境保护和资源开发政策主要集中在矿产资源开发、水资源利用、控制废气排放、污水和垃圾等污染物排放治理等方面。

为了实现产业结构调整、保护环境、合理开发资源目标，推动生产方式向循环经济和低碳经济转变，在利益调整和激励约束方面，主要实施了价格调整政策和财政政策。价格政策主要集中于对水价、火电、供热和可再生能源电价的制定与调整。财政政策主要配合产业政策、环境保护和资源开发政策，涉及范围较广，实施手段主要是税收、专项转移支付、收费和奖励。金融政策数量很少，主要使用信贷手段，支持循环经济的投融资，推动银行业金融机构的绿色信贷。

可以发现，政府在生态保护方面制定的一系列政策主要是政府直接管制的产业政策、环境保护和资源开发政策，使用的是直接调控的价格调整政策、财政政策和信贷政策手段，没有使用通过市场间接调控的货币政策手段。

四、经济制度生态化建设需要顶层设计及其制度创新

从中国已有的经济管理制度和政策看，不仅在每个制度和政策本身缺少系统性，而且各种制度和政策出自不同的政府部门，各自为政，缺少在生态文明视域下经济制度的顶层整体设计和安排，监管不力，制度和政策落实不利。为此，党的十八届三中全会通过的《关于全面深化改革若干重大问题的决定》

提出，建设生态文明，必须建立系统完整的生态文明制度体系，实行最严格的源头保护制度、损害赔偿制度、责任追究制度，完善环境治理和生态修复制度，用制度保护生态环境。在市场资源配置起决定性作用和更好发挥政府作用的中国特色社会主义市场经济体制下，尤为重要的是要建立体系完整的生态文明视域下的经济管理制度和政策体系，克服在生态环境保护方面的市场失灵，引导经济发展方式向循环、低碳的新型经济发展方式转变。

在生态文明视域下进行经济制度体系的顶层系统设计，需要区分为两个层次。第一层次是宏观经济管理制度和政策的系统设计，包括宪法和各个具体的经济法法规及经济管理制度都要系统贯穿生态文明理念、指导思想和原则。国家的宏观经济管理政策要在管理目标和斟酌使用宏观经济政策方面贯穿生态文明理念，比如在管理目标上，构建绿色 GDP 指标体系，促进绿色就业，促进绿色居民和政府消费，促进绿色对外贸易，保持经济可持续增长。这需要一个较为长期的逐步建设过程，完成这个制度体系的顶层系统设计，意味着宏观经济管理制度实现了以生态文明建设为核心的全面生态化转变，也意味着经济发展方式完成向循环、低碳的新型经济发展方式的全面转变。第二层次是生态环境修复和保护方面的制度系统设计，即《关于全面深化改革若干重大问题的决定》提出的实行最严格的源头保护制度、损害赔偿制度、责任追究制度，完善环境治理和生态修复制度，用制度保护生态环境。这是当前需要十分重视的工作。所谓最严格的制度，就是在制度制定和实施中，要以生态环境修复和保护为第一目标，当经济增长和生态环境修复和保护发生矛盾时，要以前者为重。在这个层次的建设中，除了坚持实施已有的有效制度外，还需要有针对性地进行制度创新，即建立新制度和完善已有制度。第二层次的制度建设为第一层次的建设提供基础，也即是说，第一层次的建设不能一蹴而就，需要循序渐进，而第二层次即生态环境保护制度建设不能仅仅关注生态环境，而是要把其与经济发展和民生问题联系起来。这就需要在生态文明视域下，以生态文明观为统领，以经济制度生态化建设为目标，进行经济制度建设的顶层设计，通过法律法规、价格机制、生态补偿制度、财政金融政策及环境管制手段等，形成公平的生态环境修复、保护和促进循环、低碳经济发展的环境。

第六章

生态文明视域中的政治制度建设
及其生态化改革方向

从静态角度看，即从社会整体结构及其分层结构相互关系的角度看，政治制度作为上层建筑处在经济体（经济基础）和文化体（社会意识形态）之间，并以特定的制度形式表征国体和政体的社会性质与历史形态。因此与其他制度相比，政治制度无论在历史上还是在现实中都是最能够表征国家制度本质的制度形式。从动态角度看，即从社会整合系统运动及其子系统交互作用的角度看，政治制度建设作为子系统运动发挥的是目标执行功能和目标维护功能，它表征的是来自国家（集合体）的意愿和行动。从人类文明活动演化过程的角度看，即从社会文明史的角度看，政治制度是制度文明最原初的表现形式，政治制度形成后反作用于经济活动才使经济关系制度化，政治才成为经济的集中体现，政治制度才为经济制度开辟道路；由此，对政治制度的选择、设计和安排才成为制度文明的最高表现形态。

从现实角度看，政治制度是为了确保社会按照既定核心价值理念（政治方向）正常运行、有序发展，而做出的一系列法律规范和行为准则。在社会环境中，政治之根本是国家政权。国家政权的法律规范是政治制度的中心内容，与国家政权紧密相关的其他政治实体的行为准则也属于政治制度的内容。政治制度本身也是一个既包含根本性制度也包含各类具体制度的体系。其核心层是国体，即关于国家的一切权力（首先是政权）由谁来行使的这类法律规范；中层是政体（国家政权组织形式）、国家政体模式（单一制或联邦制）以及政党、公民等基本行为规范；外层是可供政治实体直接操作的各类具体的规则、程序、方式等。显然，其核心层制约中层，中层制约外层，外层体现中层、中层体现核心层。为了将具体制度（外层）与基本的、根本的制度（中层、核心层）加以区分，其外层可被称为政治体制。

从新中国 65 年的历史或从改革开放 36 年的历史来看，中国特色社会主义政治制度建设都是拉动中国特色社会主义制度体系建设的"火车头"。它所执行的目标实现功能是："坚持党的领导、人民当家做主、依法治国有机统一"①，构建真正体现社会主义国家性质的国体；推进党的领导制度和领导方式的改革，确保中国特色社会主义政治发展的正确方向、科学架构、高效运行和有序参与；充分调动人民积极性，"推进协商民主广泛多层制度化发展"②，努力完善人民当家做主的社会主义民主政治制度，保障人民群众管理国家重大事务、选举政府官员、监督国家工作人员的权力，体现人民群众的主体地位；尽全力将社会主义核心价值观转化为国家的法律体系，全力推进国家治理体系和治理能力的现代化建设，弘扬法治作为治国理政的基本方式的价值理念，健全反腐败领导体制和工作机制。

从全面深化改革的视角看，"我们党将坚定不移高举改革开放的旗帜，坚定不移坚持党的十一届三中全会以来的理论和路线方针政策，说到底，就是要回答在新的历史条件下举什么旗、走什么路的问题"。③在这里，习近平总书记以"提出问题"的形式肯定地"回答了问题"，但真正"解决问题"还需要以全面深入的探索、设计、安排为前提。本章继续把广义上理解的中国特色社会主义生态文明制度建设，作为一个具有社会整体性文明意蕴的概念或范畴来把握，以便我们可以在广义上理解的生态文明制度建设的框架中，对中国特色社会主义政治制度建设进行探索和研究。本章认为，这样的研究很有可能为"完善和发展中国特色社会主义制度，为党和国家事业发展、为人民幸福安康、为社会和谐稳定、为国家长治久安，提供一整套更完备、更稳定、更管用的制度体系。"④

---

① 《十二届全国人大一次会议在京闭幕 习近平发表重要讲话》，新华网，2013 年 3 月 17 日，http://news. xinhuanet. com/2013lh/2013-03/17/c_ 115055477. htm。

②③ 习近平：关于《中共中央关于全面深化改革若干重大问题的决定》的说明，新华网，2013 年 11 月 15 日，http://news. xinhuanet. com/politics/2013-11/15/c_118164294. htm。

④ 任仲平：《标注现代化的新高度——论准确把握全面深化改革总目标》，人民网，2014 年 4 月 14 日，http://opinion. people. com. cn/n/2014/0414/c1003-24890189. html。

第一节 政治制度在人类文明历史进程中的地位与作用

政治制度是社会整体结构中政治结构的制度安排及其表现形式。它在社会制度系统中，位于经济制度和文化制度之间，是由经济基础决定并对经济基础具有反作用的制度形式，是统治阶级通过组织政权以实现其政治统治的基本原则、价值理念、各种方式的总和。从更为宽泛的角度看，政治制度是随着人类社会政治现象的出现而产生的，它不仅是维护统治阶级利益的制度安排，还是统治阶级维护共同体的安全和利益，尤其是维持社会公共秩序和分配方式而对各种政治关系所做的一系列规定，是社会政治领域中要求政治实体遵行的各类准则或规范。政治制度的功能总是借助其政治体制来实施。所谓政治体制指的是一个国家的政府组织结构和管理体制及相关法律和制度，即政体。

一、政治制度的产生与制度文明的萌发

从人类文明发展过程来看，政治制度作为人类制度文明最初的表现形式，是伴随着人类文明的产生而产生并随着其发展而发展的。如前所述，人类文明发展过程分为史前文明期和人类文明期。前者发生在 170 万年前至公元前 21 世纪的上百万年，这一时期是真正的人类史、文明史、社会史形成之前的历史时期。社会学家把这个历史时期称作原始社会，并将其分为原始群时期和氏族社会时期；也有的社会学家，将这个原始社会分为"前氏族公社、母系氏族公社、父系氏族公社三个发展阶段。这三个发展阶段所出现的社会组织又区分为原始人群、血缘家庭、氏族、胞族、部落、部落联盟等几种形式。"[1] 处在原始群时期或前氏族公社时期的人类还与自然环境混沌为一体，它们的主要活动还是为了生存"找食儿"吃，即靠渔猎和采摘植物为生，这必须依靠集体力量来完成。这种集体是按血缘关系组成的群体。群体中以身强力壮又凶勇剽

---

[1] 左言东：《中国政治制度史》，浙江大学出版社 2009 年版。

悍的人充当"头儿",以便能够较多地捕获猎物,并保护本群体赖以生存的领地。这种首领不是按照辈分排定,更不是选举产生,而是经过激烈的体力搏斗,就像动物界中的大猩猩、黑猩猩等群居动物一样,胜者为首领。原始人群时期或前氏族公社时期的人类,还属于进化过程中的人类,它们还没有进入专属于人类的文明开化时期和社会形成时期,因此它们之间也没有政治活动发生。

政治活动是一种社会活动,但它是社会活动发展到一定阶段的产物。从原始人群中分裂出来的"第一个'社会组织形式'"①是血缘家庭。它既是同一血统的亲族集团即一个母亲及其生育的后代子女所组成但排除了上下辈之间的通婚的家庭,又是一个生产和生活的基本单位,这种集团的首领是按辈分排定的。血缘家庭大约产生于旧石器时代早期偏后的阶段,北京人和蓝田人即生活于这个时期,距今四五十万年前。与血缘家庭不同,氏族是脱离原始群居的乱婚状况,进入血族群婚以后逐渐形成的另一种血缘组织,即"一切兄弟和姊妹间,甚至母方最远的旁系亲属间的性关系的禁规一经确立,上述的集团便转化为氏族了"②。氏族也既是一种血缘组织,又是生产劳动单位,其规模是很小的,一般只有几十人或百余人。当时,生产力已达到一定程度。根据考古学的研究成果,氏族形成于旧石器时代的中期,距今有四五万年。在人们逐渐学会利用自然条件建造房屋巢穴,并且使用了火和自制的简单石制工具,取得了比较稳定的生活条件以后,氏族逐渐发展起来。这是在旧石器时代的晚期,距今有三四万年,约相当于我国传说中的有巢氏和燧人氏时期。由此可以看出,当人类有巢可居住,有燧可取火的时候,它们已经在自然界中开辟了一个独属于"人的世界"社会;与此同时,文明之光也照进了氏族社会的门槛,人类构建政治制度乐章奏响了。

伴随着最原始的政治活动,人类最原初的政治制度也产生于氏族公社了。以我国为例,氏族公社经过母系氏族公社和父系氏族公社两个发展阶段。人类最早的政治制度就产生于母系氏族公社中。所谓母系氏族公社实际上就是母亲掌权的母权制氏族社会,是氏族社会前期形态。它的存在时期大致如同19世纪最著

---

① 马克思:《摩尔根（古代社会）一书摘要》,人民出版社1965年版,第20页。
② 《马克思恩格斯选集》第四卷,人民出版社1995年版,第39页。

名的人类学家摩尔根所讲的，是从蒙昧时代的中级阶段氏族组织产生时开始，到野蛮时代的中级阶段为止。这一时期在考古学上相当于旧石器时代的中期到新石器时代的中期，开始于三四万年前，结束于五六千年前，相当于我国传说中的天皇、地皇、人皇到神农氏时期。母权制氏族公社政治制度特点是：妇女在公社中处于支配地位，世系从母系计算，实行同族共同财产制，财产由母系继承。父系氏族公社或父权制氏族社会，是直接从母系氏族社会发展而来的，是氏族社会后期形态。母系氏族公社向父系氏族公社的过渡开始于野蛮时代的中级阶段，父系氏族公社最终确立于野蛮时代的高级阶段。这一时期在考古学上是从新石器时代中期到晚期，距今五六千年前，相当于我国传说中的黄帝时期。父权制氏族社会政治制度有了长足的进步：男人在公社中处于支配地位，世系从父系计算，实行财产公有制，财产由父系继承。在这一时期还出现了著名的军事民主制和禅让制。后者可以被看做最原初的政治体制，使制度文明有了具体形式。

二、政治制度的成长与制度文明的兴起

从人类文明产生背景的角度看，上述过程不仅在中国及摩尔根深入其中的"古代社会"（美洲）而且在全球各大洲都有相同的历程，所不同的只是具有不同的时间表和不同的特色人文形态罢了。这表明生活在地球上的所有人类都是从混沌于其中的自然界一路走来的，它们经过了蒙昧时代、野蛮时代的奋战，终于创造出了属于自己的文明世界（创世纪）——社会。对此，20世纪最伟大的历史学家汤因比在《文明经受着考验》一书中是这样叙述的："自从人类从动物界进化出来以后，在原始社会生活了几十万年，即使在今天，还有一些原始人生活在新几内亚、火地岛和西伯利亚东北端的一些偏僻角落。在那儿，原始人类群落还没有收到其他人类社会侵略性的先驱者的攻击、消灭或同化，虽然最近情况又有些发展。在现存社会之间，在文化上令人惊奇的差别使我们注意到……这些巨大的差别在这短暂的五六千年都曾出现过。现代人，宇宙之谜，这就是我们今天研究的出发点"[①]；然而，对于我们探寻人类文明史起点来说，最为重要的是"自从人类社会的首批代表出现以来，已有五六千

---

① ［英］汤因比著，沈辉等译：《文明经受着考验》，浙江人民出版社1988年版，第9～10页。

年的时间流逝过去了。我们把这段时间当做文明时期"①。

从社会演化过程的角度看，上述过程不仅表明人类文明是物质文明、精神文明、政治文明交互作用的过程，而且还表明物质文明、精神文明、政治文明都是制度文明的表现形式。事实确实如此，生产力的发展使氏族公社中人与人之间的生活关系和生产关系都发生了变化；尤其当氏族公社出现剩余产品的时候，氏族社会财产共有制就瓦解了，私有制产生了，国家产生了，国家形式的政治制度取代父权制的政治制度了，制度文明有了真正的起点。如同马克思所说，"以一定的方式进行生产活动的一定的个人，发生一定的社会关系和政治关系……社会结构和国家总是从一定的个人的生活过程中产生的"②。在这里，国家是从氏族部落中演化而来，"是社会在一定发展阶段上的产物"，③ 是"社会创立一个机关来保护自己的共同利益，免遭内部和外部的侵犯"，④ 是"自居于社会之上并且日益同社会相异化的力量"⑤；"国家的本质特征，是和人民大众分离的公共权力"⑥，但"它刚一产生，对社会来说就是独立的"⑦，因此"它越是成为某个阶级的机关，越是直接地实现这阶级的统治，它就越独立"⑧，并"马上就产生了另外的意识形态"。⑨

从制度文明兴起的起点来看，政治制度不仅是制度文明的本质形态，而且还是国家文明的标志性建筑。我国古代政治制度的产生和制度的文明说明了这一点。在我国原始社会中除了有"氏族"还有被称为"胞族""部落""部落联盟"的社会组织。胞族是两个以上的氏族为了共同目的结合而成的联合体。部落是若干个具有不同血缘关系、保留各自的名称和固定的领土范围，以及语言的复杂联合体。部落联盟是两个以上的部落为了共同的利益而结成的更为复杂的联合体，是原始社会后期社会组织的最高形态，而我国的政治制度或国家制度文明正是在这里兴起。早期部落联盟军事首领或酋长由选举产生，后来逐步演变为在氏族贵族内部产生。"议事会"和"民众大会"是部落联盟中的机构。当时最著名的部落联盟或部族就是位于黄河流域和长江流域的华夏、东夷、苗蛮三大集团。后来经过几百年的分分合合又形成了陶唐氏、有虞氏、有夏氏的部落

---

① ［英］汤因比著，沈辉等译：《文明经受着考验》，浙江人民出版社1988年版，第9页。
② 《马克思恩格斯选集》第一卷，人民出版社1995年版，第71页。
③⑤⑥ 《马克思恩格斯选集》第四卷，人民出版社1995年版，第170、189、135页。
④⑦⑧⑨ 同上，第253页。

联盟，其部落联盟首领就是尧、舜、禹。为了处理对联盟内外的利益纷争，在部落联盟首领之外设置了公共权力部门，于是具有国家雏形的政治组织出现了。"黄帝置六相""尧有十六相""官员六十名"就是当时的政治体制。

三、政治制度的特征与制度文明的演化

如果说人类从自然界走进了社会就是走进了文明世界，那么也可以说人类在创造物质文明、精神文明的同时也创造了政治文明、制度文明。这是因为人在本质是社会关系的总和，文明在本质上是各个层面的社会关系的表现形态。如果没有政治文明或制度文明，那么人类社会关系就没有层次，没有结构，没有秩序，那样的社会还是"混沌的一片"还是原始社会。因此，政治制度和制度文明才是人类社会文明的本质形态，因而它也成为衡量社会文明发展程度的标尺。从这个意义上，古希腊最伟大的哲学家亚里士多德（公元前 384 年 ~ 公元前 322 年）把社会即"城邦"（politike koinonia）理解为"政治制度"（political society/community）；把人类即"市民"（civil society）理解为"自然是趋向于城邦生活的动物"，即"天生的政治动物"是自有道理的。

根据中共中央编译局当代马克思主义研究所何增科博士的意见，在古典市民社会理论中，"市民（人类）社会""政治社会""文明社会"三者之间没有明确的区分，Civil Society 一词既可译为市民社会，又可译为公民社会，还可译为文明社会，它本身也包含有这样三重意思，故古典市民社会理论家往往同时在上述三重意思上使用这一概念。城邦的出现是古希腊罗马从野蛮走向文明、从部落制度走向国家的标志，也是它们区别于周围野蛮民族的标志。亚里士多德在《政治学》中指出：政治共同体或城邦国家是指"自由和平等的公民在一个合法界定的法律体系之下结成的伦理—政治共同体"。城邦国家的形成晚于血缘家庭和村落（部落联盟），但它在道德上是最高的共同体、是公民享有参加政治共同体各种活动的基本权利的共同体；需要指出在亚里士多德那里，奴隶、妇女、外邦人均被排除在公民之外。[①]

---

① 在笔者为如何阐述人类（在古希腊时期被称作"市民"）文明、社会文明、政治制度（文明）和制度文明几者之间关系而绞尽脑汁的时候，一个非常偶然的机会使笔者看到了何增科博士的文章"市民社会概念的历史演变"（http://www.exam8.com/lunwen/wenhua/shehui/200601/1250766.html），阅后很受启发。何博士出生于 1965 年，早在 2006 年 1 月就以中共中央编译局当代马克思主义所副研究员的身份写了这篇很有意义的文章，笔者在此向何博士致敬。

应该说，在社会文明兴起之初，如同联合体（例如城邦制度）内的"人"（例如市民）表现为"政治动物"一样，"联合体"表现为"政治制度"，联合体（例如国家）的"社会性"表现为"政治性"，联合体的社会文明表现为"政治文明"。由此，我们完全可以反过来说，政治活动是人类社会活动的基本形式，政治制度是人类社会制度的基本形态，政治文明是人类制度文明的基本形态，因为所有这些均源自"政治"在本质上是经济与生产的集中表现。这就是说，强调与"政治"相关的活动、制度、文明作为与人类社会整体形态相关的"基本形态"，丝毫也不会影响与之相关的唯物史观的基本判断：经济活动或生产活动是社会活动的基础形态，经济制度或生产制度是社会制度的基础形态，经济制度或生产制度是制度文明的基础形态。在这里需要注意"基本形态"和"基础形态"是有联系也有区别的两个范畴。

四、政治制度的本质与制度文明的现状

事实上，绝不是仅仅在社会文明兴起的起点上，政治制度或制度文明被作为人类文明发展程度的标志或标尺；相反，人类社会越是走向近代、现代或后近现代，政治制度或制度文明作为人类文明发展标尺的功能也就越是被认可。难道不是吗？17世纪中后叶英国资产阶级经历了半个世纪的血雨腥风，最终创建以君主立宪制为特色的资产阶级国家，开辟了世界近代史的新篇章。18世纪中后叶北美殖民地的资产阶级，在莱克星顿拿起了"枪杆子"打响了"第一枪"发起了"独立战争"，发表了《独立宣言》（1776）和《1787宪法》，不仅构建了美利坚合众国，还创新了"民主制"的资产阶级政治制度；19世纪中后期，独立了一百多年的美国又借助"南北战争"（1861～1864）废除了"奴隶制度"最终确立了立法、司法、行政三权分立的联邦共和制的政治体制。

如果说在17～19世纪，资产阶级革命用枪炮启动了人类近代文明的新篇章、用资本主义制度标示了人类近代制度文明的新高度，那么也可以说20世纪的无产阶级革命用同样的方法引致了人类现代社会文明的新纪元、用社会主义制度文明指明了人类现代制度文明的新境界。1917年10月25日（俄历）就在第一次世界大战打得最为激烈的时候，俄国发生了无产阶级革命，在以列

宁为首的布尔什维克党领导下，推翻了地主资产阶级政权，取得了"十月革命"的胜利；转年即 1918 年 1 月 25 日召开了全俄苏维埃第三次代表大会通过《被剥削劳动人民权利宣言》，宣布俄国为工兵农代表苏维埃共和国，紧接着在 7 月 10 日，全俄苏维埃第五次代表大会通过的《俄罗斯苏维埃联邦社会主义共和国宪法（根本法）》（简称《苏俄宪法》）确立了以苏维埃为基础的社会主义政治制度。

"苏维埃"的俄文 cobeT（soviet）意思是"代表会议"。它起源于俄国 1905 年资产阶级革命时期工人、士兵、农民可随时选举或更换自己代表的政治形式。这种"直接民主"的形式最早是法兰西内战中巴黎公社所推崇的无产阶级民主政治的形式。从 1924 年 1 月 31 日苏联苏维埃第二次代表大会通过的第一部《苏维埃社会主义共和国联盟宪法》，到 1977 年 10 月 7 日第九届最高苏维埃第七次非常会议通过的第四部宪法，都以专章的形式规定了苏联的政治制度：苏维埃是社会主义全民国家，代表工人、农民、知识分子和国内各族劳动人民的意志和利益，一切权力属于人民，人民行使国家权力的机关是人民代表苏维埃，苏联共产党是苏联政治制度的核心等。1988 年 12 月后，苏联多次修改宪法，政治体制不断变化，1989 年最高苏维埃改为人民代表大会，1991 年年底苏联解体，苏联社会主义制度不复存在。

第二节　中国特色社会主义政治制度赖以形成的社会环境

中国特色社会主义政治制度，是一种崭新的政治制度。它根植于中国共产党领导的、在武装斗争中创建起来的、由人民自己当家做主的红色政权；它孕育于第一次国共合作时期、创建于土地革命时期、成长于抗日战争和解放战争时期；它成熟于新中国成立后的社会主义革命时期和社会主义建设时期。像了解一种自然生命系统生存的自然环境系统一样，要了解中国特色社会主义政治制度和政治体制，就一定要了解中国特色政治制度演化史，尤其是中国特色近代政治演化史，否则便不能深刻理解中国特色社会主义政治制度得以产生、成长、成熟、全面深化改革、向生态化改革的必然性。

一、中国共产党建立红色政权的历史环境及价值理念

中国特色社会主义政治制度虽然与中国历史上的一切旧政权有本质区别，但它归根结底还是中国的政治制度。因此了解中国就是了解它的特色。从考古学和历史学的视角看，中国在华夏、东夷、苗蛮三大部落联盟之后，大约在公元前 21 世纪进入夏朝，此后包括商、周三代历时一千三百多年，实行的都是以王权为核心的奴隶制国家制度。公元前 221 年，秦王嬴政结束了春秋战国的混乱局面，建立了中央集权的统一国家，中国进入了"百代皆行秦政制"的封建社会，经过汉唐治世康乾盛景，中国成为全世界公认的强国。但到公元 1840 年，经过两百年改制图强的英国，借船坚炮利，远涉重洋，从英伦三岛来到中国，对有着两千多年历史的文明古国发动了鸦片战争。这场战争宣告了中国古代史的结束也宣告了中国现代史的开始。因为它使一个主权完整的封建大帝国沦为一个割地赔款、苟延存活的半殖民地、半封建的国家。落后就要挨打、丧权必然辱国，这就是中国从古代转变到近代的深刻譬喻之一。

哪里有压迫，哪里就有反抗。一部中国近代史也是中华民族痛定思痛、奋起反抗、谋求独立的历史。鸦片战争后，很多人把向西方学习改制图强当作救国救民的出路。但是，洋务运动、太平天国运动、戊戌变法、义和团运动、辛亥革命（1911 年 10 月 10 日）都没有把中国从积贫积弱、任人宰割的悲惨境况中解救出来，君主立宪制、复辟帝制、议会制、多党制、包括总统制等国家治理方案也没有一个能够获得成功。不仅如此，那些手中握有枪杆子的封建军阀，还抱着"普天之下，莫非王土；率土之滨，莫非王臣"的理念和"君主专制制度"不放，不时搞出一些丑剧和闹剧阻碍社会发展。例如窃国大盗袁世凯，不仅取代孙中山当了"大总统"而且还在临死之前拼命当了 83 天"洪宪皇帝"。再如"辫子军"首领张勋，在辛亥革命之后的第六年（1917 年 7 月 1 日），还带着军队跑进金銮殿帮助宣统小皇帝搞"复辟"，虽然只有 12 天，但却反映了拥有武装力量的封建主义有多么顽固和凶恶。

与封建军阀的强大和凶残恰恰相反，以孙中山（1866～1925）为代表的中国民族民主主义者和民族资产阶级在革命一开始则过于书生气和软弱。在辛亥革命推翻了封建主义旧制度并很快建立了共和制度之后，竟让共和政府犹如

"昙花一现"很快夭折了。中国到底向何处去？就在这危难的时刻，"十月革命"一声炮响，给中国送来了马克思列宁主义。如同毛泽东所说："十月革命给世界人民解放事业开辟了广大的可能性和现实的道路，十月革命建立了一条从西方无产者经过俄国革命到东方被压迫民族的新的反对世界帝国主义的革命战线"[①]；"一向孤立的中国革命斗争，自从十月革命胜利以后，就不再感觉孤立了"[②]；"中国无产阶级的先锋队，在十月革命以后学了马克思列宁主义，建立了中国共产党"[③]；"这是开天辟地的大事变"[④]；"孙中山也提倡'以俄为师'，主张'联俄联共'。总之是从此以后，中国改换了方向"[⑤]。走俄国人的道路就是结论，就是当时国民党和共产党共同选择的价值理念。

孙中山是真正的伟大的民主主义者。在封建军阀拥兵自重不时用武力枪杀革命者的时刻，他毫不顾及个人安危大声疾呼："今日法律已失制裁之力，非以武力声罪致讨，歼灭群逆，不足以清乱源，定大局"[⑥]；不仅如此，他决心将其后半生精力放在打倒封建军阀，打倒帝国主义，用武力统一中国的大业上。十月革命后，他与列宁成为没有见过面的真诚朋友[⑦]。在苏联的帮助下，他真诚地与中国共产党人合作，重新解释"三民主义"，实行"三大政策"（联苏、联共、扶助农工），改组中国国民党，创建黄埔军官学校，从而使中国民主革命的面貌为之一新了。然而由于积劳成疾，孙中山不到59岁便辞世，留给人们的是"革命尚未成功，同志继续努力"的遗嘱。在孙中山的嘱托下，国共两党合作北伐领导中国人民进行反帝反封建的大革命。由中国共产党人组成的"叶挺独立团"，号称北伐军中的"铁军"，他们作为北伐军的先遣队一路北上、一路披荆斩棘，沉重地打击了帝国主义和封建军阀势力。

然而，像所有的反动势力不会轻易退出历史舞台一样，中国反动势力以国民党内部右翼势力的形态出现，他们在帝国主义和国内大地主、买办势力的驱使下，利用孙中山革命理论的躯壳，背离了孙中山的主张和遗嘱，使轰轰烈烈的国民革命新高潮毁于一旦。在这次革命的后期，蒋介石和汪精卫控制的国民党公开背叛孙中山决定的国共合作政策和反帝反封建政策，勾结帝国主义，残

---

① ② ③ 《毛泽东选集》第四卷，人民出版社1991年版，第1357、1359、1472页。

④ ⑤ 同上，第1514页。

⑥ 张鸣：《"北伐战争"应是多次》，载于《安徽史学》1993年第4期。

⑦ 施成：《孙中山和列宁的友谊》，载于《历史教学》2002年第1期。

酷屠杀共产党人和革命人民。而当时的中国共产党还比较幼稚，无力挽救当时的革命。1927年大革命失败后，中国民主革命的基本任务没有完成。全国人民仍然处在反动派的白色恐怖之中。为了回击国民党反动派的屠杀政策，为了领导全国人民继续进行反帝反封建的革命斗争，中国共产党不得不走武装起义的道路，不得不建立工农民主政权与反动派进行武装割据的抵抗。"枪杆子里面出政权"，这本是英欧美资本主义包括苏联改制图强的经验，但在20世纪初也成为中国共产党人在血的教训中得到的又一深刻譬喻。

二、中国共产党旨在构建"人民当家做主"的民主政权

（一）中国红色政权孕育在枪林弹雨之中产生于土地革命时期

1927年8月1日，周恩来、朱德、贺龙、叶挺、刘伯承等领导了的南昌起义打响了武装夺取政权的第一枪。起义胜利后，迅速建立了革命秩序、成立了民主革命政权"中国国民党革命委员会"，并以国民党左派成员的名义，执行"复兴国民党左派运动"计划。因此，中国国民党革命委员会实际上是无产阶级领导的工农小资产阶级的民主革命政权。8月7日，中共中央在汉口召开紧急会议，正式确定了"土地革命"和武装反抗"国民党反动派"的总方针，会后在湘、赣、粤、鄂、豫、皖、闽、浙、陕等地纷纷举行武装起义，走上武装夺取政权的道路。1927年10月，毛泽东率湘赣边界秋收起义的队伍到达井冈山，开展游击战争，进行土地革命，组织工农政府，建立地方武装，创建了中国第一个农村革命根据地。1928年4月，朱德、陈毅等率南昌起义保留下来的部分队伍和湘南起义中组织的农民军到达井冈山与毛泽东会合，创建了中国第一支工农红军。此后，中国共产党相继开辟了湘鄂西、鄂豫皖、陕甘、海陆丰、左右江等革命根据地，开展打土豪、分田地、废除封建剥削和债务的土地革命，满足了农民的土地要求，建立了工农红军第一、第二、第四方面军和其他红军部队。这说明中国共产党领导的红色政权实际上孕育在第一次国内革命战争之中，萌发在土地革命之中。

不仅如此，中国共产党人是马克思列宁主义武装起来具有远大政治理想和社会责任的政党，因此在创建红军和农村革命根据地的过程中，以毛泽东为代

表的共产党人还对革命道路和民主政治制度形式进行了探索。在 1928 年 10 月至 1930 年 1 月，毛泽东先后发表了《中国红色政权为什么能够存在?》《井冈山的斗争》《星星之火，可以燎原》等文章，揭示了中国革命发展的规律，论证了中国红色政权能够存在和发展的原因与条件，以及工农武装割据的基本内容，提出了一条具有中国特色的农村包围城市，最后夺取全国胜利的革命道路的理论。这标志着毛泽东思想即中国化的马克思列宁主义开始形成了。1931 年春，毛泽东总结土地革命的经验，制定出一条完整的土地革命路线：依靠贫农、雇农，联合中农，限制富农，保护中小工商业者，消灭地主阶级，变封建半封建的土地所有制为农民的土地所有制。此外，为了保证土地革命的顺利进行，还在县、区、乡各级都建立了土地委员会。应该说，这是一条把革命政权与政治制度、经济制度结合起来的理论路线，它不仅调动了一切反封建的因素、保证了土地革命的胜利，还充分显示了中国共产党人在建立中国红色政权之初，就把制度建设理论和制度建设实践结合起来。而今天看来这恰恰是制度文明的特点。

1931 年 11 月 7 日，中华工农兵苏维埃第一次全国代表大会在江西瑞金召开了。这次大会上通过了"中华苏维埃共和国"的宪法、政纲、土地法、劳动法、选举法、监察法、司法、审判法、红军问题、经济政策等一系列法律、法规和议案，选举了毛泽东、朱德、周恩来、刘少奇等 63 人为中央执行委员会委员，选举了人民委员会及其下属各部，包括军事委员、国家政治保卫局、最高法院、妇女委员会、劳动委员会等政权机构，组成了领导全国苏区的"中华苏维埃共和国临时中央政府"，宣告了"中华苏维埃共和国"的成立。[①]从此，在全国范围内出现了两个不同性质的、对立的政权：一个是代表工农革命人民的工农民主政权，一个是代表大地主大资产阶级的国民党反革命政权。工农民主政权是在资产阶级民主革命过程由无产阶级领导的反帝反封建的新民主主义的人民民主政权。因为那时大资产阶级已退出了革命，所以那时的人民民主政权就成为"工人、农民和城市小资产阶级联盟的政府"[②]，它"不但是

---

① 胡华主编《中国新民主主义革命史参考资料》，商务印书馆 1951 年版，第 227～228 页。

② 《中华苏维埃共和国宪法大纲》，载于《苏维埃中国》，第 17 页，转引自电子图书·学校专辑：《中国政治制度史》，内部资料，非卖品；第三编人民民主制度，第一章土地革命时期的工农民主政权，第二节中央工农民主政府的建立及其组织结构。

代表工农的，而且是代表民族的"。① 工农民主政权的任务是，在中国共产党领导下"对外推翻帝国主义，求得彻底的民族解放；对内肃清买办阶级在城市的势力，完成土地革命，消灭乡村的封建关系，推翻军阀政府"②，为向社会主义过渡奠定坚实的基础。

（二）中国红色政权成长在抗战炮火中成熟于根据地的民主政权建设中

与近代中国"落后就挨打"形成鲜明对照，日本作为我国近邻在近代扮演的却是"图强当强盗"的丑恶角色。实际上，自鸦片战争以来，尤其是甲午战争以后，日本帝国主义长期浸淫中国以实现其构建大东亚共荣圈的美梦。1931年9月18日，日本在沈阳蓄意制造了"皇姑屯事件"。在3个多月时间里，日本占领东北全境，实行的是灭绝种族的杀光、烧光、抢光的"三光"政策，所到之处横尸遍野，使三千多万名同胞沦为日军铁蹄下的奴隶。1933年1～5月，日军又先后占领了热河、察哈尔两省及河北省大部分土地，迫使国民党政府签署了限令中国军队撤退的《塘沽协定》，还成立"关东军防疫供水部"即731细菌部队，用中国人进行鼠疫、霍乱、梅毒等细菌，以及毒气、枪弹的活体试验，用飞机将它们大量制造鼠疫、霍乱等各种细菌播撒在中国各地，残害中国人民。1937年7月7日，日军又蓄意制造"卢沟桥事变"开始全面侵华，而蒋介石却采取不抵抗政策，任凭日本帝国主义铁蹄践踏中国！在这样背景下，中共中央和中央工农民主政府发表了一系列抗日救国的主张，而蒋介石集团在"一二·九"学生爱国运动（1935年）和"西安事变"（1936年）的压力下也被迫同意中国共产党的主张，宣布停止对苏区进攻，国共两党第二次合作联合抗日。

中国共产党信守承诺把苏区的工农民主政权改为抗日民主政权，把中国工农红军和红军游击队改编为八路军和新四军开赴前线抗日。但为了防范蒋介石消极抗日积极内战的反革命行为，也为了防止再次出现合作时期被屠杀的惨痛状况，毛泽东在1937年8月15日提出了"抗日救国十大纲领"③ 得到中央一

---

① ②　《毛泽东选集》第一卷，人民出版社1991年版，第158、77页。
③《为动员一切力量争取抗战胜利而斗争》，选自《毛泽东选集》第二卷，人民出版社1991年版，第354～356页。其十个标题是"（一）打倒日本帝国主义；（二）全国军事的总动员；（三）全国人民的总动员；（四）改革政治机构；（五）抗日的外交政策；（六）战时的财政经济政策；（七）改良人民生活；（八）抗日的教育政策；（九）肃清汉奸卖国贼亲日派，巩固后方；（十）抗日的民族团结"。

致同意后公开发布。用今天的眼光看，这十大纲领不仅包含政治制度建设方面的价值选择或价值主张，例如，"改革政治机构"；而且还包含政治制度治理方面的价值判断和价值落地的具体措施，例如"全国军事的总动员""全国人民的总动员""战时的财政经济政策"，以及"肃清汉奸卖国贼亲日派，巩固后方"。不仅如此，毛泽东还在抗日战争的实际步骤中强调：在全面抗战中"必须执行共产党提出的抗日救国十大纲领，必须有一个完全执行这个纲领的政府和军队"①。显然，国民党没有这样的政府和军队，这样的政府和军队只有在共产党领导的抗日根据地才有。由此可见，中国共产党放手发动人民群众、扩大八路军和新四军、巩固与扩大抗日根据地、建立和发展抗日民主政权，对取得抗日战争的最后胜利，具有决定性的意义。因为没有抗日军队就谈不上坚决抗日，没有根据地就谈不上支持抗日战争取得最后的胜利。

事实证明，经过第一次国内革命暴风骤雨的洗礼，经过土地革命时期苏维埃革命根据地政权建设的实践，特别是经过遵义会议对领袖的确认，中国共产党在政治理论建设和政权实践建设方面已经成熟了，所以在八年抗战中，除了陕甘宁边区是原有的外，共产党领导抗日部队还从敌人手中收回了大片国土，建立了十四块根据地。它们是晋察冀边区、晋冀鲁豫边区、山东区、晋绥边区、苏北区、苏中区、苏南区、淮北区、淮南区、皖中区、鄂豫皖区、浙东区、东江区和琼崖区。截至1945年3月的统计，在各个根据地里，建立了24个行署，104个专员公署，687个县政府；在抗日民主政权辖区内的人口，达9950余万。此外，在东北地区，还有在远离日本侵略军的大后方建立的支持抗日游击战争的根据地。所有这些在抗日根据地建立的政权"是一切赞成抗日又赞成民主的人们的政权，是几个革命阶级联合起来对于汉奸和反动派的民主专政。"在这种政权中，工人阶级通过共产党来实现领导，工农联盟是基础，工、农、小资产阶级是战胜日本帝国主义、汉奸和卖国贼的基本力量；民族资产阶级享有政治权利，其经济亦受到保护；地主阶级中的开明绅士也享有议政的权力，例如毛泽东在"为人民服务"中提到的李鼎明先生给根据地政府提出过"精兵简政"的建议。

①《毛泽东选集》第二卷，人民出版社1991年版，第388页。

（三）中国红色政权是中国人民反帝反封建夺取全国胜利的指挥部

根据地的民主政治制度，不仅为抗日战争的战略防御、战略相持、战略进攻提供了坚固的制度保障，而且也为抗日战争胜利后夺取全国范围内的反帝反封建的胜利提供了制度准备。事实正是如此。各解放区在抗日战争反攻阶段举行了全面大反攻。党领导的军队在苏联红军的援助下，解放了整个东北。在日寇投降后，又歼灭了拒不投降的敌伪军，收复了大片国土，扩大了解放区。随着我军的进驻，在这些区域内建立起人民民主政权。在东北地区，到1946年4月，辽宁、嫩江、松江、安东、辽北、黑龙江、吉林、合江、兴安九省的省政权都建立起来了。在晋察冀方面，解放了热、察两省地区，1945年11月，两省先后召开了省人民代表会议，成立了热河和察哈尔两个省政府。在山东区，解放了山东108县中的100个县，山东战时行政委员会改为山东省政府。在华中方面，苏中、苏北、淮南、淮北四个解放区已连成一片。1945年11月，四区合并为苏皖边区，成立了苏皖边区政府。苏皖边区政府设有下列工作部门：民政、财政、教育、建设等厅，秘书、卫生、审计等处，公安、交通等总局及高等法院和法制室、参议室等；同年12月又建立了苏皖边区临时参议会，作为边区人民代表大会召开前的最高权力机关。苏皖边区政府共辖8个专区72县市（沙沟市）。

在众多的根据地和解放区中，陕甘宁边区既是年抗日战争中共中央的所在地、八路军和新四军的总后方，也是各个解放区的指导中心、全国的模范根据地。它是全国建立民主政治制度的理想标尺。1945年10月，陕甘宁边区参议会驻会委员会和陕甘宁边区政府发布联合通知，宣布把乡（市）参议会改为乡（市）人民代表大会。1946年4月，陕甘宁边区第三届参议会第一次大会所通过的《陕甘宁边区宪法原则》，明确规定，边区、县、乡人民代表会议（参议会）为人民管理政权机关。解放区人民民主政权机关的设置，在这一阶段基本上与抗日战争时期相同。政府工作部门，基本上还是设民、财、教、建、公安、法院等机构。但为了适应战后环境，恢复受到严重破坏的生产和处理战争所遗留的问题，在政府的机构设置上也有相应的反映。如晋察冀边区为了恢复和发展生产，规定各级政府都成立"生产委员会"，为了惩办战争罪犯、汉奸卖国贼，决定在边区设立"战犯调查委员会"。晋察鲁豫边区政府，为了动员群众重建被敌伪破坏的城镇，指示所属专、县、市均成立"城镇建设委员会"。为了肃清敌人毒化政策的流毒，晋察冀边区规定，在边区及过去种过鸦片的省、专、县设立"禁烟督察局"（或分局）。

然而，在抗日战争结束刚刚 10 个月（1945 年 8 月日本投降），即在 1946 年 6 月国民党反动派就不顾共产党和全国人民的反对全面挑起内战。当 860 万大军气势汹汹一齐压向解放区的时候，解放区所有武装力量加在一起不到 120 万。1947 年 6 月解放军就开始战略反攻，强渡黄河、挺进大别山之后，接着发动了辽沈、京津、淮海三大战役，到 1949 年 4 月解放军百万雄师就过了长江、占领了南京，推翻了国民党反动派统治，接着乘胜南下把红旗插上了海南岛，解放了全中国。应该说，中国的解放战争创下了人类战争史上前所未有的奇迹。而创造这个奇迹的根本性原因就在于解放军有解放区民主政权的支撑。因为没有这个政权的支持就没有人民可持续地支持这个战争。因此，没有人民民主政权做中流砥柱就没有真正的人民战争，就没有人民战争的伟大胜利。解放区的人民民主政权就是孕育在大革命失败后白色恐怖时期，萌动建立于土地革命时期，成长壮大于抗日战争时期，成熟作用于解放战争时期的人民民主政权。它是中国五千年文明史上前所未有的政治制度，是中国共产党领导下中国人民独立创造的政治制度。

三、中华人民共和国的"中国特色"是"人民共和"

（一）中国新民主主义政治制度的本质与特性

正确理解中国新民主主义政治制度对于正确理解中国特色社会主义政治制度关系重大，因为前者与后者没有本质区别，只是具有不同的历史形态。作为具有中国特色的人民民主政权，它们不仅是我国历史上前所未有的新型政治制度，而且也是人类制度文明史上前所未有的伟大创新。它们具有共同的特征：第一，都是以马克思列宁主义为指导思想，以中国共产党为领导核心的人民民主政权；第二，都是以工农联盟为基础的政权，即绝大多数人是国家政权的主体；第三，都是按照"人民代表大会制"的原则来组建的民主制度，都是实行以"政治协商"为特征的民主集中制，前者是 1946 年由陕甘宁边区首创的并以之取代"参议会"的民主制度，后者是孕育并践行于国共合作及多党派合作中的政治民主体制；第四，都是以"立治有体，施治有序"的法律文明和法治体系来延缓、取代、杜绝、反对封建特权及其他特权的民主共和制度；第五，都是以全心全意为人民服务为准则，在工作中实行群众路线；第六，都采取多种多样的方式，广泛吸收人民群众参加管理，是最大范围的公共管理体制；第七，都实行民族平等，以加强民族团结；第八，都是非常注重基层政权组织建设，既将其作为人民当家做主的政治制度的坚实基础，又将其作为人民民主制度贯彻实施到底的制度路径。

中国新民主主义政治制度，作为中国制度文明史上的伟大创造，不仅决定于中国制度文明历史生态环境包括中国近现代制度变迁的历史过程，而且还决定于中国马克思列宁主义者对中国民主制度的选择、设计和宣传。早在1940年1月，即抗日战争最艰难的时期，为了驳斥国民党顽固派的反共叫嚣，回答中国向何处去的问题，毛泽东发表《新民主主义论》。之前，他还写了《（共产党人）发刊词》《中国革命和中国共产党》等著作。这些著作科学地分析了中国的社会性质，中国革命的历史特点和发展规律；说明中国革命必须分为新民主主义革命和社会主义革命两个阶段：前者是必要准备，后者是必然趋势，两者必须衔接起来；批判了混淆两个革命阶段任务的"毕其功于一役"的观点，特别批判了在中国建立资产阶级专政的谬论；指出新民主主义革命的实质是无产阶级领导的、以工农联盟为基础的、人民大众的、反帝反封建的革命；规定了新民主主义革命的政治、经济和文化纲领；总结了统一战线、武装斗争和党的建设是三个战胜敌人的主要法宝；阐明农村包围城市、最后夺取城市的革命道路。这些著作表明党的新民主主义革命的理论、路线和相应的一整套具体政策已经形成了完整的体系，标志着中国化马克思列宁主义对人类制度文明建设所做的理论贡献。

中国化马克思列宁主义即毛泽东思想的成熟与发展，不仅表现在理论上能够预测历史发展走向，还表现在其理论建树能够经受住了活生生历史活动的检验，以及伴随着实践的发展而发展。1945年春天，就在世界反法西斯战争处在最后胜利的前夜，就在抗日战争中的中国处在走向光明还是走向黑暗的重大转折关头，毛泽东在中国共产党第七次全国代表大会上作了《论联合政府》的政治报告。这个报告阐明中国人民的基本要求是要走民主与团结的路线，打败侵略者，建设一个独立、自由、民主、统一和富强的国家；提出了党在整个新民主主义时期的一般纲领和具体纲领，主张废止国民党一党专政，在彻底打败日本侵略者后，建立一个以全国绝大多数人民为基础、在工人阶级领导之下的、统一战线的、民主联盟的国家制度（即新民主主义国家制度）；明确指出在中国，只有经过新民主主义才能达到社会主义，没有一个由共产党领导的、新式资产阶级的、彻底民主的革命，要想在殖民地半殖民地半封建的废墟上建立社会主义，只能是完完全全的空想；还论述了如何加强中国共产党自身建设等问题。毛泽东这篇题为《论联合政府》的文章，不仅全面系统地阐述了新民主主义理论和政策，还为构建未来由中国共产党领导的新中国的政治制度和政治体制绘出了蓝图。

（二） 新中国的国体和政体的制度安排及其核心价值理念

随着解放战争进入战略反攻，建立中国新政权的事宜提上了日程。1948年4月30日，根据毛泽东的提议，中共中央在《纪念"五一"劳动节口号》中，号召各民主党派、各人民团体、各社会贤达迅速召开政治协商会议和人民代表大会，讨论成立民主联合政府之事。这个民主号召立即得到各民主党派和各民主阶层的热烈响应，其代表陆续从各地及海外来到解放区。1949年6月15~19日，"新政治协商会议筹备会"在北平成立并召开了第一次全体会议。9月17日，筹备会召开第二次全体会议，决定将"新政治协商会议"改称为"中国人民政治协商会议"。1949年9月21日，中国人民政治协商会议第一届全体会议在北平隆重开幕。大会通过了《中国人民政治协商会议组织法》和《中国人民政治协商会议共同纲领》（"根本大法"）；选举了第一届全国委员会委员；宣布大会根据授权制定了《中华人民共和国中央人民政府组织法》；选举了毛泽东为中央人民政府主席，朱德、刘少奇、宋庆龄、李济深、张澜、高岗为副主席，陈毅等56人为政府委员；组成了中央人民政府委员会。10月1日下午3时，在北京天安门广场，毛主席庄严宣布中华人民共和国成立了，占人类1/4的中国人民，从此站立起来了。新中国的成立宣告了中国五千年制度文明史上的新纪元。

这个新纪元向全世界表明：新中国政治制度的核心价值理念（政治方向）是"人民共和"；建设中华人民共和国不仅是中国共产党人而且是全中国各党

派、各社会团体、各族人民共同奋斗的伟大事业（政治任务）。这是因为中华人民共和国所承载的是自鸦片战争以来中华民族梦寐以求的反帝反封建的国家制度，是以革命先行者孙中山为代表的志士仁人壮志未酬、饮恨黄泉、念念不忘的民主共和的国家制度，是中国共产党自成立以来就带领全中国人民为之浴血奋战的人民民主共和的国家制度。中华人民共和国作为一个崭新的"国体"，对外宣告：站立起来的中国人独立自主、自立于世界民族之林、绝不再受列强欺辱；对内昭示：被帝国主义、封建主义、官僚资本主义压在最底层的人民当家做主、民主参政议政、政府为人民服务天经地义。中华人民共和国作为崭新国体屹立在东方，沉重地打击了帝国主义体系，极大地增强了世界社会主义体系的优势，改变了世界政治力量的对比，增强了殖民地半殖民地国家的人民争取民族解放、人民民主和社会主义胜利的信心。正如刘少奇在中共八大报告中指出的"中华人民共和国的成立，标志着我国资产阶级民主革命阶段的基本结束和无产阶级社会主义革命阶段的开始，标志着我国由资本主义到社会主义的过渡时期的开始"。①

在这个过渡阶段中，建立"工人阶级（经过共产党）领导的以工农联盟为基础的人民民主专政"② 是设计和建构中华人民共和国"政体"的核心理念即指导思想。1949 年 6 月，针对帝国主义反动派欲将新中国扼杀在摇篮中的种种言论和行径，毛泽东发表了《论人民民主专政》给予迎头痛击并借此科学地阐述了与人民民主专政相关的各种问题。他说："人民是什么？在中国，在现阶段，是工人阶级，农民阶级，城市小资产阶级和民族资产阶级。这些阶级在工人阶级和共产党的领导之下，团结起来，组成自己的国家，选举自己的政府，向着帝国主义的走狗即地主阶级和官僚资产阶级以及代表这些阶级的国民党反动派及其帮凶们实行专政，实行独裁……对于人民内部，则实行民主制度，人民有言论集会结社等项的自由权。选举权，只给人民，不给反动派。这两方面，对人民内部的民主方面和对反动派的专政方面，互相结合起来，就是人民民主专政。"③他还指出："人民民主专政的基础是工人阶级、农民阶级和城市小资产阶级的联盟，而主要是工人和农民的联盟，因为这两个阶级占了中

---

① 《刘少奇选集》下卷，人民出版社 1985 年版，第 205 页。
②③ 《毛泽东选集》第四卷，人民出版社 1991 年版，第 1480、1475 页。

国人口的百分之八十到九十。推翻帝国主义和国民党反动派，主要是这两个阶级的力量。由新民主主义到社会主义，主要依靠这两个阶级的联盟。"①

（三）新中国政治制度的根本职能是构建中国特色社会主义

新中国成立后，如何在一个社会生产方式"和古代没有多大区别的"，即"中国还有大约百分之九十左右的分散的个体的农业经济和手工业经济"②的基础上，"迅速地恢复和发展生产，对付国外的帝国主义，使中国稳步地由农业国转变为工业国，把中国建设成一个伟大的社会主义国家"③——这的确既是人类文明史上前无古人后无来者的巨大课题，也是刚刚诞生的中华人民共和国面临的巨大挑战，还是新中国政治制度是否能够经受住历史检验所面临的巨大风险。然而，疾风知劲草、烈火炼真金。中国共产党作为中华人民共和国的核心领导地位和作用正是在这种巨大的历史挑战和现实风险中形成的。中国化的马克思列宁主义作为正确的宇宙观、历史观、发展观也正是在这种重大的历史转折中显现出科学的威力。实际上，毛泽东在新中国成立之前就已经明确指出："夺取全国胜利，这只是万里长征走完了第一步"④，"严重的经济建设任务摆在我们面前。我们熟习的东西有些快要闲起来了，我们不熟习的东西正在强迫我们去做。这就是困难。帝国主义者算定我们办不好经济，他们站在一旁看，等待我们的失败。我们必须克服困难，我们必须学会自己不懂的东西。我们必须向一切内行的人们（不管什么人）学经济工作。拜他们做老师，恭恭敬敬地学，老老实实地学"。⑤

在毛泽东看来，"自从一八四〇年鸦片战争失败那时起，先进的中国人，经过千辛万苦，向西方国家寻找真理。洪秀全、康有为、严复和孙中山，代表了在中国共产党出世以前向西方寻找真理的一派人物。那时，求进步的中国人，只要是西方的新道理，什么书也看。向日本、英国、美国、法国、德国派遣留学生之多，达到了惊人的程度。国内废科举，兴学校，好像雨后春笋，努力学习西方。"⑥但"帝国主义的侵略打破了中国人学西方的迷梦。很奇怪，为什么先生老是侵略学生呢？中国人向西方学得很不少，但是行不通，理想总是

---

①②③④⑤⑥ 《毛泽东选集》第四卷，人民出版社1991年版，第1478、1430、1473、1438、1480～1481、1469页。

不能实现。多次奋斗，包括辛亥革命那样全国规模的运动，都失败了。……第一次世界大战震动了全世界。俄国人举行了十月革命，创立了世界上第一个社会主义国家。……中国人找到了马克思列宁主义这个放之四海而皆准的普遍真理，中国的面目就起了变化了。"① "就是这样，西方资产阶级的文明，资产阶级的民主主义，资产阶级共和国的方案，在中国人民的心目中，一齐破了产。资产阶级的民主主义让位给工人阶级领导的人民民主主义，资产阶级共和国让位给人民共和国。这样就造成了一种可能性：经过人民共和国到达社会主义和共产主义，到达阶级的消灭和世界的大同。"②

新中国选择走社会主义道路的制度安排，归根结底决定于中国特色的经济文化基础。如毛泽东在党的七届二中全会上所说："中国已经有大约百分之十左右的现代性的工业经济……中国已经有了新的阶级和新的政党——无产阶级资产阶级……无产阶级及其政党，由于受到几重敌人的压迫，得到了锻炼，具有了领导中国人民革命的资格。谁要是忽视或轻视了这一点，谁就要犯右倾机会主义的错误"③；"中国的现代性工业的产值虽然还只占国民经济总产值的百分之十左右，但是它却极为集中，最大的和最主要的资本是集中在帝国主义者及其走狗中国官僚资产阶级的手里。没收这些资本归无产阶级领导的人民共和国所有，就使人民共和国掌握了国家的经济命脉……是社会主义性质的经济，不是资本主义性质的经济。谁要是忽视或轻视了这一点，谁就要犯右倾机会主义的错误"④；"占国民经济总产值百分之九十的分散的个体的农业经济和手工业经济，是可能和必须谨慎地、逐步地而又积极地引导它们向着现代化和集体化的方向发展的，任其自流的观点是错误的。……中国人民的文化落后和没有合作社传统，可能使得我们遇到困难；但是可以组织，必须组织，必须推广和发展。单有国营经济而没有合作社经济，我们就不可能领导劳动人民的个体经济逐步地走向集体化，就不可能由新民主主义社会发展到将来的社会主义社会，就不可能巩固无产阶级在国家政权中的领导权。谁要是忽视或轻视了这一点，谁也就要犯绝大的错误。"⑤

---

①②③④⑤ 《毛泽东选集》第四卷，人民出版社 1991 年版，第 1470、1471、1430、1431、1432 页。

四、中国特色社会主义政治制度的核心是人民代表大会

（一）人民代表大会制度是中国民主政治的独特创造

中华人民共和国的政体是人民代表大会制。它是中国特色人民民主政权的政治形式。它是中国人民在中国共产党的领导下，在长期斗争中创造和发展起来的，是毛泽东运用马克思列宁主义关于国家的学说，结合中国人民民主政权建设经验制定出来的。如上所述，人民代表大会制度最早出现在陕甘宁边区。从那以后，在新解放区的农村与城市都实行了人民代表大会制。1948 年 11月，中共中央总结了各地的经验，决定在军事管制时期，应以各界代表会议作为党和政权联系群众的形式。1949 年 8 月，北平市召开了第一届各界人民代表会议。毛泽东亲临指导，在会上发表演指出：希望全国各城市都能迅速召开同样的会议，加强政府与人民的联系，协助政府进行各项建设工作，克服困难，并从而为召集普选的人民代表大会准备条件。一俟条件成熟，现在方式的各界人民代表会议即可执行人民代表大会的职权，成为全市的最高权力机关，选举市政府。①

实践证明人民代表大会制是最适合中华人民共和国根本性质的政治制度，所以《共同纲领》（1949 年）和《中华人民共和国宪法》（以下简称《宪法》）都先后确认了这种制度。例如，《宪法》第一章第一条规定了"中华人民共和国是工人阶级领导的、以工农联盟为基础的人民民主专政的社会主义国家。社会主义制度是中华人民共和国的根本制度……"；第二条规定"中华人民共和国的一切权力属于人民。人民行使国家权力的机关是全国人民代表大会和地方各级人民代表大会。"；第三条规定"全国人民代表大会和地方各级人民代表大会都由民主选举产生，对人民负责，受人民监督"②。这从法律上明确了社会各阶层人民具有平等的选举权，确保了对不同阶层利益诉求的体现，也保证了人民代表、人民代表大会与人民之间的有机互动和相互制约。不仅如

---

① 《毛泽东选集》第四卷，人民出版社 1991 年版，第 1203～1204 页。

② 《中华人民共和国宪法（2004 年修正）》，http：//www. china. com. cn/policy/txt/2012 – 01/14/content_ 24405089_ 2. htm。

此，人民代表大会制度，作为中国特色政治制度的核心，还表现在它同国家行政机关、审判机关和检察机关之间相互关系上。《宪法》第三章中规定"全国人民代表大会是最高国家权力机关"。全国人民代表大会及其常务委员会行使国家立法权、监督权、决定重大事项权、选举和任免权等具有决定性意义的权力，同时将国家的行政权、审判权和检察权分别赋予由它产生的政府、法院和检察院。

在人民代表大会制度前提下，中国特色社会主义政治体制实行适度分权，建立权力之间有效的监督制约机制，实现权力相互制衡，以增强人民代表大会制度的整体稳定性。人民代表大会及其常务委员会的组织形式和工作原则是民主集中制，即按照少数服从多数原则，以表决的方式决定问题。人民代表大会在决定问题时，每人只有一票，个人或者少数人不能决定重大问题。这一方面确保了每一位代表在表决权上拥有平等权利并代表人民利益诉求方面的多样性，另一方面也确保了表决及其执行的有效性。全国人大和地方人大之间的职权关系是法律上的监督关系和行政上的工作指导关系，其职权划分是遵循既定原则，充分发挥地方的主动性、积极性，以突出人民代表大会制度的系统性。上述各项具体制度互相贯通、结合，构成了人民代表大会制度以人民为主人翁、以人民代表大会为主体、以与国家行政机关和各级人大的相互联系为纽带、按照民主集中制原则运作的有机系统。例如，1993 年在第八届全国人大第一次会议上设立了环境保护委员会；1994 年在第八届全国人大第二次会议更名为环境与资源保护委员会，至今，在每届全国人民代表大会会议上，人民代表和环境与资源保护委员会都在生态环境领域发挥着重要作用。

（二）政治协商民主制是人民代表大会制的

政治协商民主制度是中国共产党自建党以来就坚持、传承、发展、创新的"协商民主"形式，是中国特色社会主义独特优势的政治民主形式。它根源于中国源远流长的文化传统，承载着中国近现代反帝反封建的革命实践，尤其是国共两党及多党派之间的合作与失败，具有极其丰富的政治文化内涵。从某种意义上，它是新中国出生的助产婆，是新中国政治制度不可或缺的组成部分。如毛泽东1949 年 6 月在"新政治协商会议筹备会上的讲话"所言："新的政治协商会议，是中国共产党在一九四八年五月一日向全国人民提议召开的……中国共产党、各民主党派、各人民团体、各界民主人士、国内少数民族和海外华侨都认为：必须打倒帝国主义、封建主义、官僚资本主义和国民党反动派的统治，必须召集一个包含各民主党派、各人民团体、各界民主人士、国内少数民族和海外华侨的代表人物的政治协商会议，宣告中华人民共和国的成立，并选举代表这个共和国的民主联合政府，才能使我们的伟大的祖国脱离半殖民地的和半封建的命运，走上独立、自由、和平、统一和强盛的道路。这是一个共同的政治基础。这是中国共产党、各民主党派、各人民团体、各界民主人士、国内少数民族和海外华侨团结奋斗的共同的政治基础，这也是全国人民团结奋斗的共同的政治基础。"①

由于政治协商制度的政治基础是建立中华人民共和国，走独立、自由、和平、统一和强盛的道路，因此它非常稳固"以至于没有一个认真的民主党派、人民团体和民主人士提出任何不同的意见，大家认为只有这一条道路，才是解决中国一切问题的正确的方向。"②实际上，在新中国成立之前，以毛泽东为常务委员会主任的新政治协商筹备会是代行全国人民代表大会职权的。这表明政治协商会议制度是与中华人民共和国国体和政体相适应的政治制度，因此，它合乎逻辑地成为中国特色社会主义协商民主制度的重要组成部分。《宪法》（1982年）"序言"对协商民主制度以及政治协商会议作了如下规定："社会主义的建设事业必须依靠工人、农民和知识分子，团结一切可以团结的力量。在长期的革命和建设过程中，已经结成由中国共产党领导的，有各民主党派和各人民团体参加的，包括全体社会主义劳动者、社会主义事业的建设者、拥护社会主义的爱国者和拥护祖国统一的爱国者的广泛的爱国统一战线，这个统一战线将继续巩固和发展。中国人民政治协商会议是有广泛代表性的统一战线组织，过去发挥了重要的历史作用，今后在国家政治生活、社会生活和对外友好活动中，在进行社会主义现代化建设、维护国家的统一和团结的斗争中，将进一步发挥它的重要作用。中国共产党领导的多党合作和政治协商制度将长期存在和发展。"③

政治协商制度还是中国特色社会主义政党制度。它具有如下特点：中国共产党在多党合作和政治协商中处于领导和执政地位；各民主党派是中国共产党

①② 《毛泽东选集》第四卷，人民出版社1991年版，第1463、1464页。
③ 《中华人民共和国宪法（1982年修正）》，新华网，http：//news. xinhuanet. com/ziliao/2004 –09/16/content_ 1990063_ 1. htm。

的亲密友党，是参政党；中国共产党与各民主党派的关系是团结合作的关系，是长期共存、互相监督、肝胆相照、荣辱与共的关系，而不是多党竞争、轮流执政的对立关系。中国特色的多党合作具有两种基本形式：一是政党之间的政治协商与互相监督；二是共产党与民主党派在国家政权中的合作。其具体形式又表现为三种：（1）多党合作制度中的政治协商，即中共中央同各民主党派中央通过多种形式的会议和合理的主要程序进行协商；（2）国家政权中的多党合作制度，在各级人大、地方政府、政府有关部门和司法机关中，均有民主党派成员的参与；（3）人民政协内的合作与协商，人民政协是社会主义协商民主制度的重要机构，其主要职能是政治协商、民主监督和参政议政。各民主党派作为各自所联系的一部分社会主义劳动者、社会主义事业建设者和拥护社会主义爱国者的政治联盟，能反映社会多方面的意见和建议，体现了对社会各群体利益多样性的反映。从社会生态学的视角看，中国特色政党制度，作为中国特色社会主义政治制度体系的重要组部分，是中国特色社会主义政治制度体系具有生态化重要表现。

（三）基层民主制度

基层民主制度是城乡基层老百姓群众性的自治组织，是中国特色社会主义民主政治制度的基础和落脚点。中国特色社会主义民主政治制度的本质特征就是"人民当家做主"，如果没有当家做主的人民的支持，如何会有中国新民主主义革命的胜利，如何会有中华人民共和国的诞生，如果会有中国特色社会主义制度的巩固和发展？所以邓小平在十一届三中全会上说："没有民主，就没有社会主义，就没有社会主义的现代化"①；江泽民在党的十五大反复强调把民主作为社会主义根本特征的观点；胡锦涛在党的十七大报告中提出"人民民主是社会主义的生命"② 的思想。2013 年 11 月，在党的十八届三中全会《关于全面深化改革若干重大问题的决定》中，则把基层民主制度当作第八个大问题"加强社会主义民主政治制度建设"中极为重要的问题提出来："发展基层民主。畅通民主渠道，健全基层选举、议事、公开、述职、问责等机制。

---

① 《邓小平文选》第二卷，人民出版社 1994 年版，第 168 页。
② 《十七大以来重要文献选编》（上），中央文献出版社 2009 年版，第 801 页。

开展形式多样的基层民主协商，推进基层协商制度化，建立健全居民、村民监督机制，促进群众在城乡社区治理、基层公共事务和公益事业中依法自我管理、自我服务、自我教育、自我监督。健全以职工代表大会为基本形式的企事业单位民主管理制度，加强社会组织民主机制建设，保障职工参与管理和监督的民主权利。"①

基层民主制度是当代中国最直接、最广泛的民主法治的实践。目前我国已经建立了农村村民委员会、城市居民委员会、企业职工代表大会为主体的基层民主制度体系。基层民主制度的建立经历了一个较长制度化过程。20世纪80年代，农村地区根据各地的实际情况，自创了本地的村民委员会，以求得村民民主得以贯彻实行。这些具有本土色彩的基层民主活动后来逐渐上升到法律层面，成为1988年6月1日起开始试行的《中华人民共和国村民委员会组织法》提供了立法基础。经过10多年的试行，1998年11月4日中华人民共和国主席发布第9号令：《村民委员会组织法》自公布之日起施行。又经过10多年的施行，该组织法由我国第十一届全国人民代表大会常务委员会第十七次会议于2010年10月28日修订通过，将修订后的《村民委员会组织法》公布，自公布之日起施行。《中华人民共和国城市居民委员会组织法》的确立和实施的情况与《村民委员会组织法》的情形类似，也经历了一个由点到面再到城市、地区、国家范围的网络化建设过程。这些基层民主制度确保了基层群众在利益诉求方面的多样性和差异性得到实现，同时其循序渐进的完善过程，不仅彰显了基层民主制度发展的渐进性和稳定性，也提高了基层民主制度在发挥基层群众积极性方面的科学性和有效性。

我国基层民主制度具有鲜明的中国特色。首先，基层民主制度是非政权层面的社会自治，而不是国家制度层面的政治活动。在国家制度层面，我国有人民代表大会制度确保人民权利在政权层面得到充分反映和平等对待。而基层民主制度的建立是为了拓宽人民群众参加国家政权建设、管理国家和社会事务的渠道，同时也使基层群众以自治的方式直接行使民主权利。基层民主制度与人民代表大会制度相结合，使非政权与政权两个层面都有了保障人民权利的制度，同时也有利于加强基层自治组织和基层政府的互动，有利于两者相互制

---

① 《中共中央关于全面深化改革若干重大问题的决定》，人民出版社2013年版。

约，这是中国社会主义民主政治制度的创新。其次，基层民主制度作为社会主义民主政治的基础，能够为社会主义民主政治制度在法律制度层面的发展提供实践依据，又反过来接受后者的指导，使立法过程和治理过程有机互动，使基层民主制度和国家民主政治制度都得到健康发展。最后，基层民主制度是党的领导、人民当家做主和依法治国三者有机统一的重要实现形式。基层民主制度的创新形式很多都是由群众首创，经实践证明后，在党的领导下进行制度化、规范化、程序化和法律化建设，进而加以推广，最终实现广大基层自治组织依法开展工作。这一过程体现了党的领导、人民当家做主、依法治国三者在制度上的互动。

第三节　中国特色社会主义政治制度建设与生态文明制度建设的交融

作为一种制度安排或制度选择，中国特色社会主义政治制度及其建设，既决定于具有中国特色的历史生态环境，也决定于在中国经济政治活动中占大多数的人民及其代表的核心价值观。中国特色社会主义政治制度，作为在社会整体结构中执行目标实现功能的"火车头"，必须拉着整个社会朝着这个既定的有利于中国人民整体利益的核心价值目标，即构建"人与自然和人与人和谐相处的生态文明社会"前进。本节试将生态文明视域下的政治制度建设引向更广阔的制度文明空间，探索其推动生态文明制度建设的路径与方式，并探索其在全面深入改革过程中是否具有实现生态化改革目标的可能性。

一、政治制度建设与生态文明制度建设之间的辩证关系

（一）确立核心价值观是政治制度建设和生态文明制度建设的共同任务

价值观是人们对客观事物（包括自己行为）的总看法或总体评价，一方面表现为价值取向、价值追求、价值选择、价值目标等一系列价值理念；另一

方面表现为价值尺度、价值准则、价值效应、价值标准等一系列价值评价体系。在这里，"价值"的基本含义是基于某种客观事物即"物自体"——简单说是人、物、事，复杂说是自然生态系统、社会生态系统、人文生态系统——的一种"比较"，因此它是既具有客观性又具有主观性，既具有质的规定性又具有量和度的规定性的范畴。价值观及其相关的价值理念一旦形成，人们的认知和行为就具有的稳定性。从广泛的视角上看，一个社会一旦确立了一种核心价值观，这个社会就具有一种"向心力"，这个社会的整体行为就具有了稳定的倾向性。应该说，这种"向心力""稳定的倾向性"就是一个社会的制度建设的"共同基础"，因此，完全可以说，没有核心价值观的制度建设，不能算作是一种制度文明。正因为如此，几乎所有的近现代社会学家都把由核心价值观统帅的一系列价值理念作为制度建设不可或缺的因素，甚至将其称为"内在制度"，并将其作为经济制度建设、政治制度建设、文化制度建设、社会制度建设的"灵魂"。实际上，中国近现代史的历程表明，无论在中国新民主主义革命时期，还是在中国特色社会主义时期，价值观尤其是核心价值观对于构建社会主义新中国的作用都是巨大的。

实际上，中国特色社会主义政治制度建设，不过是中国特色社会主义核心价值观及其价值体系的外化、硬化、规范化、法律化的过程，这个过程同时就是中国特色社会主义制度文明形成和发展的主要过程。从这个意义上看，正确理解中国特色的政治制度建设和生态文明制度建设之间的关系，关键在于正确理解中国特色社会主义核心价值观。如同习近平总书记所说："每个时代都有每个时代的精神，每个时代都有每个时代的价值观念。国有四维，礼义廉耻，'四维不张，国乃灭亡。'这是中国先人对当时核心价值观的认识。在当代中国，我们的民族、我们的国家应该坚守什么样的核心价值观？这个问题，是一个理论问题，也是一个实践问题。经过反复征求意见，综合各方面认识，我们提出要倡导富强、民主、文明、和谐，倡导自由、平等、公正、法治，倡导爱国、敬业、诚信、友善，积极培育和践行社会主义核心价值观。富强、民主、文明、和谐是国家层面的价值要求，自由、平等、公正、法治是社会层面的价值要求，爱国、敬业、诚信、友善是公民层面的价值要求。这个概括，实际上回答了我们要建设什么样的国家、建设什么样的社会、培育什么样的公民的重大问题。"① 应该说，总书记不仅清晰阐明了中国特色社会主义政治制度中的"个体—公民""群体—社会""整体—国家"的价值理念和标准，而且也极其清晰地阐明了其生态文明意蕴。

（二）政治制度建设是推动生态文明制度建设的"火车头"

从大时空尺度上看，生态文明是以人与自然和谐、人与人之间关系融洽、经济有序、政治清明、文化繁荣、国际和平与民族和睦为特征的文明形态；它意味着人与自然共存、共兴、共荣，人与人共和、共享、共乐；是人与自然和人与人和谐相处的社会形态，是在本质上比当代更高级的后现代制度文明形态。显然，在中国，它需要社会主义生态文明制度来开道，需要社会主义核心价值观及其价值理念来支持。从操作层面看，生态文明制度建设亟须政治制度进一步发挥"火车头"的目标实现功能，即通过机构设置、公务员考核、法律制度建设等制度手段来引导和推动生态文明制度建设，使生态环境保护政策的制定更切合实际更完备，使生态制度的构建更科学更系统。另外，政治制度建设需要深入挖掘生态文明制度建设内涵，并将其"绿色创新"基因内嵌于政治制度建设之中。这是因为虽然党的十七大把生态文明写入报告中，党的十八大把生态文明提高到了前所未有的"五位一体"的高度，并明确提出要"加强生态文明制度建设"，但如何解说和处理社会主义核心价值观与生态文明价值观之间相互契合的关系，如何将生态文明价值理念内嵌于政治制度建设之中并使其对于我们构建中国特色社会主义民主政治制度产生别开生面的影响，如何从战略把生态文明制度与共产主义制度之间建立起联系，从而为创建未来社会提供新理念，依然是需要解决的问题。

从制度建设现状看，中国率先从"五位一体"的多维视角开展生态文明制度建设，如本书第二章所述，已经凸显了中国特色社会主义政治制度的前瞻性、领先性、务实性。在这里需要强调的是，在中国政治制度建设的每一个关键阶段，作为政治制度建设之重要组成部分的行政机构的改革，都在强化生态文明制度建设的目标指向。例如，在新中国诞生后，以中央集权为特征的

---

① 《习近平在北京大学师生座谈会上的讲话》，中国网，2014 年 5 月 5 日，http：//www.china. com. cn/news/2014 –05/05/content_ 32283223 –2. htm。

"计划体制"制定的一个大规模植树造林活动，目标指向就是对近半个世纪战火毁坏的森林植被进行修护。20 世纪 70 年代，为了与世界生态文明活动同步，中国开始设立负责生态环境管理的专门机构。1971 年国家计划委员会设立了环境保护机构"三废"利用领导小组。1972 年签署《联合国人类环境宣言》将中国生态环境问题与国际接轨。1973 年国务院制定《关于保护和改善环境的若干规定》成为中国环保事业的里程碑。改革开放后，在行政机构改革中生态环境保护部门的管理职权不断得到加强。例如，1982 年国务院环境保护领导小组改名城乡环保部环境保护局；1984 年国务院成立环境保护委员会，将隶属于部级的环保局升格为国家级的环保局；1988 年改为国务院的直属局；1993 年升格为副部级直属局；1998 年再升格为国家环境保护总局；2008 年进一步升格为国务院组成部门国家环保部。相应地，我国还建立了一整套的从中央到地方的行政机构，见表 6 - 1。

表 6 - 1　　　　　　　　　中国实施生态环境管理的 17 个行政部门

主管部门	国务院环境保护行政主管部门
	县级以上人民政府环境保护行政主管部门
监管部门	国家海洋行政主管部门
	国家海事行政主管部门
	港务监督行政主管部门
	渔政渔港监督
	军队环境保护部门
	各级公安机关
	各级交通部门的航政机关
	铁道行政主管部门
	民航管理部门
	国土资源行政主管部门
	矿产资源行政主管部门
	林业行政主管部门
	农业行政主管部门
	水利行政主管部门
	渔业行政主管部门

（三）生态文明制度建设对政治制度建设的引领

在这里，强调生态文明制度建设对政治制度建设的引领，实际上在强调（本书）一个重要的观点，即在广义生态文明制度建设的视域中，探索中国特色社会主义政治制度建设的"理想模式"，使之成为拉动中国特色社会主义制度体系现代化建设的"火车头"。从社会整体结构及其分层结构之间的互动关系上看，生态文明制度建设绝不是一种被动地由政治制度决定的制度安排；实际上它作为一种能够代表人类社会文明发展方向（包括制度文明发展方向）的价值选择，把生态文明形态和制度文明形态结合在一起，目标指向的是人与自然和人与人之间和谐相处的理想社会，从而把马克思列宁主义的理想社会（共产主义）和后现代文明框架中的"理想社会"链接起来。应该说，这既是中国特色社会主义生态文明制度建设对政治制度建设的伟大引领，也是对马克思列宁主义关于政治制度社会功能理论的有益补充。在恩格斯看来，一个社会在向现代化变迁的过程中，政治制度对其经济文化等方面的发展往往具有同向、逆向和交叉三种情况（功能效应），"在第二和第三种情况下，政治权力能给经济发展造成巨大的损害，并能引起大量的人力和武力的浪费"。① 而借助生态文明制度建设对政治制度建设的引领，就能够有效避免这第二种和第三种情况发生。这是一种既符合中国特色社会主义核心价值观，又符合人类制度文明建设一般规律的思路，何乐而不为！

二、"人民当家做主"与政治制度生态化改革方向

（一）政治制度生态化改革的理论依据

党的十八大报告提出"把生态文明建设放在突出地位，融入经济建设、政治建设、文化建设、社会建设各方面和全过程"②。党的十八届三中全会指出"人民当家做主又是社会主义民主政治的本质要求，是社会主义政治文明

---

① 《马克思恩格斯全集》第37卷，人民出版社1971年版，第487页。
② 《坚定不移沿着中国特色社会主义道路前进 为全面建成小康社会而奋斗——在中国共产党第十八次全国代表大会上的报告》，人民出版社2012年版，第20、40页。

建设的根本出发点和归宿。"① 从这样一个层面思考我们将要探讨的问题，与其说它是"政治制度生态化改革问题"，还不如说我们是在强调"如何"把生态文明建设放到"突出地位"，以及如何将其"融入"到政治制度建设之中去的问题。显然，这是带有根本性的方法问题。如果说从直接认识论的角度，我们探讨政治生态化改革方向是符合党的十八大方向的，也是符合十八届三中全会关于全面深入改革精神的，那么从基础方法论的角度，我们探讨这个问题的理论依据就是科学发展观。

科学发展观作为马克思主义同当代中国实际和时代特征相结合的产物，是马克思主义关于发展的世界观和方法论的集中体现，其核心价值就在于"对新形势下实现什么样的发展、怎样发展等重大问题作出了新的科学回答，把我们对中国特色社会主义规律的认识提高到新的水平，开辟了当代中国马克思主义发展新境界"。② 显然，这里的问题属于这个核心价值的范畴。

实际上，科学发展观已经阐明了"人民当家做主"与生态文明之间的关系。它指出："必须更加自觉地把以人为本作为深入贯彻落实科学发展观的核心立场，始终把实现好、维护好、发展好最广大人民根本利益作为党和国家一切工作的出发点和落脚点，尊重人民首创精神，保障人民各项权益，不断在实现发展成果由人民共享、促进人的全面发展上取得新成效。必须更加自觉地把全面协调可持续作为深入贯彻落实科学发展观的基本要求，全面落实经济建设、政治建设、文化建设、社会建设、生态文明建设"五位一体"总体布局，促进现代化建设各方面相协调，促进生产关系与生产力、上层建筑与经济基础相协调，不断开拓生产发展、生活富裕、生态良好的文明发展道路。必须更加自觉地把统筹兼顾作为深入贯彻落实科学发展观的根本方法，坚持一切从实际出发，正确认识和妥善处理中国特色社会主义事业中的重大关系，统筹改革发展稳定、内政外交国防、治党治国治军各方面工作，统筹城乡发展、区域发展、经济社会发展、人与自然和谐发展、国内发展和对外开放，统筹各方面利益关系，充分调动各方面积极性，努力形成全体人民各尽其能、各得其所而又

---

① 《中共中央关于全面深化改革若干重大问题的决定》，人民出版社 2013 年版。

② 《坚定不移沿着中国特色社会主义道路前进　为全面建成小康社会而奋斗——在中国共产党第十八次全国代表大会上的报告》，人民出版社 2012 年版，第 20、40 页。

和谐相处的局面。"①

当然，作为方法论的科学发展观，不可能把以"人民当家做主"为核心的政治制度建设，同以"生态"为特征的文明形态在具体层面上耦合起来，从而提出政治制度生态化的改革，并将其作为政治制度现代化建设的模式。然而，党的十八大明确指出："解放思想、实事求是、与时俱进、求真务实，是科学发展观最鲜明的精神实质。实践发展永无止境，认识真理永无止境，理论创新永无止境。全党一定要勇于实践、勇于变革、勇于创新，把握时代发展要求，顺应人民共同愿望，不懈探索和把握中国特色社会主义规律，永葆党的生机活力，永葆国家发展动力，在党和人民创造性实践中奋力开拓中国特色社会主义更为广阔的发展前景"。②另外，在改革开放的三十多年间，我们一直不断完善党和国家领导制度、人民代表大会制度、中国共产党领导的多党合作和政治协商制度、民族区域自治制度、基层民主制度、行政管理体制、司法制度、决策机制、权力制约监督制度。应该说，中国政治体制改革和建设已经明确地显现了现代化建设的趋势和状态。这些状态难道不是政治改革生态化的一种景象吗？所谓生态化实质就是生命的个体、群体、整体和谐发展的状态和趋势。

（二） 政治制度生态化改革的原则

首先，必须坚持党的领导、人民当家做主和依法治国的有机统一。这既是对建国 60 多年来中国特色社会主义民主政治建设经验的总结，也是中国特色社会主义政治制度生态化改革的基本原则。党的领导是中国特色社会主义政治制度建设的根本保证，党领导人民取得了新民主主义革命的伟大胜利、成立了中华人民共和国、确立了中国特色社会主义制度、进入了改革开放的新时代，因此，中国共产党的领导是中国人民在长期艰苦斗争中的选择，是历史发展的必然结果。人民当家做主是中国特色社会主义政治制度建设的本质要求，中国共产党的群众路线是"从群众中来，到群众中去，一切依靠群众，一切为了群众"；生态文明建设需要社会上每一个成员的参与，需要每一个形成节约意识、环保意识、生态意识；只有人民（包括每一个人）当家做主，才能实现

---

①② 《坚定不移沿着中国特色社会主义道路前进　为全面建成小康社会而奋斗——在中国共产党第十八次全国代表大会上的报告》，人民出版社 2012 年版，第 20、40 页。

生态文明所要求的人与自然和谐发展。

其次，必须坚持政府组织、非政府组织、公民个体、企业等多元参与、良性互动的机制。从生态学意义上讲，人类的命运取决于世界的多样性；从政治生态理论的角度看，一种政治制度的命运取决于它是否适应这个社会的多样。因此，随着社会的不断发展，社会主体多样化导致利益格局趋向于多元化，政治制度的生态化改革就必须紧跟社会发展的步伐，必须在尊重中国特色社会主义核心价值观的前提下也尊重多样性的价值准则。在经济、文化、社会、生态等各个领域都要坚持市场在资源配置中起决定性作用和更好发挥政府作用。政治制度建设的方向是政府与非政府的协商、公共机构与私人机构的协商、强制与自愿的合作，通过协商合作形成良性互动的和谐关系。这种良性互动包括三方面：一是通过人与人之间的良性互动，消除因为利益、观点分歧形成的人与人之间的不信任，勾勒一幅人与人之间和睦相处的画面；二是通过人与社会之间的良性互动，克服因制度性因素导致的社会不公和非正义，确立共同认可的方式、目标实施对公共事务的管理；三是通过人与自然之间的良性互动，避免人类对自然的掠夺式开发造成的生态灾难，形成一种人与自然和谐相处、可持续发展的局面。

最后，必须坚持自组织①与他组织②相统一的原则。在政治生态理论看来，政治制度体系只是社会系统乃至自然生态系统的一个组成部分，政治制度体系不能离开社会系统的制约而独立存在。③ 作为系统，政治制度体系的自组织一旦离开社会系统的支持、监督、制约，活力和动力必将消失。任何一个系统的可持续运行和发展，不仅要依赖自组织内部的动力，而且要依赖来自社会系统中的他组织的自觉与不自觉的动力。没有政治制度与社会系统的沟通，没有社会系统给予它的能量，没有社会系统对政治制度体系的监督，政治制度体系会自我封闭，进而无法形成有效的自我循环，最终走向自我毁灭。因此，社会系统对于政治制度体系的完善具有无可替代的作用。例如，在民主政治制度下，社会系统所具有的他组织功能，能够减少民主政治制度犯错误的概率，弥补民

---

① 自组织是指事物通过自己内部的组成部分之间的相互作用，自发地形成有序结构的动态过程。

② 他组织是指环境因素对系统所施加的外部影响，以此促使系统形成有序结构，是与自组织相对应的。

③ 刘京希：《政治生态论——政治发展的生态学考察》，山东大学出版社 2007 年版，第 31 页。

主政治制度的不足。民主政治制度的最大缺陷在于片面强调多数原则而引起违背法律，从而使得民主政治无法接受社会系统的制约，可能损害其他主体的利益。针对这种情况，应该强化社会他组织的制约功能，明确国家权力的合法边界，也就是"把权力关在制度的笼子里"①，形成民主政治自组织与社会他组织相互支持、相互促进、相互制约的格局。

（三）政治制度生态化改革的路径

首先，在宏观领域，坚持和完善人民代表大会制度、协商民主制度；在微观领域，坚持和完善基层民主制度。人民代表大会制度是保证我国人民当家做主的根本政治制度，体现了人民民主的原则，明确了人民可以而且必须通过选举的方式行使国家权力；协商民主是我国社会主义民主政治的特有形式和独特优势，是党的群众路线在政治领域的重要体现②，协商民主③能够鼓励公民积极参与、尊重差异，从而促进合法决策、化解冲突、明确责任。基层民主制度旨在通过人们广泛的直接参与以保护人们的生态和社会利益，维护生态与社会的可持续发展。党的十八大报告指出"在城乡社区治理、基层公共事务和公益事业中实行群众自我管理、自我服务、自我教育、自我监督，是人民依法直接行使民主权利的重要方式。"这是由我国的国情决定的，虽然公民自治承担着实现民主、教育公民的功能，但我国是发展中国家，不仅人口众多而且经济发展水平相对落后，因此，基层民主制度成为我国实现社会主义民主的过渡形式。实行基层民主制度并不意味着要废除经济、政治制度和行政、管理制度，而是将它们约束和限制在人民手中。④

其次，由传统的局部治理的方式转变为整体治理的方式。十八届三中全会提出"健全国家自然资源资产管理体制，统一行使全民所有自然资源资产所有者职责。完善自然资源监管体制，统一行使所有国土空间用途管制职责。"

---

① 《习近平总书记在十八届中纪委二次全会上的讲话》，新华网，http://news.xinhuanet.com/politics/2013-01/22/c-114461056.htm。
② 《中共中央关于全面深化改革若干重大问题的决定》，人民出版社 2013 年版。
③ 协商民主是公民通过自由而平等的对话、讨论、审视等方式参与公共决策的政治生活，从而赋予立法和决策以合法性和合理性的一种治理模式。在我国，人民政协是实行协商民主的主要渠道和主要形式。
④ 刘俊杰：《民主与生态的关系——生态社会主义民主观研究》，福建师范大学 2010 年硕士论文。

这体现了我国已经开始转变局部治理的思维方式。社会系统是一个有组织的有机体，虽然政府是社会治理的核心，但是不仅存在中央政府、地方政府，而且每一级政府还存在多个层级、多个政府部门，即政府是一个体系。为了社会治理的有效性，政府的层级划分、功能划分是合理的。但是，社会是一个系统，政治体制的建设必须遵循自然规律、坚持整体治理的方式，如果大家各司其职，很容易顾此失彼，最终造成社会系统的破坏。整体治理包含两层意思：一是治理主体要相互协调，统一行动，因地制宜地成立统一的管理组织或协调机构。世界上许多国家都通过建立河流流域管理机构、成立联合管理机构来共同治理社会。二是治理平衡，社会治理是共同的责任，应该坚持"共同但有区别的责任"原则，综合考虑当地的经济发展水平、历史责任来共同出力出资，维持社会系统的有效运转。三是补充机制，对于因社会治理受损的主体应该予以补偿，对于因社会治理获益的主体应该收税。①

最后，改变不合理的社会经济发展（价值）评价体系、政绩（价值）评价体系。党的十八大报告中明确地提出"要把资源消耗、环境损害、生态效益纳入经济社会发展评价体系，建立体现生态文明要求的目标体系、考核办法、奖惩机制"，并在十八届三中全会中对此再次予以确认，"完善发展成果考核评价体系，纠正单纯以经济增长速度评定政绩的偏向，加大资源消耗、环境损害、生态效益、产能过剩、科技创新、安全生产、新增债务等指标的权重"，"改革政绩考核机制，着力解决'形象工程'、'政绩工程'以及不作为、乱作为等问题"，"对限制开发区域和生态脆弱的国家扶贫开发工作重点县取消地区生产总值考核"。由此可见国家对于现有的评价体系的决心。在传统的社会经济发展评价体系中，GDP 是唯一的指标，环境与资源处于无价值或低价值的地位，这会对人们的行为造成一种逆向激励，单纯追求 GDP 的高速增长，忽略由此带来的环境污染、资源浪费，因此需要把资源消耗、环境损害、生态效益引入经济社会发展评价，引导企业的生产方式、人们的生活方式向着保护环境、节约资源的方向转变。在传统的政绩评价体系中，经济指标占的比重很大，文化、社会、生态等因素被严重忽略，这会导致官员"唯 GDP 论英

① 丁开杰、刘英、王勇兵：《生态文明建设：伦理、经济与治理》，载于《马克思主义与现实》2006 年第 4 期。

雄"，因此需要把民生改善、社会进步、生态效益等纳入政绩评价体系，引导干部关注民生、关心社会发展、注重保护生态环境。①

三、"依法治国" 与生态化政治制度内在的稳定性

（一）依法治国与民主制度建设

在中国特色社会主义政治制度建设中，如果说强调"人民当家做主"基本制度，本质上是在强调《宪法》赋予"每一位"公民的国家主人地位以及相应的权利和义务，那么强调"依法治国"基本方略，本质上就是强调如何把"人民当家做主"基本制度法律化。在漫长的古代，中国虽有秦法汉律，但总的来说国家不是"依法治理"而是"因人而治"，臣民信奉的"软制度"是"君叫臣死，臣不敢不死"。在百年近代，山河破碎、军阀混战的中国，事实上已无国可治何谈"依法"？实际在中国，依法治国最早实行于中国共产党领导的红色根据地、抗日根据地、解放区根据地。例如，1931 年 11 月 7 日，在江西瑞金召开的中华工农兵苏维埃第一次全国代表大会上，就通过了"宪法、政纲，土地法、劳动法、红军问题、经济政策等"及"选举法"②。新民主主义革命胜利后，中国共产党靠着依法治国的价值理念获得各政治党派各民众团体的真诚拥护，靠着《中国人民政治协商会议组织法》和《中国人民政治协商会议共同纲领》（"根本大法"）建立了中华人民共和国，而著名"七君子"之一，著名大法学家沈钧儒任最高法院院长。正如刘少奇后来在 1954 年"宪法草案"报告中指出的："我们采取这种制度，是同我们国家根本性质相联系的。"③

然而，依法治国在"十年动乱（1966～1976）"中得到重创，竟连国家主席刘少奇也在"大鸣、大放、大辩论、大字报"的"大民主"中被迫害致死。

---

① 宋言奇：《生态文明建设的内涵、意义及其路径》，载于《南通大学学报》2008 年第 4 期。

② 胡华主编：《中国新民主主义革命史参考资料》，选自《中国共产党第六次全国代表大会文件》，商务印书馆 1951 年版，第 227～228 页。

③ 刘少奇：《关于中华人民共和国宪法草案的报告》，选自《中华人民共和国宪法》，人民出版社 1954 年版，第 59 页。

正是基于这种沉痛的历史教训，1978 年年底，邓小平在十一届三中全会前召开的中央工作会议上明确指出："必须使民主制度化、法律化，使这种制度和法律不因领导人的改变而改变，不因领导人的看法和注意力的改变而改变"。① "我们的民主制度还有不完善的地方，要制定一系列的法律、法令和条例，使民主制度化、法律化。社会主义民主和社会主义法制是不可分的。不要社会主义法制的民主，不要党的领导的民主，不要纪律和秩序的民主，决不是社会主义民主。相反，这只能使我们的国家再一次陷入无政府状态，使国家更难民主化，使国民经济更难发展，使人民生活更难改善。"② 1981 年十一届六中全会《关于建国以来党的若干历史问题的决议》也指出：难以防止和制止"十年动乱"一个重要条件是"没有能把党内民主和国家政治社会生活的民主加以制度化、法律化，或者虽然制定了法律，却没有应有的权威。"③ 1997 年党的十五大报告第一次明确提出"发展民主必须同健全法制紧密结合，实行依法治国……依法治国，是党领导人民治理国家的基本方略"④。

"十五大"报告提出"依法治国，建设社会主义法治国家"这一治国基本方略以来，中国的法制建设一直接受着基于利益调整不断推进和维护制度共识的挑战⑤。首先，在立法制度上，行政权被进一步得到规范，具体体现在 2003 年的《行政许可法》、2005 年的《公务员法》、2007 年《行政机关公务员行政处分条例》和 2011 年的《行政强制法》。构建和完善法律规范的建设，杜绝超越法律或凌驾于法律之上的特权现象。其次，在对各种习惯、信念和利益的尊重方面，自 1984 年制定《中华人民共和国民族区域自治法》，保障了民族风俗习惯的合法性。立法与各种观念、习俗和行为方式的契合成为法制体系建设从曲折到成熟的重要内容。再其次，为适应中国改革开放和经济发展的需要，以放弃计划经济体制在社会主义体系中的垄断地位走向社会主义市场经济在当代中国经济建设中的合理地位为主轴，中国进行了大量的立法实践，包括 1993 年、1999 年和 2004 年宪法修正案中陆续体现以承认财产权的正当性为核

---

① 《邓小平文选》第二卷，人民出版社 1994 年版，第 146 页。
② 同上，第 359 页。
③ 《十四大以来重要文献选编》（中），人民出版社 1997 年版，第 1818 页。
④ 《十五大以来重要文献选编》（上），人民出版社 2000 年版，第 30 页。
⑤ 潘伟杰著：《当代中国立法制度研究》，上海人民出版社 2013 年版，第 130 页。

心的个人利益合法化的立法制度演变进程。到目前为止，中国特色社会主义法律体系已经形成，并且依然面临着动态与发展的过程。这一建构与完善的过程，是不断处理市场与政府、个体正义与社会正义等多方面均衡关系的过程，并将不断随着经济基础的发展与公民社会的成长而调整与进步。

（二）依法治国与制度文明建设

法治文明属于政治文明和制度文明的范畴，是现代文明的重要组成部分。依法治国是中国政治文明和制度文明进步的重要标志。首先，依法治国的主体，是创造历史文明的人民。宪法明确规定，国家一切权力属于人民，任何机构和个人决不能未经人民授权或者超越人民授权，成为人民之外或者人民之上的治理国家的主体。其次，依法治国的客体，是国家事务、经济文化事业和社会事务。凡是涉及这些事务、事业的人员和单位，不论职位高低，权力大小，都应当受到法律的规范。国家机构和国家公职人员掌握一定权力，所处地位很重要，应当是依法被监督和被治理的重点。再次，依法治国的最重要依据是宪法和法律。宪法是国家根本大法，具有最大的权威性和最高的法律效力。任何人、任何组织都没有超越宪法和法律的特权。行政法规、部门规章、地方和部门的法规不能只考虑各自利益，把依法治理变成自我保护的工具。最后，依法治国和党的领导的关系，二者并不矛盾，而是相互促进的。党是依法治国的倡导者，同人民一起制定法律，又自觉地在宪法法律范围内活动，带头遵守和实施法律，这样就能够做到把坚持党的领导、发扬人民民主和严格依法办事三者统一起来，实现党的主张和广大人民意志的统一。

（三）依法治国与国家的长治久安

依法治国是维护社会稳定、国家长治久安的重要保障。保持社会稳定和安定团结是人民的最高利益，是中国特色社会主义各项事业顺利发展的前提。没有稳定，就什么事情也干不成。历史经验表明，法令行则国治国兴，法令弛则国乱国衰；尤其是在社会变迁的关键时刻，保持稳定，最根本、最靠得住的办法是实行法治。当前正是中国特色社会主义进行全面深化改革的关键时刻，无论是改革还是开放，无论是国内还是国际，都进入了格局改变、利益调整的"深水区"。在这种情况，我们更需要依法治国，为建设中国特色社会主义现代化国家的做好法制保障工作。应该说，这是极其艰难的工作。正如任仲平指出的那样"毫无疑问，世界上最难的是改变，因为改变意味着放弃陈规、丢掉积习，甚至牺牲自我，因此它考验勇气、磨砺信念，也衡量担当。对于视改革为时代精神的中国而言，在慨然行进35年后，之所以选择用全面深化改革来突破新的历史隘口，正是希望为破浪前行的中国航船，寻找一片更为开阔的水域，为风云变幻的世界版图，构筑一块更为坚实的地基。"① 应该说，在这块地基上，不仅标示着中国特色社会主义理论体系自信、中国特色社会主义道路自信，更重要的是标示着中国特色社会主义制度自信。

从立法角度看，一个政治文明、制度文明的现代化国家，必然是一个法律体系完备、有法可依的国家。因为完备的法律体系，不仅检验一个国家的立法能力，而且检验一个国家依法治国的水平。如前所述，中国特色社会主义法律体系已于2010年构建完备。这个法律体系，从法律规范的范围上看，包括宪法、法律、行政法规、地方性法规、自治条例和单行条例；从法律规范的分类上看，包括宪法相关法、民商法、行政法、经济法、社会法、刑法、诉讼与非诉讼程序法七个类别法律体系。正如党的十一届全国人大四次会议第二次全体会议上的工作报告中所说："中国特色社会主义法律体系的形成，夯实了立国兴邦、长治久安的法制根基，从制度上、法律上确保中国共产党始终成为中国特色社会主义事业的领导核心，确保国家一切权力牢牢掌握在人民手中，确保民族独立、国家主权和领土完整，确保国家统一、社会安定和各民族大团结，确保坚持独立自主的和平外交政策、走和平发展道路，确保国家永远沿着中国特色社会主义的正确方向奋勇前进。"②

从执法司法的角度看，依法治国，建设社会主义法治国家，创建中国特色社会主义制度文明，好比一项工程浩大的系统工程，需要中华人民共和国每一位公民的努力。(1) 必须提高党和国家依法执政的水平。这是因为"建设法治中国，必须坚持依法治国、依法执政、依法行政共同推进，坚持法治国家、法治政府、法治社会一体建设。深化司法体制改革，加快建设公正高效权威的社会主义司法制度，维护人民权益，让人民群众在每一个司法案件中都感受到

---

① 任仲平：《标注现代化的新高度——论准确把握全面深化改革总目标》，人民网，2014年4月14日，http://opinion.people.com.cn/n/2014/0414/c1003－24890189.html。

② 国务院新闻办：《中国特色社会主义法律体系》，人民出版社2011年版。

公平正义"。① 这是何等庄严而神圣的伟大事业，构建这种人类制度文明史上前所未有的文明大业，没有高水平的依法执法能力是根本不可能实现的。（2）实行依法治国，必须"维护宪法法律权威。宪法是保证党和国家兴旺发达、长治久安的根本法，具有最高权威。要进一步健全宪法实施监督机制和程序，把全面贯彻实施宪法提高到一个新水平。建立健全全社会忠于、遵守、维护、运用宪法法律的制度。坚持法律面前人人平等，任何组织或者个人都不得有超越宪法法律的特权，一切违反宪法法律的行为都必须予以追究。"② 当前，在"健全反腐败领导体制和工作机制"③ 上尤其要体现宪法的精神和原则。（3）一定要下大气力"改革司法体制和运行机制司法体制是政治体制的重要组成部分。这些年来，群众对司法不公的意见比较集中，司法公信力不足很大程度上与司法体制和工作机制不合理有关。"④

四、生态文明视域下中国特色社会主义政治制度建设任务与案例

（一）把政治制度建设与生态文明制度建设对接起来

如果说中国特色社会主义政治制度建设的目标建立、完善、发展中国特色社会主义，因为"中国特色社会主义是亿万人民自己的事业";⑤ 那么（广义）中国特色社会主义生态文明制度建设目标就是"美丽中国"，因为美丽中国是实现中华民族伟大复兴的"中国梦"。从这个意义上，把中国特色社会主义的政治制度建设和生态文明制度建设直接对接起来，绝不是没有根据的或一厢情愿的设想；我们甚至还可以说，中国特色社会主义生态文明制度建设就是中国特色社会主义现代化国家的目标模式。因为党的十八大报告已经明确指出："建设中国特色社会主义，总依据是社会主义初级阶段，总布局是五位一体，

---

① ② ④ 《中共中央关于全面深化改革若干重大问题的决定》，人民出版社 2013 年版。

③ 习近平：关于《中共中央关于全面深化改革若干重大问题的决定》的说明，新华网，2013 年 11 月 15 日，http://news.xinhuanet.com/politics/2013 - 11/15/c_118164294.htm。

⑤ 《坚定不移沿着中国特色社会主义道路前进　为全面建成小康社会而奋斗——在中国共产党第十八次全国代表大会上的报告》，人民出版社 2012 年版，第 20 页。

总任务是实现社会主义现代化和中华民族伟大复兴"①；"全面深化改革的总目标是完善和发展中国特色社会主义制度，推进国家治理体系和治理能力现代化。"② 正如习近平总书记所说的"我们正在从事的中国特色社会主义事业是伟大而波澜壮阔的，是前人没有做过的。因此，我们的学习应该是全面的、系统的、富有探索精神的，既要抓住学习重点，也要注意拓展学习领域；既要向书本学习，也要向实践学习；既要向人民群众学习、向专家学者学习，也要向国外有益经验学习。学习有理论知识的学习，也有实践知识的学习。"③ 而有根据的、合乎逻辑的"联想"本身就是最好的学习。像一定要避免"思而不学则殆"一样，我们也要避免"学而不思则罔"。

如前所述，在党的十八大报告把生态文明提到前所未有的高度，并把生态文明纳入社会主义核心价值观，提出在"五位一体"框架下，将生态文明建设深入经济建设、政治建设、文化建设和社会建设之中。从这个意义上，我们完全可以把建立人与人和谐相处和人与自然和谐相处的"生态文明理念"纳入中国特色社会主义政治制度建设之中。而以尊重生命个体的差异性、生命群体的多样性、生命系统的稳定性为特征，以及强调生命系统与环境系统交互作用的生态文明理念，对于开拓和推动中国特色社会主义政治体制向"生态化"方向发展显然是具有启迪作用的。如果我们把生态文明价值观嵌入政治制度建设之中，那么我们就是要建设能够保障民生、平等、公平、法治，使人民自由全面发展的政治制度，实现"既有集中又有民主""既有统一意志又有个人心情舒畅""既能显示中国力量，又能让人民共享人生出彩的机会"的生态化的政治局面。因此，运用对于生态系统演化的自然规律与政治制度发展规律相结合，可以总结出一套生态文明的价值观，并由此得出我国政治制度建设的生态化目标，即以生态文明的"充分尊重个体差异性、群体多样性、整体系统性最佳"为要旨，以实现政治体制生态化为设计性目标，以公民对政治制度所拥有的自主性、适应性、选择性、参与调试性为现代化目标，全盘设计政治制

---

① 《坚定不移沿着中国特色社会主义道路前进 为全面建成小康社会而奋斗——在中国共产党第十八次全国代表大会上的报告》，人民出版社2012年版，第40页。

② 《中共中央关于全面深化改革若干重大问题的决定》，人民出版社2013年版。

③ 习近平：《在中央党校建校80周年庆祝大会暨2013年春季学期开学典礼上的讲话》，人民出版社2013年版，第7页。

度体系。

具体而言，我国政治制度建设的生态化目标主要包括三点：一是个体差异性。尊重每一个生命个体的差异性，保障人民的自由、自主、自强、竞争。在审慎认识当前我国政治制度特点的基础上，由"充分尊重个体差异性"这一点引出政治制度中针对公民个体的自主性目标。充分尊重公民自身的理想，使其实现属于自己的"中国梦"；充分尊重公民各自的个性，创造给每个人人生出彩的机会；充分尊重公民个人的意愿，让其依法直接行使民主权利，在城乡社区治理、基层公共事务和公益事业中实行群众自我管理、自我服务、自我教育、自我监督。二是群体多样性。保障生命群落的多样性，维护人民的平等、民生、民主、民权。承认并尊重群体的差异以及其应该拥有的权利份额、年龄多元化、男女比例协调性、多党合作性、各社会利益群体参与性、各民族特色等的多样性。尊重"人的需求的多样性"，保护公民的天然权力（与生俱来）、自然权力（不危害他人和社会的习俗）、社会权力、政治权力、文化权力、宗教信仰权力及其权益，以建立良好的人与人和谐相处的社会生态系统及人与自然和谐相处的自然生态系统为政治制度建设之首要责任，更加注重健全民主制度、丰富民主形式，保证人民依法实行民主选举、民主决策、民主管理、民主监督。三是整体系统性。承认生命整体的系统性，维护历史与现实创新、破除简单化观念。这要求我们依法治国并凝聚各方面力量，促进政党关系、民族关系、宗教关系、阶层关系、海内外同胞关系的和谐。加快推进社会主义民主政治制度化、规范化、程序化，从各层次各领域扩大公民有序政治参与，实现国家各项工作法治化，进而建立中国特色的生态化的社会主义政治制度系统。

（二）把政治制度建设的顶层设计和整体谋划与生态文明理念结合起来

习近平在"关于《中共中央关于全面深化改革若干重大问题的决定》的说明"中精辟地指出："全面深化改革需要加强顶层设计和整体谋划，加强各项改革的关联性、系统性、可行性研究。我们讲胆子要大、步子要稳，其中步子要稳就是要统筹考虑、全面论证、科学决策。经济、政治、文化、社会、生态文明各领域改革和党的建设改革紧密联系、相互交融，任何一个领域的改革都会牵动其他领域，同时也需要其他领域改革密切配合。如果各领域改革不配套，各方面改革措施相互牵扯，全面深化改革就很难推进下去，即使勉强推进，效果也会大打折扣。"① 在本书作者看来，如果说"顶层设计和整体谋划"是政治术语，那么"生态设计和系统耦合"就是科学术语。然而，如果从"五位一体"总格局以及把生态文明建设纳入"四个建设"之中的视角考虑，或者进一步从构建"人与自然与人与人和谐相处的社会"、建设"美丽中国"、实现"中国梦"的视角考虑，将"顶层设计和整体谋划"转换为"生态设计和系统耦合"显然是更能显示"关联性、系统性、可行性研究"。基于这种考虑，我们在这里不妨对宪法涉及的中国特色社会主义民主政治制度体系的构成部分，即人民代表大会制度、政治协商制度、基层组织制度，进行生态化改革设计。

人民代表大会制度建设生态化设计。《宪法》规定："中华人民共和国公民在法律面前一律平等。国家尊重和保障人权。"人民代表大会充分尊重公民个体民主权利，应适当扩大直接选举范围，以促进公民参与度；真正贯彻全国和地方各级人民代表大会代表施行的差额选举，保障选民的自由选择代表的权利，促使候选人间形成良好的竞争机制，有利于选出高素质的人大代表。为此，（1）从个体差异性上，要求建立人民群众反映个体差异的渠道：通过建立健全代表联络机构、网络平台等形式密切代表同人民群众联系；通过座谈、听证、评估、公布法律草案等扩大公民有序参与立法途径；通过询问、质询、特定问题调查、备案审查等积极回应社会关切。（2）从群体多样性上，提高依法治国各个环节中的公民参与性，拓宽选民登记的方式，避免将农民工等大量流动人口遗忘在选民之外的情况；提高基层人大代表特别是一线工人、农民、知识分子代表比例，降低党政领导干部代表比例，还要引入新的社会阶层代表；优化常委会、专委会组成人员知识和年龄结构，提高专职委员比例，把社会各行业各领域的专家纳入到决策体系中来。（3）从整体系统性上，要求我国人大代表向专职化方向发展、提高代表的知情权、建立和完善对人大代表的履职监督机制和退出机制，更好地推进我国政治生态系统整体化发展。具体

---

① 习近平：关于《中共中央关于全面深化改革若干重大问题的决定》的说明，新华网，2013 年 11 月 15 日，http：//news. xinhuanet. com/politics/2013 - 11/15/c_118164294. htm。

而言，人大代表专职化是针对人大代表兼职制而言，要求代表专职，使得代表能拥有更充足的时间和精力深入群众、了解民情、反映人民的意愿，还也可提高人大代表在闭会期间持续地表达人民的意愿和利益诉求，从而摘掉"开会的代表"的标签；提高代表的知情权是指应在人大代表和人大常委会之间建立良好的沟通渠道，充分了解工作信息和材料；建立相应的监督机制以及由选民、选举单位罢免代表或允许代表任内辞职的制度，以使人大代表履职情况透明化、提高其履职的积极性，从而有效减少代表"不当作为""不作为""以权谋私"等问题。

社会主义协商民主制度的生态化设计。（1）从个体差异性上，要求民主党派加强自身建设，有助于发挥民主党派参政议政、民主监督的作用。在继续发挥老一辈领导人的影响和作用的同时，要积极培养一批拥护四项基本原则、拥护改革开放，有一定群众基础和组织领导能力的中青年，逐步充实民主党派的领导班子。还要注意民主协商不仅仅是在国家的大政方针层面，更要积极开展基层民主协商，发挥民主党派在基层工作中的作用。（2）从群体多样性上，要求推进协商民主广泛多层制度化发展。通过国家政权机关、政协组织、党派团体等渠道，就经济社会发展重大问题和涉及群众切身利益的实际问题广泛协商，广纳群言、广集民智，增进共识、增强合力。坚持和完善中国共产党领导的多党合作和政治协商制度，充分发挥人民政协作为协商民主重要渠道作用，围绕团结和民主两大主题，推进政治协商、民主监督、参政议政制度建设，更好协调关系、汇聚力量、建言献策、服务大局。（3）从整体系统性上，要求加强和改善中国共产党对社会主义协商民主制度的领导，这既是坚持、完善社会主义协商民主制度的关键，也是社会主义协商民主制度的前提和根本保障。要求社会主义协商民主制度朝着规范化、程序化的方向发展。要通过政党制度建设明确各党在国家和社会两个层面的角色与功能，进一步明确民主党派在我国民主政治建设中的地位、作用、政治目标与政治责任。要弥补现有的关于社会主义协商民主制度的一些制度中明显缺乏监督和制约机制的缺陷，在多个环节加强监督和制约。设计和调整民族党派和人民政协履行职能的具体动态运行机制。理顺各民主党派与国家政权联系的渠道，建立起适应经济和社会发展现状的参政议政、民主监督的途径，保障民主党派、无党派人士能够并且长效地履行协商职能。把政治协商纳入决策程序，坚持协商于决策之前和决策之中，增强民主协商实效性。深入进行专题协商、对口协商、界别协商、提案办理协商。各政党之间的合作与共生，是社会主义协商民主制度生态化的最大特点。

基层民主制度的生态化设计：（1）从个体差异性上，要求构建基层群众自治组织，以保障群众在城乡社区治理、基层公共事务和公益事业中，能够依法进行自我管理、自我服务、自我教育、自我监督。建立这些自主组织时要注意它们的差异性：以调解为主的自力救助；权力机关救济，包括各级人大提供的权利救济；党政机关救济；司法救济；社会救济，即通过新闻媒体、法律援助中心实现的民主权利救济。这五种救济办法应相互协调、相互配合，共同构成维护基层群众自治权益的屏障和网络。（2）从群体多样性上，要求健全基层党组织领导的充满活力的基层群众自治机制。基层群众的自治权与执政党的领导权之间的关系是一个具有中国特色的特殊问题。在农村基层群众自治中，党的领导权与村民的自治权集中表现在两委关系上，即村委会和村党支部的关系。村委会组织法有规定，村委会是基层群众自治的组织载体，负有村级集体经济保值增值、社会稳定的职责，享有办理农村公共事务和公益事业的权利。但党组织又是村级各种组织的领导核心，在村民自治过程中享有指导、支持各项自治事业的权利。村委会与村党支部在村级公共权力最高享有者方面存在冲突。两者因权力争夺造成的关系紧张甚至对峙，严重影响了基层民主制度稳定、持续地发挥作用，十分不利于部分农村政治的稳定。因此，协调处理好"两委"的权力之争是十分重要的。（3）从整体系统性上，要求实现政府行政管理和基层民主有机结合，从而在最大限度上实现两者之中的耦合，以发挥在基层民主组织建设中"稳定器"的作用。另外，由于立法程序比较复杂，乡村关系立法时间也比较长，基层民主组织可以先从规范性文件或规章做起，为立法工作做好基础性的准备工作。在这方面，有一些地方已经制定了如何处理乡村关系的地方性文件，其中对于如何处理行政管理权与村委会的村民自治权的不和谐关系很有启发。这些文件的推广有利于基层民主建设。另外，可通过多种形式的教育培训来提高基层组织，尤其是新当选的村委会主任依法治理乡村的有效手段。

（三）中国特色社会主义政治制度推进生态文明建设的思路和案例

中国特色社会主义政治制度的生态化转向，实际上是构建一个制度体系的

"发现程序"，从而提供一种结构性的刺激，以有利于生态文明在经济、政治、社会、文化和生态领域内得以实现，并朝着积极的方向发展。要实现中国特色社会主义政治制度对生态文明建设的推进，必须从政府治理、区域发展、公民社会、生态改善和领导能力提升等几个方面着手，坚持制度特色，开发制度优势，为文明的进步提供制度保障。

1. 政府治理服务化

治理指的是一个由共同的目标支持的过程，主要涉及如何行使政府的权力，在社会生活中哪些主体最具权威和影响力，谁拥有决策权，决策者如何对自己的决策负责等问题。治理更强调政府与公民的合作、强调自上而下的管理和自下而上的参与相结合、强调管理主体的多元化、强调政府的功能不仅在于管理，更在于服务等。因此在这一治理过程中规则或制度既要明确稳定，又要具有灵活性，并且权力与规则的调整的基础是合作与协商，是上下互动的，参与的主体也是多元的。一个可以实施好的治理的好政府的角色更多的将是协调者而非控制者，是掌舵者而非划桨者，是公共产品和服务的提供者而非具体的生产者。因此，政府需要转变其职能，将一部分原来由政府承担的职能转交给私人部门、准自治的非政府组织、自治的社区机构等来承担，同时加强地方政府的绩效评价，重视行政效率的提高和行政成本的节约，并强调社会公平的保障和对公民愿望和要求的回应，从而实现公共部门和私人部门、志愿部门和市民之间的良性合作。

2. 区域发展活跃化

我国区域发展从横向上来说涉及各个地区的均衡，目前中国地方发展格局呈现出某种板块状：珠三角、长三角、京津塘、西部大开发、中部崛起、振兴东北，板块结构明显，竞争特征显著。从纵向上来说则涉及城市与乡村的统筹，政治制度建设应促进城乡和谐发展、促进城乡之间人才的流动、保证政府对于农村地区和城市边远地区的公共服务。因此，中央政府应赋予地方政府更多制度创新空间，增强地区经济发展的活力。地方政府是政策落实的直接主体，应该成为最具活力的创新主体，其在生态文明建设中的角色和作用可以体现在以下三个方面：（1）宏观战略的制定者，负责协调中央、其他地方政府和人民群众等各方力量，制定本地生态文明建设的宏观战略和远景规划，同时也成为规制中央政府集权倾向的制衡者。（2）中观制度的提供者。根据各级地方政府权限的不同，结合本地实际，制定和修改地方性法规，出台地方性规章和文件，为生态城市的构建创造良好的制度环境。（3）微观行为的监督者。地方政府充当地方社会经济运行的"掌舵者"，依法为微观主体提供公共产品和服务，同时也培养群众的公民意识与公共道德。当然，政治制度建设也需要突破旧区域主义管理结构的单一性、区域功能的政治性、区域成员的不对等性和区域范畴的排他性。

3. 社区建设参与化

在中国这样一个超大型、多民族国家，进行政治制度生态化建设，制约权力的使用是为了防止滥用权力，为此就必须以权力制约权力，必须扩大各个主体的活动空间，实现政府与公民对社会的共同治理。政府在治理过程中充分地考虑人民的意见，人民也积极地参与治理的过程，治理的结果符合多数人民的利益与愿望。这样，不仅治理的结果是良好的，治理的过程也是高效低耗的。因此，必须要推进基层民众自治，从而实现基层民主治理；推进社区自治，从而维护社区秩序稳定，保证社区工作的开展；推进公民社会，积极为社会公共事业提供资源；开展党内民主，推动基层党组织的发展。在此基础上，构建网络治理互动模式，突破科层互动的模式，构建一种统筹全局的网络治理模式，真正尊重区域内成员的权利，充分发挥区域内成员的利益能动性。通过网络治理的方式，实现管理的互动性、开放性和平等性。弱化行动者的等级色彩，以问题为向导，强调网络间的沟通功能。通过鼓励各种非政府利益群体广泛而积极地参与决策，突出政府的服务功能，坚持多元的决策治理模式，实现科学、民主、合理的决策和多重价值目标的综合平衡。

4. 生态保护常规化

我们应该充分认识到中国生态问题的复杂性与严峻性，在中国特色社会主义政治制度建设过程中应以一种更加直接的方式提供激励，避免物质在社会运行中占有过高的地位。中国环境问题的复杂性和环境问题自身的特殊性决定了政府肩上的责任，各级政府及其职能部门必须在生态善治中发挥主导作用，扮演领导角色。我国目前环境保护"大部制"的目标并没有实现，而且环保局升级为环保部也没有带来人员编制、财政资源、机构设置上给予特别的倾斜和支持。从现代治理的角度出发，人与自然相和谐仍是非常必要的，国家的治理要将生态建设和人文社会的发展联系在一起，这同时也是科学发展观的题中之意。

5. 领导队伍专业化

在古希腊哲学家柏拉图看来，政治家应当被定义为拥有某种专门知识的人。德国思想家韦伯认为，政治家至少要拥有三种前提性的素质：激情导致的献身精神、冷静的政治责任感和恰如其分的判断力。在中国，对好的领导人的要求有以下几点：一是对领导环境有清晰的认知；二是领导任务有深刻的领悟；三是具备较高的领导素质；四是具备较强的行动能力。建设高效政府，提高政府执行力，必须提高政府部门及其工作人员对所执行的国家法律、党的路线方针政策和上级政府指示的理解力，对所处环境和形势的判断力，对贯彻政府决策的推进力以及对其在推进决策过程中失误的纠正力等各种能力的总和。增强政府组织协调能力，包括纵向政府和横向政府，以及政府内部各个门派之间的组织协调能力。加强信息沟通，完善协调机制，增进合作能力，共同完成党和政府的方针政策。提升干部领导能力，提高行政问责机制和力度。生态文明视域下的中国特色政治是政治国家和公民社会的一种新颖关系，是两者的最佳状态，其旨在于通过政府和民间组织、公私部门之间的合作管理和伙伴关系来促进公共利益的最大化。通过对政府治理能力的建设，以及公民社会参与度的提高，可以实现以下几点目标：（1）通过依靠民众的同意和社会的共识来管理社会，提高人民群众满意度，从而保证政府合法性。同时建设法律系统，通过法律限制政府的行为，建设法治政府，保障人民群众的基本权利。政府依法履行信息公开的义务，保证其权力在"阳光下"运行，同时公民依法享有政治知情权，并且在该权利受到侵害时，公民有主张权利救济的路径，建设透明的政府。（2）政府的公务员有执政为民的意识，有为公民负责的态度，其基于公民的托付而履行自己的职责并承担相应的义务，能及时对公民的合理愿望和正当诉求作出负责的反应，同时有一定的与公民实现良性互动的工作能力，从而培养出一支有责任心、有行动力的公务员队伍。（3）政府的官员不徇私，不舞弊，不贪赃，不枉法，相对于普通民众，其应具有更高的道德水准。政府能在保证较低行政成本的前提下实现较高的行政效率。（4）公民有参与国家政治生活和其他社会生活的畅通渠道。（5）国家发展环境和平稳定，没有爆发战争或内乱的危机；社会秩序井然，民众享有普遍的安全感，人与人之间的关系和谐，没有激烈的社会矛盾和冲突；国家的公共政策具有相当程度的连贯性，公民对政府的行为具有合理的预见性。（6）不同性别、阶层、种族、文化程度、宗教和政治信仰的公民能享受政治权利和经济权利上的平等，贫富两极分化得以遏制，社会弱势群体能得到充分的保护和关爱。

从上文的叙述中可知，实际上中国政治制度体系生态化转向，意味着政府从管制走向服务，从全能走向有限，国家从人治走向法治，从集权走向分权，从统治走向治理，是一种建立透明、公正、法治的服务型、责任性、参与型政府的积极尝试。同时，人民参与政治制度建设的空间得以扩大，不同的主体得以表达其政治和权力诉求。而在人与自然的关系上，政治系统的正常运行将减少对物质的依赖，并且政治制度将为人与自然的和谐提供相关的激励机制，实现生态环境的优化。以国家稳定、社区繁荣和生态优美为目标的政治制度体系建设，是实现国家的长期稳定且保持创造力，从而推进文明进步的保障与动力。

6. 中国特色政治制度体系建设案例：美丽乡村规划实施

与工业化时期的农业的落后地位相比，现在及未来的农业面临的发展条件已经截然不同。目前网络技术的发展、基础设施的建设和第三产业的兴盛，使得信息、资金、人才与市场均能够向农村移动、与农业结合，开拓农产品产业链的延伸空间，从而不仅为农村的发展带来了新的发展机遇，而且也使得城市与乡村的互动关系活跃起来——不仅工业下乡带动乡村经济增长，而且特色农产品在城市市场的流通也有利于实现"农村反哺城市"，即一方面保证城市居民食品安全，另一方面城市居民能得到城市难以获取的人文、生态与美学服务，促进身心健康。然而，乡村特色、工业发展和市场经济的结合离不开精巧的基层政策与准确的宏观控制。以作者实地走访的福建省宁德市穆云乡为例，该乡党委政府在把握地方特色，并充分与省市政策和国家扶持相结合，科学建设美丽乡村方面，对生态文明政治制度建设具有重要的启发意义。

生态文明在乡村的落实，意味着基层自治组织本身的发展能够实现"天时、地利、人和"。穆云乡以山地为主，当地特产为茶叶、刺葡萄、穆阳水蜜桃，其中茶叶为传统优势农产品，福安市的"坦洋工夫"历史悠久，闻名中外，为中国四大功夫茶之一。刺葡萄和穆阳水蜜桃均获得国家农产品地理标志称号。穆云乡共辖33个行政村，其中纯畲族村13个，畲族社区1个，回族村1个。总人口2.8万多人，畲族人口为9700多人，占1/3左右。其中溪塔村是福安市畲族蓝姓畲民的主要发源地之一，村中建有蓝氏宗祠，藏有蓝氏族谱，保留着畲歌、畲语、畲医药等畲族传统文化。另外，穆云乡还拥有丰富的自然景观，其中蟾溪村的石臼群被誉为"石臼博物馆"，是宁德世界地质公园白云山风景区的核心景点之一。因此，从发展禀赋上来说，穆云乡占有相当的优势。不过，"玉不琢，不成器"，穆云乡的优势资源要转化为农民收入的提高、当地经济可持续发展以及人与自然、人与人关系的和谐，离不开地方自治模式的改善，以及上级政府和中央对农村和少数民族地区的支持。当地乡党委与政府坚持农业、工业和服务业的结合发展，一方面出台扶持政策，培育刺葡萄和水蜜桃，合理利用土地，沿河搭建支架，从而将刺葡萄的藤本属性与本地河流结合，并采用桃树矮化、提纯扶壮、嫁接、树龄延长和挂果延时技术，最大程度实现水蜜桃市场价值。同时在茶场和桃林内套种其他经济作物，饲养家禽，发展林下经济。以此为基础，穆云乡每年举办刺葡萄采摘节和桃花节，并且鼓励村民组办民族歌会，而且联系台湾同胞开展"寻根之旅"，从而融合乡村、民族和侨乡等各个方面的自然与文化风情，形成多元一体的成熟乡镇经济体。另一方面，积极促进村民合作社的形成与提升，不仅投入资金扶持农民专业合作社的发展，而且积极将台湾专业合作社的运营模式与本地经验相结合，减少学习成本。并且配合开展省级生态乡镇创建，以此为契机，清理水源地保护区，进行河塘清淤和植树造林，并在居民区铺设污水管网，使得当地二类水达标率、饮用水达标率和污水处理率达到100%。采用分片保洁与巡查制度，生活垃圾的无害化处理率也达到100%。穆云乡还邀请了福州大学土木工程系和厦门大学人文学院进行穆云乡的整体规划，并进行扎实的基础设施建设，从而不仅使得当地生产生活方便，而且增加了本地风景的吸引力，增加旅游业收入。

从穆云乡地方自治的调研中，可以得出以下经验：首先，生态文明建设，意味着人的文化素质、物质条件和生活水平的整体提高。这种理念落实到地方，就意味着现代化的生产生活设施可以切实地为平民百姓带来福利提升。而标准化的工业产品与本地居民生产生活的结合，并非资金投入上的单一化问题，而是管理制度和教育宣传的协同提升。由于目前中国乡村特殊的产权安排，乡村良好的社会风气和地方领导的个人素质是地方自治制度得以良好运行的关键因素。其次，国家所提倡的生态乡镇申报活动，有利于村治水平的整体提升。来自上级政府的监督以及相关资金支持和项目安排，在不妨碍村民自治的前提下，可以为乡村的现代化建设提供新的动力。同样，现代规划理论与乡村治理的结合，也有利于提升地方自治水平，国家应该鼓励此类工作的有序开展。再次，基础设施和产业支撑，是地方自治水平提升的标志与助推力。随着城镇化进程的推进，农村劳动力外流严重，只有实现基础设施建设和乡村特色产业发展之间的良性循环，才能留住人才，维持乡村产业的发展并保持民族文化在原有基础上继续演化。国家应该在抓城市建设的同时，积极积累多元化的乡村建设经验，重视乡村自治制度的更新。最后，要实现自治制度建设的持续发展，需要在适应外部环境动态变化的前提下探索相对固定的模式。例如，事实证明，相对复杂的专业合作社，均需要长期的制度变迁积累才能得以形成。制度建设不能一蹴而就，只能依靠不断深化对本地资源的认知和对外部经验的吸取来实现。穆云乡美丽乡村的建设并未生搬硬套外部模式，而是坚持本地特色，在发展特色农业的基础上发展加工业和服务业，从而不仅发展了经济，而且保存了本地文化和和谐的民风，保护了生态环境。

|第七章|

生态文明视域中文化伦理制度建设
及其价值观构建

无论在人与自然的关系体系中，还是在人与人的关系体系中，或者在自然与社会交错运动的关系体系中，毫无疑问，人在这些关系体系中都是主体、人的活动都是这些关系体系所承载的主题，在生态文明制度建设中也是一样。然而，人，不仅生活在自然中、生活在社会中、生活在文明中、生活在制度体系中，还生活在文化伦理之中。正因为人具有文化伦理之特质，所以人才能有反思、有觉悟、有交流、有沟通、有改正、有进步。如果说文化修养是一个人文明底蕴的表现形态，那么文化制度就是一个国家或一个地区的经济、政治、社会的制度建设水准的综合反映。应该说，当代文化制度，既标志着民族文化的传承，又与现代文化不可分割，是一个国家或一个地区"软实力"的典型表现。中国文化延续几千年，是中华民族自我生命的创造历程和见证，是中华民族生生不息的精神依托和支撑。自近代以来，伴随着社会生产力的不断发展，中国文化已经由封建的农业文化，逐步演进成既有现代性又有西方文化等多种因素的当代文化。但是融传统与现代、集中西为一体的新型文化的形成，以及中国现代化建设实践中存在诸多问题。因此，正视诸文化形态，并对其进行现代价值的挖掘以及创造性的阐释，从而构建具有中国特色的具有生态文明价值意蕴的文化制度，是中国生态文明建设实践中不可缺少的一环。进入 21 世纪以来，在中国特色社会主义建设事业中，一方面非常重视文化、伦理、道德、价值观的建设；另一方面非常重视生态文明在文化建设中的价值意蕴，并将其作为中国特色社会主义事业总体布局的重要组成部分。

按照中国特色社会主义事业发展的要求看，我国文化发展的方向是建立社会主义先进文化，文化制度建设的核心在于弘扬社会主义核心价值体系和核心价值观，满足人民精神需要。社会主义核心价值体系和核心价值观是中国特色社会主义制度思想基础和文化母体,是中国特色社会主义制度内在精神的体现形式。这一核心价值体系,以马克思主义为指导思想,包含着中国特色社会主义的共同理想、以爱国主义为核心的民族精神、以改革创新为核心的时代精神和"八荣八耻"为主要内容的公民道德等丰富内涵。党的十八大报告强调指出:大力弘扬民族精神和时代精神,深入开展爱国主义、集体主义、社会主义教育,丰富人民精神世界,增强人民精神力量。倡导富强、民主、文明、和谐,倡导自由、平等、公正、法治,倡导爱国、敬业、诚信、友善,积极培育和践行社会主义核心价值观。从中国特色社会主义文化制度的具体内容和特征来分析,它应包含着"五个主体"即五个层面的制度:一是以社会主义核心价值体系为主体、包容多样性的文化传播制度;二是以公有制为主体、多种所有制共同发展的文化产权制度;三是以文化产业为主体、发展公益性文化事业的文化企事业制度;四是以民族文化为主体、吸收外来有益文化的文化开放制度;五是以党政责任为主体、发挥市场积极作用的文化调控制度。显然,这个以社会主义核心价值体系为中心,包含五个层面的中国特色社会主义文化制度,所彰显的正是生态文明视域中具有当代价值意蕴的文化制度,因为它是坚持文化为中国特色社会主义现代化建设服务、为人民服务的文化制度。

第一节 文化伦理制度在生态文明制度 体系中的地位与作用

人类作为一种群体动物,自从自然界走出来并开始文明旅程的那一刻起,其活动就受到来自各方面的规范和约束,并由此与自然动物区分开来。其中,文化伦理作为一种非正规制度,是伴随千百年来人类社会文明演进过程而发展起来的一种非强制性的制度规范。尽管文化伦理作为一种规范在约束人们的行动方面,其强制性弱于法律、法规、政策、规章制度等正规制度,但其从人的内在德行的要求出发,对人的行为起到内省的规范性作用,并逐步从个体的内省不断升华为群体的价值评价。生态文明视域中的文化伦理制度建设,属于思想的、精神的上层建筑。它体现着一个社会的核心价值观和世界观,表明一个社会的价值取向。

一、关于文化与文明及其相互关系的辨析

（一）文化的内涵

文化作为一个概念，学术界有很多定义。文化大体上可概括为广义文化和狭义文化两种类型。广义文化，从内容看，既指人类征服自然、改造自然、人化自然的实践活动、实践过程，又指人类通过物质和精神生产实践所创造的一切物质财富和精神财富。其本质含义是自然的人化和化人，是人和社会的存在方式。"人化"是指按人的方式改造世界，使物质世界带上人文的性质；"化人"是指反过来，运用改造世界的人文成果来提高人、武装人、塑造人，使人获得更全面，更自由的发展。广义的文化映射着在历史发展过程中人类的物质和精神力量所达到的程度、方式和成果。从产生看，文化是以区域世界的形态出现的，受区域的自然、经济、社会等外界影响，不同区域有不同的文化特色，对人类文化做出了各自的贡献。从发展看，人类文化是历史地发展着的，是人类进化能力不断提高的体现。文化是人类对自然、社会乃至人自身的人化，其内在矛盾是主体和客体的矛盾，解决主客体的矛盾过程就是自然科学、社会科学和思维科学产生与发展的过程。狭义文化，是指排除了人类改造自然的物质创造活动及结果部分，专指精神创造活动及其成果。即与经济、政治相对应的，反映并作用于社会经济和政治客观存在的，由政治、道德、艺术、宗教、哲学等意识形态所构成的，以社会意识形态为主要内容的观念体系。从这个层面上说，文化是一定社会集团典型生活方式的总和，它包括这一集团的思想理论、伦理道德、观念形态、教育科学、文学艺术、社会心理、宗教信仰等内容。研究文化在整个人类历史发展中的地位和作用，须从广义文化的角度进行。

（二）文化与文明的联系

文明和文化的主体都是人。文明和文化都与人类的生活息息相关，其核心都是人，二者都是作为人类在认识和改造自然，以及认识和改造人类自身的过程中所形成的一种社会财富的表征。文化和文明都是人（类/群）特有的能动

性、创造性、社会性、历史性的表现形态。正是文化和文明大发展使人类远离动物界。

文明和文化都是社会实践的产物。文明和文化都是人类为了适应和改造自己的生存环境而活动的结果，他们包含着物质的和精神的财富。原始的实践劳动产生了人，劳动实践在类人猿转化为人的过程中起到了至关重要的作用，在劳动实践的基础上，人类得以不断地认识和改造自然界以及人类自身。

文明是文化的内在价值，文化是文明的外在表现形式。一般说来，文明的内在价值通过文化的外在形式表现出来，而文化的外在形式借助于文化的内在价值而有意义。文明是文化的历史积淀，而文化则是文明的外在表现形式。就一定的社会意义而言，一个社会发展程度越高，社会文明水平也就越高。当然，在人类创造的所有文化成果之中，只有积极的、进步的成分才能称为文明。因此，从这个方面来讲，文明也内含于文化之中。

（三）文化与文明的区别

从内涵上看，文化既是文明的土壤又是文明的表现形式。文化最初指土地的开垦及植物的栽培，后指对人的身体、精神，特别是艺术和道德能力和天赋的培养，也是指人类社会在征服自然和自我发展中所创造的物质和思想财富。物质文化指人类在生产过程中使用的器械、工具和机器，通过人的劳动而生产出来的食物、衣服和房屋等精神文化的基础。精神文化包括世界观——哲学思想、科学、艺术、道德、教育、社会的风俗习惯、民族和阶级。我们认为，文化是人类所特有的在生产和生活中创造和积累的物质和精神财富。因此，文化有一个起源、发展和传播的过程。

从二者的来源上来看，文化的产生要早于文明的产生。文化是伴随着人类产生之日起就有的，当人类从类人猿通过实践活动而脱离动物状态，进行认识自然和改造自然的活动时，当人类赋予自然物以人的"目的性"的标志和观念的时候，原有的自然物便有了文化的意蕴，具备了成为一种文化现象的可能性，从而使人类的活动进入了文化的领域。可以这样说，自从人类社会脱离动物界利用和改造自然界进行创造活动的时候，就有了文化。

从时间上看，文化存在于人类生存的始终，文明是文化发展到一定阶段的产物。人类在文明社会之前，便已产生原始文化，文化的概念涵盖文明。按照美国学者威尔杜兰《世界文明史》中的观点，所谓文明是增进文化创造的社会秩序。它包含了四大因素：经济的供应、政治的组织、伦理的传统和知识与艺术的追求。在人类社会诸多构成要素中，某些因素形成了文明，可能激励文明，也可能阻碍它的发展。构成文明的条件，有经济条件、政治条件、伦理条件、心理条件、地质条件、地理条件和种族条件。

文化和文明是社会发展过程一个问题的两个方面。文化和文明的区别表现在很多方面。从内容上看，文化是人类征服自然、社会及人类自身的活动、过程、成果等多方面内容的总和，而文明则主要是指文化成果中的精华部分。从表现形态上看，文化是动态的渐进的不间断的发展过程，文明则是相对稳定的静态的跳跃式发展过程。

文化是中性概念，文明是褒义概念。人类征服自然和社会过程中化物化人的活动、过程和结果是一种客观存在，其中既包括优秀成果，也有糟粕；既有有益于人类的内容，也有不利于人类的因素，但它们都是文化。文明则和某种价值观相联系，是指文化的积极成果和进步方面，作为一种价值判断，是一个褒义概念。

二、文化伦理制度体系在社会整体结构中的位置

（一）文化伦理是"社会意识"的聚合，思想的、精神的上层建筑

文化伦理具有内在的制度性和规范性。伦理是道德的外化，内涵于文化之中，属于客观的行为关系，表现为外显的群体规范，它具有外在性、客观性、群体性的特征。伦理多指行为判断标准，它按照风俗、习惯和观念的检验和反省对行为进行判断。从制度经济学的视角而言，文化伦理属于一个社会的非正规制度，是"群体内随经验而演化的规则"①，作为一种非正规的内在制度，它是群体内随经验而演化的规则。大量的内在制度根据经验不断演化并控制着人们的相互交往。人们长期保留内在制度，因为有些人发现了它们并觉得它们有益。最初内在制度使人与人之间的交往变得可能，而一旦这些行为规则扩展

---

① 柯武刚：《制度经济学——社会秩序与公共政策》，商务印书馆 2002 年版，第 119 页。

开来，得到了广泛的遵守，就会使这种交往变得更加容易。社会内在运转所产生的制度，不是出自任何人的设计，而是源于千千万万人的互动实践的经验总结。伴随着社会的不断发展而不断演进、发展、建立、健全。正规制度的建设，在一定意义上是非正规制度发展的结果，是非正规制度在发展演化的基础上被外在强制性规定的制度规范。尽管正规制度与非正规制度不完全相同，但在一定程度上又是一致和相互呼应的，非正规制度是正规制度的基础和灵魂，正规制度是非正规制度的延伸和确定。作为一种非正规制度，伦理道德的规范性不具有强制性的约束作用，属于精神层面的理性自觉。

理性自觉的实现，有待于德行和规范的交互作用。"德性和规范"属于伦理学中的两种理论类型。"德性论的基本问题是：应当做一个什么样的人？规范论的基本问题是：一个人应当做什么以及应当怎样做？前者把道德落实于人的内在品质，后者把道德落实于人的外在行为。德性论关注的是人的内在品质，以人的道德品质作为评价的中心，是实质主义的；规范论关注的是人的外在行为，他不再强调人的内在品质，而以行为是否符合普遍的规范形式作为评价的中心，是形式主义的。"① 作为道德范畴和精神层面的文化伦理制度，尽管其在社会生活领域不具有强制约束性，但其在社会整体结构中属于思想的、精神的上层建筑，对社会整体结构价值观的形成具有导向、引领作用，具有不可忽视、不可替代的位置。它体现着一个社会的核心价值观和世界观，表明一个社会的价值取向。近年来，在世界范围内越来越得到推崇的环境伦理学，是从精神层面体现人类社会与自然环境和谐共处的一种价值规范。环境伦理的兴起为生态自然观在社会文化中赋予了神圣的位置。人与自然的关系是环境伦理学的实质，人类生存依赖自然又超越自然。人类与自然的关系演变，经历了人类早期"原始文明：敬畏自然、依附自然和崇拜自然；农业文明：改造自然、利用自然和支配自然；以及工业文明：控制自然、征服自然和掠夺自然，以及生态文明：保护自然、尊重自然与善待自然"② 几个阶段。正是在人与自然的互动中，增强了对自然的认识、理解不断深化的过程。这一过程，伴随着文化伦理的不断增强、不断深化。并日益成为参与国际竞争的国家软实力。

---

① 崔宜明：《德性论与规范论》，载于《华东师范大学学报》2002 年第 3 期。
② 诸大建：《生态文明与绿色发展》，上海人民出版社 2008 年版，第 15～18 页。

国家软实力（soft power of the nation）是一个国家的文化实力，它是一国综合国力的重要体现。20 世纪 90 年代初，美国人约瑟夫·奈提出了软实力的概念，认为软实力即国家的文化力量，包括三种力量：一是对他国产生的文化吸引力；二是本国的政治价值观；三是具有合法性的和道德威信的外交政策。中国人民大学程天权教授认为，软实力可以有两个方面含义，即外部软实力和内部软实力。外部软实力包括国家的创造力、思想影响力、观念文化的亲和力及文化产品传播能力和辐射能力等；内部软实力，包括凝聚本国民族的民族精神和传统文化等。①

中国传统伦理道德在生态文明建设中具有积极的意义。伴随社会生产力水平的不断提高和科技进步，人类认识自然、改造自然的能力不断增强，同时也带来浪费资源、破坏自然环境的恶果，从而引发了世界范围内人们对环境问题的认识和关注。中国作为 20 世纪开始改革开放并获得高速发展的发展中国家，在发展的过程中以短短的几十年时间，经历了老牌资本主义国家几百年的发展历程，同时也体验了经济发展所带来的种种弊端。如何看待和处理人与自然的关系，成为一个国家未来能否可持续发展的关键所在，既涉及国际形象，又体现了国民素质高低。保护自然、尊重自然与善待自然，不仅仅是当代社会经济可持续发展的内在要求，更是一个国家在世界上能否获得其他国家认同和尊重并合作的重要标志。"中国传统伦理思想是以德行的视角和话语关注人与自然的关系，强调面对自然存在物置身自然界时应当培养和展示人的卓越品质，中国传统环境伦理思想既是应对现代环境问题的生态智慧，也是实施环境道德教育的德育资源，对于生态文明建设具有重要的现实意义。"② 美国现代政治公关之父贝奈斯指出，"民主社会一个重要因素就是对大众的舆论及大众积习有意识的灵魂操纵"，"在我们这个时代，对政治家而言，重要的不是如何取悦公众，而是如何去塑造公众"。③

---

① 搜狗百科，http：//baike. sogou. com/ShowLemma. e? sp = l7889378&ch = new. w. search. baike. unelite。

② 周治华：《中国传统环境伦理思想的性伦理特征及其当代启示》，载于《道德与文明》2010 年第 6 期。

③ 张巨岩：《权力的声音：美国的媒体和战争》，生活·读书·新知三联书店 2004 年版，第 108 页。

三、文化制度建设与生态文明制度建设的良性互动

（一）生态文明制度建设点亮文化制度建设

生态文明视域中的文化制度建设，是生态文明制度建设的重要组成部分，赋予生态文明制度以当代价值意蕴。文化制度是一个国家经济、政治、社会制度的综合反映，既标志着民族文化的传承，又与现代文化不可分割。中国文化延续几千年，是中华民族自我生命的创造历程和见证，更是中华民族生生不息的精神依托和支撑。自近代以来，伴随着社会生产力的不断发展，中国文化已经由封建的农业文化，逐步演进成具有现代性及西方文化多种因素的当代文化。但是融传统与现代、集中西为一体的新兴文化的形成，以及中国现代化建设实践中存在诸多问题。因此，正视诸文化形态，并对其进行现代价值的挖掘以及创造性的阐释，从而构建具有中国特色的生态文明价值意蕴的文化制度，是中国生态文明建设实践中不可缺少的一环。

（二）文化制度建设落实生态文明制度建设

生态文明的制度建设，是以强制性的外在的制度安排，规范人们在生产、消费过程中与自然之间的关系，牵涉观念、政策、法律法规等诸多方面的内容。完善的生态文明制度建设，构成一整套制度系统和指标体系，具有外在性和强制性。对于国家实施生态文明的战略具有制度性的保障作用。但是外在的强制性的制度建设，只能是在法律层面设置一道不可逾越的制度底线，是外在的约束作用。无论多么完善的制度，最终都要通过每个人的行动得到外化，这就涉及人的主观能动性问题。在法律约束不到的地方，人们难免出现一系列违背道德层面规范的问题。真正解决这一类问题，则依赖于文化伦理制度建设。

文化伦理通过民间习惯、习俗所反映出来的价值导向，依赖伦理道德的力量，在人们的内心形成内在的约束。德弗勒认为，"大众传播媒介之所以能间接地影响人们的行为，是因为它发出的信息能形成一种道德的文化的规范力量，人们不知不觉地依据媒介逐步提供的'参考架构'来解释社会现象与事

实，表明自己的观点和主张"。① 文化伦理作为非正规制度，可以分为习惯、内化规则、习俗和礼貌、正式化的内在规则四种类型。不可否认的是，内在制度的演化具有时间性和演化方向的不确定性。在内在制度演化的过程中，多年形成的习俗和习惯不可避免地渗透进来，一定程度上起到弱化伦理道德的作用。因此，文化制度建设要不断引入先进文化的引领，通过宣传舆论阵地不断强化生态文明制度建设；通过学校培养具有生态文明意识的一代新人；通过社区及村镇，落实生态文明的正确主张、培养生态文明的生活习俗，在思想和行动双向互动的过程中，不断培养人们的生态伦理价值理念，培养群体向善力量。"任何社会整合最有效的也是最为根本的方式和途径就是使某种社会意识形态社会化"。②

文化制度建设引入生态文明的价值意蕴，将使文化制度建设赋予生态文明的思想和灵魂；在生态文明建设中不断深化文化制度建设，将促使非正规制度的内化作用不断提升社会群体追求生态文明的自觉性。二者之间的良性互动，必将加速生态文明建设的实际进程。

第二节　全球化背景下的现代文化及后现代文化解析

现代化是所有民族或国家要达到的目标，它是一个全球性、时代性问题，是时代的标志、历史的方向、社会发展的潮流，任何力量都无法阻挡这一趋势。其内涵十分丰富，不仅体现在政治、经济、军事方面，还体现在文化中。但是中国向现代化的社会转型过程中，却面临着一方面由于与西方发达国家的现代化存在很大时代落差而奋起追赶；另一方面西方后现代主义开始影响中国人的思维方式，使得中国的文化生态出现了困境因而无所适从。因此，以全球化为背景，考察西方现代文化与后现代文化的内涵及其二者关系，将有助于我们正确对待西方现代文化与后现代文化，从而进行理性的文化选择。

---

① 威尔伯·施拉姆等著，何道宽译：《传播学概论（第二版）》，中国人民大学出版社2010年版。
② 王邦佐等：《中国政党制度的社会生态分析》，上海人民出版社2000年版，第27页。

一、现代主义界说

现代主义或者现代性是西方现代文化中非常重要的一个概念，但对其界定众说纷纭，其中不仅交织着对它的各种困惑与理解，更充满着对它的批判与解构的尝试。"从概念所涵括的范围来说，它包含了哲学、政治学、社会学、文学、艺术学等诸多领域；从时间的跨度上说，按照哈贝马斯的说法，就现代性话语而言，从 18 世纪后期开始，它就已经成了哲学讨论的主体；再从空间的广度而言，也早已超出欧美的西方世界，进入包括中国在内的东方世界。"[1]

关于现代性，迈克·费瑟斯通指出了它的两个层面的涵义[2]。首先，这个词包含有时代的涵义。像关于古代人与现代人之间关系的争论一样，一般来说，出现于文艺复兴时期的现代性，也是相对于古代性而加以定义的。从 19 世纪末 20 世纪初的德国社会学理论来看，现代性是与传统秩序相对而言的，它指的是社会世界中进化式的经济与管理的理性化与分化过程。其次，包含着现代性体验的涵义。现代性被看成是现代生活质量，它产生非连续性的时间意义，是与传统的断裂，对新奇事物的感觉以及对生命之短暂的敏锐感受，通过它，我们可以感知现实生活的短暂性与偶然性。

美国后现代哲学家詹姆逊指出，"现代性"一词早已在公元 5 世纪就已经存在。不过基拉西厄斯教皇一世（494～495）使用该词来表示的，仅仅是对先前教皇的时代与当代作出区分，也就是作为一种年代的分期，而不含有现在优越于过去的意思。但是当哥特人征服罗马帝国以后，这个词对应的是"过去"，即在知识分子这里，意味着一种根本性的分界，使得先前的古典文化有别于现代文化，而后者的任务在于对先前的文化进行再造。詹姆逊认为，正是这种分界使得"现代"这一术语拥有特定的意义，并持续到今。

可以说，现代性一词构成了西方现代文化的核心，然而它在当代的纷繁复杂的各种理论论证中究竟指的是什么？这是一个比较重要的问题。在目前我们所知道的有关现代性概念的界说中，比较著名的概念界说分别从社会学的角度

---

① 陈嘉明：《现代性与后现代性十五讲》，北京大学出版社 2006 年版，第 1 页。
② 迈克·费瑟斯通著，刘精明译：《消费文化与后现代主义》，译林出版社 2000 年版，第 4~5 页。

和哲学的角度将现代性看作是工业化的世界与资本主义制度、一种源于理性的价值系统与社会模式设计以及一种批判精神①，这里主要介绍如下三个人关于现代性的界说。

吉登斯将现代性看作是现代社会或工业文明的缩略语，它包括从世界观（对人与世界的关系的态度）、经济制度（工业生产与市场经济）到政治制度（民族国家和民主）的一套架构。他指出："何为现代性，现代性指社会生活或组织模式，大约17世纪出现在欧洲，并且在后来的岁月里，程度不同地在世界范围内产生影响。"② 他更倾向于将现代性称为关于现代社会发展的断裂论的解释。这里所谓的解释，是指现代的社会制度在某些方面是独一无二的，其在形式上异于所有类型的传统秩序，关键就在于这种断裂的性质。

哈贝马斯把现代性视为一项未完成的设计，它旨在用新的模式和标准来取代中世纪已经分崩离析的模式和标准，来建构一种新的社会知识和时代，其中个人自由构成现代性的时代特征，主体性原则构成现代性的自我确证的原则。这个问题在中世纪社会来说是不存在的，因为在神权社会中，宗教意识形态已经提供着现世的合理答案，人生的目的在对神的信仰及通过禁欲而得到救赎。但是自启蒙运动以来，人们建立了一种新的社会与文化，其中以自由等天赋权利为核心的价值系统以及相应的政治与经济制度的安排，其合理性就需要确证。理性也就成为真理之源、价值之源，是现代性的根基所在。

福柯将现代性理解为一种态度，而不是一个历史时期，不是一个时间概念。在他看来，这种态度指的是"与当代现实相联系的模式；一种由特定人民所做的资源的选择；一种思想和感觉的方式，也是一种行为和举止的方式，……它有点像希腊人所称的社会的精神气质。"③ 这种态度实际上就是一种"哲学的质疑"，亦即"批判性质询"的品格。在福柯看来，这种品格是植根于启蒙的。

---

① 陈嘉明：《现代性与后现代性十五讲》，北京大学出版社2006年版，第4页。
② 安东尼·吉登斯著，田禾译：《现代性的后果》，译林出版社2011年版，第5页。
③ 福柯：《什么是启蒙》，选自汪晖、陈燕谷主编：《文化与公共性》，生活·读书·新知三联书店1998年版，第430页。

二、后现代主义界说

从概念溯源上讲，后现代的概念比起后现代思潮要早得多。美国学者凯尔纳与贝斯特在他们的著作《后现代理论——批判性的质疑》中指出，最早出现的后现代概念，是在1870年前后由英国画家约翰·瓦特金斯·查普曼所使用的。他用后现代绘画来指称那些据说比法国印象主义绘画还要现代和前卫的绘画作品。此外，还指出，后现代的概念被用来描绘当时欧洲文化的虚无主义和价值崩溃，为鲁道夫·潘诺维茨在1917年出版的书中所提及。

20世纪60年代以后，"后现代在西方开始成为一种流行的话语，一种普遍化的社会思潮。特别是到了70年代，法国的后现代思想家们对启蒙的理性主义以及植根于人本主义假设的现代性理论进行了集中的批判，包括福柯对'主体'概念的结构以及惊世骇俗的'人的死亡'命题的提出；波德里亚的宣称主体已经落败，客体的统治已经开始，在消费社会这样的日常生活中，人们受到物的包围，为它们所诱惑与支配；利奥塔对大一统的'元叙事'为标志的现代性进行的抨击，以及对以维特根斯坦式的'语言游戏'为范式的后现代状况的描绘，等等。"① 这些学说丰富了后现代思想的内容，使之伴随着经济的全球化进程，迅速在世界范围内扩展着它的影响。

荷兰学者汉斯·伯斯顿在与佛克马合编的《走向后现代主义》一书中，认为后现代主义的概念经历了四个衍化阶段。1934～1964年，是后现代主义这一术语开始应用和歧义迭出的阶段；20世纪60年代中后期，后现代主义表现出一种与现代主义作家的精英意识彻底决裂的精神，有了一种反文化和反智性的气质；1972～1976年，出现存在主义的后现代主义思潮；20世纪70年代末至80年代中期，后现代主义概念日趋综合和更具有包容性。他指出，这一发展轨迹显示出这样一种内在逻辑：后现代主义既具有颠覆精神和反文化姿态，以及对传统的决绝态度和价值消解策略，同时在一定情境下，它自身具有的悖论性格使它反对自己。

田薇对关于后现代主义的研究进行了综述，将关于后现代主义的解释归纳

---

① 陈嘉明：《现代性与后现代性十五讲》，北京大学出版社2006年版，第118页。

为七种①。

第一种观点认为，后现代主义是一场围绕着某些术语、话题和观点而展开的争论，因此，所谓后现代主义，不过是一种众说纷纭的后现代话语。首先，后现代主义不是传统认识论意义上的概念，而是一个当代解释学的概念。它所面对的是一个文本世界、语言世界、知识世界，它所探讨的不是客观世界的问题，而是通过语言建构起来的整个人类知识的合理性问题。所以，后现代主义作为一种话语，信奉的是语言游戏论。其次，后现代主义话语众说纷纭，如哈桑的后现代主义首先是一种问题的存在，是指区别于传统和现代主义的一些文化潮流和人生态度。詹姆逊把后现代主义理解为晚期资本主义的文化逻辑，理解为一个文化的历史分期概念，一个描述性范畴。利奥塔德的后现代主义则用来表达发达资本主义社会中的知识状态，一种对元叙事的怀疑态度，一种非同一性的精神，一套蔑视限制，专事反叛的价值模式，一个分析性和评价性范畴，等等。

第二种观点认为，后现代主义是一种文化倾向，是一个文化哲学和精神取向的问题。信息时代的高科技发展带来了合法化危机，导致一种反文化、反美学、反文学的极端倾向，生命的意义和文本的深度归于消失，消费意识弥漫，商品意识普遍渗透。于是，形成了以复制化、消费化、平面化价值取向为表征的后现代主义文化。

第三种观点认为，后现代包含两种含义：一是从社会科学角度指称的后工业社会；二是从哲学、艺术和文化角度指称的后现代主义，它是一种对现代文化加以批判和解构的文化运动，以怀疑、批判和摧毁现代文明的科学理性标准为目标，强调所有文化和思想平等自由地并存与发展。

第四种观点认为，后现代主义是一种汇集了多种文化、哲学和艺术流派的庞杂的文化思潮。就文化哲学而言，后现代主义包括新解释学、接受美学、解构主义、西方马克思主义、女权主义。如果说，解构主义、女权主义是后现代主义思潮的积极推进力量，那么西方马克思主义则是后现代主义中一股激进的批判力量。

第五种观点认为，后现代主义是对现代社会和现代化理论的文化哲学批

---

① 田薇：《后现代主义研究综述》，载于《教学与研究》1999年第4期。

判。它有两种不同的价值取向：一种是以欧洲大陆为背景的怀疑的后现代主义，认为现代社会的破坏使后现代社会成为一个支离破碎、病态、毫无意义、空洞、没有道德准则、一团混乱的社会；另一种是以北美为背景的肯定的后现代主义，它批判现代社会的种种弊端，对后现代社会抱乐观态度，或诉诸积极的政治行动，或倡导新世纪宗教，或鼓吹新的生活方式，选择新的道德准则，进行新的社会运动，积极寻求一种灵活的、试验性的、非意识形态的哲学本体论的智性实践。

第六种观点认为，后现代主义是西方后工业社会出现的一种含混而庞杂的社会思潮。它反映了当代人的社会观、历史观、价值观、人生观的巨大裂变和认知视野及方法的根本变化，也反映了晚期资本主义的一些全新特征。

第七种观点认为，后现代主义是高度发达的资本主义国家或后工业社会的一种文化现象，但也可能以变体的形式出现在一些受西方影响和知识分子先锋超前意识的发展中国家。它在某些方面表现为一种世界观和生活观。它又是一种叙事风格或话语，其特征是对宏大的叙事或元叙事的怀疑和对某种无选择的崇尚。

陈嘉明将学者们关于后现代思潮的起因以及后现代的性质的解释大致归纳为五种：（1）社会动因说。这种解释将后现代思潮的兴起归结为它的社会政治背景。20 世纪 60 年代西方社会运动兴起等使得一批激进的知识分子和社会活动家相信，一个新的历史时代已经破晓，同现代社会与文化的决裂已经出现。他们要求进行革命，企盼一种全新的社会秩序。（2）后工业或信息社会说。在以服务业为基础的新社会，以及后工业社会或信息社会正在形成，并逐渐取代工业社会。在信息社会中，远程通信和计算机将是经济和社会交换方式、知识生产与再生产方式、人们的工作与组织特征的决定性因素。基于这样的判断，信息社会及其知识状态成了后现代主义观察问题的一个基本视角。（3）消费社会说。消费文化逐渐成为社会的生活方式，消费主义对一切对象都一视同仁；它把所有东西都当成相同的消费类别，包括意义、真理和知识，以生产影像和时尚为己任，以此来取代现代叙事赋予事物以意义的任务。因此，后现代社会正是表现为这样一种消费社会，其中消费文化盛行，支配着社会成员的行为方式以及价值观。（4）文化反叛说。这一观点的主要代表人物有美国社会学家丹尼尔·贝尔。他认为西方现代文化的价值体系已被摧毁，从宗教、文化到工作的意义都已经丧失，整个文化处于严重的危机之中。西方社会正处于一个时代的分水岭。在贝尔看来，后现代文化是对传统的激烈攻击，后现代时期是对本能、冲动和意志的解散，表现为反叛传统的价值和文化、反资产阶级、无道德标准、享乐主义等各种冲动的扩张，特别是资本主义文化的正当性已经为享乐主义所取代。（5）叙事危机说。这一解释的主要代表人物是利奥塔。他认为当今信息社会所发生的一系列文化变迁，亦即科学、文学、艺术的语言游戏规则全面发生了变化。他用后现代一词来支撑当今的这种文化状况，尤其是用来表示知识与文化的游戏规则发生变化的状况。

三、全球化背景下的现代文化与后现代文化的解析

所谓全球化，指的就是"世界范围内的社会关系的强化，这种关系以这样一种方式将彼此相距遥远的地域连接起来，即此地多发生的事件可能是由许多英里以外的异地事件而引起，反之亦然。这是一个辩证的过程，因为有这种可能，即此地发生的桩桩事件却朝着引发它们的相距遥远的关系的相反方向发展。地域性变革与跨越时—空的社会联系的横向延伸一样，都恰好是全球化的组成部分。"① 吉登斯指出，现代性作为内在地经历全球化的过程，体现在现代制度的大多数基本特性之中。现代文化集中体现在现代性上面，而现代性的基本特征则是来自启蒙运动的精神。启蒙运动的基本价值和精神主要体现在对理性、科学和自由的肯定与推崇当中。

首先，启蒙的理性主义精神。启蒙的宗旨是破除宗教迷信和开启民智。因此，运用理智变成为启蒙的首要任务。笛卡尔著名的"我思故我在"的论断开启了理性主义的发展，其中怀疑就是理性的首要精神。破除一切盲从，笛卡尔怀疑的重要意义在于，它把怀疑展现为理性的一个重要环节，这意味着没有怀疑就没有科学、理性。除此之外，启蒙的理性主义精神确立了近现代的知识标准，即知识必须具有客观性、普遍性、必然性和确定性等一些属性。

其次，启蒙的科学主义精神。伴随着启蒙时期的理性主义，启蒙也逐渐发

---

① 安东尼·吉登斯：《现代性的后果》，译林出版社 2011 年版，第 56 页。

展了一套新的科学观念,即由最早的笛卡尔为代表的演绎型方法论转变到以牛顿、洛克为代表的经验型的方法论。而这两种方法存在区别是因为所信奉的科学模式完全不同。对于前者而言,是以数学、几何等为模板,认为理想的科学方法是从某些作为前提的普遍性的公理、原理中演绎出来的结论。对于后者来说,则是推崇观察、试验等方法,最终形成普遍性的结论。正是这两种方法的运用,极大地促进了西方科学的发展与进步。

最后,启蒙的自由主义精神。除了理性主义、科学方法之外,构成启蒙的还有自由主义。"对个人自身而言,由于认定个人的自由、财产等权利属于一种'自然权利',是不可侵犯、不可剥夺的,因此个人对于一切事物来说,是最为根本的、高于社会与国家的存在;从个人与外部国家的关系而言,基于对个人权利的捍卫,自然得出国家不得干涉、侵犯个人权利的结论。"[1] 这种自由主义为西方现代国家的建立和社会的发展奠定了思想基础,从而为促进保护个人的自由、使个人的才能得到充分施展,个人创造的财富得到保护,促进社会的繁荣发展立下了汗马功劳。

启蒙与现代性之间的关联,也正是在于现代性对这些基本价值和精神的追求,并依据它们形成了现代性的精神气质和行为方式,从而形成了具有巨大生命力和活力的现代文化。

而对于后现代主义而言,西方文明的进程证明了启蒙运动的失败和科学理性并没有带来人的自由和幸福,反而人类中心主义和主体性的张扬导致了人的异化、萎缩与压抑。这些对现代社会的诊断,直接击中了现代文化的要害和弊端。它的理论意义就在于以下几点[2]。

第一,后现代主义在解构现代神话,倡导反本质主义、反基础主义、反表象主义的过程中,体现了一种值得赞赏的知识态度。它反对绝对性的霸权和虚妄,揭露人道主义的内在虚构和暂时性,消解历史进步观念的盲目性。后现代主义的这种知识态度,针对着现代主义的局限之处。

第二,后现代主义在反中心主义的过程中,是作为一种相对于中心话语或主流意识形态而存在的边缘话语,它在社会知识的运作机制中,不断侵蚀、冲

---

① 陈嘉明:《现代性与后现代性十五讲》,北京大学出版社 2006 年版,第 17 页。
② 田薇:《后现代主义研究综述》,载于《教学与研究》1999 年第 4 期。

击中心话语，并无意自立为新的中心话语。这提供了一种启示意义，即在现代化过程中，应对作为主流意识形态或中心文化的现代性本身，始终保持一种审视乃至警惕的态度。

第三，后现代主义通过对语言的拆解，对逻辑、理解和秩序的亵渎，消解了现代文明秩序的权力话语；通过对现代神化的颠覆，揭露了资本主义意识形态的欺骗性和虚假性，消解了资本主义万世长存的神化；它揭示出在统治秩序深层的盲点，现代人的精神空白和精神断裂，以及历史阐释之外的历史无意识；它企图给沉沦于科技文明造成的非人化境遇中的人们以震颤，揭示了日趋严重的异化困境中痛苦的心灵。

第四，后现代主义对现代主义虚幻性的消解，是为揭示并返回其得以产生、却一再被遗忘、被掩盖的日常生活基础，这也意味着去发现新建设据以出发的原初起点。它是后工业社会中一场新的思想启蒙运动，意味着一个新时代的诞生，一个思想新纪元的开始。

第五，后现代主义在批判启蒙理性、弃置境式哲学的过程中，表现出反对主客二极对立，寻求人与世界万物和谐交融的理论意向，在对待以工业化为主体的现代化的态度上，表现出批判和超越现代工业文明的弊端及其负面效应的价值取向；在对现代性的否定和批判中，以极端的方式进一步表现出，从以理性方式认知外在的客观世界到更为关注人的生命意义之安顿的精神转向；在否定以知识论为中心，以客观主义、基础主义、整体主义为本质的近现代哲学之文化霸权的同时，以偏执的方式，使自由精神从其禁锢和束缚中彻底挣脱出来。此外，后现代主义削弱和解构帝国的文化霸权和语言霸权，关注长期被遗忘、被搁置的、属于他者话语的东方文化，导致文化全球化趋势。

可见，后现代主义是现代文化的延续和组成部分。在全球化背景下，现代主义为文化注入"价值"，使得"货币拜物教""资本拜物教"发展到登峰造极的阶段。价值、价值观、价值体系成为文化体系中最重要的概念。西方发达国家尤其是美国，已经成为价值观、价值体系的输出国，其文化制度建设是锻造现代化和后现代的"软实力"的"生产机构"。

第三节　当代中国生态文明的文化制度建设及其价值观构建

人类社会的历史发展伴随着制度的演进过程，制度作为人类社会的游戏规则，其发生和发展与人类社会的发展紧密相连，并为人类社会发展提供基本的保障作用。生态文明的新型话语客观上要求制度生态合理化的实现。按照制度经济学的观点，文化是一种非正式制度，属于观念形态，对制度建设具有价值引领作用。因此，加强文化制度建设，是实现生态文明制度建设的重要组成部分。当代中国，既面临传统文化的消解，又面临现代文化尚未生成，后现代主义思潮又开始产生影响的社会文化环境，当代中国文化只有正确对待诸多文化形态，并进行科学的融合与创新，形成新型的符合生态文明价值意蕴的文化制度，才能以高度的文化自觉和文化自信，建设具有中国特色的社会主义文化强国。

一、价值观与价值体系在文化制度系统中的地位和作用

马克思曾经指出："凡是有某种关系存在的地方，这种关系都是为我而存在的"。[①] 价值就是人类构建的"为我而存在的关系"。人类生存的世界不仅是物理形态的世界，而且是价值形态的世界，两者都具有"客观实在性"[②]。人在实践基础上通过认知活动对物理形态的世界进行反映，通过评价活动对价值形态的世界进行反映。在评价活动中主体反映"为我而存在的关系"，形成价值意识。价值意识不是一般所理解的描述性意识。而是通过描述方式体现主体意向性的意识，因而，在本质上是一种实践意识。[③] 价值意识在主体意识中，就会积淀为价值观念。价值观念作为积淀而成的意识中的深层结构，以自在或

---

① 《马克思恩格斯全集》第 3 卷，人民出版社 1960 年版，第 34 页。
② 《列宁选集》第二卷，人民出版社 1972 年版，第 266 页。
③ 李德顺、马俊峰著：《价值论原理》，陕西人民出版社 2002 年版，第 198 页。

自为的方式体现着主体的价值追求和价值取向，由此体现主体的意志。[1] 随着启蒙运动兴起，西方文化中的现代性特质将科学、知识和理性关于自然界的真理推上了思维王国的宝座，"宗教、自然观、社会、国家制度，一切都受到了最无情的批判；一切都必须在理性的法庭面前为自己的存在作辩护或者放弃存在的权利。思维着的知性成了衡量一切的唯一尺度"。[2] "这种'思维着的知性'以当时的实验科学方法为其特征，在思维方式上受到形而上学的影响。以它为尺度进行理性批判所产生的结果，是关于知识、真理的经验主义或理性主义倾向，关于价值的意志主义或非理性主义倾向。"[3] 科学、知识、真理仅仅被理解为可以用实验科学方法加以经验验证和逻辑论证的东西，而价值问题则被看作是与科学无关的，仅仅通过旨趣、契约、约定而决定的东西，不能应用事实与真理的标准。

狄尔泰在哲学史上被称为历史认识领域的康德，在他看来，19 世纪前以社会和历史为对象的那些学科一直长期地受形而上学的支配，到了 19 世纪它们又屈从于迅速发展的自然科学。因此，他把"分离精神科学与自然科学为己任。在他看来，无论实证主义的自然主义，还是客观唯心主义的历史哲学，都无法反映社会生活和社会精神的特殊性。自然科学所做的工作仅仅是依照自然规律把一些观察到的事物与另外一些事物联系起来，对它们做出解释。与此相反，人类生活是有意义的，这种有意义的人类生活构成了不同于自然科学的历史学和其他精神科学的基础。"[4]

李凯尔特针对狄尔泰将心理学看作他的精神科学的基础的观点，指出要使这两类经验科学得以从本质特征方面区别开来，就既必须建立治疗分类的原则，又必须建立形式分类的原则。前一种原则与对象相关，后一种原则涉及方法。"李凯尔特认为自然与文化是两种不同的东西：自然是任其自生自长的东西的总和。与自然相对，文化或者是按照预计目的直接产生出来的，或者是虽然已经现成，但至少是由于它所固有的价值而为人们特意地保存着的。"[5] 尽

---

① 陈新汉主编：《社会主义核心价值体系价值论研究》，上海人民出版社 2008 年版，第 2 页。

② 《马克思恩格斯选集》第三卷，人民出版社 1995 年版，第 355 页。

③ 李德顺：《价值论》，中国人民大学出版社 2007 年版，第 12 页。

④ 马克斯·韦伯：《社会科学方法论》，中央编译出版社 2002 年版，第 3 页。

⑤ H. 李凯尔特：《文化科学和自然科学》，商务印书馆 1986 年版，第 15 页。

管在李凯尔特那里，价值没有得到确切的规定，但是他指出："价值自身究竟是什么，这当然无法在严格的意识上得到规定。但是，这仅仅在于设计到一个终极和非衍生的概念，我们利用它来思考世界。但是价值是生活的命根，没有价值，我们便不复生活，这就是说，没有价值，我们便不复意欲和行动，因为它给我们的意志和行动提供方向。价值表示人与实在的一种关系，关系一旦消失，价值不复存在"。[①] 这为后来的思想家们提供了一个方法论指南，即价值具有两重性：一方面，人的生活是一个价值丰富的世界；另一方面，这个世界对于每一个人之所以有价值，是因为人对这个世界取一种价值态度。如果个人不对世界表态，那么生活世界无论多么丰富多彩，对他来说也是毫无价值的——这自然只有抽象的可能性。

韦伯基本上接受了李凯尔特划分自然科学和文化科学界限的原则，并且吸收了狄尔泰关于意义和理解的学说，把它与李凯尔特的价值学说，特殊性与个别性学说结合起来，形成他自己关于文化和文化现象的观点。在他看来，因价值关联而有意义的文化事件总是个别的现象，这不仅指它是一次性发生的事件，因而具有独一无二的性质，而且还意谓它始终与特定的价值观念相关联而产生特殊的意义。

在韦伯看来，观念决定行为，价值系统决定社会的文化心理，价值意识对社会系统中人类行为具有决定性的作用，进而对整个社会系统（经济、政治、文化、社会、生态）发生影响。正如他在《新教伦理与资本主义精神》中对价值意识对人类主观选择的决定性意义做出的界说，表明了价值预设决定文化倾向和文化制度。

二、社会主义核心价值观及核心价值体系

党的十六届六中全会通过的《中共中央关于构建社会主义和谐社会若干重大问题的决定》首次明确提出建设社会主义核心价值体系的命题和任务。2007 年，胡锦涛同志在中共中央党校省部级干部进修班发表的重要讲话中再次强调，要大力建设社会主义核心价值体系，巩固全党全国各族人民团结奋斗

---

① 马克斯·韦伯：《社会科学方法论》，中央编译出版社 2002 年版，第 8 页。

的共同思想基础。党的十八大报告再一次将社会主义核心价值体系放在了前所未有的高度，指出要"倡导富强、民主、文明、和谐，倡导自由、平等、公正、法制，倡导爱国、敬业、诚信、友善，积极培育社会主义核心价值观。"

一个民族、一个国家、一个社会的核心价值观念及其价值体系的形成与发展，是一个民族、国家和社会在一定时空体系内发展的历史性与时代性的反映。它对于形成全民族奋发向上的精神力量与团结和睦的精神纽带，对于引领全体社会成员在思想上、道德上共同进步，对于我们深化对中国特色社会主义本质的认识，全面推进中国特色社会主义伟大事业，具有重大的理论意义和现实意义。

改革开放以来，随着中国经济社会发展步伐不断加快和改革开放程度的不断深化，我国思想文化和道德领域受到来自国内与国际两方面的深刻影响，使得加强思想道德建设成为社会主义文化建设的一项重要而紧迫的任务。

首先，从国内情况看，改革开放以来，随着我国社会主义市场经济体制的确立，以公有制为主体、多种经济成分共同发展的经济格局的形成，我国的经济成分、组织形式、就业方式、分配方式和利益关系日趋多样化，人们思想活动的独立性、选择性、多变性和差异性不断增强，人们的价值取向也呈现出多样化趋势。近年来，各种利益关系之间的冲突进一步增强，各种新的社会矛盾和问题相继出现，网络化、新媒体的发展使得这些问题和矛盾凸显，极大地对人们的思想观念和价值观念产生深刻的影响。"目前，社会思潮呈理性和非理性相交织、政治因素和经济因素、文化因素相交织、进步和愚昧落后相交织的纷繁复杂态势，在价值观念领域也日益呈现多样化的趋势。互联网等大众传播媒体的飞速发展，使信息的传播更加迅速快捷，各种思想观念和利益诉求的传播渠道更加多样。"① 这种状况迫切需求在社会生活中要有核心价值观念的引领，为人们在多样的价值取向中提供指导，从而更好地统一人们的思想，在尊重差异、包容多样的基础上最大限度地不仅是量上而且还在质上形成社会共识，增强人们对党的领导、改革开放、中国特色社会主义事业的信心和信念，最大限度地凝聚全党、全国各族人民的力量，为建设中国特色社会主义宏伟事业提供坚实的共同思想基础。

---

① 韩震：《社会主义核心价值体系研究》，人民出版社 2007 年版，第 10 页。

其次，从国际形势看，改革开放以来中国与世界各国之间的经济文化交往日益密切。在全球化进程的影响下，对于正在步入现代化发展道路的中国而言，面临尚未形成现代文化的现代性精神，后现代主义又紧随其后，各种西方社会思潮、思想文化观念和价值观念之间相互冲突和激荡，人们在思想认识及价值取向方面不可避免地受到西方现代文化及后现代文化的冲击、碰撞，从而不可避免地带来了一定程度的混乱。尽管在相互碰撞的文化观念中不乏积极的思想成分，但对于现代性根基并不稳定的中国而言，消极的思想观念更容易造成极大的冲击，如"拜金主义、享乐主义和极端个人主义"的思想观念和价值观念在国内迅速地蔓延开来，对我国传统的和主流的思想观念和价值观念造成了很大的冲击，从而极大地破坏了我国的文化生态。

因此，当人们的价值取向越来越趋于多元化，越来越多的人认识到："只有经济发展是不够的，必须伴之以一种具有凝聚力的文化认同力量，这种文化力量与经济创造力是相辅相成的。那种凝聚人民、动员人民、激发人民创造力的文化力量，就是我们所说的核心价值观念、民族精神和时代精神"。① 任何文化精神都有自己的历史起源和发展过程，它们都是在一定时间和空间内孕育和形成的，并且通过历史记忆加以传播。吉尔·利波维茨基、塞巴斯蒂安·夏尔这样说道："一个社会不应局限于物质生产和经济交流。它不能脱离思想观念而存在。这些思想观念不是一种奢侈，对它可有可无，而是集体生活自身的条件。它可以帮助个体彼此照顾，具有共同目标，采取共同行动。没有价值体系，就没有可以再生的社会集体。"② 可见，价值体系对于一个民族和国家在社会内部进行力量整合不可或缺，并且其性质影响一个民族、国家发展的进程。

就社会主义核心价值观及核心价值体系本身而言，核心价值体系是在核心价值观的直接指导下构建起来的，具有两重性："核心价值体系是社会核心价值观念在精神领域的对象化，对社会主体而言具有价值；核心价值体系以社会核心观念为内核，是社会核心价值观念的具体展开，本质上仍然是社会价值观

---

① 韩震：《社会主义核心价值体系研究》，人民出版社2007年版，第2页。
② 吉尔·利波维茨基、塞巴斯蒂安·夏尔：《超级现代时间》，中国人民大学出版社2005年版，第111页。

念。"① 因此，可以说社会主义核心价值观及核心价值体系是社会主义意识形态的本质和核心。党的十八大报告提出，要"倡导富强、民主、文明、和谐，倡导自由、平等、公正、法治，倡导爱国、敬业、诚信、友善，积极培育社会主义核心价值观。"一般认为，富强、民主、文明、和谐，是从国家层面而言；自由、平等、公正、法治是从社会层面而言；爱国、敬业、诚信、友善是从个人层面而言，共同构成了我国社会主义核心价值观及价值体系。这样一个核心价值观及价值体系无疑是站在中国特色社会主义现代化的高度提出的，充满了融合与创新，是完全不同于既往的新型价值追求。

三、当代中国生态文明的文化制度建设

现代生态论把世界看作是"人—社会—自然"复合生态系统，是各种生态因素（包括人工生态系统和自然生态系统的各种因素）普遍联系、相互作用构成的有机整体。所谓生态文明，在本书中指的是两个方面的内容，即自然生态和社会生态。自然生态的文明，是指人们在"人与自然"复合生态系统中，要符合自然、尊重自然规律；社会生态系统的文明，不仅仅包括人与自然的关系，还要包括人与人之间的关系。因此，生态文明制度建设，必然包括自然生态和社会生态两个方面的文明制度建设。

文化制度生态的形成与确立，是一个漫长而曲折的过程，是逐步演化的结果。这种演化与生物演化类似，既具有继承性又具有选择性。要构建生态文明的文化制度，依赖制度保障的基础性作用，不仅需要内在制度的不断形成与发展，更需要外在强制性制度的合理规制。

诺贝尔经济学奖得主诺思在《制度、制度变迁与经济绩效》这一著作中，将制度定义为："制度是一个社会的游戏规则，更规范地说，它们是为决定人们相互关系而人为设定的一些制约。制度构造了人们在政治、社会或经济方面发生交换的激励结构，制度变迁则决定了社会演进的方式，因此，它是理解历史变迁的关键。"② 按照诺思的理解，制度可以分为以成文形式存在的正式制

---

① 陈新汉：《论核心价值体系》，载于《马克思主义研究》2008 年第 10 期。
② 道格拉斯·C·诺思：《制度、制度变迁与经济绩效》，格致出版社、上海三联书店、上海人民出版社 2008 年版，第 4 页。

度，比如法律以及非成文形式存在的非正式制度，比如社会规范、价值观念等。对于这两者，诺思认为，"正式规则与非正式约束之间常常存在着复杂的互动，且二者与它们的实施方式一起，形成了我们的日常生活，指引着我们生活中的大部分尘世活动，这也是制度的稳定性与持存的根源"。① 新时期，加强当代中国生态文明文化制度建设必须从两个方面来进行。

首先，加强外在制度建设来促进生态文明的文化制度建设。物质生活的生产方式制约着整个社会生活、政治生活和精神生活。生产力水平决定生产方式，进而决定生产关系。强制性外生制度的植入，体现为生产关系对生产力的反作用。这种作用过程，也会因外界因素的作用而产生不同的作用结果。在不同的社会形态下，不同的经济基础所决定的社会存在，对人们自我价值的形成具有客观决定作用。个人的价值观与社会核心价值之间和不同文化样态之间可能会存在不协调，这种情况下，就有赖于以外在制度的强制性作用的有效保障。为了确保生态文明的文化制度建设，就需要不断强化中国共产党全心全意为人民服务的宗旨，并建立多元化的制度保障体系。一方面，要建立保证人与人平等生存发展的制度。比如，近年来，中共中央制定了一系列关注民生的政策，如取消农业税，从多个渠道对农业生产予以补贴，体现工业反哺农业等。从制度层面上还农民以应得的经济利益；进行医疗制度改革，让更多贫困群体看得起病；进行社会保障制度改革，建立覆盖全社会的社会保障体系；落实九年义务教育制度，让贫困家庭的孩子拥有同等的受教育机会等从制度建设的层面让更多的人感受到对国家、集体的强烈归属感、依附感和信赖感。另一方面，要建立起保证资源环境永续利用的强制性法律制度，目前我国已经出台一系列相关法律法规，如《中华人民共和国环境保护法》《中华人民共和国大气污染防治法》《中华人民共和国水污染防治法》《中华人民共和国海洋环境保护法》《中华人民共和国固体废物污染防治法》《中华人民共和国放射性污染物防治法》《中华人民共和国清洁生产促进法》等一系列法律制度。运用外在制度的强制性约束，为资源环境的可持续发展提供基础性保证。

其次，加强内在制度建设，促进生态文明的文化制度建设。文化作为一种

---

① 道格拉斯·C·诺思：《制度、制度变迁与经济绩效》，格致出版社、上海三联书店、上海人民出版社 2008 年版，第 15 页。

非正式制度或者非正式的制度安排，是决定行为的极为重要的力量，对经济社会的发展具有十分重要的价值引领作用。著名演化经济学家霍奇逊在《经济学是如何忘记历史的：社会科学中的历史特性问题》这一著作写道："在满足人类需要的过程中以及这一过程之外，人们是主要被'经济关系'、财产和法律的框架所驱动，还是主要被意识和信念所驱动？文化是否会以某种方式成为压倒一切的因素？"① 他得出的答案就是："文化为人们提供了一种认知体系，这种认知体系影响了人们的信念，而人们持有的信念决定了他们所作出的选择，这些选择建构了人类行为的变化。"②

可见，内在制度建设的加强对人们信念体系的转变和文化制度的建设具有重要意义。基于此，应该从两方面来进行内在制度建设。第一，进行文化融合与创新。一个伟大的民族应该有着广阔的文化生命力，中华民族之所以能在漫长的历史长河中培育和发展博大精深的中华文化，原因就在于它有着旺盛的文化生命力。要这种文化生命力能够继续发挥活力，必须一方面实现与传统的良好对接以及自觉认同，文化生命才能找到源头活水；另一方面还要善于在继承前人文化创造的基础上，面向未来不断进行新的文化创造。"开掘新文化创造的生命力还要注意关注当下百姓民生，真正融入生活的文化才有生命力，在对时代生活的感受中，文化才愈加变得开放、包容，才得以绵延发展。"③ 第二，积极推进社会主义核心价值体系建设，用社会主义核心价值引领社会思潮，努力形成全民族奋发向上的精神力量与团结和睦的精神纽带。社会主义核心价值观，它的形成不是自发的，而是需要长期教育和引导。在主流媒体宣传与学校教育进行教化的同时，以乡规民约形式以及新媒体网络存在的社会教化形式，其意义不可低估。通过适应时代要求的民俗、习惯、规则的逐步培养及养成，在一定程度上可以在民众中形成正确的是非观念，以抵御各种腐朽文化的侵袭，并从正面去理解各种新出现的社会矛盾，化解社会矛盾，从而形成和谐的社会文化。

---

① ② 霍奇逊：《经济学是如何忘记历史的：社会科学中的历史特性问题》，中国人民大学出版社2008年版，第327~328页。

③ 邹广文：《建设"文化中国"的几点思考》，载于《中国特色社会主义研究》2012年第6期。

四、生态文明的价值观构建

与生态文明相适应的文化制度建设，就是要通过文化的作用，使得生态文明的价值理念在中国社会群体中得到广泛的理解和认同。当代中国文化只有在本民族文化的基础上，引进、吸收西方现代文化及后现代文化的优秀成果，结合时代性要求，并坚持社会主义核心价值观及价值体系的培育，引领思想潮流，才能形成具有集"融合与创新"为一体的生态文明的文化制度，也才能把我国建设成为文化强国。

涵盖生态文明价值意蕴的文化制度，在社会生活中主要体现为对人们社会行为的价值引领。这种引领体现在：一方面要倡导人与自然和谐的自然生态文明。倡导崇尚自然的价值观念，让人们在社会实践中不断加深人是自然界的有机组成部分，人类依赖自然而生存、发展，必须尊重自然、顺应自然和敬畏自然。这种敬畏感，应当在人们的生产和生活实践中得到充分的、自觉的体现。倡导实现低碳生产、生活方式，反对消费主义，从资源节约的角度保护自然资源的永续利用；另一方面要倡导人与人和谐的社会生态文明。人是自然界的有机组成部分，但又是自然界最具有能动性的生物群体。在自然界中既具有于其他物种共生的平等权利，又要求在人类的整体中提倡平等自由的生活、发展权利。

1. 加强人与自然和谐的自然生态文明价值观构建

首先，作为人与自然的关系而言，自然是人的无机的身体。正如马克思所认为的，这个身体包括"人的精神的无机界和物质的无机界"。就精神的无机界而言，"植物、动物、石头、空气、光等等，一方面作为自然科学的对象，一方面作为艺术的对象，都是人的意识的一部分，是人的精神的无机界，是人必须实现进行加工以便享用和消化的精神食粮"①。就物质的无机界而言，"从实践领域来说，这些东西也是人的生活和人的活动的一部分。人在肉体上只有靠这些自然产品才能生活，不管这些产品是以食物、燃料、衣着的形式还是以住房等的形式表现出来。在实践上，人的普遍性正表现为这样的普遍性，它把整个自然界——首先作为人的直接的生活资料，其次作为人的生命活动的对象

---

① 《马克思恩格斯选集》第一卷，人民出版社1995年版，第45页。

（材料）和工具——变成人的无机的身体。自然界，就它自身不是人的身体而言，是人的无机的身体。人靠自然界生活"。[1] 任何毁灭自然界的行为，无疑是摧毁人自身的身体。

其次，作为自然本身而言，它是一个完整的系统。巴里·康芒纳站在生态学的角度曾经对地球上巨大的生命之网中的各种关系和联结每种生命物体的物理与化学环境的过程，概括出四条最基本的生态学法则，即"每一种事物都与别的事物相关；一切事物都必然要有其去向；自然界懂得的是最好的；没有免费的午餐。"[2] 通过这四条生态学法则，康芒纳为人们呈现了一个自我平衡、自我循环、自我调节的生态系统。这个生态系统是一个相互联系的整体，人类只能合理地利用自然，任何破坏这种整体联系的人类行为，都是违反生态法则的。而现今的环境危机恰恰就是在向人类发出的严重警告。在马克思恩格斯那里，同样，对于自然本身的地位以及对人类的制约作用，曾经作过非常深刻的论述。正如恩格斯在《自然辩证法》中所提到的："因为在自然界中任何事物都不是孤立发生的。每个事物都作用于别的事物，并且反过来后者也作用于前者，在大多数场合下，正是由于忘记了这种多方面的运动和相互作用，就妨碍了我们的自然研究家看清最简单的事物。"[3]"我们每走一步都要记住：我们统治自然界，绝不像征服者统治异族人那样，绝不是像站在自然界之外的人似的，——相反地，我们联通我们的肉、血和头脑都是属于自然界和存在于自然之中的。"[4]人类对自然界进行变革活动，创造性地利用自然为我们服务，最多也只能改变自然规律借以表现的具体条件和形式，而绝对不可能改变自然规律本身。只有顺应和服从自然内在规律，人类才能不致毁灭自身。

2. 加强人与人和谐的社会生态文明价值观构建

首先，作为社会意义上的物质变换而言，由物质生产实践所形成的人自身以及人与人之间都应该是自然的。

物质生产实践是人类社会发展的基础和动力，马克思恩格斯认为，人类社会的最基本的物质生产实践活动是人类社会发展的主线，而这"一部人类社

---

① 《马克思恩格斯选集》第一卷，人民出版社 1995 年版，第 45 页。

② ［美］巴里·康芒纳：《封闭的循环——自然、人和技术》，吉林人民出版社 1997 年版，第 25 ~ 26 页。

③④ 《马克思恩格斯选集》第四卷，人民出版社 1995 年版，第 381、384 页。

会的物质生产发展史，归根到底是人与自然之间物质变换关系发展的历史。"① 这种物质变换关系发展包括两个层面上的涵义：一种指的是生理学或者生态学意义上的；另一种是就社会意义而言的，即劳动在自然和社会之间的物质变换。在马克思恩格斯看来，物质生产实践的主体是人，实践的对象是自然界，生产实践作为联结人与自然的纽带，成为人通过劳动对象化的过程。人与人之间的关系就是在这种人通过劳动对象化过程当中结成的各种交往关系。但是在资本主义私有制条件下，人们通过在大工业当中的劳动形成的现实的关系，却是以一种异化的形式出现的。这种异化劳动使人不管是从自身，还是人与人之间的自然关系都受到破坏，从而使的人的需要不再成为人的需要，使人活的不再像人。

其次，作为生态意义上的社会发展而言，人与人关系的和谐是社会得以和谐发展的前提。人类历史就是一个不断走向自由王国的历史，是一个不断把人的世界和人的关系还给人自己的历史，只要还有奴役、不公正，人类解放的任务就没有完成。公平是全人类的追求，社会正义的实现，无疑是"正义犹如支撑整个大厦的主要支柱。如果这根柱子松动的话，那么人类社会这根雄伟而巨大的建筑必然会在顷刻之间土崩瓦解"② 正如马克思所认为的，"劳动和劳动产品所归属的那个异己的存在物，劳动为之服务和劳动产品供其享受的那个存在物，只能是人自身"，"不是神也不是自然界，只有人自身才能成为统治人的异己力量"，"人同自身和自然界的任何自我异化，都表现在他使自身和自然界跟另一些与他不同的人所发生的关系上"。要消除这种异化，就必须消除资本主义私有制所造成的人与人关系的异化，从而建立共产主义社会。在共产主义社会中，人真正属于人，真正实现对合乎人性的人的复归。"这种共产主义，作为完成了的自然主义，等于人道主义，而作为完成了的人道主义，等于自然主义，它是人和自然界之间、人和人之间的矛盾的真正解决，是存在和本质、对象化和自我确证、自由和必然、个体和类之间的斗争的真正解决。"③

可见，生态文明价值观培育中所指向的人与自然和谐以及人与人和谐的内在要求不仅是当代中国实现文化生态有机统一的必要条件，更是实现社会全面协调发展的根本动力。基于此，应当大力从生产层面、消费层面以及价值观层

---

① 刘思华：《生态马克思主义经济学》，人民出版社 2006 年版，第 198 页。
② 亚当·斯密：《道德情操论》，商务印书馆 1998 年版，第 106 页。
③ 《马克思恩格斯文集》第一卷，人民出版社 2009 年版，第 185 页。

面加强生态文明价值观的构建。

首先，在生产层面要树立新型的生态科技观。将科学技术的应用与发展纳入与自然统一的生态系统内，改变那种只局限于考察科技自身和人类社会经济增长的思维定势。在这种价值观的指引下，使得科学技术的应用与发展更好地发挥科学技术的正效应，有效地防止、避免其负效应，并对生态进行补偿。

其次，在消费层面要形成生态的消费理念和生活方式。大力倡导在日常生活中遵循适度消费、精神消费和生态消费的原则，养成"节约资源，减少污染；绿色消费，环保选购；重复使用，多次利用；垃圾分类，循环回收；救助物种，保护自然"[①] 的消费观念，并在日常生活中从自身做起，从身边的一点一滴做起。

最后，在价值观层面要形成生态道德意识。在全社会大力倡导生态德育，一方面通过生态规则意识的培育，使人们不仅在关乎人与人之间的权利义务，而且在人与自然中的每一个生态位中的利益主体，能够从正当与否的角度加以评价，从而使得整个社会的公共利益（包括生态利益）和社会成员的正当权利得到维护；另一方面通过生态道德意识的培育，使人们将基于生态规则意识层面基础之上对于规则本身的尊重或者出于内在良心、道德的要求在行为中外化出来，从而以一种主动的姿态和行为，参与到实现人与自然和谐、人与人和谐的努力当中。如果说生态规则意识的培育是一种底线道德培育的话，那么生态道德意识的培育就是在前者基础之上的升华，与受教育者自我生态道德素质的提升，这两者缺一不可。只有基于两者之上，生态道德意识才能以最稳固的形式内化为受教育者的品德。

总之，加强生态文明价值观的培育是生态文明建设的重要内容，也是贯彻落实党的十八大提出的"中国特色社会主义建设总体布局"的重要组成部分。在生态文明视域中人与自然关系和谐的实现，依赖于全社会人的理性与生态道德意识自律的相互提升。自然生态文明与社会生态文明之间只有实现了真正的耦合，整个社会生命系统才会富有生命和活力，从而实现经济社会健康、稳定、可持续的发展。

----

① 刘春元：《生态文明视阈下高校生态道德教育的思考》，载于《思想政治教育研究》2009 年第 12 期。

第八章

生态文明视域中社会制度建设和
生态文明理念传播

社会是自然界中独属于人的世界。社会制度指的是人与人之间相互联系的组织形式或制度形式。从社会整体结构及其分层的角度看，社会制度既包括经济制度、政治制度、法律制度等已经非常正规化的制度，也包括在科学技术、文化伦理、宗教信仰、生态文明等方面正在形成的组织形式或制度形式。在当代社会中，由于信息技术特别是网络技术的迅猛发展，以各种各样"网络"为载体的社会组织或社会制度迅猛发展，一方面为社会制度建设提供了新课题，另一方面也为社会制度建设开拓新空间提供了新载体。因此，在当代社会中，社会制度及其建设，已经集聚在正在形成的新的社会组织形式上。或者说，当代社会制度建设的指向主要不是已经固化了的经济制度、政治制度、法律制度，而是正在形成中具有崭新意蕴的社会制度。需要指出，由于新制度学派对"制度"的解说已超出"组织"层面上升到"体系"层面，所以在这样的框架中对社会制度的解说实际已经是对社会所有组织体系的解说了。

中国特色社会主义社会制度首先是维系和谐社会关系与推进社会建设的制度保障。它在制度设计上有如下特点，即在法律体系框架下使社会管理网络实现政府调控机制同社会协调机制互联、政府行政功能同社会自治功能互补、政府管理力量同社会调节力量互动，从而形成科学有效的利益协调机制、诉求表达机制、矛盾调处机制、权益保障机制。从体系视角看，它应该包括建立和完善如下具体制度：一是加快形成具有生态文明价值观引导、政府负责、社会协同、公众参与、法治保障的社会管理体制；二是加快形成政府主导、覆盖城乡、可持续的基本公共服务体系；三是加快形成政社分开、权责明确、依法自治的现代社会组织体制；四是加快形成源头治理、动态管理、应急处置相结合的社会管理机制。其中建立健全广泛覆盖、多层次、可持续的社会保障制度也是重要内容之一。简言之，通过确立"四个机制、五层框架"的制度，确保社会既充满活力又和谐有序，使社会制度建设适应新时代的总要求。

生态文明视域中的中国特色社会主义社会制度，还是贯彻尊重自然，顺应自然，保护自然的生态文明理念，坚持节约资源和保护环境的基本国策，坚持节约优先，保护优先，自然恢复为主的主要方针，坚持生产发展，生活富裕，生态良好的文明发展道路的制度保障。中国特色社会主义社会制度，在着力建设资源节约型、环境友好型社会，形成资源节约和保护环境的空间格局、产业结构、生产方式、生活方式为人民创造良好的生产生活方式，实现中华民族的永续发展等方面有其他制度难以取代的功能和作用。从这个意义上看，在中国特色社会主义生态文明制度体系建设中，与经济制度建设、政治制度建设、文化伦理制度建设比起来，社会制度建设具有更广阔、更深厚的发展空间。借助实实在在的社会组织的建设，中国特色社会主义生态文明建设，不仅在社会整体结构各个层面、在社会运动宏观层面具有制度保障，而且在微观层面即在每个人与每个人相互联系的层面也具有制度意蕴的保障。

第一节　社会制度建设的内涵和功能

社会建设作为人类特有活动是在一定的社会制度中进行的。社会制度建设是社会建设不可缺少的组成部分。这里力图通过对社会制度的研究，解说社会制度建设的着力点所在。在现实世界中，社会是由不同的个体通过在生产、生活、文化、宗教、生态文明等领域中的"活动"而建设性地联系在一起的。不仅如此，这种建设性的联系与各个参与者个体的价值观的共同取向密切相关。在这里，我们要强调的是，生态文明理念传播必须构成社会的大量微小单位产生连锁反应后，才能最终成为指导全社会行动的价值观，因此，这里我们把微小单位当作传播生态文明理念最重要的制度载体。

一、社会与社会建设之间的联系

（一）社会和社会制度内涵

在社会学中，社会指的是由有一定联系、相互依存的人们组成的超乎个人的、有机的整体，它是人们的社会生活体系。从马克思主义视角看，社会是人们通过交往形成的社会关系的总和，是人类生活的共同体，而家庭则是社会最小的细胞单位，是构成社会的最基本、最重要、最核心的单位。随着生产力的发展，随着社会生态系统的形成，单独家庭已经不能满足社会分工的需要，于是许许多多的社会组织纷纷出现，不同的个体通过相似的利益诉求组成不同的社会组织，完成社会大生产的社会分工，通过利用有限的物质和时间资源，最大限度地改造自然环境，同时也改造着人与自然、人与人之间的关系。

在协调以及沟通各个社会组织以及组织内部各种关系时出现了制度。制度是在社会或群体生活中逐渐形成的，调节、规范各社会主体互动关系和互动行为的社会规范或规范体系，其中包括强制性规范和非强制性规范、正式规则和非正式规则、显规则和潜规则、内在制度和外在制度。因此，制度也可以划分为以核心价值观为基础的软性制度，以法律体系、行为规范和强制机制为基础的硬性制度。制度是组织秩序和观念的反应，而且是对这种结构和观念的合法性的维护。[①]

从社会系统演化和社会整体结构分层的视角看，对社会制度的理解可以有三个分析层面。第一层次是社会形态方面的规定性，如原始社会制度、奴隶社会制度、封建社会制度、资本主义社会制度和社会主义社会制度等。第二层次是指基本社会形态下的具体社会制度，如经济制度、政治制度、文化制度等。第三层次是指各个具体部门的具体规章制度。[②] 本章主要是通过剖析第三层次（政府组织和非政府组织）的社会制度，来说明在中国特色社会主义的初级阶段中的社会制度方面的内容。社会制度是社会发展架构中各个社会组织之间的生命线，通过不同的排列组合方式最大限度地发挥各个社会组织的内在功能，并协调各个社会组织在社会中的关系，促进社会的发展。

（二）社会建设的定义

社会建设是为实现建立和完善对各种社会资源和社会机会进行合理配置的社会机制，以及建立和完善处理社会矛盾、社会风险、社会问题的创新机制而

---

① 司汉武：《制度理性与社会秩序》，知识产权出版社 2011 年版，第 116 页。
② 沈远新：《中国转型期的政治治理》，中央编译出版社 2007 年版，第 75 页。

进行的一系列制度安排活动，其中主要包括在教育、科技、文化、体育、旅游、医疗卫生、劳动就业、社会保障、社区建设，以及人口与计划生育等方面制度安排活动。社会建设的主要特征就是突出社会制度的公众性、公用性、公益性和非营利性。社会建设对于弥补政府失灵和市场失灵，增进社会公平正义，奠定社会和谐具有至关重要的作用。社会建设本质上是社会制度建设的另一种路径和补充。

（三）社会同社会建设之间的关系

生态文明视域下的社会是人与自然和人与人和谐相处的社会。和谐社会建设以改善民生为重点，是社会主义经济建设、政治建设、文化建设、社会建设中的一个重要方面。和谐社会建设，尤其强调发展社会的公共建设、优化调整社会的结构、完善社会的服务功能、促进社会组织的健康发展。和谐社会建设是通过社会功能的整合来提高人民群众的基本生活质量和促进共同利益以及公共事业发展的。

社会建设的目的是使社会这个有机整体协调、稳定地向前发展。社会建设是通过社会三大组织（政府组织、市场组织、社会组织）之间的优势互动来降低社会管理成本，保证社会公益目标实现，降低社会矛盾的焦点概率，较好地处理市场不能或无力处理的问题或者矛盾。如果说社会是社会建设得以实现的物质和精神载体，那么社会建设就是促进社会能够更加优质地向前发展，并且能够不断满足人民群众的物质和精神的需求。社会和社会建设两者相互促进，共同发展。

二、与社会组织相关的几个问题

（一）社会组织的定义

社会组织是为了实现共同目标通过分工协作合作而建立起来的具有某种结构的关系系统，其目的是规范合作伙伴的行为，调整合作者的关系，使得合作者在某种规制下有序进行，例如政府组织、军队组织、企业组织。社会组织是社会的基本载体和空间，是社会个体实现社会化和成长的重要场所之一。个人通过社会组织完成对自然同其他个人之间的交往互动，满足自己的生活和发展的需要。不同的个体结成不同的社会群体，不同的社会群体形成不同的社会组织。在工业革命之前，家庭是最重要的社会组织形式，人们绝大多数的社会生活的形式和内容都是通过家庭来完成的。然而，随着生产方式的变革，社会组织形式从简单的模式发展成为复杂的模式，形式多样。社会组织涉及科技与研究、生态环境、教育、卫生、社会服务、文化、法律等各种领域，在这些领域中，社会组织的贡献不容低估。社会组织能够降低社会管理成本，促进社会核心价值观和价值理念的传播。在本书的研究视角中，社会组织通过生态文明价值观念的传播，既能保证社会公益目标的实现，减少社会矛盾的发生概率，又能处理好市场不能或者无力处理的矛盾和问题。社会组织是社会交融的黏合剂、社会矛盾的稀释剂、社会冲突的缓冲剂。

（二）社会组织的分类、特征和功能

社会组织分类有几种依据：组织的功能和目标、获利者的类型、社会结合的形式和人们之间社会关系的表现、成员之间关系的性质、组织对成员的控制方式、组织类型对公共关系行为影响较大的因素（主要是盈利和竞争）。简言之，就是根据不同社会组织的核心价值观分解社会组织类型，使得每种价值观都有对应的价值实体，便于社会管理和治理。也便于社会价值观念的传播和社会管理机制的建立。

社会组织一般都具有生态特征。社会组织是个体之间相互活动的一个小型生态系统，在这个小型生态系统中，社会组织有自己的组织目标、角色要求、科层体系和规章制度，还有必要的物质载体。社会组织成员在这个小型的生态系统中进行各种社会活动，满足自己的精神和物质方面的需求，实现自己的社会化。社会组织主要有五个特征：特定的目标体系；成员角色化；严格的规章制度；权力分层体系和科层化管理体系；有一定的物质载体和物质条件。其特定的目标体系其实就是组织的核心价值体系的细则化，同时也对各个成员制定相应的组织角色，最大限度地发挥组织成员的创造力，实现组织的价值目标。

社会组织具有为价值观服务的功能。不同的社会组织有不同的价值理念，社会通过其主导价值理念的细化和分解作用于不同的社会组织，通过各种社会活动，把不同环境中的各种个体结合在一起，传播其主流的价值理念，共同实现组织目标，达成组织目的，最终完成社会目标，实现社会与经济长期和谐可持续发展。社会组织主要有四种社会功能：整合功能；协调功能；利益实现与组织支持的功能；目标达成功能。

无论社会组织是以何种方式进行分类以及通过何种方式进行整合，其最为主要的作用都是，通过核心价值观的建立，行为规范的约束以及强制机制的执行，完成各个不同社会组织的组织目标，实现群体利益的最大化，从而更好的整合社会资源（物质资源、时间资源）达到发展生产目的，实现人与社会、人与自然之间和谐互动，完成整个大自然的能量的守恒、物质的守恒。

（三）社会组织的网络化发展形态

随着科技的进步，互联网技术的发展，社会组织的形式也在逐渐发生变化。以往由于信息资源传播渠道的有线性，社会组织更多的是通过硬件资源（办公场地、硬件设备、资金以及拥有的土地资源）来吸引更多的组织成员的加入，而现在随着互联网技术的发展，移动客户端的多样化，社会成员能够在较短的时间内获得更多的信息资源，辨别何种社会组织更能适合他们的利益诉求，现在的社会组织更多的是通过依靠软件资源（组织的区位、声誉、品牌、社会关系、信息、网络以及制度安排）来获得更多的社会资源。[1]

社会组织网络化使运行效率提高。社会组织的网络化有利于打破传统组织的组织边界，使得整个社会成为一个巨大的网络系统，不同的社会组织都是巨大网络系统中一个分支节点，能够更好地整合资源，同时也能够有效地传播信息资源，利于各种不同的社会组织最大限度利用资源，减少资源的浪费，提供组织的办事效率。

社会组织网络化改变了竞争方式。在以往的组织结构关系中，社会组织更多是在意物质资源的获得，通过大量物质资源的获得，能够展示社会组织的组织能力。而在现代科技发展下，组织边界已经发生巨大的变化，距离不是问题，时间也同样不是问题，通过互联网技术的发展，组织能够在较短的时间内聚集到一大批具有相同价值取向的社会成员，社会成员获得信息渠道更加丰富和便捷，同样人们对于自己的诉求也更加迅速，他们需要在较短的时间内看见

---

① 王向文：《论社会及组织结构的网络化》，载于《先驱论坛》2012 年第 6 期。

目标的效果，声誉以及形象的建立已经成为社会组织在成长过程中更为重要的一个方面。

社会组织网络化使价值取向随之多样化。在以往的组织环境里面，由于各种社会组织具有很强的地域性以及成长周期的缓慢，他们对于自己的价值观具有很强的保护意识，对于其他组织的价值观具有很强的排斥和反抗性。在网络时代中，不同的社会组织只是巨大社会网络组织中的一个节点，这使组织成长的周期极大缩短，大量不同价值观的涌现，社会成员对于不同的价值观具有更加包容的心态和处事方式，在新的网络环境背景下，不同社会组织的价值观在成长博弈中不断完善和融合。

社会组织网络化使管理方式扁平化。以往的社会组织获得的信息高度统一而且单向，组织成员理解信息的渠道比较单一，这有利于通过高度的组织结构管理不同层级的社会成员。在网络条件下，由于信息渠道的复杂和多样性，不同的组织成员能够通过不同的组织渠道了解到各种不同的信息，而且时间短，因此，社会组织可以通过不同组织节点的联系和反映，快速了解和处理信息资源，以便社会组织能够在既定的社会目标下有序发展。

三、社会建设与社会组织的关系

社会建设和社会组织从研究对象的范畴来看似乎是属于一个不同的分析层面。社会建设是同经济、政治、文化建设相对的分析框架。而社会组织则是属于更加基本的社会分析细胞，在这个分析细胞中其实包含着经济、政治、文化的分析因子，这些因子的分析也是对于社会组织分析有不可缺少的作用。不同层面的社会建设同社会组织之间有一个支撑的社会钢架就是制度，对于当代中国而言，这个支撑的社会钢架就是中国特色社会主义制度。

首先，这个制度框架决定了无论是研究社会建设还是社会组织，都只是在社会主义这个大的社会环境中展开，研究的目的都是更好的解放生产力、发展生产力、消灭剥削、消除两极分化，满足人民日益增长的物质文化需要。社会建设包括经济、政治、文化、社会、生态文明这五个领域，这五个领域改革和党的建设改革紧密联系、相互交融，任何一个领域的改革都会牵动其他领域，同时也需要其他领域改革密切配合。如果各领域改革不配套，各方面改革措施相互牵扯，全面深化改革就很难推进下去，即使勉强推进，效果也会大打折扣。[①] 生态文明制度建设同其他制度建设具有相同的地位，因此对生态文明制度建设需要同其他领域发挥同样多的功效，才能在整个社会中更好促进社会主义现代化制度的建设。

其次，社会建设和社会组织的发展和变化都会受到文化和制度的影响。从文化到制度，是一个从观念、习俗到规制体系的演变过程，文化的变化会一点一滴地影响到制度，这种影响看起来十分的微弱，但当文化因素尤其是新的价值观因素积累到一定程度，就会导致制度质的飞跃。[②] 现在的生态文明理念即生态文明这个文化共识还有待进一步提高，只有当文化发展到一定的阶段达到一定的程度累积的时候，就会对社会建设以及社会组织的变化产生具体的影响。文化是制度的内化，一方面制度形成体现了一定的文化意识形态，另一方面制度要发挥作用必须符合文化核心价值观，制度总是要根据人们对文化的认识和理解来使用，并最终按照人们所理解的方式发挥作用，这种方式的积累就是文化。[③]

最后，社会建设其实可以通过对社会组织的变化发展来体现。社会组织相对于整个社会来说是一个细胞分析单位，通过对社会组织的经济、政治、文化、组织建设的分析，可以显示整个社会大系统中社会建设的变化关系，同时也可以对整个大系统的社会建设提供相应的建议和意见，以便于更好地实现社会目标，形成社会的生态文明大观念。生态文明这种价值理念只有通过各个不同的社会组织的实践和检验，才能真正体现出效果，才能看到整个社会文化价值理念的变化发展，从而有利于社会主义的发展。

第二节　社会制度建设在生态文明制度建设中的地位和作用

前面我们强调价值观取向是构成大量微小社会制度的核心凝聚力，现在我

---

① 习近平：关于《中共中央关于全面深化改革若干重大问题的决定》的说明，新华网，2013 年 11 月 15 日，http：//news. xinhuanet. com/politics/2013 – 11/15/c_118164294. htm。

②③ 司汉武：《制度理性与社会秩序》，知识产权出版社 2011 年版，第 121、122 页。

们要强调的是不同的文化伦理之间的整合对社会制度建设的影响和作用。在这里，我们实际上在探讨一种具有多样性的文化生态与具有生态特征的社会组织制度之间的相互作用。美国人类社会学家斯图尔德主张社会制度多线进化论，他通过对文化发展经验性研究，强调国家层次的社会文化整合所具有的独特功能。他强调社会文化不同的整合程度具有造就不同社会系统的功能，而在不同社会系统下，社会制度也会有不同的表现形态。由此，中国特色社会主义制度形式是新时期对新时代背景下对文化发展需要产生的，是适应新时期经济发展需求。

一、生态文明视域下中国特色社会制度建设目标与特征

（一）社会组织文化的多线进化理论

社会组织文化的"多线进化论"是美国新进化论专家、人类社会学家斯图尔德（1902～1972）提出的根据文化演化的根本规律来关注文化法则测定的一套方法论。它根据经验分析方法来解构历史问题，兴趣在于个别的文化，但其目的不是要从地方性的差异的发现而是要把参考架构由特殊性转化为一般性。因此，它只处理那些在形式、功能与发生序列上为数有限，但却在经验上具有真实性的平行现象。它承认不同地区的文化传统可能具有完全的或者局部的独特性，它关注的只是某些文化之间是否存在着真正的或有意义的类似之处，以及这些类似之处是否可以归结出来的问题。[1] 然而，斯图尔德的理论是如何通过利用相似资源及技术，来分析导致社会结构平行发展问题的呢？斯图尔德认为，核心家庭—部落、社会和社区—国家是三种不同形式上的整合形式；亲属与经济、宗教和官僚结构等是这三种不同层次的各自的整合力量。国家层次社会文化整合与核心家庭层次与民俗社会层次的整合在质量上是有区别的。国家整合层次是以若干新模式的出现为特征。无数多家庭的聚体或民俗社会，则是凭借这些模式在一个大的体系中建立功能性的互相依赖。[2] 因此，斯

①② ［美］朱利安·史徒华著，张恭启译：《文化变迁的理论》，台湾远流出版事业股份有限公司 1989 年版，第 24 页。

图尔德实际上是以社会文化整合层次的概念来划分不同的文化结构。如果我们从历史角度看待这三种不同层次的整合形式，它似乎也可以构成不同的发展阶段。在斯图尔德看来，文化是一个民族在历史发展过程中长期形成的历史积淀和价值体系，它在深层次上影响社会资源的分配和社会制度的构建。

从斯图尔德的多线进化论的观点可以看出，不同的文化在各个不同国家有着不同的表达形式，不管是资本主义的发展方式，还是社会主义的发展方式，在不同的国家，结合当地不同的社会文化，所表现出来的形式是具有差异性的。比如同样是发展资本主义，美国、欧盟和日本所表现出来的资本主义形式就不同，但是他们所具有公共的文化特性就是掠夺、占有、物质主义、消费主义，使得物质资源尽可能为人类的物欲服务，满足人们不断膨胀和扩张的物质需要。世界上同样发展社会主义的国家，比如朝鲜、越南和中国，他们所表现出来的社会主义也是具有不同的形式和特征的，同样发展的社会主义的文化，经济水平的发展程度也是不相同的，所表现出来社会主义的形式和主要的内容也是不同的。中国在现阶段所倡导的人与人、人与自然和谐可持续发展，讲究的是在这个地球整个生物圈内，人的发展以及经济、政治、文化、社会的发展都需要考虑同自然环境相协调，相统一。同样，在不同的历史发展阶段，不同的国家所表现出来的社会文化也具有差异性，在同一发展阶段，但是处于不同的发展时期，比如早期、中期、晚期不同的时点，各个国家所倡导的社会文化也是不相同的，在不同的社会文化的倡导下所表现出来的价值理念也具有不同的形式。

（二）生态视域下中国特色社会组织的特点

中国特色社会组织的发展不能脱离其历史渊源，虽然中国是社会主义国家，但是，中国有着两千多年封建文化的发展，新中国是从半殖民地半封建社会直接过渡到社会主义社会，中国的经济发展也是从半殖民地半封建社会直接过渡到社会主义社会，而且中国社会组织是从计划经济体制逐步转变到市场经济体制下，因此，中国的社会组织有自己的发展轨迹和特色，中国的社会组织的官办色彩比较浓重。

中国特色社会组织的建立以及不断完善就是为了不断满足生产力发展要求，以及广大人民日益增长的物质文化的需要。

第一，符合中国特色社会主义本质的要求。中国特色社会主义是以生产资料公有制为基础，其生产发展是为了满足人们日益增长的物质文化的需要。因此，在中国建立社会组织，是为了满足人们日益增长的物质文化的需要，是在市场经济发展条件，对政府管理无力或者不到位的地方起到润滑剂、补充的作用。中国社会组织具有鲜明的中国特色社会主义色彩，其组织目标、组织制度和组织管理是严格按照中国特色社会主义发展需求建立的。

第二，符合党政体制和市场经济发展变化的要求。随着中国特色社会主义体制不断改革和市场经济的发展，市场机制在维护社会公正、公益方面的弱势逐步显现出来，社会组织在发展过程中不断强化其公正、公益方面特点，并不断完善其功能，因此其作用效果也不断增强。社会组织的发展有利于克服体制失灵的制度资源的限制。社会组织游离于体制之外，但是同时也和体制内有着千丝万缕的联系。生态文明发展观念适应是当今党政体制以及市场经济的发展要求，满足生态文明发展观念的社会组织也能在其不断发展过程中更大地发挥作用。

第三，符合生态文明价值观念文化的要求。文化是资源供给和制度保障的基本要求，也是我国社会组织在社会主义条件下发展的基础。社会组织不是公共政府所普遍具有的约束性公权力，也不是企业所追求的个人利益最大化，社会组织是在"公民文化"的滋养和促进下发展起来的。在生产力急剧发展和生态环境日益恶化的条件下，为了保护生存权和发展权，社会成员在不断抗争的过程中逐步认识到只有适应生态环境的发展要求，才能更好地促进生产力的发展，社会发展才能有更充足的动力，社会才能获得更好的发展前景。

第四，符合生产发展需求、人员构成不断优化的要求。在改革开放之初，社会组织的主要构成人员是知识分子（主要从事脑力劳动，具有强烈社会责任感）和农民。随着政治波动，制度构建、社会转型以及社会经济的发展，社会组织的成员转变为政治、知识、经济精英，表明了社会组织也已经成为最先进生产力、先进文化，以及最广大人民的根本利益的集中反映，越来越符合中国特色社会主义时代的意义。他们不仅根据自己的学术背景而且能够根据当今中国生态文明发展观念不断对社会组织的章程、制度优化完善，而且能够通过实际的组织活动不断宣传组织的文化理念，使得生态文明发展观念逐渐深入到人民群众中去。

二、社会组织在生态文明制度建设中的地位

（一）社会组织是生态文明制度建设中一个方面

生态文明制度是整个社会的价值理念，是符合生产力发展的要求。制度是一种精神态度或生活理论，它就带着文化传统的意味，其演变过程也就是人类思想和习惯的自然淘汰过程，或者是人类应付外界环境的心理变化过程。制度演进的每一步由以往的制度状况所决定，处在制度环境中的人的行为是由他过去的经历和所处的文化、宗教、环境和遗传等多种因素决定，而且这些因素也是积累的。① 生态文明制度在不断的完善，社会成员在不断接受其过程中，也在不断完善社会组织的价值目标。组织中公民文化的共享，激发起组织成员更高的热情和更大的责任心，促进社会组织的繁荣。

（二）社会组织构成生态文明制度建设中生存环境

制度不是孤立的规制和条例，制度是一个系统，这个系统有着特定的内在秩序并存在于特定的文化环境之中。制度是由各个系统有机地结合在一起形成大系统，各个系统相互协调、相互支持、共同推动整个系统的运行，该系统不仅影响着外部环境，同时也对外部环境造成一定的影响。② 生态文明制度内部也是由各个子系统相互联结，相互作用，不仅影响着整个社会中的各个社会组织，同时也受社会组织的影响。社会组织是社会成员生存和发展的生态环境，只有适应生存环境的发展变化，生态文明制度体系才能顺利的发展并不断的完善。社会组织是社会存在的基本单位、是社会矛盾的安全阀，也是社会文化的发源地。生态文明价值观念的发展和壮大也离不开社会组织的文化发展。社会组织来源于最基层，最贴近民声，生态文明价值理念只有得到全社会成员认同，才能茁壮发展。社会价值观也只有同社会组织的文化相契合，才能为社会发展提供精神动力。

---

①② 司汉武：《制度理性与社会秩序》，知识产权出版社 2011 年版，第 153、154 页。

三、社会组织在生态文明建设中的作用

（一）社会组织在生态文明建设中的辅助协调作用

社会组织建设是生态文明建设中不可缺少的重要环节，社会组织的建设能够充分发挥社会组织在社会治理和公共服务方面的重要作用，符合现代构建生态文明多中心合作治理体系要求，也是建设生态文明服务型政府的内在要求。通过社会组织章程来不断改善生态文化理念的可行性方式，建立社会组织同政府之间有效合作的桥梁，并且使得社会组织成为中国共产党推行生态文明理念的有力工具。

（二）社会组织在生态文明建设中的支持补充作用

社会环境处于不断变化之中，社会组织也在不断变化发展。社会组织能够在发展过程中不断对其结构层次和功能结构进行重组与完善。在生态文明建设中，随着生产力的发展，生存环境的不断变化，生态文明理念不断完善，社会组织能够不断吸收生态文明理念中积极有利的养分，不断地充实其组织内容，给生态文明建设提供动力支撑和精神支柱。

（三）社会组织在生态文明建设中的优化作用

社会组织具有多层次、多功能的结构。社会组织的宏观变化是微观子系统和构成要素之间非线性相互作用的结果。生态文明价值理念是社会发展的重要的价值理念，在价值理念发展的过程中，利益机构变迁十分迅速，各个不同的利益群体重新分化和组合。社会组织在价值理念发展的过程中，不断调整各个组织群体利益需求，有效化解社会各阶层之间的利益矛盾。社会组织功能完善是社会利益改革发展的重要前提。社会组织对社会价值理念发展具有重要的整合作用。

（四）社会组织在生态文明建设中的促进作用

社会组织是在开放的社会环境中发展变化的。社会组织也是自发形成、自

发演化的开放系统，其产生和发展的力量源于社会系统内部的动力机制。社会环境是社会组织发展的舞台，社会组织不能脱离社会环境独立存在。同时社会组织对社会环境的发展变化也有一定的预测作用。社会组织的发展离不开政府部门和社会公众的支持，并且需要不断适应社会经济发展、法律环境变化、社会政策或社会制度不断更新所带来的社会挑战。生态文明体系是一个不断完善并且不断进步的价值体系，通过社会组织不断实践能够给生态价值文明价值体系带来新鲜的文化血液，同时生态文明价值理念能够给社会组织的制度建立提供合理的价值要求，两者在相互促进中共同成长。

第三节　生态文明视域中的非政府组织建设

非政府组织（Non-Governmental Organization，NGO）是有别于政府组织的一种社会组织，它是对政府组织在配置资源、获取民意、协调民声、解决民情问题的一个补充。非政府组织一般都是民间团体，是由人们动员自愿组织起来的，它们不以利润为动机，权力原则为驱动，而是为了公共利益，以志愿精神为背景的利他主义和互助主义为动力的。非政府组织最大特点不仅在于非政府性还在于非营利性，它们是无偿致力于经济、政治、文化等领域的公益事业的社会中介组织。这里所选择的以生态文明建设为核心价值观的非政府组织，是力图通过举例说明非政府组织在贯彻生态文明价值观、践行生态文明价值理念方面，从而在中国特色社会主义生态文明建设方面所做的巨大努力。

一、生态文明视域中非政府组织的发展

（一）生态文明视域背景下国际非政府组织及其对中国的影响

恩格斯曾经说过："因此我们每走一步都要记住，我们统治自然界绝不像征服统治者异族人那样，绝不是像站在自然界之外的人似的——相反地，我们连同我们的肉、血和头脑都是属于自然界和存在于自然之中的。"[①]　这就是说

---

① 《马克思恩格斯选集》第四卷，人民出版社 1995 年版，第 383～384 页。

早在恩格斯那个年代（19 世纪中后期）西方就已经思考生产力发展同生态环境保护之间的关系了。20 世纪 60 年代《寂静的春天》发表，引发了人们对现实问题的思考，并引发了人们对于生产力发展过程中的环境问题的认识，如何协调生产力发展同环境保护之间的关系成为人们在进一步发展生产力上思索的方向。从此以后国外的环保组织开始萌发发展。

到 20 世纪 70 年代，在国外的生态环保运动中逐步涌现出一些具有国际影响力的生态环保非政府组织，如世界自然保护同盟、国际绿色和平组织、世界自然基金会。这些非政府组织一般起源于发达国家。发达国家由于生产力发展较快，经济比较发展，人们在物质水平不断提高的基础上渐渐认识到生态环境的重要性。它们的发展历史比较悠久，发展规模比较大，无论是在组织能力、影响力、国际经验上都是优于发展中国家的生态非政府组织，有很多值得发展中国家的生态环保非政府组织借鉴。

从 20 世纪 90 年代开始，随着中国经济的发展，生态问题日益显露，生产力的发展同生态保护之间的关系趋向白热化。受到国际生态保护非政府组织在解决生态问题方面所做的影响。中国也从自身条件上开始考虑如何借鉴国际环保非政府组织的检验，国内的一些非政府组织也逐步建立并发展壮大。1994 年"自然之友"成立，这是中国第一家由民间发起的环保民间组织，也是迄今最为著名的环境非政府组织。1996 年北京地球村成立，成为中国民间环保一支重要的力量。

（二）生态文明视域中中国非政府组织发展现状

中国生态非政府组织起步较晚，规模较小，活动范围也比较狭窄，国际影响力也不大。目前中国小有规模的生态非政府组织大概只有 200 多个。① 影响力比较大的主要有自然之友、北京地球村环保文化中心、世界自然基金会、中国人民大学青年低碳论坛委员会等。虽然中国目前的生态非政府组织数量有限，组织成员也有限，在保护环境维持生态方面的作用还很小，但是中国环境非政府组织正在呈现良好的发展势头。主要有以下几个原因：第一，生态环境急剧恶化已经威胁到人类生存发展；第二，人们物质生活水平提高了，精神意

---

① 丛霞：《环境非政府组织的地位和作用》，青岛大学硕士论文，2005 年。

识也逐步提高，逐渐认识到保护生态环境的重要性；第三，政府加大了对生态环境保护的力度以及政策法规的倾斜。

随着经济的发展，中国生态文明非政府组织取得了一定的发展，活动范围也逐步扩展，影响力也逐步加强，也为中国生态环保事业做出了重要的贡献，但是生态环保组织本身的条件以及外部环境也对其发展有一定的阻碍作用。主要有几个方面：第一，资金能力不足，能力欠缺，在很大程度上需要政府的扶持；第二，相应的法律法规不够健全；第三，学术性、研究性以及网络型的生态环保组织的数量占多数，行动型生态环保组织数量较少；第四，生态文明非政府组织缺少相关的专业性人才，大多数都只是社会招聘的人员，对生态环保缺乏科学的认识；第五，生态非政府组织缺乏相应的监督和管理机制；第六，生态环保组织社会基础比较薄弱，社会缺少对其发展情况的了解。

二、生态文明视域中非政府组织特征与作用

要加强对生态文明视域中非政府组织建设，必须先了解生态文明视域中非政府组织的特征以及作用，才能根据现阶段的条件逐步改进，加强非政府组织的建设，使得非政府组织在未来能够更好加强其组织能力，发挥其组织功能，完善其组织作用。

（一）生态文明视域中非政府组织特征

第一，组织性。生态文明非政府组织有自己的组织章程，有组织的负责人，还有经常性活动。生态文明非政府组织有合法性身份，组织的负责人对组织的各种活动承诺负责。

第二，自治性。该组织能够自己控制组织活动的安排与进行，有不受外界控制的内部管理程序，并且能够严格按照内部管理程序来进行组织安排与活动。

第三，专一性。该组织主要关注生态环境方面的问题并安排组织活动，关注国际上相关的生态环境问题。

第四，志愿公益性。该组织的社会成员都是有着共同的社会需求，为了实现该需求，大家自觉自愿组织在一起形成非政府组织。该类组织利用社会资

源，提供公共物品是在社会上公开透明地进行，接受社会的监督。该组织所提供的公共物品不仅具有公益性还有互益性。

第五，非政府性。该社会组织的建立都有自己独立自主的判断、决策、行为机制和能力，能够自己独立自主地处理该组织内部的各种问题。该组织通过横向联系以及广泛坚实的群众基础，联系该层面各方面的资源，合理地调动资源配置，从而实现自下而上的民间社会组织。不同的该类组织通过各种竞争手段获得社会资源，整合各种不同的社会资源，形成具有竞争性的公共物品，提供给该组织的各个成员，满足组织成员的合理社会需要。

第六，非营利性。是指这些组织的建立不是以盈利为目的，而是通过组织的建立实现经济、政治、文化、社会方面政府无力解决或者解决不好的，由组织合理解决实现该方面的公共利益。该组织所获得的收入，只能用于建立和完善组织所开展的各种社会活动和自身的发展。该组织所获得的各种收入都不能以任何名义转化为个人财产，不管以任何形式所获得的收入都应该切实落到该组织意愿的实现和组织目标的达成。

（二）生态文明视域中非政府组织的作用

第一，动员更多的社会资源参与到生态环境保护的行列。生态环境保护不仅仅是政府的首要任务，也是普通社会群众的重要任务，因为生态环境保护关系到社会群众切身的利益，只有社会群众自身真正参与到生态环保的活动中，才能把生态环保落到实处。非政府组织是政府组织和社会群众之间的桥梁，通过非政府组织的组织活动，能够让更多的社会成员参与到社会生态环保活动中。

第二，提高社会成员的生态环保意识。生态非政府组织建立能够让更多的社会成员了解到生态环保的重要性和生态环保在未来的积极意义。同时非政府组织因为其本身就来源于人民群众，能够团结尽可能多的有生态意识社会成员，形成对现行社会现状的忧患意识，鼓励并支持更多的社会成员认识到资源的有限性，环境的不可再生性，保护环境的重要性，从而为形成整个社会的生态价值观念提供群众基础。

第三，参与政府生态环保政策制度和监督。中国生态非政府组织可以根据自己的群众基础，专业知识、活动经验及沟通渠道能够对国家环境政策制定起到推动促进和监督作用。对有重大环境影响的生态事件，非政府组织能够通过实际调查，分析评价，对政府提出相应的建议，促进政府对相关事件的处理，同时也能够推动环境政策制定科学化发展。比如"自然之友"对圆明园湖底防渗工程的质疑事件。

第四，提高对组织成员的生态环境公益服务。非政府组织是公共利益的代表，利用自身所具有的条件提供特定领域内的公共服务和管理。生态非政府组织通过该组织动员的社会资源，用于开展各种形式的社会公益服务来满足组织成员的生态环保各方面需求。生态非政府组织还可以通过接受政府委托或参与政府的采购活动，加入政府的生态环境公共服务体系，拓展生态环境公共服务的空间并且提高公共服务的效率，同时形成对政府服务助力互补、合作互动、共同发展的关系。

第五，对在环境恶化中受伤害的弱势群体进行援助。非政府组织通过传达民声，反映民情，对在环境事件中受到伤害的弱势群体提供法律援助。对不能友善通过法律程序得到解决的生态环境恶性事件，能够通过组织活动并通过网络媒介进行有效传播，对生态环境恶性事件的主导者施加压力，使得受害者的合法权益、合法诉求能够得到有效保障。

第六，有利于实现全球生态环境保护目标。对于中国生态环保的非政府组织来说，通过同国际上其他国家的生态环保非政府组织的合作，能够加强组织之间的合作和交流，提升组织的国际影响力，以及提高在国际生态环境法律的制定过程中的话语权，共同实现全人类的生态环保理念。同时也是中国对外宣传的一个有效名片，提升中国在国际上的影响力。

三、生态文明视域中非政府组织的组织建设

非政府组织是政府组织的一个重要补充力量，如何完善非政府组织在倡导生态文明理念中的作用，使生态文明价值观念深入人心，并且实实在在地践行，非政府组织的建设具有重要作用。

（一）加强自身建设，不断提高生态环境保护的能力

随着经济的发展，生态环境的问题日渐多样化和复杂化，需要组织并协调

各方面的资源共同面对逐渐恶化的生态环境。如何面对新形势下的国际和国内的生态环境发展状况，提升自己的生态环境处理能力，赢得广大社会群众对生态环境非政府组织的认可，是如今生态环境组织需要考虑的最重要问题。只有加强自身建设，不断提高生态环境保护的能力，才能使生态环境非政府组织获得广阔的生存和发展空间。

（二）完善内部管理机制，优化内部人员结构组成

在我国，生态非政府组织的内部管理机制比较薄弱，主要是由于其自愿性、非营利性的自身特征形成，缺乏管理的组织性、行动的系统性，以及资金管理和使用效率等诸多问题。生态非政府组织加强自身的管理能力，对于提高自身的生存和发展具有重大的作用。同时应该优化生态非政府组织人员构成，积极培养并引进具有生态理念认识的复合型的各方面人才。他们不仅需要深刻了解生态文明理念，而且需要深刻了解社会现实，同时也要乐于传播给身边的人，并且让组织中成员的利益诉求得到满足，有热情继续在组织中活动，通过他们的努力，让全社会都乐于接受并践行生态文明理念。

（三）努力提高自身参政能力，扩展自身发展空间

中国生态非政府组织目前还处于起步阶段，社会对其认可度还处于比较低的阶段。在组织建设中，生态非政府组织需要在广泛联系群众的基础上，努力提高自身参政能力，扩展自身发展空间。通过各种活动不断收集各方面社会成员的最关心、最急切需要解决的生态环境保护方面事情，形成可行性报告，上报政府。政府的各种政策的制定中提供相应的素材，通过政策建议以及规范制定来不断满足社会成员可行性的利益诉求，同时为社会成员同政府组织之间的沟通搭建有效平台，不仅有利于促进新生生产力的发展，同时也有利于新生价值观理念的传播即生态文明理念价值观的传播。

（四）加大宣传力度，提高公众对生态文明的意识

生态非政府组织应该通过网络、电视、报纸、杂志等各种媒体宣传组织目前的发展现状以及活动前景，使得社会大众对生态非政府组织的宗旨以及活动的意义能够有更加深刻直观的认识。生态环境保护关乎社会大众的切身利益，

通过大众媒体的广泛宣传能够加深大家对生态环境问题的认识，能够引起大家对生态环境问题的共鸣并做出积极反应，从而能够更深刻地提高公众对生态环保的意识。

（五）加强各方面的有效合作，促进共同发展

生态问题不是一个孤立的问题，生态问题的有效解决也不是单独努力所能做到的。生态问题具有跨地域、跨领域的特点，这些特点决定了生态问题的有效解决必须多方面通力合作。政府已经认识到生态非政府组织在促进生态保护过程中的重要作用，在促进生态非政府组织建设方面，政府应该制定相关的法律法规，促进生态非政府组织健康发展，保护其自主能力以及创新能力，保障其合法权益不受到侵害，同时政府应对生态非政府组织管理、引导和监督。另外，要加强生态非政府组织同政府组织，以及其他非政府组织和世界其他非政府组织的有效合作，使不同领域、不同地域的非政府组织之间取长补短，相互吸收经验，推动环境问题的解决以及生态非政府组织的良性发展。

第四节　中国特色社会主义生态文明理念传播

建设社会主义特色社会主义国家，需要核心价值观引领，需要社会文化建设和社会制度建设与配合。党的十八大把生态文明建设理念提高到前所未有的高度，并强调一定要将其贯彻到中国特色社会主义经济建设、政治建设、文化建设和社会建设之中。生态文明理念作为崭新的价值理念，强调尊重自然，顺应自然，保护自然，节约优先，保护优先，自然恢复为主的理念。从实际操作的角度看，生态文明价值理念在全社会范围内形成，需要得到大多数社会成员的认识和认可，才能在社会建设中成为一种人们指导行动价值理念，才能在社会生活各个方面，成为一种强大的精神武器。由此，社会制度建设的任务是异常艰巨的。

一、加强社会组织建设

社会组织是组织成员进行人类活动和社会活动交换和交错运动的载体，社

会组织是社会成员进行社会活动的最基本的生态环境，是人类社会建构的产物。社会成员通过不同的社会组织形成整个社会。

（一）社会组织角色定位

加强社会组织的法律地位，明确其职责范围，促进社会组织加快发展。转变政府职能，适当放宽其社会职能，让一些社会组织主动去承担相应的社会职能，促进社会组织功能完善。积极参与到政府购买制度体系中，自力更生不断满足社会组织日常组织活动中的资金需求，同时也能让更多的社会组织在市场经济调节下参与资源配置，促进资源节约利用。落实国家扶持社会组织发展的政策措施，促进社会组织的大力发展。

（二）社会组织应扩大资金来源

大多数社会组织进行外部资金募集不易、自我创收受限，正常活动难以开展，处于步履维艰状态，不少社会组织事实上处于休眠状态。目前社会组织的资金来源主要包括会员会费、政府资助、提供产品和服务、企业捐赠以及投资收益等。这些收入又可分为非自创收入与自创收入。非自创收入是社会组织的主要收入来源，包括社会组织接受政府拨款和社会捐赠。自创收入包括业务收入、经营收入和投资收益，社会组织通过提供产品和服务而获得的收入，以及通过投资获得的收益。社会组织在坚持注重社会效益和非营利性的前提下，可以适当通过开展经营活动取得收入，以弥补资金缺口，更好地为社会提供多样化的产品和服务。

（三）完善法律法规和监管机制

目前我国有关社会组织发展和管理的法律法规不健全，对社会组织发展及运作的管理还主要依靠政府行政部门进行，社会组织缺乏自我管理、自我运行的法律依据。应加强这方面的立法工作，构建更加合理的社会组织管理体制，提高社会组织自我管理、自我运行的能力和提供服务的质量。同时还应及时完善法律监督、政府监督、社会监督、自我监督相结合的社会组织监管体系。

二、非政府组织在生态文明传播中的作用

（一）体验民情，反映民声

非政府组织通过媒体和社会舆论关注一些长期性的社会问题，满足政府和企业未能或不能满足的社会层面问题，真实反映客观的社会民众的现实生活，发现社会客观的现实问题，引起相关的立法机构和社会管理机制重视，更加合理有效地解决社会问题，满足社会群众的社会需要。网络是一个新媒介，打破了时空的限制，为人类提供一个超越物理空间的平台。人们利用网络可以组成各种正式或非正式的组织团体，在这种组织团体中可以促进交换行为和节省沟通成本，使得信息更加具有时效性。如"网络人肉反腐""网络人肉虐猫事件""网络曝光雾霾事件"。就是网络组织通过网络媒介反映社会现实状况，激发社会公众的道德意识，让更多社会公众最直接、最快速了解社会现实，并通过网络媒介给相关政府部门以舆论压力，迫使政府部门正视社会情况，尽快地解决社会问题。

（二）真实实效报道情况

同时非政府组织曝光这些社会现实问题必须坚持实事求是，客观真实地报道实事原来的面目，不能成为别有用心的社会团体宣传造势的工具，为实现某些社会团体的经济需要服务。政府对非政府组织的管理要体现在宏观上引导和把握非政府组织的发展方向，并且政府组织应该尽快完善相关组织的法律、法规体系，使得非政府组织在执行组织功能、宣传组织理念的时候有法可依，有法必依，违法必究，并且正确客观地把政府组织的生态文明观念落实到社会组织成员中，使得非政府组织能够传播正确的价值观，真正做到在中国这个社会主义的大家庭中人的自由个性的解放和人与自然和人与人的和谐发展。

（三）合理安排组织活动

生态文明理念是一个新型的价值文明理念，在我国推行时间还比较短暂，这个价值理念预期效果以及在实行过程中可能遇见的阻力还没有实际的掌握。

非政府组织在倡导生态文明理念时，要坚持实事求是、客观真实的作风。在组织活动策划、活动宣传、活动实际参与过程中，非政府组织要进行严格的程序和过程控制，实事求是、有章有序地安排各种各样的活动。非政府组织通过组织活动参与，让更多的组织成员深刻透彻地了解生态文明价值理念，形成良好的社会风气，并营造良好的、让大家乐于接受的、生态文明理念的社会环境。

三、政府组织在生态文明传播中作用

（一）制定法律法规

政府组织是政府的行政机关，是政府通过法律程序设定管理社会公共事务的机关。政府组织可以通过相关的法律制度和组织的规章制度对生态文明理念的各个细则进行剖析和细化，并且通过国家机关强制在各个组织系统和国家单位进行执行，使生态文明理念上升到国家法令的地位，具有强制性的作用。其效果可能没有非政府组织的组织活动效果好，但是政府组织的强制作用同非政府组织的民意活动很好地结合能在一定程度上加快生态文明理念的传播和实现。

（二）引导舆论导向

政府组织是国家强制建立的，是国家机器的代表，在一定程度上反映国家统治阶级的利益诉求。政府组织拥有大量的物质资源和精神资源，不仅能够通过新闻、报纸、网络等一些新闻舆论媒体宣传生态文明理念，同时政府组织也能够通过财力、物力和人力的支持对非政府组织在宣传生态文明价值理念的活动中给予各式各样的帮助，使得生态文明价值理念通过正式或者非正式的渠道广泛地深入到各个社会组织成员的价值理念中去，使各个社会阶层的社会组织成员都能够深切感受到生态文明价值理念的重要性和可行性以及未来生活的美好。

（三）严惩破坏分子

政府组织拥有国家军队，对在宣传生态文明价值观念中不法行为给予相应的制裁。对恶意借助生态文明观念进行炒作的别有用心的非法极端分子通过行政司法给予严厉的打击，规范政府组织和非政府组织通过正当途径发表宣传生态文明价值理念，举行相应的活动。在不断实践过程中修正相关的法律法规和组织章程，使社会组织在生态文明理念宣传和组织活动中更加顺畅，活动更加完善有效，生态文明理念宣传更加到位。

总之，无论是政府组织还是非政府组织，在组织的成长过程中，家庭的作用都是非常巨大的。家庭是最初的社会组织，无论科技如何发展，网络技术如何变化，家庭作为最基本及最原始的社会组织，在社会组织的成长变化中起着重要的作用。

家庭是生产和组织的最基本的机构。通过市场购买品，自由时间和环境条件，家庭不断地进行种族的繁衍和人种的延续，同时家庭服务和家庭消费的产生，再次对人力资本的投资和再生产。社会组织成员通过家庭模式不断的成长和发展，通过家庭社会组织成员不断得到物质供养和精神供养，同时家庭也是社会组织成员个人世界观和价值观形成的重要渠道。社会新型价值观的传递就是通过社会组织之间的相互作用，使得各个社会组织成员认可新型价值观，并不断在各自的家庭繁衍过程中不断的实践并完善。随着科技的进步，很多的家庭服务和家庭消费已经市场化和社会化，但是家庭依旧是亲情的源泉和情感的寓所。

在新时期，通过生态文明价值观的形成，通过政府组织和非政府组织的推动，在新的网络技术的推动下，改变原有的家庭模式，同时也在新型家庭生活中不断深化发展，共同推动新型生态文明价值观不断完善，使得经济能够在保护自然、顺应自然、适应自然的条件下促进人和自然有序和谐的发展。

第九章

中国特色社会主义生态文明法律制度
建设必须先行

前面几章从经济、政治、文化、社会四个维度来探讨生态文明制度建设，从社会整体结构视角看，如果没有这种分层制度建设，生态文明建设就会陷于空论。然而从制度建设本身视角看，生态文明制度建设的落脚点应该是法律制度体系自身的建设。本章从这一视角即从生态文明制度建设的法律路径出发，探讨中国特色社会主义生态文明法律制度建设本身的状况及其生态化改革的行动方案。从制度建设必须落到实处的角度看，生态文明制度建设，绝不仅仅是一个法律法规文本建设问题，而是"法治中国"建设中的重要组成部分，亦即生态文明制度建设也必须坚持依法治国、依法执政、依法行政共同推进，坚持法治国家、法治政府、法治社会一体建设，也需要深化司法体制改革，加快建设公正高效权威的社会主义司法制度，维护人民权益，让人民群众在每一个与生态建设相关的司法案件中都感受到公平、正义。

从法学角度看，法律制度是指调整某一类社会关系或社会关系的某一方面的法律规范的总称，它在生态文明建设中发挥着十分重要的规范和引导作用。法律制度对生态文明建设具有规范与监督的功能，对哪些该做、哪些不该做等作出明确规定，并通过严格而有效的监督来保证制度的落实，有利于促进生态文明发展，因而党的十八大将建设生态文明制度作为生态文明建设的重要路径①。从法治角度看，法律制度是一种行为规范，能把人类农业文明和工业文明发展过程中的经验教训进行选择与过滤，并加以总结和固化，从而指引和规范人类按照生态规律处理人与自然和人与人的关系。正因为如此，加强社会主义生态文明建设，建设美丽中国，必须发挥社会主义法治的优势，不仅要将各项生态文明建设措施法治化，更为重要的是，要按照生态文明理念将社会主义

---

① 王景福：《生态文明建设　顶层设计的三大亮点》，载于《经济日报》2012 年 11 月 24 日第 13 版。

法律制度体系生态化使之适应法治建设需要。

法律制度体系，是指由一国现行的全部法律规范，按照不同的法律部门分类组合而形成的一个既具有差异性、多样性特征又具有体系化、系统化的有机联系的统一整体。① 从比较学视角看，法律制度体系本身实际就内含生态化的意蕴。从法律建设的视角看，所谓法律制度体系生态化，就是按照生态文明理念要求，以可持续发展战略为指导，将保护环境、珍惜资源的基本国策和人与自然以及人与人和谐相处的生态文明观念，纳入法律的创制和实施中，逐步实现对包括宪法、民法、商法、行政法、经济法、诉讼法等部门法在内的整个法律体系的生态化建设②。因此，法律体系生态化，在一定程度上来讲，就是部门法的生态化。用生态文明理念，构建生态化法律制度体系，在法律法规的设计和创制上，可以避免"雷同""相同"的情况发生，在实际的法制建设上，可以提高司法和执法的可操作性。

第一节　生态文明法律制度建设概况

从法律视角看，生态文明制度建设就是用生态文明观指导法律制度的战略设计，从而使中国特色社会主义法律体系生态化。法律生态化是工业文明向生态文明过渡在法律上的反映，是走中国特色社会主义道路的制度保障。我国法律制度生态化建设要按照生态规律，运用动态原理和方法，将生态理念贯穿法律理念、价值、制度及其运行当中。从静态看，主要是将法律价值、法律关系、法律方法、法律调整对象生态化。从动态看，主要从立法、执法、司法等层面推进法律生态化。当前，我国法律已经出现生态化趋势，但也存在一些问题和误区，因此，在详细探讨法律生态化方案时，有必要全面检视我国法律生态化的现状及其基础，进而与生态化目标进行比对，映衬出现阶段法律生态化的必要性与紧迫性。

---

① 张文显：《法理学（第三版）》，高等教育出版社、北京大学出版社 2007 年版，第 126 页。
② 蔡守秋：《以生态文明观为指导，实现环境法律的生态化》，载于《中州学刊》2008 年第 2 期。

一、现状、基础和目标

（一）生态文明法律制度建设的现状

综观我国生态文明法律制度建设，可以简要分为萌芽期、确立期和发展期三阶段。第一阶段萌芽期（新中国成立至党的十三大），由于我国经济落后，生态文明目标缺位，制定的法律基本没有体现出生态文明理念；第二阶段确立期（党的十三大至十七大），此阶段随着社会主义初级阶段理论的确立，社会经济的高速发展，我国开始关注生态环境治理，先后出台了诸如《矿产资源法》《土地管理法》《水土保持法》等法律法规，在处理经济与生态关系中主要采取"先发展后治理"的事后治理模式；第三阶段发展期（党的十七大至今），党的十七大提出建设生态文明以来，我国积极进行生态文明法律制度建设实践，先后颁布了《固体废物污染环境防治法》《循环经济促进法》《清洁生产促进法》《环境影响评价法》等法律法规，初步构建起体现生态文明要求的法律制度体系。

经过几十年的努力，我国法制建设取得了巨大进步，中国特色社会主义法律体系初步形成，环境资源法律从零星分散走向系统化、规范化并迈入了生态化轨道，宪法和部门法律呈现出生态化趋势，并且积极参加生态保护相关国际条约和国际公约，这些为我国法律进一步生态化奠定了制度基础。

首先，中国特色社会主义法律体系的初步建成为法律生态化提供了可能性。经过中国特色社会主义法律的发展与实践，到 2010 年年末，一个立足中国国情和实际、适应改革开放和社会主义现代化建设需要、集中体现党和人民意志的，以宪法为统帅，以宪法相关法、民法、商法等多个法律部门的法律为主干，由法律、行政法规、地方性法规等多个层次的法律规范构成的中国特色社会主义法律体系已经形成。中国特色社会主义法律体系为大力促进我国法律生态化提供一种可能性，否则生态化成了无米之炊。

其次，我国环境资源法律从零星分散走向系统化、规范化，并迈入了生态化轨道。根据首届 APEC 林业部长级会议官方报道，至 2012 年，我国已制定11 部以防治环境污染为主要内容的法律，13 部以自然资源管理和合理使用为主要内容的法律，12 部以自然（生态）保护、防止生态破坏和防治自然灾害为主要内容的法律，30 多部与环境资源法密切相关的法律；60 多项环境保护行政法规，2000 余件环保规章和地方环保法规；军队环保法规和规章 10 余件；1486 项环保标准。已经签订、参加 60 多个与环境资源有关的国际条约；已先后与美国、日本、加拿大、俄罗斯等 40 多个国家签署双边环境保护合作协议或谅解备忘录；与 10 多个国家签署核安全合作双边协定或谅解备忘录。到 2011 年年底，由林业部门负责执行的政府间双边协定有 12 项；中国已经与 44 个国家先后签署了 56 个林业部门间合作协议（备忘录），这些制度成为生态文明建设和可持续发展最为重要的制度支柱。[①] 更为重要的是，近些年来，随着生态法学研究的深入和中国经济发展模式的转变，环境资源法律正呈现出生态化的明显趋势，一个典型的例子是 2009 年《中华人民共和国循环经济促进法》的颁布实施。该法在第一条中就将"保护和改善环境，实现可持续发展"以立法理念和目的的形式确定下来，同时总结了国内外发展循环经济的有益经验，把鼓励减量化、再利用、资源化的政策措施以法律形式固定下来。据不完全统计，自 1998 年以来，环境资源法领域立法大多数均直接或间接确立了"促进可持续发展"为其法律目的。这些工作对促进我国社会经济可持续发展，推进资源节约型、环境友好型社会建设，建设生态文明均具有重大意义。

再次，我国宪法和部门法律呈现了生态化趋势。例如，我国现行《宪法》对环境保护作了明确规定，即《宪法》第二十六条规定："国家保护和改善生活环境和生态环境。国家组织和鼓励植树造林，保护林木"。我国《刑法》中也有环境犯罪的相关条款，其中《刑法（修正案八）》第三百三十八条将重大环境污染事故罪修改为污染环境罪，就是将犯罪客体从传统的人身和财产利益上升或转换为环境利益。我国民法通则中还单设了环境侵权类型，并用多个法律条文对环境侵权的构成要件、归责原则、环境赔偿等做出详细规定。我国民事诉讼法的司法解释也专门设计了关于环境侵权案件的程序规则，等等。[②] 应当说，从世界范围来看，我国宪法和部门法律生态化并不落后。

---

① 《2011 年中国林业基本情况》，中国网，2011 年 8 月 19 日，http：//www. china. com. cn/zhibo/zhuanti/lybz/2011 −08/19/content_ 23245983_ 3. htm。

② 张俊：《法制生态化，路径怎么选？》，载于《中国环境报》2012 年 12 月 26 日第 3 版。

但是，新中国成立后特别是改革开放以来，我国发展以经济建设为中心，因此，几乎各项法律、法规开宗明义都表明其立法目的是发展经济，保障社会主义现代化建设的顺利进行，其法律价值取向为经济优先，即使在经济发展与生态保护兼顾的今天，法律也并没有充分考虑或反映生态文明的先进性、包容性和广泛性，没有充分估量、吸收我国生态文明建设的经验和成就，在总体上没有把法律生态化摆在更加重要和突出的地位，还不能充分反映"把生态文明建设融入经济建设、政治建设、文化建设、社会建设各方面和全过程"的要求，① 其主要体现在如下几方面：其一，宪法还缺乏对生态文明内在要求的考虑，生态文明和可持续发展并没有得到表述，也未规定公民"环境权"的概念。其二，环境基本法的应有地位和可持续发展理念没有得到立法确认，环境污染、生态保护方面法律法规不健全。在中国特色社会主义法律体系中，环境法或生态法的部门法地位并未得到确认，环境保护法作为生态保护的"龙头"，在立法理念上仍局限于将经济增长作为发展的衡量标准，生态文明和可持续发展等相应措辞并没有在法律中明确表述，在法律内容上大体只涵盖了污染防治和环境资源保护，且内容主要集中在污染防治上，缺少对自然资源和生态环境保护的具体规定等。② 其三，部门法生态化程度和生态文明建设不相适应。比如，目前民法只涉及了人身和财产损失，但对环境本身损害进行赔偿的规定还很不够；又如刑法有关环境犯罪的犯罪构成尚不能真正把"未来世代人"的环境涵盖进来；此外，缺少保障实体法有关生态利益实现的程序法。其四，执法、司法领域生态化举步维艰。整治生态违法行为存在人治大于法治、关系大于原则、地方保护主义、部门保护主义现象，打击环境犯罪尚依赖专项行动，等等。总之，宪法生态化还没有取得重大突破，环境资源法生态化阻力较大，其他部门法的生态化进展缓慢，现阶段我国法律生态化步伐远远不能适应和满足大力、加快、全面落实和全面推进生态文明建设的战略部署的需要。

（二）法律生态化建设的基础

尽管法律生态化还不能完全适应和满足大力、加快、全面落实和全面推进

---

① 蔡守秋：《论我国法律体系生态化的正当性》，载于《法学论坛》2013年第2期。
② 任书体：《生态文明法律制度构建》，载于《人民论坛》2010年第11期。

生态文明建设的战略部署的需要，但应该看到，我国法律生态化的制度支撑已经形成，并且日益展现出强烈的法律生态化趋势。更为重要的是，改革开放以来我国在经济建设、政治建设、社会建设、文化建设等方面已经取得辉煌成就，这为法律进一步生态化提供了实践基础。经济建设方面，市场经济就是法制经济之理念早已根植于政府和市场主体的理念之中，而且中国改革开放三十多年法律在规范市场经济秩序、促进市场经济发展中确实发挥了重要的作用，这就为法律生态化趋势下最终实现经济与环境保护的可持续发展提供了契合点和平衡点。政治建设方面，法治现代化运动大大推动了中国的政治民主化进程，至此，以"权力"为标志的官方已经逐渐地步入"依法行政、权力制约"的运作轨道，包括机构组织的设置和运行以及政府人员的考核等大都纳入了法律规制范围之内，为法律生态化提供了良好的政治空间和氛围；社会建设方面，人们学有所教、劳有所得、病有所医、老有所养、住有所居的愿望逐渐成为现实，随着和谐社会观念的深入人心，一个民主法治、公平正义、诚信友爱、充满活力、安定有序、人与自然和谐相处的社会正在形成，这为法律生态化注入了内生动力。文化建设方面，国民和官员的法律意识和法律信仰日益提高，法律至少在形式上得到大多数人的尊重和认可，这就为法律生态化奠定了文化和社会基础。[①]

（三）法律生态化的目标

在我国现阶段，法律生态化的目标就是按照中共十八大报告提出"建设美丽中国、走向社会主义生态文明的新时代"总要求，把生态文明理念、原理融入经济建设、政治建设、文化建设、社会建设和生态建设的法律创制、实施过程中。在静态结构上，法律生态化主要体现为法律价值、法律关系、法律体系等本体要素的生态化，其中，从内容看，法律生态化是对传统法律目的、法律价值、法律调整方法、法律关系、法律主体、法律客体、法律原则和法律责任的生态化；从体系来看，法律生态化包括宪法生态化、环境资源法律生态化、与环境资源有关的部门法律生态化。[②] 在动态运行上，法律生态化体现为

---

① 刘芳、李娟：《法律生态化：生态文明下中国法制建设的路径选择》，北大法律网，http：//ar-ticle. chinalawinfo. com/article_ print. asp？ articleid = 53546。

② 蔡守秋：《论我国法律体系生态化的正当性》，载于《法学论坛》2013年第2期。

法律创制生态化（包括法律的制定、修改、废止和编纂等）和法律实施生态化（包括法律的遵守、执法、司法和监督等）。法律创制生态化主要表现在两个方面：一方面是注重健全和完善有关环境、资源、能源等涉及可持续发展的法律、法规；另一方面是在宪法和部门法的制定、修改指导思想、目的和原则方面，注入生态文明和可持续发展价值理念，突出环境保护、生态平衡、人与自然的和谐。法律实施生态化重点在于执法生态化和司法生态化。执法生态化体现在执法理念、执法机构、执法行为和执法手段与技术等行政执法等环节。在执法理念上，要由过去只注重保障经济、社会秩序转变为同时注重保障环境和生态平衡；在执法机构上，要在各级政府中人员编制、职权职责以及执法权威等方面由过去与其环境、生态保护职能要求不相适应转变为逐步适应；在执法行为上，要由过去只注重处罚违法行为转变为同时注重治理违法行为对环境和生态的破坏；在执法手段与执法技术上则应改变过去过分注重震慑违法而不顾及环境后果的做法。司法生态化主要体现在司法理念、司法裁判、司法程序和司法执行等司法的各个环节。在司法理念上，要由过去只注重裁决人与人的矛盾、争议，调整人与人的关系转变为同时注重解决人与自然的矛盾，协调人与自然、人与环境的关系；在司法裁判方面，由过去只注重制裁违法行为，保护当事人的合法权益转变为同时注重解决案件所涉及的相应环境问题，保护生态；在司法程序与司法执行上，由过去只注重对当事人的公正转变为同时注重对其周围的人，乃至对后代人的公正，即注重司法及其执行对环境和生态的影响。①

二、构建生态文明法律制度的必然性与紧迫性

（一）生态文明法律制度构建的必然性

第一，法律生态化是工业文明向生态文明发展的产物，是法律对社会经济生态化的响应。法律是社会经济生活条件的产物和反映，并随着社会经济生活

---

① 姜明安：《"法律生态化"的主要领域》，2005 年在教育部哲学社会科学重点研究基地主任会议上的发言。转引自赵爽：《能源法律制度生态化研究》，西南政法大学博士论文，2009 年。

的发展而演变。在工业文明时期，社会发展以"人类中心主义"为基础，对自然环境及其要素只不过是作为人类财产权的对象来看待，因而为了片面追求经济发展，忽略了自然环境的保护，造成了资源枯竭、自然失衡，生态危机由此产生。随着生态危机的出现，在全球范围内逐渐兴起了一场由人类中心主义的工业文明转向可持续发展的生态文明变革，这种变革不但引发一系列思想观念的变革，而且改变人类社会的经济、政治和社会结构，而这一切变革最终都要通过法律制度来反映。这就使得与"以人类中心主义的传统工业文明"相适应的现行法律制度不得不作全方位的变革以回应社会需要，从而实现法律自身与社会的互动，以推动和保障可持续发展的生态文明建设。因此，"生态文明法制建设必定会在生态文明建设中发挥主导性作用。而法律生态化则应该成为生态文明法制建设所奉行的路径选择，这是法律本身对于生态文明建设的一种积极的回应"①。

第二，法律生态化是生态文明观在法律上的反映，从工业文明观向生态文明观发展，体现在法律观上就是法律生态化。综观人类发展观念的演变，在生态文明观出现之前，大致先后经历了原始文明观、农牧业文明观、工商业文明观等，这些发展观对如何实现发展都做了有益的探索，但它们或者只关注人和自然的关系，或者只关注人和人的关系，始终无法正确解决自然观和社会观的辩证关系，因此发展的后果是人和自然、人和人关系的不断恶化。作为可持续发展的生态文明观，把人和自然的关系置于人和人关系的基础上予以考察，促进了自然观与社会观有机融合，实现了可持续发展。② 由于法律观是社会文明观的重要组成部分，随着社会文明观的变化发展而发展，因此工业文明观向生态文明观转向必然在法律发展观中体现出来，即随着生态文明观在人类社会中逐渐确立，传统法律观念会以其为导向进行深刻反思和重构，再以崭新的生态文明时代所要求的法律生态化思想表现出来。

第三，法律生态化是中国改变经济增长方式，建设美丽中国的法律回应。西方学者赛尔兹尼克、诺内特认为，法律的最后发展还是要积极地回应社会的需要，这才是法律应有的归宿，只有这样它才会充分发挥其应有的引导、约束

---

① 刘芳、李娟：《法律生态化：生态文明下中国法制建设的路径选择》，北大法律网，http://article. chinalawinfo. com/article_ print. asp？articleid＝53546。

② 王雨辰：《现代化发展理念的根本转变》，载于《湖北日报》2012 年 11 月 15 日第 7 版。

以及控制功能，进而会造福全人类。① 中国改革开放三十多年来，在经济上取得了举世瞩目的成就，然而也为此付出了沉重的环境代价，环境污染、生态破坏等问题开始成为制约经济发展的"瓶颈"。面对这种严峻的环境形势，中共十八大明确提出"树立尊重自然、顺应自然、保护自然的生态文明理念，把生态文明建设放在突出地位，融入经济建设、政治建设、文化建设、社会建设各方面和全过程，努力建设美丽中国，实现中华民族永续发展"目标。而法律作为一个最基本的、最有普遍约束力的行为规范就需要积极回应社会需要，为转变经济增长方式，建设美丽中国提供制度支撑。法律要回应当前社会需要，发挥"建设美丽中国"的引导、约束以及控制作用，要求它本身要摒弃"人类中心主义"不合理的价值观，注入生态化理念，用生态思维、原理和方法对传统法律价值、体系、机制等进行改造。

（二）生态文明法律制度构建的紧迫性

目前，我国已经初步形成中国特色社会主义法律体系，这为我国法律生态化奠定了基础。但是，现行法律没有充分考虑或反映生态文化的先进性、包容性和广泛性，没有充分反映"把生态文明建设融入经济建设、政治建设、文化建设、社会建设各方面和全过程"的要求。这进一步说明了我国法律生态化的迫切性。

首先，我国法律体系结构的缺陷性决定法律生态化具有紧迫性。1997 年 9 月中共十五大胜利召开，十五大报告中明确提出"加强立法工作，提高立法质量，到 2010 年形成有中国特色社会主义法律体系"任务。经过多年努力，到 2010 年时我国已经初步形成了中国特色社会主义法律体系。我国的法律体系大体由宪法统领下的宪法及宪法相关法、民商法、行政法、经济法、社会法、刑法、诉讼与非诉讼程序法等七个部分构成，包括法律、行政法规、地方性法规三个层次。中国特色社会主义法律体系虽然已经形成，但并没有将生态法律作为一个独立的法律部门，在总体结构上基本没有反映生态文明建设法律体系的重要、独特、突出地位。这不仅对以环境资源法为基础的生态法的进一

---

① ［美］诺内特、赛尔兹尼克著，张志铭译：《转变中的法律与社会：迈向回应型法》，中国政法大学出版社 2004 年版。

步健全和发展不利，也不利于"五位一体总体布局"中的生态文明建设。① 因此，进一步加快法律生态化，将生态法作为中国特色社会主义法律体系中的一个部门法，是大力、加快、全面落实和全面推进生态文明建设的现实需要和法制保障。

其次，我国法律体系内容的缺失决定法律生态化的迫切性。中国特色社会主义法律体系虽然已经形成，但在内容上还存在没有"把生态文明建设融入经济建设、政治建设、文化建设、社会建设各方面"的缺陷，主要体现在：作为国家基本大法的宪法并没有规定生态文明和环境权内容；缺乏一部宣示生态文明理念、生态文明基本政策和基本制度的综合性法律、政策性法律；民法、刑法、经济法等部门法内容背离生态文明要求，部门法生态化阻力重重；与生态文明建设关系密切的诸如土壤污染防治、化学品环境管理、核安全管理、生态保护等环境资源法律尚未出台；一些环境生态法律制度尚不配套，一些生态文明建设的重要政策、制度和措施尚未法定化，一些法律、法规和规章所规定的生态文明建设措施不够具体、不易实施，等等，这些法律部门的缺陷和现实问题，也说明了法律生态化的迫切性。

第二节　生态文明法律制度的特色探究

马克思主义辩证唯物论认为，统一的世界具有多样性和特殊性，生态文明法律制度建设也不例外。中国特色社会主义是工人阶级领导以工农联盟为基础的人民民主专政的国家。在这里，所谓中国特色就是中国的特殊性，这种特殊性首先是由中国国情决定的社会主义制度，同时在于中国特色社会主义生态文明伟大实践既是立足于中国现实国情也是顺应时代潮流的。换句话说，中国特色社会主义决定了我国生态文明法律制度建设具有鲜明的自身特色。因此，我们在建设生态文明法律制度时，首先要坚持自身特色，在此基础上准确理解和尊重法律制度的中国特色，然后以生态文明建设为切入点，搭建起符合中国特色的法律制度。

---

① 蔡守秋：《以生态文明观为指导，实现环境法律的生态化》，载于《中州学刊》2008年第2期。

一、从法理视角看中国法律制度的特色

中国法律制度以马克思主义为指导，既遵循社会主义理论的基本原则，体现社会主义本质特征；又立足于现阶段基本国情和当代时代潮流，具有鲜明的中国特色。

（一）中国法律制度体现社会主义本质要求，这是其根本特色

国家性质和国体决定法律体系的性质。宪法关于国家性质和国体的规定，决定了我国法律体系的社会主义性质。① 我国《宪法》第一条确定："中华人民共和国是工人阶级领导的、以工农联盟为基础的人民民主专政的社会主义国家。社会主义制度是中华人民共和国的根本制度。禁止任何组织或者个人破坏社会主义制度"。宪法对我国国家性质和国体的这一规定，决定了我国法律制度的社会主义性质，即法律制度必须充分体现工人阶级领导的、以工农联盟为基础的人民民主专政，充分体现并保障以社会主义公有制为主体、多种所有制经济共同发展的基本经济制度，充分体现并完善以按劳分配为主体、多种分配方式并存的制度，完善人民代表大会制度和共产党领导的多党合作、政治协商制度以及民族区域自治制度，为发展社会主义民主、建设社会主义法治国家奠定法律基础。虽然宪法文本到目前为止先后历经多次修正，但是第一条关于国家性质和国体始终没有改变。而且依据宪法制定的法律、行政法规和地方性法规等法律规范都是严格遵循和符合国家性质和国体的要求，并充分体现社会主义本质要求。②

（二）中国法律制度植根于社会主义初级阶段土壤，这是其国情特色

法律是社会发展的真实反映，必须立足于本国实际，否则就成了无源之

---

① 戴玉忠：《中国特色社会主义法律体系的基本特征有哪些？》，载于《光明日报》2011 年 4 月 2 日，第 7 版。

② 李婧、田克勤：《对中国特色社会主义法律体系形成发展特征的认识》，载于《高校理论战线》2011 年第 11 期。

水、无本之木，中国法律制度也不例外。当代中国的基本国情是处于并将长期处于社会主义初级阶段，这就决定了中国法律不能全盘套用西方法律，更不能沿有封建时代的法律制度，而是要一切从现阶段实际出发，立足于基本国情和实际，植根于社会主义初级阶段的社会经济条件所限定的范畴和结构，以解决社会主义初级阶段的中国问题为目标，把改革开放和社会主义现代化建设的伟大实践作为立法基础，制定的法律要与国家政治、经济发展和社会进步相适应，注重社会经济发展与生态环境保护，既要满足当代人的需求，也要保证子孙后代的蓝天白云，从而保障中国特色社会主义初级阶段经济、政治、文化、社会和生态文明"五位一体"建设的永续发展。

（三）中国法律制度适应改革开放和社会主义现代化建设需要，这是其时代特色

改革开放是中国共产党带领各族人民坚持中国特色社会主义、实现中华民族伟大复兴的社会实践，不仅赋予了社会主义新的生机和活力，也为法律构建提供了内在需求和动力、提供了实践基础和经验。实践没有止境，法律制度也要与时俱进、不断创新。面对改革开放遇到的新情况、新问题，要紧扣时代主题，把握时代潮流与趋势，及时把改革开放和社会主义现代化建设的实践经验上升为法律，并与时俱进，从改变经济发展方式、完善社会建设和文化大繁荣、实现人与自然和谐相处等方面及时制定新的法律规范，修改原有的法律规范，废止不符合社会实际、过时的法律规范，充分发挥法律的规范、引导、保障和促进作用。站在新世纪新起点，党的十八大提出"五位一体"建设，构建美丽中国，法律应适时注入生态理念，为实现中国梦提供法律基础。

二、从生态文明视角看中国特色法律制度建构

（一）以马克思主义生态思想为指导，建设和完善中国特色法律制度

马克思主义生态观认为，人类是自然界的产物，但人类不是消极地受自然的摆布，而是积极主动地适应和改造自然，这种改造应按照自然规律，在遵从自然的客观性和有限性基础上改造，"任何不以伟大的自然规律为依据的人类

计划，只会带来灾难"。① 对自然改造的目的也"不是以不断征服自然的方式从自然必然性中解放出来，而是学会比以往更加强同自然的联系"，② 它包括克服人与人之间的异化，以及因人与人之间的异化而导致的生态异化。③ 在资本主义社会条件下，一方面无限制的资本累积扭曲了人与人之间的关系；另一方面资本家为追求利润最大化，不断扩大生产和提高生产力，不顾一切地去消耗地球资源，毫无节制地破坏生态，自然界成了资本主义统治的手段，日益加剧的生态危机成了"快速全球化的资本主义经济的不可控制的破坏性的结果"。④ 为扭转这种生态危机，马克思主义经典作家认为"需要对我们现有的生产方式，以及和这种生产方式在一起的我们今天的整个社会制度的完全变革"，⑤ 从而实现"人类同自然的和解以及人类本身的和解"。⑥ 马克思主义生态观为社会主义生态文明建设指明了方向，也是不断完善中国法律制度的指导思想。

（二）以生态资源公有制为基础，不断完善中国特色法律制度

随着生产力的提高和全球经济的发展，生态系统中的每一种东西诸如水、森林、植物都变成可以在市场上买卖的私人商品，这种生态资源私有化的趋势导致资本对自然界物品的疯狂掠夺和无限浪费，因此实有必要坚持社会主义生态资源公有制度。在社会主义制度之下，由于自然资源所有权归全社会所有，"社会化的人，联合起来的生产者，将合理地调节他们和自然之间的物质变换，把它置于他们的共同控制之下，而不让它作为盲目的力量来统治自己，靠消耗最小的力量，在最无愧于和最适合于他们的人类本性的条件下进行这种物质变换"。⑦ 这种自然资源所有权的国家占有方式，极大地克服了资本主义生产无政府状态，克服了资本主义国家采用的不同经济手段和政策的相互排斥性和短期行为特征，更不会像资本主义私有制下为满足某部分人的私欲而毫不顾

---

① 《马克思恩格斯全集》第 31 卷，人民出版社 1976 年版，第 251 页。
② 施密特：《马克思的自然概念》，商务印书馆 1988 年版。
③ 蔡华杰：《比较视野下社会主义生态文明的"社会主义"意涵》，2013 年杭州生态学研究会。
④ 约翰·贝拉米·福斯特：《资本主义与生态环境的破坏》，载于《国外理论动态》2008 年第 6 期。
⑤ 《马克思恩格斯全集》第 21 卷，人民出版社 1971 年版，第 521 页。
⑥ 《马克思恩格斯全集》第 1 卷，人民出版社 1956 年版，第 603 页。
⑦ 《马克思恩格斯全集》第 25 卷，人民出版社 1972 年版，第 926～927 页。

忌地去损害他人的利益和国家可持续发展的长远利益。① 就我国而言，在自然资源的所有制问题上，我们仍然坚持公有制。《宪法》第九条规定："矿藏、水流、森林、山岭、草原、荒地、滩涂等自然资源，都属于国家所有，即全民所有；由法律规定属于集体所有的森林和山岭、草原、荒地、滩涂除外。"我国的《森林法》《草原法》《野生动物保护法》等都体现了生态资源公有制。在生态文明法律制度建设中，我们要继续在坚持和巩固生态资源公有制度基础上进行完善和发展。

（三）以法律生态化为路径，不断发展中国特色法律制度

法律生态化是以可持续发展为逻辑起点，以生态主义为法哲学主张，以人与自然和人与人和谐相处为最终目的，用生态文明理念对传统工业文明非持续性发展的法律进行改造、完善、创新，从而全面构建可持续发展的法律理念、价值和体系，使法律适应生态文明发展需要。② 它是工业文明向生态文明发展的产物，是法律对社会经济生态化的响应。当前，随着中国特色经济、政治、文化、社会和生态文明"五位一体"建设的推进，作为中国特色社会主义的重要组成部分的法律制度，要适应生态文明建设需要，以生态化为路径，进行不断完善和发展。

第三节 生态文明法律制度建设路径

生态文明法律制度是生态文明制度建设的落脚点。充分发挥法律制度安排对生态文明制度建设的引领和规范作用，对生态文明建设具有重大的理论和现实意义。从历史经验来看，生态文明法律制度建设的路径在于法律生态化，即逐步去除现行法律中非生态化因素，引导法律由非可持续发展的人与自然之间的所谓人类中心主义，转向人与自然和人与人和谐相处的可持续发展的生态主义。而要实现法律生态化目标就必须以生态主义为法哲学主张，以人与自然和

---

① 黄建文：《社会主义公有制自然资源可持续利用优势探析》，武汉大学硕士论文，2004 年。
② 李文莉：《经济法生态化：范式变革》，载于《特区经济》2011 年第 7 期。

人与人和谐相处的生态文明制度为法治最终目的，从法律价值、法律调整对象、法律关系、法律体系等方面着手，对传统工业文明非持续性发展的法律进行改造、完善、创新。

一、法律生态化的不同见解

"生态化"一词在中外辞书中没有明确的定义，但从近期有关生态化的定义来看，一般认为生态化实际上是生态学化，简称生态化。从社会生态学角度来看，生态化是指将生态学原则和原理渗透到人类的全部活动范围内，用人与自然协调发展的理念去思考和认识经济、社会、文化等问题，根据社会和自然的具体情况，最优地处理人与自然的关系。[①]

法律生态化最早是由苏联生态法学家最早提出的。他们认为，对自然环境的保护不仅需要制定专门的自然保护法律法规，而且还需要一切其他有关法律也从各自的角度对生态保护做出相应规定，使生态学原理和生态保护要求渗透到各有关法律中，用整个法律来保护自然环境。[②] 在中国，最早引入法律生态化观点的是北京大学的著名环境法学家金瑞林教授。他指出："'法律生态化'的观点在国家立法中受到重视并向其他部门法渗透。在民法、刑法、经济法、诉讼法等部门法中也制定了符合环境保护要求的新的法律规范。"[③] 目前，对法律生态化讨论日趋热烈，有关"法律生态化"概念学界尚未达成统一意见，但归纳起来主要有两种观点，即理念说和趋势说。理念说认为，法律生态化作为一种立法的理念、精神或指导思想，即强调应在各部门法中确立尊重生态自然的立法精神或指导思想。[④] 趋势说认为，法律生态化是一种法律发展的趋势，这种趋势是以可持续发展为出发点，将法律生态化的理念注入立法体系之

---

① 蔡亚娜、缪绅裕、李冬梅：《关于"生态化"》，环境生态网，2004年4月28日，http：//www. eedu. org. cn/Article/ecology/ecology/200404/765. html。

② 赵爽：《能源法律制度生态化研究》，西南政法大学博士论文，2009年。

③ 金瑞林：《环境法学》，北京大学出版社1990年版，第46页。

④ 参见金瑞林：《环境法学》，北京大学出版社1990年版；马骧聪：《俄罗斯联邦的生态法学研究》，载于《外国法译评》1997年第2期；王树义：《关于中国环境立法进一步发展的若干思考》，中国环境资源法学研讨会交流论文，1999年；蔡守秋：《深化环境资源法学研究 促进人与自然和谐发展》，中国民商法网，http：//www. civillaw. com. cn / article / default. asp？id ＝ 14911。

中，构建符合环境时代要求的法律制度。① 此外，还有学者认为法律生态化是一种范式，即是以生态主义为法哲学主张，以可持续发展理念，构建法律的基本范畴及其体系。②

尽管法律生态化没有一个确定的概念，但我们从这些概念中可以提炼出它们的叠加共识，即法律生态化是以可持续发展为逻辑起点，以生态主义为法哲学主张，以人与自然和人与人和谐相处为最终目的，用生态文明理念对传统工业文明非持续性发展的法律进行改造、完善、创新，从而全面构建可持续发展的法律理念、价值和体系，使法律适应生态文明发展需要。③ 其本质上是引导法律由非持续发展的人类中心主义转向可持续发展的生态主义的过程，这种过程也是逐步去除现行法律中非生态化因素的发展过程。正是由于法律生态化是一种发展过程，它需要我们对既有的、作为规范大厦组成部分的原则、规则和标准的公正性与合理性进行生态化的检视，并致力于通过法律调整功能上的生态化改进、完善和创新来加以落实。④

法律生态化是法律回应工业文明向生态文明过渡的产物，因此它与传统适应工业文明发展的法律相比具有自己的独特性，这种独特性表现为：生态性、代际性和协调性。

第一，生态性。传统法律以当代人为本位，注重经济利益，自然环境及其要素只不过是作为人类财产权的对象来看待，人类对自然环境的支配和利用在原则上是自由的。⑤ 而法律生态化则以可持续发展为理念，强调在自然环境的承载力内实现社会经济发展，它限制人类发展经济的绝对自由，注重自然生态系统与社会生态系统的和谐。可见，生态性是法律生态化的首要特性。

第二，代际性。法律生态化所包含的可持续发展理念关注的是人类社会永续发展，认为自然资源是人类世世代代的"共享资源"，是当代人和后代人的共同财富，因此它要求人类把有限的自然资源合理开发、使用，摒弃杀鸡取卵的攫取资源的经济发展模式，为子孙后代造福，在以可持续发展理念梳理当今

① 陈泉生：《科学发展观与法律生态化》，载于《福建法学》2006 年第 4 期。
② 李文莉、沈友耀：《经济法生态化本体论范畴探析》，载于《合肥学院学报（社会科学版）》2011 年第 2 期。
③ 李文莉：《经济法生态化：范式变革》，载于《特区经济》2011 年第 7 期。
④ 王继恒：《环境法的人文精神论纲》，武汉大学博士论文，2001 年。
⑤ 陈泉生：《可持续发展法律初探》，载于《现代法学》2002 年第 5 期。

生态文明时代的法律时，不仅考虑代内公平还要考虑代际公平。[①]

第三，协调性。众所周知，传统法律建立在人类绝对中心主义基础上，片面地以追求经济增长为目标，忽略了环境保护与经济发展的协调性，从而造成环境污染严重、资源枯竭等生态问题，而法律生态化作为工业文明向生态文明发展的法律深化，试图在经济价值与生态价值、代内公平与代际公平之间寻找动态平衡，它体现在经济发展与生态保护的关系上是一种协调、和谐的共生关系，具有极强的协调特征。

二、法律价值生态化

一般认为，法律价值是指在作为客体的法律与作为主体的人的关系中，法律对一定主体需要的满足状况及由此所产生的人对法律性状、属性和作用的评价，包括法律工具性价值和法律目的性价值，前者是指法作为控制社会的规则和工具所要达到的法的功能、效益方面的价值，后者则是指法本身具有的公平、正义等价值。

在工业文明时期，人类发展以狭隘的"人类中心主义"为基础，在处理人与自然的关系中，把人置于中心的位置，人类利益是人类行为的终极价值尺度，不仅主张和赞成人类对自然的征服，而且主张人类有权根据自身的利益和好恶来随意处置和变更自然，对自然环境只是一种间接的义务。[②] 建立在工业文明狭隘的"人类中心主义"基础上的传统法律，其价值取向也是以当代人的眼前利益为中心，将传统观念中狭隘的秩序、公平、自由观等作为其价值取向。随着生态危机的出现，人类发展开始由工业文明转向生态文明，生态文明以"人类和生态共同利益"为中心的价值观念开始取代以"人类利益"为中心的价值观念。体现在法律价值上则是通过对传统法律价值取向的扩展和完善，[③] 从而实现法律价值生态化。

---

① 李文莉、沈友耀：《经济法生态化本体论范畴探析》，载于《合肥学院学报（社会科学版）》2011年第2期。

② 崔建霞：《当代中国环境伦理学的研究》，环境生态网，2013年8月14日，http：//www.eedu. org. cn/Article/es/esbase/estheory/200809/29708. html。

③ 朱步楼：《可持续发展伦理研究》，南京师范大学博士论文，2005年。

法律价值生态化以"生态文明"为理念导向和以"可持续发展"为目标，对法律价值提出新的要求，它一方面要将实现人与自然的和谐纳入法的工具性价值之中，以此缓解人与自然的紧张关系，更为重要的方面在于法律目的价值中积极吸纳生态秩序、环境正义、代际公平等这些彰显"人与生态和谐"的价值理念，对传统法律价值进行扩展和完善，从而实现了一种价值超越。① 也就是说，在生态化的法律价值体系中，自由从人类发展经济的绝对自由向相对自由推移；公平由代内公平向代际公平迈进，不仅当代人间应平等地享用和保护地球环境资源，当代与后代人也应平等地享用和保护地球环境资源；秩序由人与人的社会秩序向人与自然的生态秩序扩展，正义不仅意味着自由、机会和财富平等分配，还应包括生态环境与自然资源的平等对待，平等不仅要求人与人之间的平等，人与物种之间也应是一种平等的存在。②

三、法律调整对象生态化

传统法学理论认为，法律通过作用于人的行为进而调整社会关系。社会关系是人与人的关系，并不包括人与自然的关系，因而人与自然的关系并非法律的调整对象。长期以来，这种法学理论在学界一直在争论不休，也制约着我国法律生态的发展。随着生态文明的发展，法律生态化要求法律必须将"人与自然的关系"纳入各个部门法的调整范围之内，以此更好地运用法律手段缓解环境危机，实现经济、社会的可持续发展，这是生态文明本质思想"人与自然相和谐"的法律要求，③ 正如胡锦涛同志在第 22 届世界法律大会讲话中所指出的"人与人的和睦相处，人与自然的和谐相处，国家与国家的和平共处，都需要法治加以规范和维护"④。法律将"人与自然的关系"作为其调整对象时，意味着"人与自然关系"的调整会贯穿于法律制定和运作的各个方

---

① 刘芳、李娟：《法律生态化：生态文明下中国法制建设的路径选择》，北大法律信息网，ht-tp：//article. chinalawinfo. com/article_ print. asp？articleid =53546。
② 朱步楼：《可持续发展伦理研究》，南京师范大学博士论文，2005 年。
③ 王玉庆：《在 2012 年全国环保局长论坛暨中国环境报社宣传工作会议上的讲话》，载于《中国环境报》2012 年 12 月 7 日，第 2 版。
④ 《第 22 届世界法律大会隆重开幕 胡锦涛会见大会代表并作重要讲话》，载于《人民法院报》2005 年 9 月 6 日，第 1 版。

面，以具有普遍性、强制性和规范性的法律来实现人与自然关系的和谐，不仅体现了法律在调整对象上的宽容性和适应性，而且也是法律发展的一大进步。①

四、法律关系生态化

所谓法律关系是指根据法律调整的由国家强制力保证实施的权利义务关系，它包含法律主体、法律客体和法律内容三个要素，故而法律关系生态化即是法律主体、法律客体和法律内容三个要素的生态化。

（一）法律主体

法律主体生态化即将法律的主体范围适当扩充以适应生态文明发展的需要，主要将"未来世代人"纳入法律主体范围，同时承认动植物等有限的法律主体地位。

从时间维度来考察，人类是由世代延续的代际人群有机体组成的，当代人是在前代人遗留下来的既定自然环境和社会环境的基础上开始生存与发展的，又给未来世代人留下他们必须接受的自然环境和社会环境。因此，当代人在满足自己需要的同时，担负着代与代之间合理分配生态资源，减少和避免为未来世代人留下障碍和陷阱的责任②，而要在代与代之间公平地配置和分配生态资源，就必须将未来世代人作为法律关系的主体。

此外，人们在道德上已经承认享有主体资格的不仅有人类，还有动物、植物、环境、生态系统，既然承认它们具有存在的权利和内在价值，那么法律应对此给予保护。因为，当动植物等非人类存在物的权利获得道德上的支持，也就为其进入法律，并且最终上升为法律构筑了前提。而法律是否对此给予保护，关键在于它们是否具有法律主体资格。如果动植物等非人类存在物不在法律主体之列即沦为客体或物，它们只能受役于主体。因此，为适应生态文明的

---

① 刘芳、李娟：《法律生态化：生态文明下中国法制建设的路径选择》，北大法律信息网，http://article.chinalawinfo.com/article_print.asp?articleid=53546。

② 李庆海：《民事法律关系生态化价值纬度》，载于《沈阳工业大学学报（社会科学版）》2008年第1期。

发展，法律有必要赋予动植物等有限的法律主体资格。[①]

（二）法律客体

法律客体生态化主要是从传统只注重客体的经济性中摆脱出来，重新审视注重客体的生态性，并在客体的经济价值与生态价值寻找平衡点，当其生态价值与经济价值相冲突时，要优先保护其生态价值。传统法律观念在对待客体时，把作为法律关系客体的"物"仅视作生产资料，把环境生产视作物质生产的组成部分，忽视了它的生态功能。也就是说我们一直忽视客体"物"对主体的影响，忽视法律关系客体的"生态性"[②]。随着生态文明建设的推进，法律生态化要求我们对待法律关系中客体"物"时要从生态性角度来处理主体与客体关系，并注重客体"物"的生态价值。

（三）法律内容

法律内容生态化即法律权利义务关系生态化。它涉及法律体系生态化或部门法生态化问题。所谓法律体系生态化，就是按照生态文明理念要求，逐步实现对包括宪法、民商法、行政法、经济法、诉讼法等部门法在内的整个法律体系的生态化。[③] 现阶段，我国法律体系的生态化可以简要概括为：宪法中可持续发展战略的确立、环境权的创设和规定尊重其他生命物种的生存权利；环境法中立法体系、立法体例和环境权利体系的不断完善；行政法中国家干预的加强和环境行政作用的扩大；民法中私法自治的重新调整，主要表现为所有权的多元化、契约自由的新型化和民事责任的多样化；刑法中危害环境罪名的创设、因果关系推定原则的适用和刑事违法标准"容许性危险"的增设；诉讼法中起诉资格的放宽、被诉对象的扩大、诉讼费用预付方式的改进和集团诉讼的扩张；科技法中生态安全、谨慎选择、造福人类、提倡生态技术等立法原则的确立；国际发展法和国际环境法的拓展等。[④] 因此，法律体系生态化，在一

---

① 曹明德：《法律生态化趋势初探》，载于《现代法学》2002 年第 2 期。
② 刘国涛：《法律关系内涵的生态化思考》，载于《山东师范大学学报（人文社会科学版）》2008 年第 5 期。
③ 蔡守秋：《以生态文明观为指导，实现环境法律的生态化》，载于《中州学刊》2008 年第 2 期。
④ 陈泉生：《可持续发展法律初探》，载于《现代法学》2002 年第 5 期。

定程度上来讲，就是部门法的生态化。

五、法律体系生态化

（一）宪法

宪法作为根本大法，是各部门法的立法准则，因此法律生态化首先应在宪法中积极体现生态文明建设需求。其一，要确立生态文明的宪法地位。"生态文明强调在生态环境的承载力内发展经济，追求人与自然的和谐。生态文明建设关系到当代人及后代的生存发展，作为国家根本大法的宪法理应对此做出积极反应，以法律形式将这一文明成果予以固定，可将其作为宪法的基本原则加以确立，使之具有法律效力。"① 因此，建议将《宪法》序言中"推动物质文明、政治文明和精神文明协调发展，把我国建设成为富强、民主、文明的社会主义国家"修改为"推动物质文明、政治文明、精神文明和生态文明协调发展，把我国建设成为富强、民主、文明的社会主义国家"，将《宪法》第二十六条由"国家保护和改善生活环境和生态环境，防治污染和其他公害"修改为"国家推行生态文明建设，保护和改善生活环境和生态环境，防治污染和其他公害，维护公民环境权益，促进可持续发展"。其二，在宪法中确立环境权。创设环境权是生态文明建设下宪法的重心，虽然我国现行的 1982 年《宪法》第九条、第十条、第二十六条等款项对自然资源利用与保护作了简单表述，但对环境权未作明确规定。因此，中国可以借鉴俄罗斯、南斯拉夫等国家对生态权利的相关规定，在《宪法》第三十八条人格权之后增加公民环境权条款，即规定"中华人民共和国公民有享有适宜生态环境的权利和保护生态环境的义务"，同时充实法人及其他组织环境权的内容，在宪法中明确规定法人及其他组织有对良好生态环境进行无害使用的权利和保护生态环境的义务，并授予国家对生态环境充分的管理职能。②

---

①② 高毅：《生态文明诉求下的法律制度"绿色化"论纲》，载于《江南社会学院学报》2010 年第 3 期。

（二） 环境法

我国现行环境法经过近年的发展，已经成为生态保护的"龙头"，但与生态文明建设的要求尚有距离，还有许多需要完善的地方，这正是环境法生态化的努力方向。

第一，更新立法理念，将生态文明和可持续发展写入环境保护法。诚如法律生态化现状分析所述，环境保护法作为生态保护的"龙头"，在立法理念上仍局限于将经济增长作为发展的衡量标准，生态文明和可持续发展等相应措辞并没有在法律中明确表述，因此有学者呼吁应将生态文明和可持续发展写入环境保护法的立法目的条款。① 本书也建议将环境保护法立法目的条款修改为"为推进生态文明建设，保护和改善生活环境与生态环境，节约资源，防治污染和其他公害，维护环境权益，保障人体健康，实现可持续发展，制定本法"。

第二，将环境权纳入环境保护法。为了进一步促进我国环境生态保护工作和环境资源法治建设的发展，笔者同意环境法学家蔡守秋的建议，即将《环境保护法》第六条规定的"一切单位和个人都有保护环境的义务，并有权对污染和破坏环境的单位和个人进行检举和控告"修改为："一切单位和个人都有享用清洁、健康的环境的权利，都有保护环境的义务。一切单位和个人，有权对污染和破坏环境的单位和个人进行检举、控告和依法提起诉讼。"②

第三，适应生态文明建设需要，健全环境法的基本制度。应该结合生态文明建设，逐步建立健全生态功能区规划、建设和管理制度，环境影响评价制度，生态监测制度，生态审计制度，生态标签制度，生态税收制度，生态补偿制度和生态安全制度等。一方面，修改与生态文明不相适应的制度。例如，为了推动解决资源开发利用中的环境破坏问题，可以将现行《环境保护法》第十九条修改为：开发利用自然资源，应当坚持合理开发水资源、土地资源和矿产资源，保护生物多样性，保障生态安全，必须采取措施保护生态环境，依法制定并实施植被环境的保护和恢复治理等有关生态环境保护和恢复治理的方案，引进外来物种应当遵守国家有关规定。另一方面，适应生态文明建设的新

---

① 竺效：《论生态文明建设与〈环境保护法〉之立法目的完善》，载于《法学论坛》2013 年第 2 期。
② 蔡守秋：《关于将公民环境权纳入〈环境保护法修正案（草案）〉的建议》，中国环境法网，http：//www. riel. whu. edu. cn/article. asp？ id＝31151。

形势、新趋势，建立保护生态环境的新制度。例如，建立环境保护考核评价制度，可以考虑在现行环境保护法中新增条款：国务院和地方人民政府将环境保护目标完成情况作为对本级人民政府环境保护行政主管部门及其负责人和下级人民政府及其负责人的考核内容。考核结果应当向社会公开。

（三）民法

生态文明建设如果缺少公众参与，单靠政府远远不够，如果发动与个人利益相联系的民法机制，则情形大不一样。民法作为一种私法在保护环境时以公民及其团体利益为内容，是一种利益驱动机制，利用了人类追求利益、趋利避害的本性，从而使环境保护的力量源泉植入万民的心中，环境问题的解决也因而具有了广泛的基础。但要发挥民法作为私法在建设生态文明的作用，民法就必须生态化。[①] 民法生态化主要表现在民事主体、物权、人格权及侵权责任等方面。

第一，民事权利主体生态化。面对代与代之间公平享用生态环境等问题，民法可以考虑将"未来世代人"作为法律关系的主体，同时基于种际正义的考虑，承认某些自然体"有限的"法律主体地位，并通过民法的代理制度、监护制度，解决权利主体的权利行使与义务履行问题，或者将其作为特殊的客体予以特别保护。[②]

第二，物权制度生态化。传统的物权法将自然资源等生态要素视为可以自由使用、不必支付报酬的自由财产，它在促进经济发展方面发挥了积极作用，但同时也带来了环境污染、生态破坏等问题。为保护环境，可以扩大物权客体的范围，将某些生态要素作为物权法的客体来保护，并赋予物权人在行使物权时有不破坏生态环境的义务。同时，民法中的用益物权制度、相邻关系制度都可以进行生态化的更新与改造，加重其环境保护的功能。[③]

第三，人格权制度生态化。民法的人格权制度是对主体本身进行直接保护的制度，人格权法应当将人格内容扩充至环境人格。因为，在生态环境问题日益严重的今天，排除了环境利益内容的人格是不完整的人格，忽略了对环境人

① 梅献忠：《环境问题与民法的生态化》，载于《重庆社会科学》2007 年第 7 期。
②③ 赵爽：《能源法律制度生态化研究》，西南政法大学博士论文，2009 年。

格的保护，就意味着人格权制度本身存在重大缺陷。

第四，侵权行为制度生态化。环境侵权不同于传统侵权，环境侵权往往时空跨度大，多因素叠加，且一旦损害发生难以恢复或不可逆转，事后救济难以起到预防的作用。因此，有必要对侵权行为法进行生态化拓展，尤其是侵权责任构成要件应积极吸纳刑法"危险犯"理论，即"违法性"要件不以行为"违法"作为环境民事责任的承担要件，"损害结果"要件不以损害结果出现为承担责任要件。

（四）刑法

在生态环境急剧恶化的今天，环境犯罪数量大量出现，犯罪形态不断翻新，环境犯罪问题日益严重。为适应生态环境保护的要求，及时将新出现的严重危害环境资源、侵犯环境权益的行为规定为犯罪，并进一步将刑法生态化，是生态文明建设的要求。刑法生态化是将生态原理引入刑事领域，以刑法介入生态保护，主要指以刑法规定何种行为是生态犯罪，对此行为及其产生的后果或可能产生的后果所应承担何种刑事责任，以及处以何种刑罚。[①]

首先，重新界定环境犯罪客体。传统刑法往往是从"社会关系说"，即从财产利益或经济利益、公共安全角度界定犯罪客体，并且大多数以危害结果的发生为调整前提，对环境权益价值往往认识不足。因此有必要将传统刑法的犯罪客体进行生态化拓展，将体现"人与自然"关系的环境权益涵盖进来，从而突破了传统刑法上论述犯罪客体的"社会关系说"。[②] 在进行刑法修正时，注重环境权益要素，将那些严重危害环境资源、侵犯环境权益的行为，确定为环境犯罪行为。

其次，环境犯罪处罚非刑罚化。环境犯罪往往因为主观上的过失造成，不具有主观恶性和现实危险性。若将这些犯罪人收监执行刑罚，对其进行思想改造，浪费司法资源，而环境损害也得不到及时补救。有鉴于此，可以针对环境犯罪规定非刑罚措施，使那些因过失导致环境犯罪、主观认罪态度又好的犯罪人能用自己的劳动恢复自己破坏的环境，这样既惩罚了犯罪人，又使环境价值

---

① 王志茹：《生态危机与刑法的生态化》，载于《华北工学院学报（社科版）》2004 年第 2 期。
② 梅宏：《刑法生态化的立法原则》，载于《华东政法学院学报》2004 年第 2 期。

得以恢复。[①]

（五）经济法

传统经济法产生于国家基于市场缺陷及市场失灵而对经济生活进行干预的过程，是国家管理经济和协调经济运行的法律，其往往偏重于促进经济增长，忽略资源节约和环境保护。为适应生态文明建设的需要，经济法必须摒弃传统重经济效益轻生态效益的制度构建，实行生态化改造，确保生态与经济的协调发展。经济法生态化主要体现在环境税收制度、财政金融制度、排污权交易制度生态化等方面。

第一，完善环境税制，将环境保护外部成本内部化。根据环境资源开发和保护要求，适时扩大资源税和消费税的征收范围，对进口那些对生态有重大或长远影响且难以治理但又是社会经济发展需要的产品征收环境调节税。同时，在遵循生态学原理和方法的基础上，逐步开征一系列污染产品税。

第二，财政金融制度生态化。生态保护需要金融制度导向和财政资金支持，因此财政金融法可以利用其导向机制，按照"两型社会"建设的要求，朝着优化产业结构、淘汰落后产业、方向倾斜，鼓励生态环境投资，如可以将融资货款的重点放在生物多样性保护、工业和能源领域的污染控制、城市环境改善、农业项目和自然资源管理项目等，并进一步对融资贷款项目加强环境风险管控。如果企业事业单位和其他生产经营者，在污染物排放达标的基础上，通过采取技术改造等措施，进一步减少污染物排放的，应当在财政、价格、信贷及金融等方面予以支持。

第三，发放排污权牌照给企事业单位和其他生产组织，建立排污权交易制度。按照生态环境保护的要求，在污染物排放总量控制确定的条件下将排污额度和指标分配给企事业单位和其他生产组织，并允许他们在市场机制条件下像商品一样买卖，以此来进行污染物的排放控制，从而达到减少排放量、保护环境的目的。

（六）行政法

政府是生态文明建设的推动者和实施者，生态文明建设的快慢好坏直接与

---

① 梅宏：《刑法生态化的立法原则》，载于《华东政法学院学报》2004 年第 2 期。

政府的立场、态度与措施有关。作为规范政府权力运行的行政法，在生态文明建设中发挥了巨大的作用，但与生态文明建设的要求尚存在巨大差距。因此法律生态化的重点之一就是行政法的生态化。

第一，行政法比例原则生态化。行政法上的比例原则，又称"禁止过度原则""最小侵害原则"，其主要含义可以概括为妥当性、必要性和相称性。妥当性即所采取的措施可以实现所追求的目的；必要性即除采取的措施之外，没有其他给关系人或公众造成更少损害的适当措施；相称性即采取的必要措施与其追求的结果之间并非不成比例。① 生态危机实质是"人与自然"和"人与人"之间的矛盾，是社会发展与生态保护之间的矛盾，这些矛盾背后隐含的是利益冲突，而比例原则作为行政法上解决利益边界问题的原则，并没有发挥其平衡发展权与环境权的作用。因此，比例原则生态化可以解决行政法涉及生态环境问题的利益问题。比例原则生态化主要是指行政主体及其相对人在采取措施时可以实现发展权与环境权的双重保护；当采取的措施为必要时，其事先应对可能造成的生态环境损害进行预防，事中应当对生态环境进行保护，事后应对生态环境进行修复或填补；如果对环境造成的损害是不可逆转时，那么此时采取的措施就应当摒弃。

第二，建立环境资源的综合决策、协调管理体制。环境资源的综合决策、协调管理体制是指在制定环境资源决策和管理过程中对环境、发展进行统筹兼顾，科学决策，协调管理。鉴于现行环境资源管理缺乏统一的协调机制之弊端，应尽快建立环境资源的综合决策、协调管理体制，在决策源头上避免走"先污染后治理"的路子，在管理上避免条块分割，以确立各部门之间的协调关系，保证生态文明建设目标的实现。

第三，制定环境行政指导制度。我国应加快制定环境行政指导制度，严格规范环境行政指导作出的程序和适用的范围，以及错误环境行政指导的责任等问题，以便行政相对人、对环境的行政指导有自己的判断和行动，也使司法机关对环境行政指导的监督和控制成为可能，防止行政机关滥用职权，使环境行政指导在促进环境保护与经济发展相协调。②

---

① ［德］哈特穆特·毛雷尔著，高家伟译：《行政法学总论》，法律出版社 2000 年版，第 239 页。
② 陈泉生：《论可持续发展与我国立法体系的重新架构》，载于《现代法学》2000 年第 5 期。

第四，完善生态化的政府采购制度。政府作为生态文明建设的领导者和推动者，不仅要担负起生态文明建设的领导者，而且要成为生态文明践行者，其日常的政府采购也应"绿化"，行政上要完善生态化的政府采购制度，制定政府环保采购目录，鼓励和帮助行政机关确认和购买更有利于环境的产品，引导企业研发环保技术，发展新型环保产业。

第四节　生态文明法律制度运行机制

法律的生命在于运行，法律运行是实现立法目的、发挥法律作用的前提，法的价值只有在运行中才得以实现。同理，法律生态化价值也在于运行，只有在运行中得以体现。法的运行机制是一个从法的制定到实施的过程，也是一个由法的效力到实效再到实现的过程，[①] 主要包括立法、执法、司法等环节。因此，生态文明法律运行机制主要包括生态化立法、生态化执法和生态化司法等。生态化立法是生态文明法律运行的起点，而生态化执法和生态化司法是把生态法律制度作用发挥出来的过程。只有通过这样的法制建设过程，生态文明制度建设才能落到实处，生态文明建设才能推动美丽中国的建设。

一、生态化立法

立法是指由特定的主体，依据一定职权和程序，运用一定技术，制定、认可和变动法这种特定社会规范的活动。立法是法律运行的起点和基础，如果没有法律可依，也就谈不上"有法必依、执法必严、违法必究"的问题了。因此，从动态角度来看，法律生态化首先体现在立法生态化。

首先，立法理念生态化。也就是说，要将生态文明和可持续发展观念注入立法整个过程中。生态文明观既是人与自然的和谐又是人与人的和谐的生态文明观，其本质要求是实现人与自然和人与人的双重和谐，进而实现社会、经济与自然的可持续发展及人的自由全面发展。在立法中贯穿生态文明理念，要求

---

① 张文显：《法理学》，高等教育出版社、北京大学出版社 2007 年版，第 223 页。

摒弃以当代人眼前利益为中心的传统思想，确立尊重生态自然的立法精神，并将法律价值取向由人与人的社会秩序向人与自愿生态秩序扩展，由环境资源利益的代内公平向代际公平迈进，由发展经济的绝对自由向相对自由推移和对个人价值的承认向对其他生命物种种群价值的承认拓展，围绕生态文明重新建构法律体系。①

其次，立法原则生态化。立法原则是立法主体据以进行立法活动的重要准绳，是立法指导思想在立法实践中的重要体现。我国《宪法》在总则中规定了立法四项原则，即宪法原则、法治原则、民主原则和科学原则。很显然，这四项立法原则并不能完全将生态文明理念在立法中充分体现出来，因此笔者建议增加生态原则为我国立法原则。所谓立法中的生态原则即是将立法重心由工业文明的"经济至上"向生态文明"可持续发展"倾斜，当法律考量的经济价值与生态价值无法调和时，应优先考虑其生态性。

最后，立法内容生态化。由于我国传统立法大都是以经济发展为重心而忽视环境资源的保护，这就要求我们在立法内容生态化时，不断地以生态文明和可持续发展观为指导，修改、完善和补充有关环境、资源、能源等涉及环境资源和生态保护的法律内容，使之在生态文明建设中发挥应有的作用。

二、生态化执法

生态文明建设背景的执法生态化就是在执法过程中更加注重生态利益保护，在执法理念、执法机构及其人员、执法监管及查处等各个环节都实现生态化。

第一，在执法理念上，落实绿色考核指标，注重生态环境保护。过去行政执法机关及其工作人员只片面注重保护社会经济发展，而生态文明时代要求执法机关及其工作人员不仅要保护社会经济发展，更重要的是注重保障环境和生态平衡。因此，在绩效考核方面，要改变过去以经济发展作为衡量政绩的主要模式，将"绿色"因素引入绩效考核之中，加大环境保护成效方面的考核比

---

① 朱步楼：《可持续发展伦理研究》，南京师范大学博士论文，2005年。

重，在执法过程中协调经济和环境的可持续发展。①

第二，在执法机构上，重新整合生态执法部门，完善环境管理模式。目前我国的环境管理采用的多头管理模式，职、权、责重叠交叉难以统一，生态治理的行政成本极高，因此可以考虑将原有的国土资源部与环境保护部合并成立资源环境部，统一行使监管自然资源和自然环境的职权，地方上合并的环保系统从同级人民政府独立出来，实行垂直领导。② 同时，鉴于生态问题具有复杂性和专业性特点，可以借鉴贵阳增设生态公安局的有益做法，适时组建生态公安部门专门组织处理生态案件，加大对破坏生态文明建设的各项违法犯罪行为的打击力度，负责生态保护和生态环境区的治安防范工作，以及对生态相关业务进行指导、协调。

第三，在执法人员上，适当增加编制，提高执法人员素质和水平。根据生态文明建设的实际情况，适时增加各级执法机构的地位和人员编制，使生态执法队伍逐步与其环境、生态保护职能要求相适应。同时，由于生态执法专业化程度较高，需要运用大量的多学科知识，因此应该对执法人员进行有关自然资源、环境知识及其他法律知识的培训，增强他们对生态法律保护的责任感、使命感，提高他们重视生态保护的自觉性、主动性，丰富他们的专业知识，提高执法水平，在生态法律保护方面做到执法的规范性、及时性、合理性及公正性。③

第四，在执法监管上，健全生态风险管理和应急救援体制。随着经济全球化和技术工具化，人类步入一个风险社会，生态风险尤为严峻。为应对生态风险，应加强生态风险的法律管控，做好环境应急管理工作。然而到目前为止，我国尚没有一部环境应急管理的专门法律，也未建立环境应急管理的制度体系。因此，应尽快组织国家相关部门研究制定环境应急管理条例，建立包括生态环境风险界定、风险识别、风险评估、风险监督、环境应急响应、环境应急救援、环境应急处置和损害评估、责任追究等内容的风险管理和应急救援体制机制。④

---

① 董正爱：《全面建设小康社会背景下法律的生态化变革》，载于《重庆文理学院学报（社会科学版）》2011 年第 2 期。

②③ 任书体：《生态文明法律制度构建》，载于《人民论坛》2010 年第 4 期。

④ 竺效：《用法制保障生态文明建设》，载于《人民日报》2013 年 7 月 5 日，第 7 版。

第五，在执法查处上，强化环境执法，严格落实生态责任追究制和执法责任追究制。过去执法机关对生态环境执法不够重视，生态环境执法比重不高，执法力度不严，并且往往只注重对违法行为人的处罚，忽略违法行为人对环境和生态破坏的修复和填补。因此，适应生态文明建设需要，应加大对违法超标排污主体和生态资源破坏主体的处罚力度，严惩各类破坏生态环境的违法犯罪行为。强化环境执法意识，规范环境执法行为，加大环境执法力度。更为重要的是，要加强对破坏资源环境责任的追究和对环境执法活动的行政监察，实行生态责任追究制和执法责任追究制。①

三、生态化司法

司法是司法机关依据法定职权和法定程序，应用法律处理具体案件的专门活动。司法生态化体现在司法理念、司法裁判、司法程序和司法执行等司法的各个环节。②

首先，在司法理念上，扩充传统的司法理念，将环境正义、代际公平等价值理念纳入进来。司法理念是一系列理念、思想和精神原则的汇集，传统的司法理念主要包括公平正义、法律权威、公开透明、严守中立，等等。这些理念主要是建立在"主、客二元"的社会关系说基础上，只注重裁决和调整人与人的矛盾、争议，而司法的生态化要求将代际公平、环境正义等价值观念纳入其中，着眼从自然生态系统与社会生态系统来解决人与自然的矛盾，协调人与自然的关系，对于涉及重大环境因素的案件需要同时注重对涉及案件的相关利益人，乃至未来世代人的环境公平问题。

其次，司法模式上，增设生态法庭，构建"诉前、诉中、诉后"一体化的生态司法模式。由于生态环境案件日益增多且具有较强的专业性，传统的司法资源较难满足生态环境案件处理的要求，因此应以法律规定的指定管辖为依据成立专业化生态法庭，既解决环境污染因行政区划、隶属关系不同而难以治理的问题，又能及时化解行政执法手段处理跨行政区域水污染"失灵"的问

---

① 任书体：《生态文明法律制度构建》，载于《人民论坛》2010 年第 4 期。
② 董正爱：《全面建设小康社会背景下法律的生态化变革》，载于《重庆文理学院学报（社会科学版）》2011 年第 2 期。

题。同时，由于生态环境问题具有群体性、流动性、综合性等特点，司法裁判时空跨度大，传统的司法模式容易出现断层，因此可以构建"诉前、诉中、诉后"一体化的司法模式，搭建生态司法的无缝链接。

再次，在司法裁判上，引入生态修复等非刑罚手段。由于过去在强调社会经济发展时，把生态环境作为纯外部性加以考虑，忽略了生态环境成本，因此传统司法裁判往往只注重制裁违法行为、保护当事人个体的合法权益，忽略了案件的生态环境性。而事实上，当事人之间的纠纷大部分会涉及生态环境问题，这就要求在司法裁判时充分考虑环境资源的保护及修复问题，对破坏生态的案件不能一判了之、一罚了之。因此，在司法裁判方面，可以借鉴贵阳法院的做法，设立环境司法生态修复等制度措施。如在盗伐、滥伐林木等案件审判中运用非刑罚处罚手段，在判处被告人刑罚的同时，还依据森林法等规定，判处被告人以劳动种树来修复被其破坏的生态环境，实现生态保护审判法律效果、社会效果、生态效果的统一。

最后，在司法执行上，引入第三方监督机制，加强公众监督。由于环保审判周期长、执行监督难，特别是涉及生态修复内容的判决，往往需要两三年甚至更长的时间。因此可以采纳贵阳法院在判决、执行中，创新推出执行回访、第三方监督等机制。执行回访机制要求法官定期或不定期对生效判决、执行情况进行回访，督促被告履行，一旦发现被告消极履行、敷衍了事，就依法启动强制执行程序。另外，依托"三调联动"机制，在诉讼调解中引入第三方监督机制，使涉案企业置身于公众监督之下，保证法院判决、执行不落空，为生态文明建设提供强有力的司法保障。①

---

① 金晶、查兴田：《生态司法保护实现一体化——贵阳法院创新机制依法保护生态环境》，中国法院网，http://www.chinacourt.org/article/detail/2013/07/id/1022195.shtml。

|第十章|

中国梦与中国特色社会主义
生态文明制度建设

中国梦是海内外炎黄子孙祈盼已久的民族复兴之梦。这是因为"中华民族具有 5000 多年连绵不断的文明历史，创造了博大精深的中华文化，为人类文明进步作出了不可磨灭的贡献。经过几千年的沧桑岁月，把我国 56 个民族 13 亿多人紧紧凝聚在一起的，是我们共同经历的非凡奋斗，是我们共同创造的美好家园，是我们共同培育的民族精神，而贯穿其中的、更重要的是我们共同坚守的理想信念。"① 中国梦是全球化背景中的中国人"标注现代化的新高度"的改革创新之梦。因为这个梦要实现的是全面改革深化的总目标：是完善和发展中国特色社会主义制度，推进国家治理体系和治理能力现代化；是从制度、改革、现代化三个维度，给出了撬动中国发展的"总支点"；是把社会主义现代化的内涵提升到治理现代化的高度，将制度的完善与发展熔铸为改革的总目标；是人类制度文明一段富有勇气的征程。

中国梦是活在当代的每一个中国人在有生之年可以实现的花好月圆之梦。如同习近平主席所说，"只要我们紧密团结，万众一心，为实现共同梦想而奋斗，实现梦想的力量就无比强大，我们每个人为实现自己梦想的努力就拥有广阔的空间。生活在我们伟大祖国和伟大时代的中国人民，共同享有人生出彩的机会，共同享有梦想成真的机会，共同享有同祖国和时代一起成长与进步的机会。有梦想，有机会，有奋斗，一切美好的东西都能够创造出来。"②

"国无德不兴，人无德不立。任何一种社会制度的背后，都有其核心价值观，全面深化改革既是制度完善、治理推进的过程，也是价值彰显、精神构建

---

① 任仲平：《标注现代化的新高度——论准确把握全面深化改革总目标》，人民网，2014 年 4 月 14 日，http：//opinion. people. com. cn/n/2014/0414/c1003 – 24890189. html。

② 习近平：《在第十二届全国人民代表大会第一次会议上的讲话》，人民出版社 2013 年版。

的过程。社会主义核心价值体系这一兴国之魂，决定着中国特色社会主义发展方向，也是推进国家治理现代化的最重要力量。"① 生态文明是中国特色社会主义核心价值理念的重要组成部分，也是中华文明延绵不断永续发展的最重要的内在价值。然而，它不仅体现了中华民族生生不息、和谐相处的民族精神，而且还体现了以个别差异性为基础的世界文明和以多样性为特征的人类文明所共同追求的最高价值观念。因此，党的十八大报告把"生态文明"纳入中国特色社会主义建设的总体布局，体现中国共产党人对中国特色社会主义本质认识的理论深化。人类作为自然生态中的重要组成部分，生存、活动于自然生态之中，实现生态文明的目标具有明确的价值取向，它直接指向人类与自然的和谐共生，以及人与人之间的和谐互助。在全球化背景下，生态文明建设不仅直接关系到美丽中国梦能否实现，还关系到中国在国际社会中的位置和形象。同样，生态文明制度建设不仅关系到生态文明建设是否能够落地，而且关系到中国特色社会主义制度体系建设和治理体系与治理能力是否能够落地。总之，中国特色社会主义生态文明制度建设目标的实现还需要全国人民的艰苦努力。

第一节 生态文明是中国特色社会主义的核心价值理念

生态文明目标的实现，是一个漫长的历史过程。中国特色社会主义进程中伴随着人们对生态文明价值认识的不断深化。唯物史观中人与自然的关系，共同富裕中人与人之间的和谐，"三个代表"中先进文化所体现的生态文明观，以及科学发展观中以人为本，人与自然和谐发展，都体现了深刻的价值意蕴。

一、唯物史观内涵生态文明

马克思主义唯物史观是中国特色社会主义的理论基石。唯物史观表明：自然界是人的无机的身体，其自然资源和生态环境状况，直接影响着作为生产力

---

① 任仲平：《标注现代化的新高度——论准确把握全面深化改革总目标》，人民网，2014 年 4 月 14 日，http://opinion.people.com.cn/n/2014/0414/c1003-24890189.html。

中最重要因素劳动者的生存方式，影响着"人本身的自然"。"自然界是人为了不致死亡而必须与之不断交往的、人的身体。所谓人的肉体生活和精神生活同自然界相联系，也就等于说自然界同自身相联系，因为人是自然界的一部分。"①恩格斯说："我们连同我们的肉、血和头脑都是属于自然界，存在于自然界的。"②人作为整个自然生态系统中的重要组成部分，具有积极的主观能动作用。马克思主义唯物史观，体现在通过对资本主义生产方式的分析，揭示了资本主义社会必然灭亡的历史发展规律。马克思是在对资本再生产的过程的分析中涉及了关于生产自然条件的问题。"生产的自然条件"是建构劳动者体力和脑力的前提基础。自然条件和生态环境，影响着人类的生存与繁衍，劳动力的再生产影响着生产发展。如果生态环境遭到人类的严重破坏，被污染的自然资源也会危害劳动力的健康，甚至危及人类的生存。

社会历史的发展归根结底是人的发展。而人的自由全面发展离不开自然历史的发展进程。这个历史进程，伴随着社会生产力的发展和科学技术进步。而所有这一切，最终都是为了谋求人的全面自由发展。马克思关于人的全面自由发展的理论是马克思主义理论体系中的重要内容。马克思主义把共产主义表述为"以每个人的全面而自由的发展为基本原则的社会形式"。揭示了人类社会发展的美好前景，也成为人类千百年来的美好理想和为之奋斗的目标。对于什么是"人的全面自由发展"，马克思没有长篇完整的理论阐述。通观马克思《德意志意识形态》等一系列涉及人的发展的伟大著作和论述，我们可以看到，马克思是在针对旧式分工条件下人的发展状况的深刻剖析中，对人的全面自由发展作出明确逻辑规定的。马克思认为，人的全面自由发展，就是指每个人都能得到的平等发展、完整发展、和谐发展和自由发展。

人既是生态文明的主体，也是生态文明的最终目的。人作为自然界的一分子，与其他生物（动物、植物）共享自然资源，并依赖自然资源而生存和发展。但是人又区别于其他生物，具有主观能动性。在适应自然的过程中，依靠主观能动性开始驯服自然和改造自然为己所用。在经济社会发展的过程中，随着社会生产力水平的不断提高，以及科学、技术的不断进步，人类对发展目的的

---

① 《马克思恩格斯全集》第42卷，人民出版社1979年版，第95页。
② 《马克思恩格斯全集》第3卷，人民出版社1995年版，第518页。

认识逐渐出现了偏差，工具理性、对物的崇拜、机械发展观，等等，一定程度上取代了对人类发展最终目的的认识。特别是中国改革开放以来出现的"GDP 崇拜"，严重地扭曲了人类发展的最终目的。从这个意义上说，实现经济社会发展的理性回归，既是生态文明的迫切要求，更是人的自由发展的基本保证。

人的全面发展是人的物质需求和精神需求的全面满足过程。这个过程，要在人与自然结合互动，以及人与自然物质变换的过程中才能实现。生态文明使人与自然的结合更加和谐，并为人的物质需求满足提供可持续的基础，更进一步为人的精神需求满足提供条件；生态恶化，不仅影响到人与自然结合的进程，更干扰了人与自然的正常物质变换，难以满足人的物质需求，也使人的精神需求大打折扣。经济发展、社会进步的终极目的是为了人的全面自由发展，而不是为了实现劳动异化，更不能以物代替人。马克思当年在《德意志意识形态》中曾经阐述过的"劳动的异化"，就是特指人类在创造物质生产力的过程中，由于生产目的的偏差，使人创造出自己的对立面，出现了"商品的异化""货币的异化""劳动的异化"。不仅如此，在生产力发展过程中，由于发展的目的不清楚，人类在促进生产力高速发展的同时，还带来了资源的损失和环境的破坏，导致了不可持续的发展。因此，在生产力水平提高的基础上，人类要不断明确自己的发展目的，迫切需要生态文明目标的确立。只有具有和谐、稳定、可持续的生态环境，才能使人的自由全面发展有的放矢。

二、共同富裕中的生态文明意蕴

"共同富裕"思想是邓小平同志在改革开放初期提出的。1978 年 12 月 13 日邓小平在《解放思想，实事求是，团结一致向前看》的讲话中提到，"在经济政策上，我认为要允许一部分地区、一部分企业、一部分工人农民，由于辛勤努力成绩大而收入先多一些，生活先好起来。一部分人生活先好起来，就必然产生极大的示范力量，影响左邻右舍，带动其他地区、其他单位的人们向他们学习。这样，就会使整个国民经济不断地波浪式地向前发展，使全国各族人民都能比较快地富裕起来。"[①]

---

① 《邓小平文选》第二卷，人民出版社 1994 年版，第 152 页。

1990～1993年，邓小平进一步深化了对共同富裕思想的认识，并对市场经济和共同富裕先后发表了一系列重要论述。他的根本主张是在市场经济的基础上逐步实现共同富裕；为此，要首先奠定市场经济基础，然后要在经济发展的适当阶段突出解决共同富裕问题。这就是他的新思路。让一部分人先富起来，建立在中国生产力水平较低并且非均衡发展的基础之上。没有"一部分人先富起来的"打破高度集中的计划经济体制的示范作用作为经济发展的基础，中国难以走出生产力长期低水平运行的传统路径。

在改革开放的初始阶段，中国经济打破僵化的计划经济体制，开始在双轨机制运行状态下发展经济，一方面，极大地激发出较高的社会生产效率，实现了经济跨越式增长；另一方面，由于缺少必要的宏观调控，一度出现了"物竞天择""万类霜天竞自由"的自由市场经济运行状态。与不加任何外力的生态自然状态"弱肉强食"具有异曲同工之效。这种状态是与生态文明目标相悖的。生态文明目标追求的是人与自然之间，以及人与人之间的和谐共处，即使是处在不同社会生态位置的人们，都应获得自由平等发展的机会。邓小平"共同富裕"思想的精神实质在于：应当在生产力发展的低水平阶段，首先通过一部分人先富起来的示范作用带动其他人的发展；而在"一部分人先富起来"之后，要不失时机地实现共同富裕。在邓小平理论中，"先富起来"不是指少数人暴富、多数人贫困，而是首先让少数人民先富起来，并且是让那些通过"辛勤努力成绩大"的人先富起来，直至最后的1%的人民也富起来。先富是走向共富的起点与过程，先富与共富不是对立的。生态文明的核心内涵在于生物自然界能够和谐共生，而不是一个物种对其他物种的绝对的统治。在人类社会，不应存在一个种族对另一个种族的统治与支配，而应实现平等和谐地共存共生。要保持中华民族的可持续发展，就要适时地转换经济社会发展战略，实现共同富裕。这是减少不同社会阶层之间收入分配差距的重要措施和基本保证。

改革开放以来，中国经济在高速发展的过程中，伴随着社会基本经济制度从单纯的生产资料公有制，向以"公有制为主体、多种经济成分共同发展"的所有制转化，由所有制决定的社会收入分配制度也从单纯的按劳分配，向按劳分配与按生产要素分配相结合的分配方式转变。由于人们占有要素的不同，按要素分配的结果必然带来人们收入分配差距的迅速扩大。国家统计局公布的

2003～2012 年全国居民收入基尼系数的具体数据引起诸多争论。统计数据表明：2003～2012 年的中国居民收入基尼系数分别是 0.479、0.473、0.485、0.487、0.484、0.491、0.490、0.481、0.477、0.474。① 这个数据显示，2008年后中国居民收入基尼系数开始逐步回落，表明中国整体收入差距开始缩小。但该数据与人们的心里感觉之间存在较大差异。因为逐步回落的基尼系数无法解释以下几个问题。

一是收入差距和分配不公问题。由于腐败等问题的出现，人们感觉近年的居民收入分配差距呈现进一步拉大趋势。客观地看，经济发展过程中的收入分配差距，是各国市场经济发展进程中普遍存在的现象。问题在于中国现阶段收入分配差距的成因是什么？有多少因素是市场经济增长本身的结果，有多少是属于合理的差距，有多少因素是因为收入分配的机会不公、规则不公和权利不公导致的。收入分配差距本身并不可怕，可怕的是差距背后的分配不公，以及这种不公具有持续性。

二是收入分配和收入流动性问题。对于收入分配差距问题的分析，科学的做法是：不仅要观察短期、静态的收入差距大小；而且要考察长期、动态的收入流动性大小。即使在收入差距较大、基尼系数较高的情况下，只要不同的收入阶层之间拥有的收入份额具有较高的流动性，也就是低收入群体和阶层的收入份额能够保持向上的流动，并具有稳定的持续性，就会大大减少收入分配差距带来的社会矛盾。反之，如果出现了不同收入阶层之间缺少流动性并进一步形成该结构的固化，则将使收入分配差距成为长期性的问题。

三是收入分配与财富分配问题。就基尼系数而言，既可以是按照收入计算的基尼系数，也可以是消费支出的基尼系数，还可以是财富计算的基尼系数。三者所反映的意义是不一样的。我们目前公布了收入的基尼系数，在一定意义上使得我们可以和国际进行比较，按照相对统一的口径大致了解中国收入分配差距大小和程度。但并不能完整地反映出中国社会当前存在的收入分配差距。因为如果按照财富存量和增量进行比较，将显示出更加巨大的差距。富裕群体财富逐年剧增，贫困群体无财富积累可言，体现出典型的"马太效应"。

---

① 《统计局发布 2003～2012 年全国居民收入基尼系数》，中国经济网，2013 年 1 月 18 日，http：//www.ce.cn/macro/more/201301/18/t20130118_24041171.shtml。

四是收入分配与公共产品问题。在城乡之间、地区之间存在事实上的非均衡经济社会发展的背景下，社会公共产品提供不公所导致的收入差距不公，尤其应当引起关注。从更广的意义上来看，收入分配差距不仅仅包括收入差距，还包括教育、医疗、养老、社会保障，以及其他公共产品提供所导致的收入分配是否公平。公共产品供给上的差距，涉及机会公平与权利公平，与单纯收入分配所带来的结果公平相比，机会公平和权利公平更值得关注，体现了社会制度的优越与否。

过大的收入分配差距影响了社会各地区、各阶层，以及不同社会群体之间的和谐发展。导致这一结果的原因在于，在经济发展的过程中，人们过度地关注"一部分人先富"起来，而忽视了"先富带后富"的适时地进行工作重心的转换，其结果必然带来对社会生态秩序的破坏。因此，以"共同富裕"为目标的中国特色社会主义建设，必然包含生态文明价值意蕴。把社会公正放在首位，将从价值理念上反思中国经济增长和社会发展的最终目标，实现中国特色社会主义的制度规定。

三、"三个代表"与生态文明

"三个代表"重要思想是中国共产党在新的历史条件下提出的党的宗旨，是对党的执政理念的进一步深化。首先：中国共产党始终代表先进生产力的发展要求。在经济全球化背景下，先进生产力要经得起国际标准的检验。考察世界经济发展进程可以看出：世界上经济发达国家的经济发展过程中，普遍存在着发展观从以"物"为中心，向以"人"为中心的转变。从20世纪60年代发端于西方社会的"环保主义"，到20世纪80年代的"可持续发展观"的提出，标志着人们对发展的认识发生了根本性的转变。20世纪60年代初期西方工业国家出现的严重污染案例，在中国近年频繁出现，甚至原样复制、超水平发挥。生态破坏带来的直接后果，是自然环境日益恶化，严重威胁着人类生存。

经济发达地区在经济发展的基础上，实现了文化、社会、法制等诸方面的蓬勃发展。但不能忽视的事实是：经济发达地区的生态文明程度不容乐观。互联网上发布的"中国癌症地图"中的"癌症村"，绝大多数位于中国经济发达地区。从一定意义上讲：环境污染与生产力水平、工业化程度，以及经济发展水平息息相关！西方发达国家在经济发展过程中，都经历了先污染后治理的历程。但作为发展中国家，我们不应再重走发达国家的老路。大量污染浪费影响经济社会进一步发展的案例，不能不令人们思考这样一个问题：经济发展的目的、城市发展的目的究竟是什么？如果说，经济发展的终极目的就是各项经济指标的不断提升，并同时伴随着环境污染程度的逐步加重和生态文明程度的不断降低，这样的增长是不可持续的。在一个行将就木的地球，还有什么经济、社会发展可言？因此，生态文明目标的实现，是可持续的综合竞争力。

近年来，随着美国金融危机的影响日益扩大，各国经济纷纷陷入衰退境地。为了走出困境，美国、欧盟及其他西方经济发达国家开始考虑启动经济、重振雄风的创新路径。例如美国总统奥巴马在 2012 年国情咨文中就曾提出"五年外贸出口翻番"计划，并相继有多个著名世界品牌生产企业开始回迁到美国本土。与此同时开始严格限制和约束其他国家的外贸进口。尽管其真实目的是为了最大限度地依靠实体经济振兴本土经济减少外贸逆差，但其限制进口一个最为冠冕堂皇的借口就是"低碳"标准。因为全球正处在反对气候变暖的宏观背景之下，与此相适应，低碳技术、低碳指标纷纷出台。美国以此为借口调整国内收支平衡，是任何国家都无法反驳的理由。在经济全球化背景下，我们不仅要学会用中国的眼光看世界，更要学会用世界的眼光看中国。我们的生产力先进与否，绝不仅仅取决于中国的标准，先进生产力的代表如果不能与国际标准相接轨，就不能得到国际认可，也无从体现先进。因此，生态文明目标的明确指向，就成为新时期先进生产力的价值导航。绿色经济、低碳经济、循环经济所代表的技术与价值，是当前世界所共同奉行的价值准则。在国际标准面前，我们要获得新一轮的竞争力，必须按照国际竞争力的要求规范我们的行为，从这个意义上来说：我们不得不先进，否则，就会被淘汰出国际竞争的行列而成为落后生产力的代表。

中国在世界舞台上的位置，体现出综合竞争力。在当今世界上，具有先进生产力的国家，具有竞争力，而能够代表先进生产力发展方向的竞争力则具有可持续发展的长远意义。我们把生态文明的价值理念与先进生产力相联系，是经济全球化的客观需求，为了走在世界前列，我们不得不先进，否则，就将被历史车轮抛在后头。

中国共产党代表先进文化的根本方向。生态文明作为人类社会发展进程中的第四种文明形态,其目标的实现,与社会生活实践息息相关。不仅要融入社会实践过程,使生产力、生产关系按照生态文明的目标要求进行有机调整组合;同时,按照社会存在决定社会意识的原理,在生产力生产关系变革的过程中,必然伴随着文化的演进。从人类社会发展的基本需要出发,生态文明是代表着人类文明的先进文化。先进文化要求具有可持续性,中国传统文化伦理中蕴含生态文明的思想基础,传承中国传统文化,有助于今天生态文明建设以及中国特色社会主义建设整体目标的实现。

中国传统文化注重人的价值,早在千百年前,中国人就提出"天地之间,莫贵于人""民为邦本,本固邦宁",我们继承发扬这些优秀的传统文化,就是要坚持以人为本,把人民作为主体,把人民当作发展的目的;中国传统文化注重坚韧刚毅,"天行健,君子以自强不息"中华民族之所以能历经挫折而不屈,靠的就是自强不息的精神,建设中国特色的社会主义,同样离不开自强不息的精神;中国传统文化注重"和而不同",强调社会和谐发展,传承传统文化,对于今天构建社会主义和谐社会,建设一个民主法治、公平正义、诚信友爱、充满活力的、安定有序、人与自然和谐相处的社会具有借鉴意义。① 在传承传统文化的同时,与时俱进地把握时代文化特征,把生态文明融入当代文化之中,使得生态文明建设具有坚实的文化根基。

中国共产党始终代表最广大人民的根本利益。生态文明是一个国家和民族寻求可持续发展路径的理智选择。是一种基于既是人与自然的和谐又是人与人的和谐的生态文明观,其实质是将人类社会系统纳入自然生态系统而构成的广义生态系统的和谐。广义生态文明观认为,生态文明的本质要求是实现人与自然和人与人的双重和谐,进而实现社会、经济与自然的可持续发展及人的自由全面发展,生态文明的价值理念与人类社会可持续发展的根本要求具有本质上的一致性。我国在改革开放初期为了加快经济增长速度,曾在一段时间内出现片面追求经济增长,形成 GDP 崇拜,并一定程度上导致对生命的漠视(矿难频发),对资源环境的破坏,阻碍了人类社会的可持续发展。过分崇尚市场导向,带来政府对社会公共产品投入不足,导致人民基本生存权利、劳动权利、

---

① 中共中央宣传部理论局:《划清"四个重大界限"学习读本》,学习出版社 2010 年版。

医疗卫生权利以及居住权利的侵害；GDP 崇拜，在经济效益日益提高的同时，带来对资源过度浪费和对环境的肆意污染。广义生态文明观要求我们在经济迅速增长的同时，更要关心人民群众的根本利益。保护生态环境，不仅仅是寻求人与自然和谐，实现当代人的利益，更是为了人类的可持续发展。资源损失环境破坏，不但损害当代人的生存发展权利，而且是对人类子孙后代生存发展权利的强制性剥夺。中国共产党强调生态文明观，一方面是要保证资源环境永续利用、可持续发展；另一方面，要以强制性、规范性的制度规定保证人民拥有公平的生存、发展机会，这是中国共产党宗旨的具体体现。

四、科学发展观为生态文明导航

中国共产党第十六届代表大会工作报告中首次提出"科学发展观"。这是在中国经历了三十多年的改革开放，以 GDP 为标志的经济总量达到世界先进水平的背景下提出的。社会主义的中国，建立在劳动生产率低下、物质产品匮乏的薄弱基础之上。为了在较短的时期内赶上并超过西方发达资本主义国家，自新中国成立以来，中国实行了"赶超战略"。特别是改革开放，打开国门、寻求快速发展，成为中国执政党的首要工作目标。经过改革开放后三十多年的经济发展，以 GDP 为标志的中国经济取得迅速的增长，并于 2010 年经济总量一跃超过日本，成为世界第二。但不可忽视的是，在中国经济建设取得巨大成就的同时，却付出了沉重的代价，出现了资源浩劫、环境污染，以及社会公平的损失等日益严重的经济与社会问题。中国科学院虚拟经济与数据科学研究中心的研究结果表明：2005 年中国经济增长的资源环境代价总额为 27511 亿元，占 GDP 的 13.9%。[①] 说明中国 GDP 中有 13.9% 是以资源消耗、环境污染、生态退化为代价换取的。.

中国的能源消费量由 1978 年的 5.7 亿吨标准煤增加到 2006 年的 24.6 亿吨标准煤，增长了 3.3 倍，占全球能源消费量的比例达到 11%；中国消耗的铁矿石从 2000 年的 2 亿吨急速增长到 2006 年的 6 亿吨，占全球铁矿石消费量

---

① 石敏俊、马国霞等：《中国经济增长的资源环境代价：关于绿色国民储蓄的实证分析》，科学出版社 2009 年版，第 5 页。

的比例达到 45%。环境污染不断加剧，二氧化硫排放量从 20 世纪 90 年代初的 1800 多万吨增加到 2005 年的 2594 万吨，增长了 40%；废水排放量从 1997 年的 416 亿吨增加到 2006 年的 536 万吨，增长了 30%。2007 年，中国创造的 GDP 占全球的 6%，却消耗了全球 15% 的能源、30% 的铁矿和 54% 的水泥。世界银行发展报告将中国和印度同列为经济高增长、环境高污染的国家。因此，转变经济增长方式，从高资源消耗、高环境污染的高增长转向低资源消耗、低环境污染的适度增长，已成为科学发展的当务之急。而实现科学发展的基础，是科学认识经济增长的资源环境代价。[①]

原国家环保总局副局长王玉庆给污染造成的损失贴上了价签：2011 年，环境损失占中国国内生产总值（GDP）的比重可能达到 5% ~ 6%，大致相当于 2.6 万亿元人民币（合 4100 亿美元），相当于中国庞大外汇储备的 1/8。据官方估计，2004 年中国环境损失相当于 GDP 的 3%。这一比率在 2008 年和 2009 年维持在 3.8% 左右，但在 2011 年大致提高了 1 倍。[②] 虽然不同统计口径之间存在较大的差异，但不可否认的是，中国经济增长过程中确实付出了极大的资源和环境代价。"科学发展观"的提出，向人们提出了"为谁发展""为什么发展""如何发展"的现实追问。纵观国际国内的社会发展理论，我们应当承认："科学发展观"并非中国共产党的首创。早在 20 世纪 70 年代，法国当代著名经济学家，法国数学科学和应用经济研究所所长弗朗索瓦·佩鲁出版了代表性著作《新发展观》。在这本书中，佩鲁提到："经济增长是否有一定的价值前提？经济增长是否应遵循一定的价值准则？或者说，应依照怎样的价值准则对经济增长的合理性作出评价"？佩鲁认为："纯粹的经济增长并非从来都是合理的，唯有有利于人的发展，有利于保有优良文化价值的经济增长才是合理的。也就是说，经济增长要以人的全面发展为前提，以保存优良的民族文化价值为标准"。他的这一理论赋予了他的"新发展观"以深刻的价值内涵，并阐明了经济增长的最终目的，应当是实现人的全面发展，体现了"以人为本"的价值理念。佩鲁提醒人们研究发展问题要注意无发展增长的危害性。他深信不发达国家经过沉思之后，会起来反对经济主义，因为经济主义对

---

① 石敏俊、马国霞等：《中国经济增长的资源环境代价：关于绿色国民储蓄的实证分析》，科学出版社 2009 年版，第 5 页。

② 《中国环境损失大幅上升》，载于《英国金融时报》2012 年 3 月 15 日。

人的生存是具有危害性的，而人的生存则是实现其自由最可靠的保证。对不发达国家来说，以人为中心的发展模式，首先关注的是人的生存权，生存权是人的自由及其他一切人权的基础。① 发展的目的是什么？佩鲁认为，发展是为了人，为了一切和完整的人，正如《新发展观》一书序言作者 M. A. 西纳索所概括的：为一切人的发展与人的全面发展。②

诚然，法国经济学家弗朗索瓦·佩鲁在 20 世纪 80 年代先于中国提出的"新发展观"。并体现出"以人为本"的发展思想。他的"新发展观"的问世，对整个国际社会的科学发展带来了不可估量的影响。他让人们在享受到经济社会发展带来的物质利益的同时，开始冷静地反思经济增长带来的资源耗竭和环境损害，让人们反思"发展究竟为什么？""应该怎样发展？"但不可否认的是，弗朗索瓦·佩鲁的"新发展观"仅仅限于一个学者的理论探索和学术研究，并没有上升为一个国家经济社会发展的价值理念，更不可能成为一个国家的经济社会发展战略。因此，其作用的发挥具有较大的局限性。中国共产党把"科学发展观"作为中国特色社会主义建设的整体布局中的重要组成部分，足以表明中国共产党对经济社会发展规律的认识在不断深化，以及对自然生态的尊重与敬畏。把生态文明作为科学发展的价值取向，把生态文明融入中国特色社会主义建设的总体布局，将使中国经济社会发展在人与自然和人与人和谐的环境下有序进行。

恩格斯曾经说过："一个民族要想站在科学的最高峰，就一刻也不能没有理论思维。"③ 中国特色社会主义建设中的生态文明价值意蕴，就是赋予中国经济社会发展以科学的价值理念和理论内涵，并把共产党的宗旨和执政理念进一步具体化的实践过程。

第二节 生态文明建设是实现美丽中国梦的必要途径

中国共产党的十八大报告把"生态文明"纳入中国特色社会主义"五位

---

① ② ［法］弗朗索瓦·佩鲁：《新发展观》，华夏出版社 1987 年版，第 61、11 页。
③ 《马克思恩格斯文集》第九卷，人民出版社 2009 年版，第 437 页。

"一体"总体布局，说明中国共产党对社会主义建设道路的认识，从理论到实践都产生了一个飞跃。科学技术推动社会生产力的不断发展，在为人类社会创造日益增多的物质财富的同时，也对人类赖以生存的自然环境产生了极大的破坏。严峻的现实呼吁人们珍惜自然、关注人与自然的相互依存、相互制约的辩证关系，生态文明目标的提出适应了这一迫切要求。

一、生态文明建设为中国特色社会主义可持续发展指明方向

生态文明建设作为中国特色社会主义总体布局的重要组成部分，其目标是为了实现中国特色社会主义的可持续发展。对于一个具有五千年悠久历史的中华民族来说，这是一件具有长远历史意义的大事情。自有人类历史以来，经济社会处在不停地向前发展之中，相继经历了原始社会、奴隶社会、封建社会、资本主义社会乃至社会主义社会等不同社会形态。不同社会形态的变革，是生产力发展推动的直接结果。按照生产力水平的划分，西方学者曾经把社会发展划分为现代化、第二次现代化与后现代化等。关于可持续发展理论的产生，比较一致的看法是在 20 世纪 80 年代，由西方学者首先提出的，在 80 年代末 90 年代初成为全球范围的共识。

1987 年，布伦特兰夫人在世界环境与发展委员会的报告《我国共同的未来》提出了可持续发展的定义：可持续发展是指"满足当前的需要，而不危及下一代满足其需要的能力"[①] 的发展。这一概念逐步被接受和认可，并在 1992 年联合国环境与发展大会上成为全球范围内的共识，标志着可持续发展理论的产生。

运用可持续发展理论去分析和研究社会经济发展的历史与现实，可以将历史和现实有机地联系起来，使人们能够避开现代化、第二次现代化和后现代化研究过程中出现的歧义的理解。生态文明制度建设的最终目标，是要实现中国经济社会的可持续发展，使人们在享受到经济社会发展权利和成果的同时，不忘记自然的生态的和谐，在考虑当代人的利益的同时，不可忽视代与代之间的

---

① 世界环境与发展委员会：《我们共同的未来》，人民出版社 1997 年版，第 10 页。

资源环境公平权利的获得。使得中国的经济社会发展呈现可持续的永续发展的状态，为我们的子孙后代留下可供发展的环境与资源。

中国特色的社会主义现代化道路不是空洞的理论，而是扎扎实实的社会实践过程。周恩来总理在《四届人大会上的政府工作报告》中指出，"在本世纪内，全面实现农业、工业、国防和科学技术的现代化，使我国国民经济走在世界的前列。"党的十八大报告中，胡锦涛主席代表党中央再次提到"发展小城镇，不断提升小城镇质量"问题。是把农业现代化与中国特色社会主义的具体实践相结合的有益思路。中国是一个拥有 13 亿人口的人口大国，新中国成立初期，中国的城镇人口占总人口比重为 10.4%，是一个典型的农业国。即使经过了 30 年的计划经济时期，中国的城镇化水平在 1978 年也仅仅达到 17.8%。[①] 按照产业序列理论，农业作为第一产业，与第二、第三产业相比，处于产业发展的低端和初始阶段，从一定意义上讲，农业国无疑是贫穷落后国家的代名词。与世界上西方经济发达国家的现代化和后现代化不可同日而语。经济基础决定上层建筑，没有工业现代化的实现，文化、社会、政治现代化都无从谈起。中国的现代化，离不开农业现代化、离不开农村现代化，更离不开农民的现代化。从中国的现实出发，农业现代化的实现，必须以农业人口的大幅度向城市（镇）转移为基础，从而实现有限土地上承载人口的不断减少和农业经营规模的不断扩大，进而实现农业规模经营和农业的规模效益。这个目标的实现，必须建立在农村剩余劳动力大量转移的基础上。要实现农业人口转出土地，必须为农村剩余劳动人口提供有效的转移途径。在原有的户籍制度基础上，农村劳动力的转移最有效的途径就是各种类型的中小型城镇。有研究表明，在改革开放三十多年来的农村剩余劳动力向城镇转移过程中，有近一半的人口直接转移到了中小城镇。大部分小城镇处于城乡结合部，从生活方式到生活成本，都更容易为农村剩余劳动力所接受。因此，在中国现阶段大力发展各种类型的小城镇，为农村剩余劳动力提供可供转移的生存空间，一方面，有助于农业现代化的早日实现；另一方面，也将实现农村人口生活水平的不断提高，是中国现代化的必由之路。这种现代化，是农业现代化、农村现代化与农民现代化的有效载体，是与中国特色的社会主义现实紧密相连的现代化，是一

---

① 国家统计局：《中国统计年鉴》，中国统计出版社 2002 年版。

个必须经历的历史过程。只有在农业现代化的基础上，才能实现工业、文化、社会和政治的现代化。中国的小城镇战略，是在中国生产力水平发展不均衡的具体条件下的现代化进程，是既不照搬西方国家的现代化理论，又具有中国特色的现代化进程。在小城镇发展过程中，将实现城乡之间的有机结合，并不断实现人与人之间的和谐相处，这是生态文明目标的重要内容。

二、生态文明建设为中国特色社会主义可持续发展调节有利的国际环境

我们正处在经济全球化时代，时代背景要求我们不仅仅要学会用中国的眼光看世界，还要学会用世界的眼光看中国。中国特色社会主义的可持续发展，不仅取决于国内经济社会的可持续发展，更依赖于有利的国际环境。没有国际环境的支持，中国社会经济发展只能是空中楼阁。中国特色社会主义的可持续发展道路，依赖于生态文明的观念支撑，生态文明建设，是国际社会对中国特色社会主义寄予的深刻希望，并体现了现代社会的国际规则。按照国际规则规范我们的行动，才能获得国际社会的价值认同，也只有遵守生态文明的国际规则，才能实现美丽中国梦从梦想到现实的转变。

自有人类历史以来，由于世界各国资源禀赋的差异，首先决定了世界各国之间的经济发展基础差异，直至生产力水平差异。在这个基础上，伴随着社会生产力的不断向前发展，航海大发现和指南针、蒸汽机的发明，世界上经济发达的资本主义国家开始了瓜分世界的历史进程：从 15 世纪的西班牙、葡萄牙称霸世界；到 16 世纪荷兰取而代之成为世界霸主；再到 17 世纪英法战胜荷兰；直到 18 世纪资本主义国家把世界领土瓜分完毕①，之后的两次世界大战，终于形成了以美苏两个超级大国称霸世界、发展中国家、落后国家共存的"三个世界"。经过 20 世纪 90 年代的苏东剧变，苏联解体，形成以美国为首的单极世界。即便是在 2008 年发端于美国的国际金融危机，带来了整个国际经济的衰退，"金砖五国"成为新兴国家，但在经济总量上，以美国为首的经济发达国家仍然占有难以撼动的统治地位。因此，在经济社会发展的过程中，无

---

① 宋则行、樊亢主编：《世界经济史（上卷）》，经济科学出版社 1998 年版，第 36～54 页。

论是在哪个世纪、哪个社会历史阶段，国际社会都存在着严重的社会不平等；从经济增长、社会发展，直到政治地位和话语权。

世界各国在国际社会中分别占据着不同的社会生态位，处于不同的生态等级。位于生态位顶端的资本主义经济发达国家，在国际交往中始终居于主导世界经济和政治的霸主地位，掌握着绝对的话语权；而发展中国家和落后国家则处于从属和被动地接受地位。在经济全球化过程中，世界上少数经济发达国家是绝对的获利者，他们在全球化过程中占尽了发展中国家所创造的经济利益，而发展中国家和经济落后国家则属于绝对的损益者。中国作为一个人口大国，与其他发展中国家相比，在国际市场竞争中能够获得难以替代的规模效益，因此，较大程度上获得了经济全球化的好处。但是不可否认，由于我们的经济增长速度是以资源耗费和环境损失为代价的，因此，在国内经济快速增长的过程中，我们也付出了极大的经济和社会成本。2008年美国金融危机导致了世界经济的整体下滑，而中国借助于国际贸易顺差，拉动了整个世界经济，使之下滑的速度得到一定程度的缓冲，但我们却付出了难以估量的资源和环境代价。我们不仅因为资源环境的损失损害了国人的利益，而且还遭到国际社会的指责。正因为如此，在当今世界各国高举生态旗帜的国际背景下，单纯追求GDP的粗放型经济发展道路已经亮起"红灯"。这种发展路径不仅受到国内资源环境的硬约束，还在一定程度上受到国际社会的"生态""低碳"标准的刚性束缚。以西方社会向中国出口商品征收的"碳税"和近年来向中国的"光伏产品"征收的高额"双反关税"为例，尽管他们所征收的关税具有较大程度的政治意味，是对于中国长期国际贸易顺差的逆反心理所至，但至少在表面上是能够自圆其说的，并能够获得很多国家的支持和响应。中国特色社会主义的可持续发展要想获得国际社会的认同，必须在经济、社会发展的同时，牢固树立生态文明的价值理念，并在生态文明观的基础上制定具有约束性、规范性和强制性的生态文明制度。中国是一个发展中大国，在世界舞台上拥有难以取代的独特的地位，按照生态文明建设的价值理念，中国的经济发展，不仅要惠及全体中国人民的利益（既包括当代，也包括后代人的利益），而且要在国际舞台上扮演好负责任大国的角色。一方面，我们要积极转变落后的以高消耗、高浪费资源和高环境污染为标志的经济发展方式，以自己的行动为世界经济可持续发展贡献力量；另一方面，还要承担起帮助和带动其他发展中国家共同发展、和谐发展的历史责任，把生态文明的价值理念，运用到国际事务当中，促进世界各国人民友好、和谐共同发展的积极进程。

三、生态文明建设为中国特色社会主义可持续发展营造和谐的国内氛围

中国特色社会主义的可持续发展，需要全国各族人民的共同努力。生态文明建设不仅要求在自然界实现人与自然和谐发展，更要求在人类社会实现人与人之间的和谐共生。

从人的自然属性出发，作为生活在自然世界中的人们，其自身的全面自由发展，离不开对自然资源和生态环境的依赖。恩格斯说："我们连同我们的肉、血和头脑都是属于自然界，存在于自然界的"[1] 自然条件和生态环境，影响着人类的生存与繁衍，劳动力的再生产影响着生产发展和社会进步。生产的自然条件制约着劳动生产率发展的水平。"撇开社会生产的不同发展程度不说，劳动生产率是同自然条件相联系的。"[2] 良好的自然条件将大大促进社会生产力的提高。"只需花费整个工作日的一部分劳动时间，自然就以土地的植物性产品或动物性产品的形式或以渔业产品等形式，提供出必要的生活资料。农业劳动（这里包括单纯采集、狩猎、捕鱼、畜牧等劳动）的这种自然生产率，是一切剩余劳动的基础；而一切劳动首先并且最初是以占有和生产食物为目的的。"[3] "农业劳动的生产率是和自然条件联系在一起的，并且由于自然条件的生产率不同，同量劳动会体现为较多或较少的产品或使用价值。"如果生态环境遭到人类违背自然规律的严重破坏，反过来，被污染的自然资源环境也会危害劳动力的健康，甚至危及人类的生存。马克思在《资本论》中，针对资本主义条件下的环境污染对工人健康的危害以及对劳动力的影响都有过大量的论述。大工业在推进社会生产力发展的同时，也带来了对自然的污染和破坏以及人的异化。正像资本家使工人遭受剥削和掠夺一样，他们对自然的关系是通过污染和破坏来表明其特征的。尽管资本主义的工厂制度是不断进步的，有

---

[1] 《马克思恩格斯全集》第 3 卷，人民出版社 1995 年版，第 518 页。
[2] 《马克思恩格斯全集》第 23 卷，人民出版社 1972 年版，第 560 页。
[3] 《马克思恩格斯全集》第 25 卷，人民出版社 1974 年版，第 712 页。

可能节约资源和能源，但是，"社会生产资料的节约只是在工厂制度的温和适宜的气候下才成熟起来的，这种节约在资本手中却同时变成了对工人在劳动时的生活条件系统的掠夺，也就是对空间、空气、阳光，以及对保护工人在生产过程中人身安全和健康的设备系统的掠夺，至于工人的福利设施就根本谈不上了"。① "大工业和按工业方式经营的大农业共同发生作用。如果说它们原来的区别在于，前者更多地滥用和破坏劳动力，即人类的自然力，而后者更直接地滥用和破坏土地的自然力，那么，在以后的发展进程中，二者会携手并进，因为产业制度在农村也使劳动者精力衰竭，而工业和商业则为农业提供使土地贫瘠的各种手段。"② 在以 GDP 为唯一追求的经济增长理念指导下，中国的经济总量获得了快速增长，但是其对资源的耗费和对环境的破坏却是得不偿失的。环境破坏带来的空气污染、水源污染、土壤污染，直接引起众多国人身体健康水平的下降和多种疑难病症的发生。人的发展首先取决于身体健康状况，没有健康的体魄作为生命的基础，其他发展都无从谈起。不仅如此，有些环境的破坏结果是不可逆的，有些环境恢复要历经数百年甚至上千年。从这个意义上讲，环境破坏所导致的，不仅仅是当代人生存发展权利的被剥夺，甚至直接影响到子孙后代的发展权利。生态文明建设，就是要在生产力水平不断向前发展的过程中，充分关注人与自然的和谐，节约资源，保护环境，与自然和谐共生，营造中国特色社会主义可持续发展的自然生态环境。

从人的社会属性出发，人们生活在人与人之间紧密相关的社会环境中，通过生产方式和生活方式，把人们超出血缘关系的纽带，紧密联系在一起，生态文明的价值观念要求人与人之间和谐共生。在封建等级制度下，人们生活在不同社会等级构成的社会关系框架下。处在最高等级与最低等级制度层面的人们，彼此之间的经济利益、政治利益、价值观念等方面具有绝对的差异，并缺少层级之间的流动性，每个等级层面的人们只能在自己的层级内生活。位于下一等级的人们，必须绝对服从于上一等级，难以做出有利于自己生存和发展的自由选择。伴随社会生产力的不断发展，原有的封建等级制已经被新的社会秩序取代。但资本主义生产关系——雇佣关系的形成，又以一种新的不平等，把

①《马克思恩格斯全集》第 23 卷，人民出版社 1972 年版，第 467 页。
②《马克思恩格斯全集》第 46 卷，人民出版社 2003 年版，第 919 页。

人们规范在不同的等级之中。一个良好的社会生态应该是具有多样性的社会空间，承认人与人之间在自然禀赋方面的不同，以及由于能力不同所造成的社会生态位差异；但和谐社会要允许处于各种不同社会生态位的人们按照自己的愿望自由地生存和生活。中国改革开放一段时期内，以 GDP 为导向的单纯经济增长，对社会生态带来难以估量的负面影响。从整个社会层面而言，中国用短短的三十多年时间实现了经济总量的剧增，实现了"把蛋糕做大"的阶段性目标；但是在"把蛋糕做大"的同时，并没有实现分配公平。较大程度地影响了社会经济发挥积极作用的有效发挥，甚至在许多地方出现了因为分配不公和收入分配差距过大而导致的社会矛盾的激化。没有和谐的社会氛围，中国特色社会主义的可持续发展目标难以实现。

生态文明建设通过可持续发展的观念指导，使人们在生存和发展过程中，合理、节约和科学地利用地球的有限资源，一方面，要保证当代人平等地享有自然资源和利用自然资源的权利，不能使一部分人过多地占有自然资源成为一种社会常态并得到广泛的认可；另一方面，在当代人能够满足正常需求，健康全面发展的基础上，为子孙后代留下可供生存和发展的宝贵资源，使后代人充分享有与当代人平等的发展权利，获得代际公平。

生态文明建设通过制度的强制性约束，对人的行为作出强制性规范，在人们的自觉行动基础上，使有限的自然资源和宝贵的环境资源得到强有力的保护，创造良好的生态环境，使中国人的身体健康得到环境保障，从而以健康的体魄傲然挺立于世界民族之林，在身体健康的基础上，充分发挥主观能动性去顺应自然、创造更多的物质财富，以满足人们对物质的、精神的合理追求，获得自由全面发展。

生态文明建设为每一个中国人实现自己的人生价值提供了施展空间。在生态文明价值目标下建设的和谐社会中，不仅有人与生态的和谐，而且有人与人之间的和谐。按照人们的社会地位、智力水平以及工作能力，不同的人生活在不同的社会生态位。但处于每一个生态位的不同阶层的人们之间，都能够按照自己的目标有尊严地生活，并在社会提供的有利条件下，有向上一个生态位跃迁和流动的可能，经过自己的不懈努力，能够有效地实现自己的奋斗目标。而更多的人则是在自己所在的生态位中自然有序地生活，最终形成一个协调的社会生态圈。使得山峰顶端的青松与高山脚下的小草都能够有尊严地活着（山峰因挺拔青松而巍峨，同样因山脚下的绿绿草地而俊美），并各尽其责，为社会贡献自己的一份力量，正如习近平同志所说：让人民共享人生出彩的机会。① 各个不同社会阶层、不同工作岗位、不同领域、不同区域的人们，都能满足自己的奋斗目标和生活愿望。

第三节　生态文明制度建设为美丽中国梦提供保障

生态是人类赖以生存的必然条件，它不仅带给人生活的方便条件，而且是人类生活质量的必要内容。要遏制浪费资源、破坏环境的行为及其后果，必须建立健全相应的制度体系。制度建设观念先行。"观念规定制度是指制度是人们依据观念蓝图构建的。各种因素造成发展的情势，他们反映在人们的观念里，人们依据形成的观念建构制度。依据观念的蓝图构建，不是说观念是制度的发生论根据，而是说观念是制度的直接依据，制度的发生论根据不在观念，而在实践，主要是物质生产实践。"② 每个社会经济制度的建立与不断完善，都要有与之相适应的生产关系及其意识形态。马克思主义认为，社会意识形态具有阶级性。一定社会的意识形态都是为统治阶级的利益服务的，并与统治阶级的政权工具一道，成为维护统治阶级利益的有力保证。

与社会经济制度相适应，不同社会形态都拥有一整套相应的具体制度体系。为了维护基本经济制度的统治阶级利益，不同社会形态都需要一系列与之相应的制度安排。制度服务于目标，并不是靠其单独地得到遵守，而是依靠其形成相互支持的规则群。规则形成一个系统，这个系统又会影响实际世界的现象系统。正如柯武刚、史漫飞所说："制度是行为规则，并由此而成为引导人们行动的手段。他们通常都要排除一些行为并限制可能的反应。因此，制度使他人的行为变得更可预见。他们为社会交往提供一种确定的结构。"③ 与社会

---

① 习近平：《人民共享人生出彩机会》，新浪网，2013 年 3 月 18 日，http：//news. sina. com. cn/c/2013 - 03 - 18/023926559533. shtml。

② 鲁鹏：《制度与发展关系研究》，人民出版社 2002 年版，第 33 页。

③ ［德］柯武刚、史漫飞著，韩朝华译：《制度经济学——社会秩序与公共政策》，商务印书馆2000 年版，第 112 页。

经济制度相适应的制度体系按照来源的不同，可以分为内在制度和外在制度。所谓内在制度是指："群体内随经验而演化的规则"，而外在制度被定义为："外在地设计出来并靠政治行动由上面强加于社会的规则"。路德维格·拉赫曼做出了类似的区分。他强调，"许多左右我们行为的规则是演化的结果；早在政府被发明出来以前，许多共同体的运转就已经以受规则约束的行为为基础了。因此，内在制度与外在制度间的区别与规则的起源有关，即与它们的产生方式有关"。① 毋庸置疑，生态文明制度的建立，也必然经历从内在到外在的过程。经过观念内化，并不断演化，最终通过立法程序建立起来的生态文明制度，是对民间生态习俗、文化的法律固定，并成为约束人们行为的强有力的制度规范。

一、生态文明制度的稳定性为美丽中国梦奠定基础

制度的形成往往经过由习俗的继承与演化到规则的反复博弈，那些在反复博弈过程中得以保留下来并凝聚成制度的规则一经形成，便在相当长的时间内保持不变，形成较长时期内人们必须遵守的行为规则。② 制度的稳定性为一定时期内人们的道德养成和行为自觉提供了途径。生态文明制度的稳定性将为美丽中国梦奠定基础，为此，稳定的生态文明制度要做好制度设计。

首先，要强化生态文明的顶层制度设计。顶层设计是运用系统论的方法，从全局的角度，对某项任务或者某个项目的各方面、各层次、各要素统筹规划，以集中有效资源，高效快捷地实现目标。按照顶层设计的特殊性要求，中国生态文明制度建设的顶层设计必须注意三点内容：第一，必须充分体现生态文明的价值理念，使得制度建设的整体框架体现生态文明的价值意蕴。第二，生态文明的制度框架应当具有整体关联性。使生态文明的价值理念贯穿在整个制度框架中，使得每一个层次的、每一个具体的制度设计，都能准确地体现生态文明的价值要求。第三，生态文明的制度设计要体现出突出的可操作性，使

---

① ［德］柯武刚、史漫飞著、韩朝华译：《制度经济学——社会秩序与公共政策》，商务印书馆2000年版，第119页。

② 刘铮：《社会主义核心价值内化为国民信仰的制度保障研究》，载于《毛泽东邓小平理论研究》2008年第2期。

得生态文明制度真正能够成为具有规范性、约束性和惩戒性的制度保障。

其次，生态文明制度的分层设计，就是在生态文明制度的总体框架下，按照生态文明的价值理念，具体设计不同层次的制度内容，具有中观制度设计的特征，是将生态文明的制度要求具体化到制度框架的不同层面。按照生态文明的内涵规定，生态文明的制度框架应当包括自然生态文明和社会生态文明两大类内容。在自然生态文明的框架内，主要涉及人与自然的关系，即通过制度的规范性和强制性，调整人与自然之间的关系。根据党的十八大报告，这些制度应当包括：国土空间开发保护制度、耕地保护制度、水资源管理制度、环境保护制度、资源有偿使用制度、生态补偿制度、责任追究制度和环境损害赔偿制度等。首先要加快我国的环境立法，针对环境资源中出现的新问题，加快环境与资源立法的国际合作与交流，引进环境与资源保护的新理念和新的立法手段。其次要抓紧制定有关土壤污染、化学物质污染、生态保护、遗传资源、生物安全、臭氧层保护、核安全、环境损害赔偿和环境监测等方面的法律法规草案。逐渐完善我国的环境法律法规，对违法行为要加大处罚力度。对于现有的环境技术规范和标准体系，应该根据实际情况，适当进行修订，使环境标准与环境保护目标能够做到相互衔接。子系统的一般意义，就是具有一定功能，并与总系统保持某种内在联系的独立系统，生态文明制度的子系统设计，是在生态文明的总体框架下，体现生态文明的核心价值理念，并能保证生态文明价值理念得到有效实施的独立的制度设计，并通过子系统使得生态文明的总体框架具有整体性功能。

最后，生态文明制度的要素设计，所谓生态文明制度的要素设计，主要指按照生态文明的价值要求，通过具体要素体现制度的约束与规范功能，属于制度设计的微观基础，也是制度设计的可操作性之所在。不同的制度要求与之相应的要素设计。从技术上来说，要解决好三个要素：每一具体制度的整体规划、制度的分层管理和配套制度的设计。比如碳税制度的要素设计包括：确立最优的碳税课税主体、课税环节、税率及税收用途；每个具体制度的要素，根据制度的规定和特殊性而各有不同，这种不同，赋予该制度的可操作性和独特性。

生态文明制度的稳定性，将保证在一个相当长的时期内，生态文明价值目标在社会生产生活实践中的有效实现。当然，制度稳定性也随着社会实践的发展而成为滞后性，对此，应当引起充分注意并对滞后性规定作出适时调整。

二、生态文明制度的强制性为美丽中国梦提供行为规制

强制性是制度规则与非制度规则的本质区别。制度在告诉人们应该做什么不该做什么，应该怎样做和不应怎么做的同时，也告诉人们违反规则要受到哪些相应的惩处以及惩罚的程度如何。通过规范与惩治的双重作用，保证道德规则的有效实施。在弘扬正气的过程中，形成正向的激励作用。制度越具体，限制和惩治的内容越明确、越具有可操作性。制度是限制，制定制度的目的也在于限制。制度和限制的约束是必要的，"正是因为它的存在、社会才能稳定，秩序才可能形成。没有制度约束的情况下，人们的行动是随机的、偶然和任意的，他们可以依据同样的理由做不同的事，也可以依据不同的理由做同样的事。他们做或者不做的唯一尺度，就是个人的好恶或个人的利益。"① 完全按照个人好恶所形成的社会必然杂乱无章、混乱无序。针对这一问题，布罗姆利指出："没有社会秩序，一个社会就不可能运转。制度安排或工作规则形成了社会秩序，并使它运转和生存"。他还指出："这些制度传播和实施的方式就构成了那个社会的法律系统。制度约束人的行为有两种方式：一种是通过意识形态说服人们要自我监督；另一种是借助外部权威强制执行。说服的方式是大量的、普遍的，也是制度希望做到的，但制度约束的底蕴是强制，而不是说服。"② 在人们了解、认识制度，并不断遵循和实践生态文明制度的过程中，社会上违背生态文明价值理念的不道德行为、违规行为、违法行为等将得到有效的惩治；遵守规范、履行制度的向善行为将得到弘扬和激励，从而受到人们的尊重、尊崇和追随。"生态危机的解决特别需要有健全的生态制度发挥其应有的基础和保障作用。生态制度的建立与完善是生态文明建设的制度保证，也是生态环境保护制度规范建设的积极成果。生态制度是指以生态生态环境的保护和建设为中心，调整人与生态环境关系的制度规范的总称，生态制度是把生态文明理念和精髓纳入发展制度体系的必然要求，是生态文明建设的重要内

---

① 鲁鹏：《制度与发展关系研究》，人民出版社 2002 年版，第 127 页。
② 布罗姆利：《经济利益与经济制度》，上海人民出版社 1996 年版，第 55 页。

容、制度基础和有力保障。解决中国生态环境问题，建设社会主义生态文明，必须把生态制度建设纳入整体的生态文明建设规划。"① 在强制性制度作用下，正向的激励作用将不断促使人们自觉执行和遵守制度，强制性地将社会导向维护秩序、遵守规则、正常有序运行的轨道。生态文明制度的强制性，必将为美丽中国梦的实现提供文明、道德的行为规范。

三、生态文明制度的群体性为美丽中国梦凝聚价值认同

制度诞生于社会群体的社会实践中，以群体的社会实践为基础，是社会群体实践的高度概括和科学总结，并成为社会群体在未来的实践中所必须遵守的规则。这就要求不仅参与社会实践的个体必须遵守，而且要求社会群体必须遵守。制度注重群体意识、群体修养、群体行为，对群体的行为具有规制作用。价值认同是指个体或组织通过交往而在观念上对某一或某类价值的认可和共享，或以某种共同的理想、信念、尺度、原则为追求目标，实现自身在社会生活中的价值定位和定向，并形成共同的价值观，它是社会成员对社会价值规范的自觉接受、自愿遵循的态度及其服从。健康的价值认同，能对我们的学习工作和生活产生积极的影响，对社会经济发展起到积极的促进作用。"生态价值"主要包括以下三个方面的含义：第一，地球上任何生物个体，在生存竞争中都不仅实现着自身的生存利益，而且也创造着其他物种和生命个体的生存条件，在这个意义上说，任何一个生物物种和个体，对其他物种和个体的生存都具有积极的意义（价值）。第二，地球上的任何一个物种及其个体的存在，对于地球整个生态系统的稳定和平衡都发挥着作用，这是生态价值的另一种体现。第三，自然界系统整体的稳定平衡是人类存在（生存）的必要条件，因而对人类的生存具有环境价值。

对于生态价值概念的理解有两点尤其值得我们关注：首先，生态价值是一种自然价值，即自然物之间以及自然物对自然系统整体所具有的系统功能。这种自然系统功能可以被看成是一种广义的价值。对于人的生存来说，它就是人

---

① 孙芬、曹杰：《论中国生态制度建设的现实必要性和基本思路》，载于《学习与探索》2011年第6期。

类生存的环境价值。其次，生态价值不同于通常我们所说的自然物的资源价值或经济价值。生态价值是自然生态系统对于人所具有的环境价值。人作为一个生命体，要在自然界中生活。人的生活需要有适合于人的自然条件：可以生息的大地、清洁的水，由各种不同气体按一定比例构成的空气、适当的温度、一定的必要的动植物伙伴、适量的紫外线的照射和温度，等等。由这些自然条件构成的自然体系就构成了人类生活的环境。这个环境作为人类生存须臾不可离开的必要条件，是人类的"家园"，是人类的"生活基地"，因而生态价值对于人来说，就是环境价值。

生态文明制度通过在社会交往过程中以强制性的规制，为社会群体提供对待资源环境的价值导向，把尊重自然、爱护自然、积极地保护自然作为群体的行为规范，对社会个体遵守相关制度规范行为的激励和褒奖，使个体对生态文明的价值规范自觉接受、自愿遵循，并形成价值认同，使生态文明的行为道德在社会群体中得到升华和弘扬，这既是道德进步由低级向高级发展的标志，也是整个社会生态道德不断养成的必经历史过程。随着个体善向群体善的不断转化，个体生态文明意识将逐步转化为群体生态文明意识并形成社会共识。生态文明制度中所蕴含的自然意识、环境意识也将不断超越"为我"和"唯我"的人本主义，不断形成整个中华民族的生态文明价值观念。正是在这个过程中，生态文明的价值观最终将成为美丽中国梦所必需的价值认同。

四、生态文明制度的确定性为美丽中国梦形塑生态道德

制度的确定性是与道德提倡的抽象不确定性是相对应的。制度的确定性有助于行为主体对生态文明制度具体规范、目标的认识、理解和把握。生态文明建设是中国特色社会主义的本质要求，生态文明制度要保证中国特色社会主义的可持续发展，必须保证人与自然和谐以及人与人和谐的目标具体实现。人类学家所描述的形塑个体活动方式的过程，在社会学家那里被视为人的社会化过程：社会化"是人们获得人格、学习社会和群体方式的社会互动过程。"[1] 没有规矩不成方圆。露丝·本尼迪克特说："个体生活的历史中，首要的就是对

---

① ［美］戴维·波普诺：《社会学》，中国人民大学出版社 2007 年版，第 169 页。

他所属的那个社群传统上手把手传下来的那些模式和准则的适应。落地伊始，社群的习惯便开始塑造他的经验和行为。到咿呀学语时，他已是所属文化的造物，而到他长大成人，并能参加该文化活动时，社群的习惯便已是他的习惯，社群的信仰便已是他的信仰，社群的戒律亦已是他的戒律。"① 生态文明制度作为有中国特色社会主义意识形态的一部分，赋予了人们应当自觉遵守的生态道德色彩。何为生态道德？姬振海在他的《生态文明论》中指出，生态道德的基本内涵包括："一要热爱自然、尊重自然、保护自然（包括人化自然）；二要珍惜自然资源，合理的开发利用资源，尤其珍惜和节制非再生资源的使用与开发；三是维护生态平衡，珍惜与善待生命，特别是动物生命和濒危生命；四要有节制的谋求人类自身发展和需求的不足，不以损害环境作为发展的代价；五要积极美化自然，促进环境的良性循环。判断生态道德行为的善恶标准是以人类的整体利益为基础的，即改变以生态环境的破坏为代价的生产，谋求以人类生存为根本利益出发点的新的道德准则"。② 然而，道德的遵守，是上升到精神层面的行为规范，作为一种非正规制度，一方面，对人们的行为不具有强制性约束；另一方面，其随着社会进程而不断演化的非正规制度，也具有不稳定性，甚至在一定程度上难以遵循。而作为外在强制性制度的生态文明制度，却具有较长期的严格确定性，以确定的形式，为人们提供可以遵循的行为规范和道德约束，形塑人们的生态道德行为。制度的形塑作用比之习惯和文化的作用更加强有力。第一，制度的形塑作用具有普遍统一性；第二，人的社会化过程中新的价值观的形成是由权威机构新的制度安排控制的；第三，制度是规则演进的高级阶段，是把社会文化、习俗等内在规则固定化的过程，对于形塑人们的观念行为具有强制性作用。正是在生态文明制度的强制性规定下，实现美丽中国梦所要求的道德形塑得以完成。

第四节　生态文明价值内化应处理好几个关系

在社会主义生态文明建设的价值内化为国民价值认同的过程中，既要加快

① ［美］露丝·本尼迪克特：《文化模式》，生活·读书·新知三联书店 1988 年版，第 5 页。

② 姬振海：《生态文明论》，人民出版社 2007 年版，第 39 页。

与社会主义初级阶段的基本经济制度相适应的生态文明制度建设，同时还要正确处理好几对关系：即外在制度建设与内在制度建设、制度建设与文化建设、制度建设与外来文化之间的关系。坚持以生态文明价值理念引领社会思潮，继承与创新、学习与借鉴，形成适应中国特色社会主义发展需要的生态文明价值共识。

一、正确处理外在制度与内在制度建设的关系

生态文明的制度安排，是中国特色社会主义基本经济制度的本质要求和具体体现。生态文明价值内化，是社会教化的一种具体方式，包括两种理解：广义的内化是指一切引导社会成员接受并遵循某种特定价值要求与行为规范的活动，其中包括利用说服、教育、灌输，以及通过制度体制、奖惩赏罚等各种手段引导社会成员接受并践履某种特定价值要求。在这个意义上，制度激励、利益诱导均在此列。外在制度安排需要与生产力水平相适应。在生产力水平尚不能完全满足社会群体的全部物质、文化需求之时，内在制度的建设就显得尤为重要。狭义的内化是指通过宣传、说服、教育的方式向社会成员灌输某种特定价值要求与行为规范，使之接受并践履。内在制度的建设与狭义的内化直接相关。人们在社会习俗、内化规则的演化过程中，充分体现生态文明价值理念的积极导向作用，形成对人们道德行为的正向激励，使内化规则与外在制度一道，起到对生态文明价值理念内化为国民共识的基础性保证作用。

生态文明的价值内化为国民共识既要有强制性的外在制度安排，通过制度的群体、强制，以及规范性和稳定性，为内化提供制度保证，又要高度关注外在制度对内在制度的引领和导向作用。既不能过分强调外在制度，并以外在制度取代内在制度，又不能片面夸大内在制度的作用而忽视或延缓外在制度的建设。

二、正确处理制度建设与文化建设的关系

制度的强制性、规范性、稳定性，是保证生态文明价值理念内化的基础。但制度不是万能的，在一定程度上存在着制度失灵。主要表现在：（1）制度

的不完善。在当前的生产力水平条件下，有些制度的制定尚不具备基础条件，因而，表现为一定程度的制度建设不完善。（2）制度具有局限性。即使在现存生产力水平条件下制度已经充分完备，但总有制度规范不到的地方。（3）制度的稳定性的弊端。制度的稳定性对于制度实施具有基本的保证作用，但同时稳定性也意味着制度不能随着社会经济状况的变化而随时改变规定。因此，在瞬息万变的社会现实面前，就会表现出一定程度的制度滞后性。不仅如此，尽管制度规定了提倡什么、禁止什么，但仍然不能保证所有人都能自觉执行制度，总有人超出制度规定，突破制度底线甚至突破道德底线，做出违法犯罪的事情。上述制度特性的弊端表明，不能过分夸大制度的作用，而应当在制度建设的同时，更加注重文化、道德建设。通过加强文化、道德建设，在内在制度演化过程中起到正确的引领和导向作用。生态德育的目标就是要实现道德情感从人际关系拓展到人与自然关系中。要求人们在建设自己家园的时候，不能仅仅把科技、经济的发展作为社会发展的主要标杆，更要将人与自然环境之间的生态道德关系作为衡量社会发展进步的标准。《联合国可持续发展21世纪议程》中指出："教育是促进可持续发展和提高人们解决环境与发展问题的能力的关键。教育对于改变人们的态度是不可缺少的，对于培养环境意识和道德意识，对于培养符合可持续发展和公众有效参与决策的价值观与态度、技术和行为也是不可少的。"[1] 通过生态德育，培养人们新的环境价值观和对待环境的态度，促进人们保护生态环境的内在动力和生态文明观念的养成，弥补以往人们注重环境保护的硬件投入而忽视生态德育的软件投入的缺陷，并且纠正以往只注重工程建设的推进而忽视生态价值观念和态度的正确引导、忽视培养和发展保护环境的伦理精神的误区，从而为生态文明建设提供坚实的精神支撑和动力。

三、要正确处理内在制度建设与西方文化的关系

由中国特色的社会主义生态文明建设，不仅要求外在制度的积极安排，而

---

[1] 万以诚等：《新文明的路标——人类绿色运动史上的经典文献》，吉林人民出版社2000年版，第92页。

且要求内在制度的主动配合。全球化时代的内在制度建设，既要具有民族性，更要具有时代性，要具有开放性视域，在民族性与全球性的碰撞中回应价值冲突。西方国家十分重视价值观教育。据报道，英国强调对中小学生进行"英国核心价值观教育"，并精心设计，纳入课堂教学，以建立更具亲和力的社会。① 德国现有84000条法规，但仍强调道德的责任。德国前总理施密特曾说：由于德国人面临着价值和道德沦丧的危险，因而，就需要一种公共道德。德国在从小学到大学的教育过程中，灌输一种全社会都认可的道德观。从其他国家的价值观教育中，我们看到西方文化中有很多值得借鉴的东西，西方国家的核心价值观对西方社会的发展起到了极大地推动作用。但它毕竟植根于西方社会的土壤之中，在价值理念、思维习惯和行为方式上与中国传统文化存在着明显的区别。这就要求我们，既要借鉴西方文化中进步的东西，不断强化生态文明价值内化的过程；但同时更要高度警惕与经济全球化相伴随的西方腐朽文化渗透。与生态文明价值理念相背离，20世纪初在美国开始盛行，并迅速在世界各国蔓延的资产阶级"消费文化""奢侈文化"已经伴随着全球化进程侵入中国的传统文化之中。对此必须予以坚决抵制。要运用法律、行政、市场等手段，构筑有效的国家文化安全监控和预警机制，加强对西方文化产品的管理。在借鉴和吸取进步、淘汰腐朽、落后的过程中，建设有中国特色的社会主义生态文化。

胡锦涛总书记在党的十七大报告中，提出建设生态文明、节约能源资源和保护生态环境，其中特别强调要"使生态文明观念在全社会牢固树立"。原因就在于，生态文明价值观念属于思想意识范畴，如果没有良好的生态文明意识的支撑，人们的生态文明意识淡薄，生态环境恶化的趋势就不会从根本上得到遏制。生态文明价值理念的培育以及生态文明制度建设，是一个长期的历史过程，具有艰巨性、复杂性和曲折性。科学的制度安排，是生态文明建设的基本保证。生态文明建设目标的实现有待于全体中国人民的共同努力。外在制度安排的缺位、错位，与内在制度演化过程中的不确定性，都会影响生态文明建设的实际进程。因此，我们不仅需要通过对生态文明的具体制度设计，体现生态文明的价值理念，通过强制性的制度约束，保证生态文明目标的有效实现；还

---

① 马修·泰勒：《少年将接受"传统价值观"的教育》，载于《卫报》2006年5月15日。

应通过非正规制度如文化、习俗和环境道德的培养，内化生态文明的价值共识。在观念和制度层面，为中国特色的社会主义生态文明建设奠定基础。习近平总书记在党的十八大报告中为我们绘制了未来五年乃至更长时期中国特色社会主义发展的"五位一体"的宏伟蓝图，在向着宏伟目标前行的过程中：我们要坚定信念、凝聚力量、攻坚克难，为中国特色社会主义的伟大事业做出自己的应有贡献！

参考文献

［1］H. 李凯尔特：《文化科学和自然科学》，商务印书馆1986年版。

［2］阿尔温·托夫勒：《第三次浪潮》，生活·读书·新知三联书店1983年版。

［3］安东尼·吉登斯著，田禾译：《现代性后果》，译林出版社2011年版。

［4］包雅钧等著：《地方治理指南：怎样建设一个好政府》，法律出版社2013年版。

［5］蔡守秋：《关于将公民环境权纳入〈环境保护法修正案（草案）〉的建议》，中国环境法网，http：//www.riel.whu.edu.cn/article.asp？id=31151。

［6］蔡守秋：《论关于调整人与自然关系的环境法学理论》，中国民商法律网，http：//www.civillaw.com.cn/article/default.asp？id=16268。

［7］蔡守秋：《论我国法律体系生态化的正当性》，载于《法学论坛》2013年第2期。

［8］蔡守秋：《深化环境资源法学研究　促进人与自然和谐发展》，中国民商法网，http：//www.civillaw.com.cn/article/default.asp？id=14911。

［9］蔡守秋：《以生态文明观为指导，实现环境法律的生态化》，载于《中州学刊》2008年第2期。

［10］曹明德：《法律生态化趋势初探》，载于《现代法学》2002年第2期。

［11］常荆莎：《社会主义市场经济理论基本问题研究述评》，载于《经济纵横》2014年第1期。

［12］陈嘉明：《现代性与后现代性十五讲》，北京大学出版社2006年版。

［13］陈泉生：《科学发展观与法律生态化》，载于《福建法学》2006年

第 4 期。

［14］陈泉生：《可持续发展法律初探》，载于《现代法学》2002 年第 5 期。

［15］陈泉生：《论可持续发展与我国立法体系的重新架构》，载于《现代法学》2000 年第 5 期。

［16］陈新汉：《论核心价值体系》，载于《马克思主义研究》2008 年第 10 期。

［17］陈新汉主编：《社会主义核心价值体系价值论研究》，上海人民出版社 2008 年版。

［18］陈剑：《生态文明建设应突出制度安排》，载于《中国经济时报》2012 年 12 月 18 日。

［19］崔建霞：《当代中国环境伦理学的研究》，中国环境生态网，http：//www. eedu. org. cn/Article/es/esbase/estheory/200809/29708. html。

［20］崔宜明：《德性论与规范论》，载于《华东师范大学学报》2002 年第 3 期。

［21］戴玉忠：《中国特色社会主义法律体系的基本特征有哪些?》，光明网，http：//theory. gmw. cn/2011 - 04/02/content_ 1785014. htm。

［22］丹尼尔·贝尔：《后工业社会的来临——对社会预测的一项探索》，商务印书馆 1984 年版。

［23］道格拉斯·C·诺思：《制度、制度变迁与经济绩效》，格致出版社、上海三联书店、上海人民出版社 2008 年版。

［24］道格拉斯·C·诺思：《经济史中的结构与变迁》，上海三联书店、上海人民出版社 1997 年版。

［25］［德］弗里德希·亨特布尔格、弗莱德·路克斯、玛尔库斯·史蒂文著，葛竞天、丛明才、姚力、梁媛译：《生态经济政策：在生态专制和环境灾难之间》，东北财经大学出版社 2005 年版。

［26］［德］柯武刚、史漫飞：《制度经济学——社会秩序与公共政策》，商务印书馆 2002 年版。

［27］［德］威廉·莱易斯著，岳长龄、李建华译：《自然的控制》，重庆大学出版社 1996 年版。

［28］《邓小平文选》第二卷，人民出版社 1994 年版。

［29］董辉、袁祖社：《当代中国生态文明实践的价值理性追求以及意义》，载于《山东社会科学》2010 年第 7 期。

［30］［法］弗朗索瓦·佩鲁：《新发展观》，华夏出版社 1987 年版。

［31］方如康等：《中国自然地理知识丛书》，商务印书馆 1995 年版。

［32］方世南：《西方建设性后现代主义的生态文明理念》，载于《上海师范大学学报》2009 年 3 月第 38 卷第 2 期。

［33］费孝通：《中华民族的多元一体格局》，载于《北京大学学报（哲学社会科学版）》1989 年第 4 期。

［34］高宏：《中国古代农业文献述论》，载于《中国农学通报》2010 年第 9 期。

［35］高毅：《生态文明诉求下的法律制度"绿色化"论纲》，载于《江南社会学院学报》2010 年第 3 期。

［36］巩固：《理解生态文明不能脱离"后工业"》，载于《浙江学刊》2013 年第 3 期。

［37］郭兆晖：《建设生态文明　推进五位一体——十七大报告到十八大报告的重大变化》，载于《中国绿色时报》2012 年 11 月 30 日。

［38］哈特穆特·毛雷尔著，高家伟译：《行政法学总论》，法律出版社 2000 年版。

［39］［韩］具圣姬：《两汉魏晋南北朝的坞壁》，北京民族出版社 2004 年版。

［40］韩震：《社会主义核心价值体系研究》，人民出版社 2007 年版。

［41］贺雪峰：《民主化进程中的乡村关系》，载于《河北师范大学学报（哲学社会科学版）》2001 年第 1 期。

［42］赫伯特·马尔库塞著，张峰、吕世平译：《单向度的人》，重庆出版社 1988 年版。

［43］黑格尔、康德、韦伯、汤因比等 62 人著，何兆武、柳卸林主编：《中国印象——世界名人论中国文化》，广西师范大学出版社 2001 年版。

［44］洪大用：《社会变迁与环境问题——当代中国环境问题的社会学阐释》，首都师范大学出版社 2001 年版。

［45］胡兆量、阿尔斯朗、琼达等编著：《中国文化地理概述（第二版）》，北京大学出版社 2006 年版。

［46］黄高才：《中国文化概论》，北京大学出版社 2011 年版。

［47］黄建文：《社会主义公有制自然资源可持续利用优势探析》，武汉大学硕士论文，2004 年。

［48］霍奇逊：《经济学是如何忘记历史的：社会科学中的历史特性问题》，中国人民大学出版社 2008 年版。

［49］姬振海：《生态文明论》，人民出版社 2007 年版。

［50］吉尔·利波维茨基、塞巴斯蒂安·夏尔：《超级现代时间》，中国人民大学出版社 2005 年版。

［51］季羡林：《"天人合一"方能拯救人类》，载于《东方》1993 年创刊号。

［52］季燕京：《为什么中华文明能够延续和复兴》，载于《文明》2011 年第 7 期。

［53］江莹：《公共参与环境保护动力机制研究》，载于《苏州大学学报》2006 年第 9 期。

［54］《江泽民文选》第二卷，人民出版社 2006 年版。

［55］蒋斌：《中国特色社会主义事业总体布局的拓展》，载于《学术研究》2013 年第 1 期。

［56］焦冉：《马尔库塞的技术生态思想——以〈单向度的人〉为视角》，载于《辽宁工业大学学报（社会科学版）》2012 年第 5 期。

［57］杰里米·里金夫：《第三次工业革命：新经济模式如何改变世界》，中信出版社 2012 年版。

［58］金瑞林：《环境法学》，北京大学出版 1990 年版。

［59］柯亨著，岳长龄译：《卡尔·马克思的历史理论———一种辩护》，重庆出版社 1989 年版。

［60］李丙寅、朱红、杨建军著：《中国古代环境保护》，河南大学出版社 2001 年版。

［61］李德顺：《价值论》，中国人民大学出版社 2007 年版。

［62］李德顺、马俊峰著：《价值论原理》，陕西人民出版社 2002 年版。

［63］李景源、杨通进、余涌：《论生态文明》，载于《光明日报》2004年4月23日。

［64］李侃如著，胡国成、赵梅译：《治理中国：从革命到改革》，中国社会科学出版社2010年版。

［65］李文莉：《经济法生态化：范式变革》，载于《特区经济》2011年第7期。

［66］廖才茂：《论生态文明的基本特征》，载于《当代财经》2004年第9期。

［67］《列宁选集》第二卷，人民出版社1972年版。

［68］刘春元：《生态文明视域阈下高校生态道德教育的思考》，载于《思想政治教育研究》2009年第12期。

［69］刘芳、李娟：《法律生态化：生态文明下中国法制建设的路径选择》，北大法律信息网，http：//article. chinalawinfo. com/article_ print. asp? articleid＝53546。

［70］刘国涛：《法律关系内涵的生态化思考》，载于《山东师范大学学报（人文社会科学版）》2008年第5期。

［71］刘建军：《古代中国政治制度十六讲》，上海人民出版社2009年版。

［72］刘思华：《生态马克思主义经济学原理》，人民出版社2006年版。

［73］刘伟编著：《中国政治制度的特与优》，湖北人民出版社2012年版。

［74］刘学军：《当代中国政治制度概要》，中共中央党校出版社2011年版。

［75］刘越：《建国以来我国基本经济制度的演变与启示》，载于《长白学刊》2012年第4期。

［76］刘铮：《社会主义核心价值内化为国民信仰的制度保障研究》，载于《毛泽东邓小平理论研究》2008年第2期。

［77］刘铮主编：《生态文明意识培养》，上海交通大学出版社2011年版。

［78］鲁鹏：《制度与发展关系研究》，人民出版社2002年版。

［79］吕章申：《民族复兴之路，文明升华之道》，载于《文明》2011年第7期。

［80］罗桂环、舒俭民编著：《中国历史时期的人口变迁与环境保护》，冶

金工业出版社 1995 年版。

　　[81] 罗见今：《对"人定胜天"的历史反思》，载于《自然辩证法通讯》2001 年第 5 期。

　　[82] 马国栋：《民间环保组织发展的互动论视角》，载于《湖南社会科学》2008 年第 3 期。

　　[83]《马克思恩格斯全集》第 23 卷，人民出版社 1972 年版。

　　[84]《马克思恩格斯全集》第 46 卷，人民出版社 2003 年版。

　　[85]《马克思恩格斯全集》第 3 卷，人民出版社 1960 年版。

　　[86]《马克思恩格斯全集》第 42 卷，人民出版社 1979 年版。

　　[87]《马克思恩格斯文集》第一卷，人民出版社 2009 年版。

　　[88]《马克思恩格斯文集》第九卷，人民出版社 2009 年版。

　　[89]《马克思恩格斯选集》第三卷，人民出版社 1995 年版。

　　[90]《马克思恩格斯选集》第一卷，人民出版社 1995 年版。

　　[91]《马克思恩格斯选集》第四卷，人民出版社 1995 年版。

　　[92]《1844 年经济学哲学手稿》，选自《马克思恩格斯全集》第 42 卷，人民出版社 1979 年版。

　　[93] 马克思：《资本论》第一卷，人民出版社 1975 年版。

　　[94] 马克思：《资本论》第一卷，人民出版社 2004 年版。

　　[95] 马克斯·韦伯：《社会科学方法论》，中央编译出版社 2002 年版。

　　[96] 马修·泰勒：《少年将接受"传统价值观"的教育》，载于《卫报》2006 年 5 月 15 日。

　　[97] 马骧聪：《俄罗斯联邦的生态法学研究》，载于《外国法译评》1997 年第 2 期。

　　[98] 迈克·费瑟斯通，刘精明译：《消费文化与后现代主义》，译林出版社 2000 年版。

　　[99] 毛泽东：《唯心历史观的破产》，选自《毛泽东选集》（合订本），人民出版社 1964 年版。

　　[100] 梅宏：《刑法生态化的立法原则》，载于《华东政法学院学报》2004 年第 2 期。

　　[101] 梅献忠：《环境问题与民法的生态化》，载于《重庆社会科学》

2007 年第 7 期。

[102] [美] E. 博登海默著，邓正来译：《法理学：法律哲学与法律方法》，中国政法大学出版社 2004 年版。

[103] [美] 巴里·康芒纳：《封闭的循环——自然、人和技术》，吉林人民出版社 1997 年版。

[104] [美] 戴维·波普诺：《社会学》，中国人民大学出版社 2007 年版。

[105] [美] 丹尼尔·W·布罗姆利：《经济利益与经济制度》，上海人民出版社 1996 年版。

[106] [美] 李侃如：《治理中国：从革命到改革》，中国社会科学出版社 2010 年版。

[107] [美] 贾雷德·戴蒙德著，谢延光译：《枪炮、病菌与钢铁：人类社会的命运》，上海世纪出版集团 2006 年版。

[108] [美] 露丝·本尼迪克特：《文化模式》，三联书店 1988 年版。

[109] 孟小灯：《孟氧学术文选（经济学卷）》，石油工业出版社 2012 年版。

[110] 诺内特、赛尔兹尼克著，张志铭译：《转变中的法律与社会：迈向回应型法》，中国政法大学出版社 2004 年版。

[111] 潘岳：《生态文明的前夜》，载于《瞭望》2007 年第 43 期。

[112] 彭文贤：《行政生态学》，台北三民书局有限公司 1988 年版。

[113] 浦兴祖：《中华人民共和国政治制度》，上海人民出版社 2005 年版。

[114] 钱穆：《中华文化十二讲》，九州出版社 2012 年版。

[115] 钱易、唐孝炎：《环境保护与可持续发展》，高等教育出版社 2000 年版。

[116] 乔根·兰德斯著，秦雪征、谭静、叶硕译：《2052：未来四十年的中国与世界》，译林出版社 2013 年版。

[117] 任书体：《生态文明法律制度构建》，载于《人民论坛》2010 年第 4 期。

[118] 沈满洪：《生态经济学的发展与创新——纪念许涤新先生主编的〈生态经济学〉出版 20 周年》，载于《内蒙古财经学院学报》2006 年第 6 期。

［119］沈显生：《生态学简明教程》，中国科学技术大学出版社 2012
年版。

［120］施密特：《马克思的自然概念》，商务印书馆 1988 年版。

［121］《十三大以来重要文献选编》（上），人民出版社 1991 年版。

［122］石国亮：《中国社会组织成长困境分析与启示——基于文化、资源
与制度的视角》，载于《社会科学研究》2011 年第 5 期。

［123］石敏俊、马国霞等：《中国经济增长的资源环境代价》，科学出版
社 2009 年版。

［124］史正富：《中国实践已经跳出西方经济学范式》，载于《文汇报》
2013 年 8 月 6 日。

［125］世界环境与发展委员会著：《我们共同的未来》，吉林人民出版社
1997 年版。

［126］［美］朱利安·史徒华著，张恭启译：《文化变迁的理论》，台湾远
流出版事业股份有限公司 1989 年版。

［127］宋则行、樊亢主编：《世界经济史（上卷）》，经济科学出版社
1998 年版。

［128］孙芬、曹杰：《论中国生态制度建设的现实必要性和基本思路》，
载于《学习与探索》2011 年第 6 期。

［129］孙鸿烈主编：《中国生态系统》，科学出版社 2005 年版。

［130］檀江林：《中国文化概论》，合肥工业大学出版社 2009 年版。

［131］汤因比、阿诺德·汤因比著，D. C. 萨默维尔编，郭小凌、王皖
强、杜庭广、吕厚良、梁洁译：《历史研究》，上海世纪出版集团 2010 年版。

［132］汤兆云：《从节制生育到计划生育——新中国人口政策的演变》，
载于《共产党人》2007 年第 13 期。

［133］唐君毅：《中国文化之精神价值》，江苏教育出版社 2006 年版。

［134］陶用舒：《陶澍是中国近代经济改革的先驱》，载于《湖南大学学
报（社会科学版）》1999 年第 4 期。

［135］田薇：《后现代主义研究综述》，载于《教学与研究》1999 年第
4 期。

［136］万以诚等：《新文明的路标——人类绿色运动史上的经典文献》，

吉林人民出版社 2000 年版。

[137] 汪辉等主编：《文化与公共性》，三联书店 1998 年版。

[138] 王福壮：《对社会主义市场经济本质的辨析与再理解》，载于《学术理论》2014 年第 1 期。

[139] 王广州、胡耀岭：《我国生育政策的历史沿革及发展方向》，中国党政干部论坛，2012 年 11 月 20 日。

[140] 王宏斌：《当代中国建设生态文明的途径选择及其历史局限性与超越性》，载于《马克思主义与现实》2010 年第 1 期。

[141] 王继恒：《环境法的人文精神论纲》，武汉大学博士论文，2001 年。

[142] 王景福：《生态文明建设 顶层设计的三大亮点》，载于《经济日报》2012 年 11 月 24 日第 13 版。

[143] 王名：《非盈利组织管理概论》，中国人民大学出版社 2002 年版。

[144] 王名、刘国翰、何建宇：《中国社团改革》，社会科学文献出版社 2001 年版。

[145] 王松霈：《20 年来我国生态经济学的建立和发展》，选自《中国生态经济学会第五届会员代表大会暨全国生态建设研讨会论文集》2000 年 10 月 1 日。

[146] 王学俭、宫长瑞：《建国以来我国生态文明建设的历程及其启示》，载于《林业经济》2010 年第 1 期。

[147] 王亚南著： 《中国官僚政治研究》，中国社会科学出版社 1981 年版。

[148] 王岩：《马克思主义可持续发展观及当代价值研究》，光明日报出版社 2012 年版。

[149] 王岩主编，赵海东副主编：《矿产资源型产业循环经济发展：内蒙古西部地区典型案例的理论研究》，经济科学出版社 2008 年版。

[150] 王岩主编，钟霞、赵海东副主编：《循环经济：市场动力与政府推动》，内蒙古大学出版社 2012 年版。

[151] 王玉庆：《在 2012 年全国环保局长论坛暨中国环境报社宣传工作会议上的讲话》，载于《中国环境报》2012 年 12 月 7 日第 2 版。

[152] 王岳川：《东方消费主义话语中的文化透视》，载于《解放军艺术

学院学报》2004 年第 3 期。

［153］王跃生：《家庭责任制、农户行为与农业中的环境生态问题》，载于《北京大学学报（哲学社会科学版）》1999 年第 3 期。

［154］王治河：《后现代生态文明与现代生活方式的转变》，载于《岭南学刊》2010 年第 3 期。

［155］维尔纳茨基著，余谋昌译：《活物质》，商务印书馆 1989 年版。

［156］吴凤章主编：《生态文明构建：理论与实践》，中央编译出版社 2009 年版。

［157］吴绮雯：《论毛泽东"人定胜天"的环境思想》，载于《涪陵师范学院学报》2006 年第 5 期。

［158］吴洲著：《中国古代哲学的生态意蕴》，中国社会科学出版社 2012 年版。

［159］肖芬芳、吴云昌：《NGO—公众参与的有效选择》，载于《天水行政学院学报》2006 年第 6 期。

［160］肖显静：《生态政治》，山西科学技术出版社 2003 年版。

［161］徐成芳：《论中国在人类生态文明发展中的角色定位》，载于《理论学刊》2013 年第 1 期。

［162］徐崇温：《当代西方社会的生态社会主义思潮评析》，载于《马克思主义研究》2009 年第 2 期。

［163］徐崇温：《"西方马克思主义"研究在我国的开展》，载于《江西师范大学学报（哲学社会科学版)》2012 年第 1 期。

［164］徐民华、刘希刚：《马克思主义生态思想与中国生态制度建设》，载于《江苏行政学院学报》2011 年第 5 期。

［165］许崇正等：《生态文明与人的发展》，中国财政经济出版社 2011 年版。

［166］新华网独家专稿：《袁永甲论"十德"》，http：//news. xinhuanet. com/edu/2011 –03/24/c_ 121226997. htm。

［167］杨俊中：《中国古代农业生态保护思想探析》，载于《安徽农业科学》2008 年第 19 期。

［168］杨志、陈波：《碳交易市场走势与欧盟碳金融全球化战略研究》，

载于《经济纵横》2011 年第 1 期。

[169] 杨志、郭兆晖：《环境问题与当代经济可持续发展辨析》，载于《经济学动态》2009 年第 1 期。

[170] 杨志、郭兆晖：《气候变化与低碳经济》，载于《学习与探索》2010 年第 2 期。

[171] 杨志、侯书生：《引领航向——十六大以来党的执政理论的历史性创新》，国家行政学院出版社 2012 年版。

[172] 杨志、张欣潮、贾利军：《生态资本与低碳经济》，中国财政经济出版社 2011 年版。

[173] 杨志、赵秀丽：《网络二重性与资本主义生产方式新解——网络经济与生产方式关系研究系列之一》，载于《福建论坛（人文社会科学版)》2008 年第 7 期。

[174] 伊武军：《从人类中心观到生态文明观——生态文化的环境生态学视角》，载于《东南学术》2001 年第 5 期。

[175] ［英］尼尔·弗格森著，曾贤明、唐颖华译：《文明》，中信出版社2012 年版。

[176] ［英］亚当·斯密：《道德情操论》，商务印书馆 1998 年版。

[177] 雍际春、张敬花、于志远、尤晓妮、晏波著：《人地关系与生态文明研究》，中国社会科学出版社 2009 年版。

[178] 于洋：《中国共产党生态文明建设思想的历程及经验》，载于《长春市委党校学报》2011 年第 5 期。

[179] 余谋昌：《生态文明论》，中央编译出版社 2010 年版。

[180] 袁继成：《中华民国政治制度史》，湖北人民出版社 1991 年版。

[181] 约翰·贝拉米·福斯特，董金玉译：《资本主义与生态环境的破坏》，载于《国外理论动态》2008 年第 6 期。

[182] 曾宪义：《新中国法治 50 年论略》，载于《中国人民大学学报》1999 年第 6 期。

[183] 张创新：《中国政治制度史（第三版)》，清华大学出版社 2009年版。

[184] 张岱年：《中国文化概论》，北京师范大学出版社 2004 年版。

[185] 张俊：《法制生态化，路径怎么选?》，载于《中国环境报》2012年12月26日第3版。

[186] 张敏：《古代农业文献分类体系考略》，载于《兰台世界》2009年11月。

[187] 张鸣著：《中国政治制度史导论》，中国人民大学出版社2004年版。

[188] 张文显：《法理学（第三版)》，高等教育出版社、北京大学出版社2007年版。

[189] 张晓第：《生态文明："工业文明发展的必然结果"》，载于《经济透视》2008年第4期。

[190] 张薰华：《经济规律的探索——张薰华选集》，复旦大学出版社2000年版。

[191] 张宇：《中国不能出现颠覆性错误——正确认识社会主义初级阶段的基本经济制度》，载于《红旗文摘》2014年第2期。

[192] 赵凤霞：《西方绿党的生态理念对我国和谐社会生态文明建设的启示》，载于《传承》2010年第6期。

[193] 赵爽：《能源法律制度生态化研究》，西南政法大学博士论文，2009年。

[194] 郑杭生、陆益龙：《更好地发挥社会组织的功能》，载于《人民日报》，2012年4月25日。

[195] 郑慧子：《生态伦理的文化进化基础》，载于《自然辩证法》2002年第7期。

[196] 郑瑛琨：《我国社会主义市场经济体制的发展历程与创新完善》，载于《辽宁行政学院学报》2012年第1期。

[197]《政治经济学批判》，选自《马克思恩格斯全集》第2卷，人民出版社1995年版。

[198]《中共中央关于全面深化改革若干重大问题的决定》，2013年11月12日中国共产党第十八届中央委员会第三次全体会议通过。

[199] 中共中央宣传部理论局：《划清"四个重大界限"学习读本》，学习出版社2010年版。

［200］《中国共产党第十二次全国代表大会文件汇编》，人民出版社 1982 年版。

［201］《中国国家地理地图》编委会编著：《中国国家地理地图（简明版）》，中国大百科全书出版社 2011 年版。

［202］中国人民大学气候变化与低碳经济研究所：《低碳经济发展报告（2012 年）》，石油工业出版社 2012 年版。

［203］中华人民共和国环境保护部：《2012 年中国环境状况公报》。

［204］《〈中华人民共和国环境保护法（试行）〉国务院在国民经济调整时期加强环境保护工作的决定》，法律出版社 1981 年版。

［205］周思源：《中国人追求统一的民族文化心理》，载于《中国文化研究》2001 年冬之卷。

［206］周鑫：《西方生态现代化理论的反思与超越》，载于《唯实》2011 年第 3 期。

［207］朱步楼：《可持续发展伦理研究》，南京师范大学博士论文，2005 年。

［208］朱奎：《新政治经济学·海派经济学·大文化经济学——程恩富教授学术成就与学术思想评述》，载于《河北经贸大学学报》2010 年第 31 卷。

［209］竺效：《论生态文明建设与〈环境保护法〉之立法目的完善》，载于《法学论坛》2013 年第 2 期。

［210］竺效：《用法制保障生态文明建设》，载于《人民日报》2013 年 7 月 5 日第 7 版。

［211］《资本论》第三卷（下），人民出版社 1975 年版。

［212］邹广文：《建设"文化中国"的几点思考》，载于《中国特色社会主义研究》2012 年第 6 期。

［213］Riggs, Fred W：Tho Ecology of Public Administration, New Dellhi：Asia Publishing House, 1961.

| 后 记 |

本书是程恩富主编的"中国特色社会主义'五位一体'的制度建设丛书"之一。该丛书获得"国家新闻出版广电总局深入学习宣传贯彻党的十八大精神重点出版物"并获得国家出版基金资助。

2013 年 2 月底，我作为这本书的组织者和主要撰稿人之一开始了这本书的工作。我不记得为这本书，同另外两个主要撰稿人王岩教授和刘铮教授，以及课题组的其他成员开过多少次会，写过多少邮件。我也记不清经济科学出版社经济学分社范莹副编审同课题组成员见过多少次面，讨论过多少次书稿。此刻在我的电脑里（我在美国密歇根州立大学做访问学者），留有明确时间记载的写作大纲有 10 份，但最早一个是 2013 年 8 月的。然而，我分明记得我发给课题组的第一个写作大纲是在 2013 年 4 月 3 日（因为那天正是我外孙女的出生日），而在这个写作大纲之前，我们最少有 3 个讨论大纲。

介绍这样一个过程，其实是想说，写作这本书的过程是作者学习、讨论、探索真知的过程。而这本书本身所具有的那种"交叉学科"和"跨学科"的性质，确实把我们带入了一个前所未见且充满不确定性的知识领域。现在看来，我们在接这本书的时候，的确低估了这本书的困难，或者说高估了我们自己的学术能力。作为本书的主要撰稿人，我在本书的"前言"中向读者介绍了我们在科学研究道路上遇见的困难及其克服困难的思路。我以为介绍这些困难本身是有意义的事。因为在探索真相和真知的道路上，需要更多的探索者同行，推进中国特色社会主义生态文明制度建设的道路上，需要更多的推动者通力合作。

本书主要撰稿人有中国人民大学经济学院杨志教授、内蒙古大学经济管理学院王岩教授、上海大学社会科学学院刘铮教授；其他撰稿人有中共中央党校经济学部郭兆晖博士、重庆警察学院法学系副教授胡荣博士、江苏大学马克思主义学院郭昭君博士。郭兆晖博士带领中国人民大学经济学院的博士生张建超（2012 级）、张鹰（2012 级）、刘映月（2013 级）、张媛（2013 级）、熊瑛（2013 级）、周琰（2013 级）；硕士生孙鲁（2012 级）、高文（2012 级）、刘叶青（2013 级）、朱蓉蓉（2013 级）和外国语学院的硕士生谭浩（2012 级），还有国家图书馆潘望助理研究员组成了课题组，搜集资料、研讨问题、梳理思路，参加具体章节的写作。

　　本书分工如下：杨志、王岩、刘铮负责全书的总体设计包括写作框架、审阅书稿包括统稿编纂；第一章由杨志撰写；第二章由熊瑛、张媛、孙鲁、张鹰、杨志撰写；第三章由刘映月撰写；第四章由王岩撰写；第五章由王岩、张媛、孙鲁、杨志撰写；第六章由郭兆晖、刘映月、刘叶青、朱蓉蓉、杨志撰写；第七章由郭昭君撰写；第八章由周琰撰写；第九章由胡荣撰写；第十章由刘铮撰写。在本书写作过程中，经济科学出版社经济理论分社的范莹副编审，多次亲临中国人民大学参与讨论并慰问写作组成员，作为课题组协作成果也包含范莹副编审的智慧与心血。在写作过程中参考许多文献，在此对文献作者深表谢意。

　　最后，本书观点具有鲜明的探索性，如有不当之处均由组织者负责，特此说明。

杨　志

2014 年 5 月 29 日